# 机电与液压传动及控制

王克义　王　岚　路敦民　主编
张立勋　主审

科学出版社
北　京

# 内 容 简 介

“机电与液压传动及控制”是高等学校机械设计制造及其自动化专业的专业基础课，是从事机电系统设计必备知识的重要组成部分。

本书内容主要包括：机电与液压传动及控制发展简介，机电传动系统动力学及流体力学基础理论，直流电动机及拖动，交流电动机及拖动，机电传动系统中电动机的选择，机电传动系统电器控制，伺服电动机和步进电动机的特点及选择步骤，液压元件的结构、工作原理及特点，液压系统基本回路，液压系统的设计、计算方法及步骤。本书的特色体现在将机械系统的驱动技术进行了整合，明确了不同驱动方案的特点及适应领域。

本书可作为机械设计制造及其自动化专业本科生教材，也可供从事机电一体化工作的工程技术人员参考。

**图书在版编目（CIP）数据**

机电与液压传动及控制 / 王克义，王岚，路敦民主编. —北京：科学出版社，2023.1

ISBN 978-7-03-073996-4

Ⅰ. ①机… Ⅱ. ①王… ②王… ③路… Ⅲ. ①电力传动控制设备－高等学校－教材 ②液压传动－高等学校－教材 ③液压控制－高等学校－教材 Ⅳ. ①TM921.5 ②TH137

中国版本图书馆 CIP 数据核字（2022）第 225765 号

责任编辑：孟莹莹 赵朋媛 / 责任校对：任苗苗
责任印制：师艳茹 / 封面设计：无极书装

科学出版社 出版
北京东黄城根北街 16 号
邮政编码：100717
http://www.sciencep.com
固安县铭成印刷有限公司 印刷
科学出版社发行 各地新华书店经销
*
2023 年 1 月第 一 版 开本：787 × 1092 1/16
2023 年12月第二次印刷 印张：16 3/4
字数：397 000

**定价：66.00 元**

（如有印装质量问题，我社负责调换）

# 前　言

科学技术的迅速发展对机电与液压传动系统的设计和分析提出了更高的要求。掌握各种元件原理和系统的设计方法可以提高读者独立从事机电液气驱动系统设计、制造、调试应用和维护等工作的综合能力，以及培养学生的工程应用实践能力。

“机电与液压传动及控制”是高等学校机械设计制造及其自动化专业的基础课，是机电系统设计必备知识的重要组成部分。通过本课程的学习，可使学生了解机械系统中驱动装置的特点，掌握机电与液压传动的基本知识，熟悉基本控制回路，并能根据设计要求进行驱动系统设计。本书在注重理论分析的同时，强化学生的工程实践意识，培养学生的分析问题能力、动手能力和创新能力。

本书共 15 章。第 1 章绪论，介绍机电和液压传动系统的组成及特点；第 2 章介绍机电传动系统动力学，为系统驱动装置理论分析、机械特性分析和运动控制提供基础；第 3 章介绍直流电动机及拖动，阐述直流电动机的工作原理和分类、机械特性调节方法；第 4 章介绍交流电动机及拖动，阐述交流电动机的工作原理及分类、定子和转子电路、机械特性调节方法；第 5 章介绍机电传动系统中电动机的选择，明确电动机工作制及容量选择方法；第 6 章介绍机电传动系统电器控制，阐述电动机的基本控制线路；第 7 章介绍伺服电动机，阐述伺服电动机的工作特点和选择方法；第 8 章介绍步进电动机，阐述其工作原理及选择依据；第 9 章介绍液压泵和液压马达，阐述液压泵和液压马达的工作原理及工作特点；第 10 章介绍液压缸，阐述液压缸的工作原理及设计步骤；第 11 章介绍液压阀，阐述各种阀的工作原理和特点；第 12 章介绍液压辅助元件，阐述其作用和选择方法；第 13 章介绍液压基本回路，阐述基本回路的工作原理和构成；第 14 章介绍典型液压系统及液压系统的设计与计算，阐述液压系统设计步骤；第 15 章介绍气压传动，阐述相关元件及工作原理。

本书的特色体现在将机械系统的驱动技术进行整合，明确不同驱动方案的特点及适应领域，内容介绍注重理论讲解与实际案例相结合，加强读者对知识的应用能力。

本书第 1、3、7、14、15 章由路敦民编写，第 2、4、6、10、11、12 章由王克义编写，第 5、8、9、13 章由王岚编写。全书由王克义统稿，张立勋主审。在本书的编写过程中，王砚麟、莫宗骏、王奎成、柴宇佳和姜龙丹参与了插图的绘制和文字整理等工作，在此一并表示衷心感谢。

由于作者水平有限，书中难免存在不足之处，敬请广大读者批评指正。

王克义

2022 年 10 月于哈尔滨

# 目　　录

# 1 绪 论

## 1.1 机械系统的驱动技术

人类科技发展经历了从简单手工工具到复杂机械设备的漫长历程，如今又朝网络化、智能化方向发展。对于机械装备或机械系统的动力，古代人们利用人力、畜力、自然力（如风力、水力等），然后进入了蒸汽机时代，之后出现了电能，电能具有适宜大量生产、集中管理、远距离传输和自动控制等优点，成为工业发展的主要动力，推动了第二次工业革命的发展。当今时代，电能在现代化工农业生产、交通运输、科学技术、国防建设及日常生活中的应用非常广泛。

电能是应用最广泛的能源，其广泛应用是和电动机紧密相关的。一般是通过发电机把其他形式的能源转化成电能，而电能的应用主要是转化成机械能，这是通过电动机来实现的，因此根据能量传递关系，电机分为发电机和电动机两大类。通常机械装备或机械系统的驱动方式有电动机驱动、液压驱动和气动驱动三种，液压驱动和气动驱动同样需要电动机实现能量转换，液体和气体作为传动介质。

机电传动（又称电气传动或电力拖动）是以电动机作为原动机驱动生产机械系统的技术。机电传动系统是将电能转变为机械能的装置，通过对电动机的控制，实现生产机械的启动、停止、速度调节及各种生产工艺，机电传动主要强调电动机的结构、工作原理和控制特性。

液压传动是一种以液体为工作介质进行能量传递和控制的技术。液体传动根据其能量传递形式不同，分为液力传动和液压传动。液力传动主要利用液体动能进行能量转换，如液力耦合器和液力变矩器。液压传动是利用液体压力能进行能量转换的传动方式。

气压传动是一种以压缩空气为动力源来驱动和控制各种机械设备以实现生产过程机械化和自动化的技术。

## 1.2 驱动系统组成及特点

### 1.2.1 机电传动系统组成及特点

1. 机电传动系统组成

机电传动系统主要由 5 部分组成，见图 1-1。电源是提供电能的装置，根据电动机的类型，供电电源输出形式有直流（direct current，DC）电、交流（alternating current，AC）电两种形式。电动机是将电能转换成机械能的装置，其工作原理是电磁力和电磁感应。控制部分由各种控制回路组成，实现对电动机的运动控制，输出满足生产工艺要求的运动状态。传动机构用来完成运动形式变换及惯量、速度、力矩的匹配。生产机械是完成生产任务的各种装置，主要是转动和平动输出。

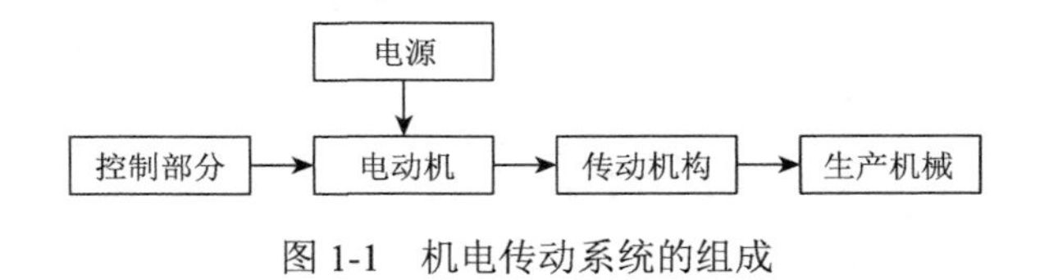


图 1-1 机电传动系统的组成

### 2. 机电传动系统的特点

机电传动系统的主要特点如下：①功率范围大，单个设备的功率可从几毫瓦到几百兆瓦；②调速范围宽，转速可从每分钟几转到每分钟几万转；③适用范围广，可适用于任何工作环境及各种各样的负载；④启动、调速、制动、反转等工作方式容易实现；⑤可获得所需的静态特性和动态特性，特别是数控技术和计算机技术的应用，进一步提高了机电传动指标的性能，为生产过程的自动化提供了十分有利的条件，是生产过程电气化、自动化的重要前提。

### 3. 电动机的发展状况

蒸汽动力在使用和管理上较为不便，生产力的发展迫使人们去寻找新的能源和动力，电磁学由此兴起并得到了发展。1820 年，奥斯特发现了电流的磁感应，从而揭开了电磁本质的研究序幕；1821 年，法拉第通过实验验证了电流在磁场中受到电磁力，给出了电动机的雏形；1831 年，法拉第提出了电磁感应定律，同年 10 月，他发明了世界上第一台发电机。

根据速度是否可调，机电传动系统分为不调速和调速两大类；而在调速系统中，根据速度是否可以连续调节，又可分为无级调速和有级调速两类。按照电动机的类型，机电传动又分为直流传动与交流传动两大类。直流传动与交流传动于 19 世纪诞生，但当时的机电传动系统是不调速系统。随着社会化大生产的不断发展，生产制造技术越来越复杂，对生产工艺的要求越来越高。这就要求生产机械能够在工作速度、启动和制动、正反转运行等方面具有较好的静态和动态性能，从而推动了电动机的调速技术不断向前发展。

由于直流电动机的调速性能和转矩控制性能较好，20 世纪 30 年代，直流调速系统就已投入使用。然而，由于直流电动机具有电刷和换向器，制造工艺复杂，成本高，维护麻烦，单机容量和转速都受到限制，其局限性也逐渐显露出来。交流电动机中的异步电动机具有结构简单、制造容易、价格低廉、运行可靠、维护方便、效率较高等一系列优点，早就普遍应用于恒速运行的生产机械中。由于异步电动机构调速性能和转矩控制性能不够理想，长期以来难以在调速系统中推广使用。近年来，由于电力电子技术的发展，出现了各种类型的交流调速系统。计算机控制技术和现代控制理论应用于交流调速系统后，为其发展创造了更加有利的条件，使交流调速系统成为当前发展和研究的重点。电力电子和微机控制技术的飞速发展也是推动交流调速系统不断更新的动力。

### 1.2.2　液压传动系统组成及特点

1. 液压传动系统组成

液压传动系统主要由5部分组成。动力元件是把原动机输入的机械能转换为油液压力能的能量转换装置，其作用是为液压系统提供压力油，动力元件为各种液压泵。执行元件是将油液的压力能转换为机械能的能量转换装置，其作用是在压力油的推动下输出力和速度（直线运动），或力矩和转速（回转运动），这类元件包括各类液压缸和液压马达。控制调节元件用来控制或调节液压系统中油液的压力、流量和方向，以保证执行元件完成预期工作，这类元件主要包括各种溢流阀、节流阀及换向阀等，不同组合便形成了不同功能的液压传动系统。辅助元件是指油箱、油管、油管接头、蓄能器、滤油器、压力表、流量表及各种密封元件等，这些元件分别起到散热储油、输油、连接、蓄能、过滤、测量压力、测量流量和密封等作用，以保证系统正常工作，是液压系统不可缺少的组成部分。工作介质在液压传动及控制中起传递运动、动力及信号的作用，介质为液压油或其他合成液体。

2. 液压传动系统的工作原理

下面以液压千斤顶为例，说明液压传动系统的工作原理。如图1-2所示，当手柄5向上运动时，密封的小活塞缸4内的容积将增大，产生真空，存储于油箱1中的油液在大气压力作用下，顶开吸油阀2，进入小活塞缸内。当手柄5向下运动时，挤压小活塞缸内油液使其顶开压油阀3，排入大活塞缸7中，油液被挤压，压力升高。当升高压力能够克服大活塞上的负载6时，负载随手柄向下运动而上升，不断重复上述过程就可以将负载（重物）举起来。打开放油阀8，可以使大活塞缸与油箱相通，大活塞复位。

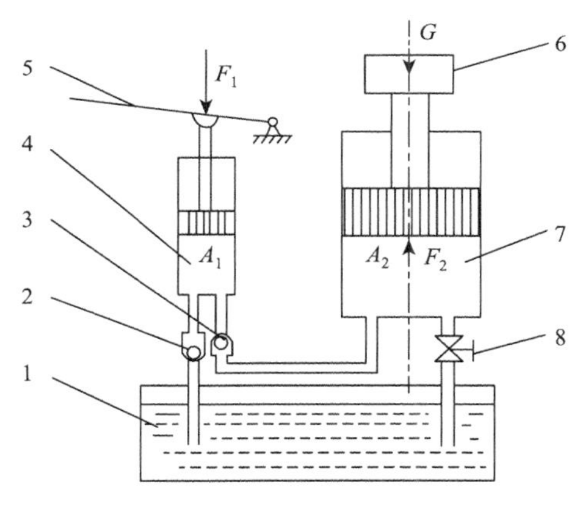


图1-2　液压千斤顶示意图

1-油箱；2-吸油阀；3-压油阀；4-小活塞缸；5-手柄；6-负载；7-大活塞缸；8-放油阀

设大小活塞的面积分别为$A_2$、$A_1$，作用于大活塞的负载为$G$，小活塞上的作用力为$F_1$，根据帕斯卡定律，大小活塞上的压力（压强）是相等的，设为$p$，不计活塞运动过程中的摩擦力，则有

$$p=\frac{G}{A_2}=\frac{F_2}{A_2}=\frac{F_1}{A_1} \tag{1-1}$$

或

$$F_2=F_1\frac{A_2}{A_1} \tag{1-2}$$

式（1-2）说明，液压系统中的压力$p$取决于负载$G$的大小，即压力取决于外载，这

是液压传动的一个重要概念。当$A_2 \gg A_1$时，即使$F_1$很小，仍然可以产生很大的$F_2$，这就是力的放大作用。

设大小活塞的运动速度分别为$v_2$、$v_1$，在稳定运动时（不计泄漏）有

$$v_1A_1 = v_2A_2 = Q \tag{1-3}$$

式中，$Q$为流量，可得

$$v_2 = v_1\frac{A_1}{A_2} = \frac{Q}{A_2} \tag{1-4}$$

大活塞的运动速度取决于输入的流量（当$A_2$不变时），这也是液压传动中的重要概念。大活塞运动时，其输出功率为

$$P = F_2v_2 = pA_2\frac{Q}{A_2} = pQ \tag{1-5}$$

由此可见，液压系统中的功率就是压力与流量的乘积。

下面以工作台液压系统为例，说明系统工作原理及其组成。如图 1-3 所示，电动机（图中未画出）带动液压泵 4 旋转，将油箱 1 中的油液经滤油器 2 吸上来，通过压油管 10 送入系统。在图示状态下，液压泵输出的油液经开关阀 9、节流阀 13、换向阀 15 进入液压缸 18 的左腔，推动活塞 17 带动工作台 19 向右运动，液压缸右腔的油液经换向阀 15 和回油管 14 排回油箱。移动换向阀手柄，改变换向阀阀芯位置，如图 1-3（b）所示，可使液压泵输出的油液经开关阀、节流阀、换向阀后进入工作台液压缸的右腔，推动工作台向左移动，并使左腔的回油经换向阀 15、回油管 14 排回油箱，即工作台的往复运动是靠改变换向阀的位置实现的。

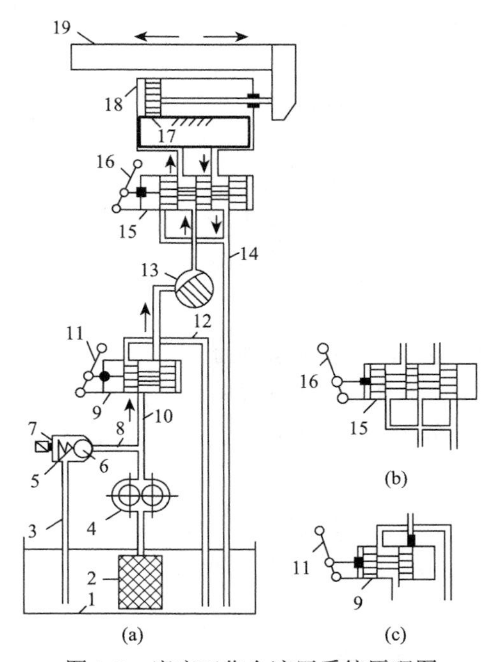


图 1-3　磨床工作台液压系统原理图

1-油箱；2-滤油器；3、12、14-回油管；4-液压泵；5-弹簧；6-钢球；7-溢流阀；8-压力油管；9-开关阀；10-压油管；11-开停手柄；13-节流阀；15-换向阀；16-手柄；17-活塞；18-液压缸；19-工作台

工作台移动的速度靠节流阀调节。节流阀口开大，进入工作台液压缸中的油液增多，工作台速度增大，反之工作台速度减小。要使工作台移动，必须有克服各种阻力的推力，这个推力是由液压缸中的油液压力产生的。阻力越大，缸中的油液压力越高，液压泵出口处的压力是由溢流阀调定的。

将开关阀换成如图 1-3（c）所示的情形时，液压泵输出的油经回油管 12 流回油箱，不能输入工作台液压缸。此时，工作台将停止运动，而液压泵的出口与油箱相通，液压泵出口压力降为零。

为了简化描述液压系统的工作原理，通常采用符号来表示元件的职能，参照《流体传动系统及元件图形符号和回路图 第 1 部分：用于常规用途和数据处理的图形符号》（GB/T 786.1—2009）。

3. 液压传动系统的特点

液压传动系统具有以下主要特点：①具有良好的润滑条件；②可以在运行过程中实现大范围的无级调速，其传动比可高达 1∶1000，且调速性能不受功率大小的限制；③易于实现载荷控制、速度控制和方向控制，可以进行集中控制、遥控和实现自动控制；④液压传动可以实现无间隙传动，因此传动平稳，操作省力，反应快，并能高速启动和频繁换向；⑤液压元件都是标准化、系列化和通用化产品，便于设计、制造和推广应用；⑥执行机构质量小，体积小；⑦运动惯性小，响应速度快，液压马达的力矩惯量比（即驱动力矩与转动惯量之比）较电动机大得多，加速性能好；⑧低速液压马达的低速稳定性要比机电传动系统好；⑨电气控制线路较简单；⑩在传动过程中，由于能量需要经过两次转换，存在压力损失、容积损失和机械摩擦损失，总效率通常仅为 75%～80%；⑪传动系统的工作性能和效率受温度的影响较大；⑫液体具有一定的可压缩性，也不可避免地存在泄漏，因此液压传动无法保证严格的传动比；⑬工作液体对污染很敏感，污染后的工作液体对液压元件的危害很大；⑭液压元件的制造精度、表面粗糙度及材料的材质和热处理要求都比较高，因而其成本较高。

### 1.2.3 气压传动系统组成及特点

1. 气压传动系统组成

根据气动元件和装置的功能，可将气压传动系统分成以下四个组成部分：①气源装置将原动机提供的机械能转变为气体的压力能，为系统提供压缩空气，它主要由空气压缩机构成，还配有储气罐、气源净化装置等附属设备；②执行元件起能量转换的作用，把压缩空气的压力能转换成工作装置的机械能，其主要形式为气缸输出直线往复式机械能、摆动气缸和马达分别输出回转摆动式和旋转式的机械能，以真空压力为动力源的系统采用真空吸盘完成各种吸吊作业；③控制元件用来完成对压缩空气的压力、流量和流动方向的调节和控制，使系统执行机构按功能要求的程序和性能工作，根据完成功能，控制元件分为很多种，气压传动系统中一般包括压力、流量、方向和逻辑四大类控制元件；④辅助元件用于元件内部润滑、元件间的连接，以及信号转换、显示、放大、检测等，如油雾器、消声器、管件及管接头、转换器、显示器、传感器等。

2. 气压传动系统的特点

气压传动系统具有以下主要特点：①空气来源方便，用后直接排出，无污染；②空气黏度小，气体在传输中的摩擦力较小，故可以集中供气和远距离输送；③气动系统对工作环境的适应性好，特别是在易燃、易爆、多尘埃、强磁、辐射、振动等恶劣工作环境下工作时，安全可靠性优于液压、电子和电气系统；④气动动作迅速、反应快、调节方便，可利用气压信号实现自动控制；⑤气动元件结构简单、成本低且寿命长，易于标准化、系列化和通用化；⑥运动平稳性较差，因空气可压缩性较大，其工作速度受外负载变化的影响大；⑦工作压力较低（0.3～1MPa），输出力或转矩较小；⑧空气净化处理较复杂，气源中的杂质及水蒸气必须净化处理；⑨因空气黏度小，润滑性差，需设置单独的润滑装置；⑩有较大的排气噪声。

# 2 驱动系统力学分析

## 2.1 单轴机电传动系统动力学方程

机电传动系统是机、电统一的运动系统，是由电动机拖动，并通过传动机构带动生产机械运转的动力学整体。在生产生活中，电动机的种类繁多，特性各异，传动形式多样，负载性质和控制方法也各不相同，但它们之间都满足一种内在规律，即动力学规律，通过建立的动力学模型能够深入地分析和研究机电传动系统的运动特性。

现以最简单的机电传动系统为对象，即由一台电动机通过联轴直接与生产机械相连，该系统只包含一根轴，所以称为单轴机电传动系统，又称单轴拖动系统，如图 2-1 所示。

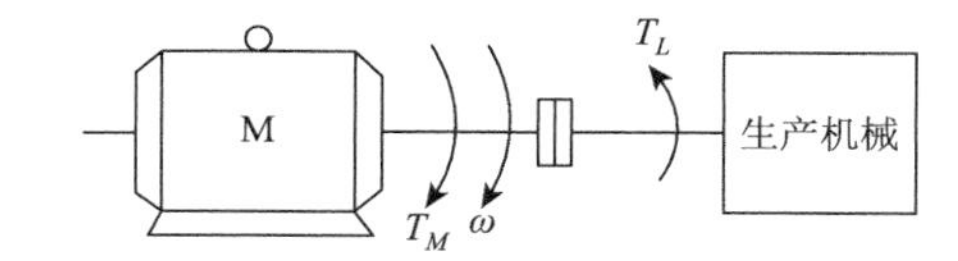

图 2-1 单轴传动系统

在该系统中，电动机 M 的输出转矩为 $T_M$，用于克服生产机械的负载转矩 $T_L$，以带动系统运动。如果两个转矩大小相等，系统的运动状态处于静态或者稳态，角速度 $\omega$ 为常数，角加速度 $\mathrm{d}\omega/\mathrm{d}t=0$；当 $T_M \neq T_L$ 时，系统运动状态将处于动态，角速度 $\omega$ 就要发生变化，角加速度 $\mathrm{d}\omega/\mathrm{d}t \neq 0$，该变化的大小与传动系统的转动惯量 $J$ 和作用在系统上的合力矩 $(T_M - T_L)$ 有关。将上述的关系用方程表示，即

$$T_M - T_L = J\frac{\mathrm{d}\omega}{\mathrm{d}t} \tag{2-1}$$

式中，$T_M$ 为传动系统电动机转矩（N·m）；$T_L$ 为传动系统的负载转矩（N·m）；$J$ 为传动系统的转动惯量（$\mathrm{kg \cdot m^2}$）；$\omega$ 为传动系统的角速度（rad/s）；$t$ 为时间（s）。

式（2-1）就是国际单位制情况下的单轴机电传动系统的动力学方程，考虑到转矩和转速均为矢量，参考图 2-1 和式（2-1）作如下定义：规定系统中某一旋转方向为正，并以此方向作为参照，电动机的输出转矩 $T_M$ 的方向与所规定的正方向相同时，$T_M$ 为正，相反时，$T_M$ 为负，为正时加速系统运行，是驱动转矩，为负时减速系统运行，是制动转矩；负载转矩 $T_L$ 的方向规定与电动机输出转矩 $T_M$ 方向的规定正好相反，即与所规定的正方向相同时，$T_L$ 为负，相反时，$T_L$ 为正，为正时减速系统运行，是制动转矩，为负时加速系统运行，是驱动转矩。以上矢量方向关系可以用图 2-2 中的轴端图来表示，图中选择逆时针旋转方向为正。

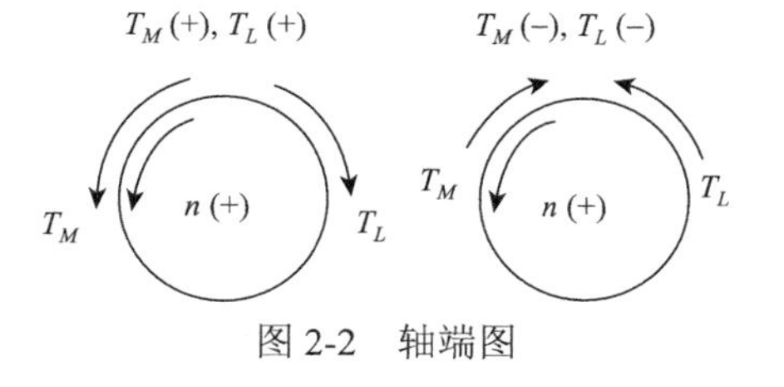

图 2-2 轴端图

在工程实际中，国际单位制的动力学方程应用并不方便，描述传动系统的惯性时往往不用转动惯量 $J$（$\mathrm{kg \cdot m^2}$），而用飞轮惯量（又称飞轮转矩）$GD^2$（$\mathrm{N \cdot m^2}$）；角速度不用 $\omega$（rad/s），而用 $n$（r/min）。由理论力学可知，$J = m\rho^2 = \frac{1}{4}mD^2$（$\rho$ 为系统旋转部分的惯性半径），而 $G = mg$，所以

$$J=\frac{1}{4}mD^2=\frac{GD^2}{4g} \tag{2-2}$$

式中，$g$ 为重力加速度（$m/s^2$）；$m$ 为旋转部分的质量（kg）；$G$ 为系统旋转部分的重力（N）；$D$ 为系统旋转部分的惯性直径（m）。

旋转运动关系为

$$\omega=\frac{2\pi}{60}n \tag{2-3}$$

式中，$\omega$ 是量纲为rad/s的系统旋转角度；$n$ 是量纲为r/min的系统旋转角度。

将式（2-2）和式（2-3）代入式（2-1），可得

$$T_M-T_L=J\frac{\mathrm{d}\omega}{\mathrm{d}t}=\frac{GD^2}{4g}\cdot\frac{\mathrm{d}\omega}{\mathrm{d}t}=\frac{GD^2}{375}\cdot\frac{\mathrm{d}n}{\mathrm{d}t} \tag{2-4}$$

这里认为 $GD^2$ 是一个整体，不再理解为 $G$ 和 $D^2$ 的乘积。注意：375 由 $\frac{4\times 60g}{2\pi}$ 计算所得，其量纲为加速度（$m/s^2$）。动力学方程是研究机电传动系统最基本的方程，它决定着系统运动的特征。处于动态时，由达朗贝尔原理可知系统中必然存在一个动态转矩：

$$T_d=\frac{GD^2}{375}\cdot\frac{\mathrm{d}n}{\mathrm{d}t} \tag{2-5}$$

动态转矩使系统的运动状态发生变化，这样运动方程（2-1）或式（2-4）也可以写成转矩平衡方程，即

$$T_M-T_L=T_d \quad 或 \quad T_M=T_d+T_L \tag{2-6}$$

也就是说，在任何情况下，电动机所产生的转矩总是轴上的负载转矩（即静态转矩）与动态转矩之和。

## 2.2 多轴机电传动系统动力学方程

2.1 节所介绍的是单轴传动系统的动力学方程，但在实际应用中，很多生产机械都是采用多轴机电传动系统，即包含多个轴，且多个轴之间具有一定的运动关系，原因在于为了满足工艺要求，许多生产机械需要较低的转速，或者需要平移、升降等不同的运动形式，而在制造电动机时，为了合理地利用材料和降低成本，除特殊情况外（如力矩电动机的额定转速较低，直线电动机输出直线位移），一般都设计成额定转速较高的旋转电动机，因此在电动机与生产机械之间必须装设变速机构，如齿轮变速机构、蜗轮蜗杆变速机构、皮带变速机构等。

建立多轴传动系统动力学方程，可以按照分析单轴系统的方法，分别列出每根轴的动力学方程，以及各轴之间相互联系的关系式，再将这些方程联立，即可求得系统的运动规律，这种方法称为联立约束法。传动轴越多，列出的动力学方程就越多，工作量就越大；但对于有些情况（如非线性传动系统、含弹性阻尼特性的传动系统等）需要采用该方法建立动力学方程。实际分析和计算一般多轴传动时，通常采用折算方法，即将所有轴的负载转矩和惯量都折算到同一根轴上（通常折算到电动机轴上），将系统等效为图 2-1 所示的典型单轴传动系统，然后使用基本动力学方程求解。折算时的基本原则是折

算前多轴系统和折算后单轴系统在能量关系上保持不变，即在负载转矩折算时，功率不变，在惯量折算时，系统储存的动能不变。下面介绍不同运动形式下系统的折算方法。

### 2.2.1　旋转运动负载转矩和惯量的折算

旋转运动是指工作机构输出的运动形式为旋转。

1. 负载转矩的折算

负载转矩是静态转矩，描述的是静态特性，所以根据静态时的功率守恒原则进行折算。

图 2-3 所示为做旋转运动的多轴系统，设定生产机械的负载转矩为$T_g$，折算到电动机轴上后为$T_L$。折算的原则是系统传递的功率不变，传动机构的损耗在总传动效率$\eta_c$中考虑。

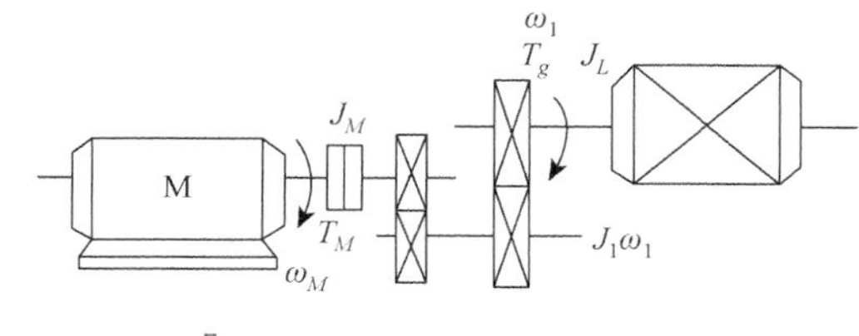

图 2-3　做旋转运动的多轴系统

1）电动机工作在电动状态

电动机工作在电动状态是指运动从电动机传到工作机构，传动损耗由电动机承担。对于图 2-3 所示的系统，生产机械的负载功率为

$$P_g = T_g \omega_L$$

式中，$T_g$为生产机械的负载转矩；$\omega_L$为生产机械的旋转角速度。

设$T_g$折算到电动机轴上的负载转矩为$T_L$，则电动机轴上的输出功率为

$$P_L = T_L \omega_M$$

式中，$\omega_M$为电动机的旋转角速度。

考虑到传动机构在传递功率过程中的损耗，有

$$\eta_c = \frac{\text{输出功率}}{\text{输入功率}} = \frac{P_g}{P_L} = \frac{T_g \omega_L}{T_L \omega_M}$$

于是可得折算到电动机轴上的负载转矩，即

$$T_L = \frac{T_g \omega_L}{\eta_c \omega_M} = \frac{T_g}{\eta_c i} \tag{2-7}$$

式中，$i = \dfrac{\omega_M}{\omega_L}$，为传动机构的转速比；$\eta_c$为电动机拖动生产机械运动时的总传动效率。

2）电动机工作在发电状态

电动机工作在发电状态是指运动从工作机构传到电动机，传动损耗由工作机构承担。传送到电动机的功率小于生产机械轴上的功率，按传递功率不变的原则，可得

$$T_L = \frac{T_g \eta_c'}{i} \tag{2-8}$$

式中，$\eta_c'$为生产机械拖动电动机运动时的传动效率。

式（2-8）中其他各符号的含义与式（2-7）中相同，其中$i=\dfrac{\omega_M}{\omega_L}$，为电动机轴与生产机械轴的转速比。在多轴电力拖动系统中，$i$应为各级转速比的乘积，即$i=i_1 i_2 i_3\cdots$。一般设备中，电动机的转速高于工作机构的转速，即$i>1$，因而工作机构的转矩折算到电动机轴上后变小了许多。在多轴电力拖动系统中，总的传动效率应为各级传动效率的乘积，即$\eta_c=\eta_1\eta_2\eta_3\cdots$，各级传动效率因各级传动机构不同而不同。

2. 惯量的折算

由于转动惯量和飞轮转矩描述的是运动特性，与运动系统的动能有关，与传动效率无关，不存在电动机工作状态的差异。因此，可根据动能守恒原则进行折算。

如图 2-3 所示的拖动系统，对于旋转运动，折算前的动能为

$$W_g=\frac{1}{2}J_g\omega_L^2$$

设$J_g$折算到电动机轴上的转动惯量为$J_L$，则电动机轴上的动能为

$$W_L=\frac{1}{2}J_L\omega_M^2$$

由$W_g=W_L$可得

$$J_L=J_g\frac{\omega_L^2}{\omega_M^2}=\frac{J_g}{i^2} \tag{2-9}$$

由此可得折算到电动机轴上的总转动惯量为

$$J_a=J_M+\frac{J_1}{i_1^2}+\frac{J_g}{i^2}$$

式中，$J_M$、$J_1$、$J_g$分别为电动机轴、中间传动轴、生产机械轴上的转动惯量；$i_1=\dfrac{\omega_M}{\omega_1}$，为电动机轴与中间传动轴之间的转速比；$i=\dfrac{\omega_M}{\omega_L}$，为电动机轴与生产机械轴之间的转速比；$\omega_M$、$\omega_1$、$\omega_L$分别为电动机轴、中间传动轴、生产机械轴上的角速度。

根据转动惯量和飞轮转矩之间的关系，不难得出折算到电动机轴上的总飞轮转矩为

$$(GD^2)_a=(GD^2)_M+\frac{(GD^2)_1}{i_1^2}+\frac{(GD^2)_g}{i^2} \tag{2-10}$$

式中，$(GD^2)_M$、$(GD^2)_1$、$(GD^2)_g$分别为电动机轴、中间传动轴、生产机械轴上的飞轮转矩。

当$i$较大时，中间传动轴的转动惯量$J_1$或飞轮惯量$(GD^2)_1$在折算后占整个系统的比例不大。实际工程中，计算方便起见，多采用适当加大电动机轴上的转动惯量$J_M$或飞轮惯量$(GD^2)_M$的方法，来考虑中间传动轴的转动惯量$J_1$或飞轮惯量$(GD^2)_1$的影响，于是有

$$J_a=\delta J_M+\frac{(GD^2)_g}{i^2} \tag{2-11}$$

或

$$(GD^2)_a = \delta(GD^2)_M + \frac{(GD^2)_g}{i^2} \tag{2-12}$$

一般情况下，$\delta = 1.1 \sim 1.25$。为更简便，可将负载惯量进行估算，有

$$J_a = \delta J_M \text{或} (GD^2)_a = \delta(GD^2)_M$$

此时，$\delta$应稍微增大一些，可取$\delta = 1.2 \sim 1.3$。

### 2.2.2 平移运动负载转矩和惯量的折算

平移运动是指工作机构输出的运动形式为水平面内的移动。

1. 负载转矩的折算

某些生产机械的工作机构是做平移运动的，如丝杠螺母机构等。图 2-4 为刨床的工作台和工件，它是由电动机通过齿轮变速后，再通过齿轮与齿条啮合带动做平移运动的多轴系统。

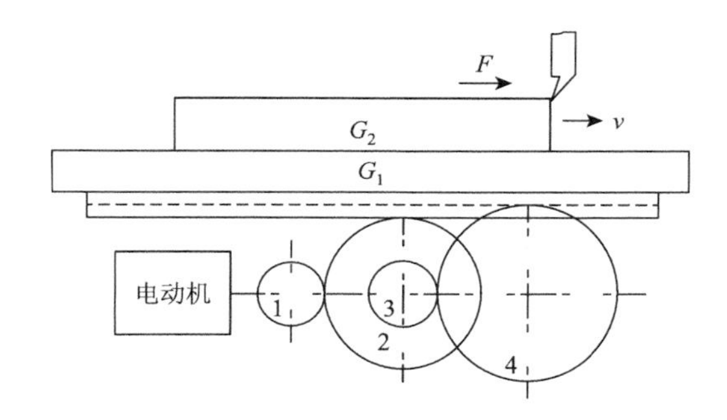


图 2-4 平移运动多轴系统——刨床

电动机工作在电动状态时，设切削时工作台的直线速度为$v$，刨刀作用在工件上所遇的阻力（即切削力）为$F$，则切削时的切削功率为$P = Fv$。折算到电动机轴上的负载转矩$T_L$应满足折算前后功率不变，考虑传动机构中的传动损耗，应有

$$T_L \omega_M \eta_c = Fv$$

计算得

$$T_L = \frac{Fv}{\omega_M \eta_c} = \frac{Fv}{\eta_c} \cdot \frac{60}{2\pi n_M} = 9.55 \frac{Fv}{\eta_c n_M} \tag{2-13}$$

式中，$T_L$为折算到电动机轴上的负载转矩（N·m）；$F$为工作机构做直线运动时所克服的阻力（N）；$v$为工作台的直线速度（m/s）；$n_M$为电动机的转速（r/min）；$\eta_c$为系统总的传动效率。

一般情况下，外力无法拖动工作台运动。

2. 惯量的折算

图 2-4 中，考虑到齿轮旋转部分的惯量折算可由式（2-9）计算，在这里只针对平

移运动部分进行惯量的折算。设平移运动部分的总重力 $G_L = m_L g$，则平移运动部分折算前的动能为

$$\frac{1}{2}m_L v^2 = \frac{1}{2}\frac{G_L}{g}v^2$$

设其折算到电动机轴上的转动惯量为 $J_L$，相应的飞轮惯量为 $(GD^2)_L$，则折算到电动机轴上后的动能为

$$\frac{1}{2}J_L\omega_M^2 = \frac{1}{2}\frac{(GD^2)_L}{4g}\left(\frac{2\pi n_M}{60}\right)^2$$

根据折算前后动能不变的原则，可得

$$\frac{1}{2}\frac{G_L}{g}v^2 = \frac{1}{2}\frac{(GD^2)_L}{4g}\left(\frac{2\pi n_M}{60}\right)^2$$

整理得，折算到电动机轴上的飞轮转矩的计算公式为

$$(GD^2)_L = 4\frac{G_L v^2}{\left(\frac{2\pi}{60}\right)^2} = 365\frac{G_L v^2}{n_M^2} \tag{2-14}$$

### 2.2.3　升降运动负载转矩和惯量的折算

升降运动是指工作机构输出的运动形式为垂直移动，其运动的外力是重力。该类机械在生产和生活中的应用很多，如起重机械、提升机、电梯等，升降运动与平动不同之处在于存在重力负载使系统下降。

1. 负载转矩的折算

如图 2-5 所示，电动机通过减速机构带动一个卷筒，卷筒上的钢丝绳悬挂一重物。设重物的质量为 $m_L$、重力为 $G_L = m_L g$，令提升或下降线速度为 $v$。

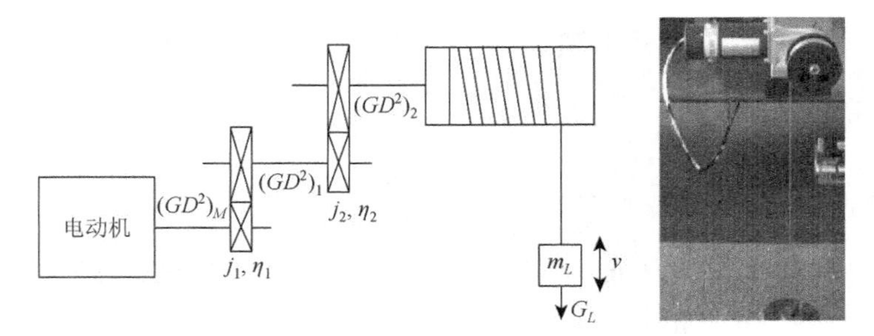


图 2-5　升降运动多轴系统——起重机

提升运动时，电动机带动负载，功率由电动机传给负载，传动损耗由电动机承担。根据传递功率不变的原则，可得

$$T_L\omega_M\eta_c = G_L v$$

计算得

$$T_L = \frac{G_L v}{\omega_M \eta_c} = \frac{G_L v}{\eta_c} \cdot \frac{60}{2\pi n_M} = 9.55 \frac{G_L v}{\eta_c n_M} \tag{2-15}$$

式中，$T_L$ 为折算到电动机轴上的负载转矩（N·m）；$G_L$ 为提升重物的重力（N）；$v$ 为提升重物的线速度（m/s）；$n_M$ 为电动机的转速（r/min）；$\eta_c$ 为总的传动效率。

下降运动时，功率的传送方向是由负载到电动机，传动损耗由负载承担。根据传递功率不变原则，可得

$$T_L \omega_M = G_L v \eta_c'$$

计算得

$$T_L = \frac{G_L v}{\omega_M} \eta_c' = G_L v \eta_c' \cdot \frac{60}{2\pi n_M} = 9.55 \frac{G_L v}{n_M} \eta_c'$$

式中各符号的含义与式（2-15）中相同，$\eta_c'$ 为下放时的传动效率，现分析其与提升同一重物时的总传动效率 $\eta_c$ 的大小关系。用同一速度提升和下放同一重物时，可以认为传动损耗 $\Delta P$ 是不变的，则提升时的损耗为

$$\Delta P = \frac{G_L v}{\eta_c} - G_L v = G_L v \left( \frac{1}{\eta_c} - 1 \right)$$

下放时的损耗为

$$\Delta P = G_L v - G_L v \eta_c' = G_L v (1 - \eta_c') \tag{2-16}$$

由 $\Delta P$ 相等可得

$$\eta_c' = 2 - \frac{1}{\eta_c} \tag{2-17}$$

式（2-17）表明，如果在轻载状态下或空载时的传动效率 $\eta_c < 0.5$，下放时的传动效率 $\eta_c' < 0$，电动机轴上输入的功率 $G_L v \eta_c'$ 为负值，即输出为正值，说明此时工作机构下降的功率不足以克服传动机构的损耗功率，电动机仍工作在电动状态，其与工作机构共同承担传动损耗。

2. 惯量的折算

转动惯量和飞轮惯量的折算与传动损耗或效率无关，因此折算方法与平移运动的相同。

## 2.3　负载机械特性方程

从 2.1 节所介绍的系统动力学方程（2-4）中可以看出，要分析机电传动系统的动力学关系，实现对传动系统的运动控制，必须了解负载转矩，而负载转矩是由生产机械决定的，其可能是不变的常数，也可能是速度的函数。实际上，大多数生产机械的负

载转矩都可以表示为与速度的关系，将同一转轴的生产机械负载转矩与转速的关系称为生产机械的负载转矩特性，或者称为生产机械的机械特性。在实际应用中，为了便于和电动机的机械特性配合起来分析传动系统的运行情况，在提及生产机械的机械特性时，除特别说明外，均指电动机轴上的负载转矩和电动机轴转速之间的函数关系，即 $T_L = f(n_L)$ 。

不同类型的生产机械在运动中受阻力的性质不同，其机械特性曲线的形状也有所不同，对于线性系统，通常可以归纳为恒转矩型机械特性、恒功率型机械特性等几种典型的机械特性。

1. 恒转矩型机械特性

恒转矩型机械特性的特点是负载转矩 $T_L$ 恒定不变，与转速 $n$ 无关，即 $T_L$ = 常数，这种负载称为恒转矩负载，这种机械特性称为恒转矩型机械特性。恒转矩负载又分为反抗型恒转矩负载和位能型恒转矩负载两种，其机械特性也分为两种。

1）反抗型恒转矩型机械特性（又称为摩擦转矩机械特性）

反抗型恒转矩型机械特性的特点是负载转矩的大小恒定不变，但其方向总是与运动方向相反。当运动方向改变时，负载转矩的方向也随之改变，它总是阻碍运动。摩擦、非弹性体的压缩、拉伸与扭转等作用产生的负载转矩，以及机床加工过程中切削力所产生的负载转矩就是这类负载特性。反抗型恒转矩型的机械特性如图 2-6 所示，其总在第一或第三象限。

2）位能型恒转矩型机械特性

负载转矩的大小恒定不变，而且具有固定的方向，不随转速方向的改变而改变，这种负载称为位能型恒转矩负载，其机械特性称为位能型恒转矩型机械特性，如图 2-7 所示，其总在第一或第四象限。起重机类机械提升和下放重物时产生的负载转矩是典型的位能型恒转矩，这类机械的机械特性为典型的位能型恒转矩型机械特性。

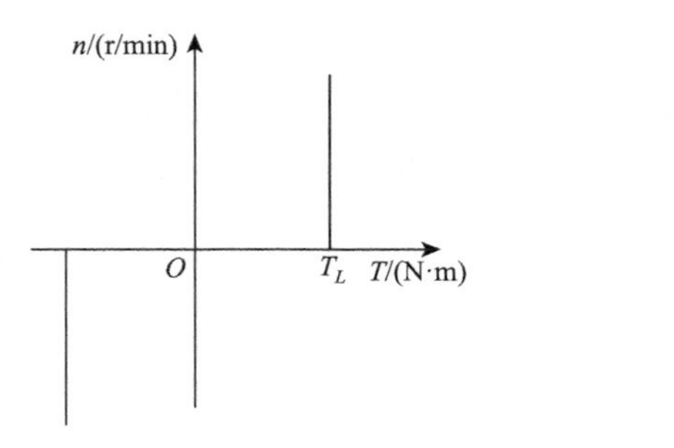


图 2-6 反抗型恒转矩型机械特性

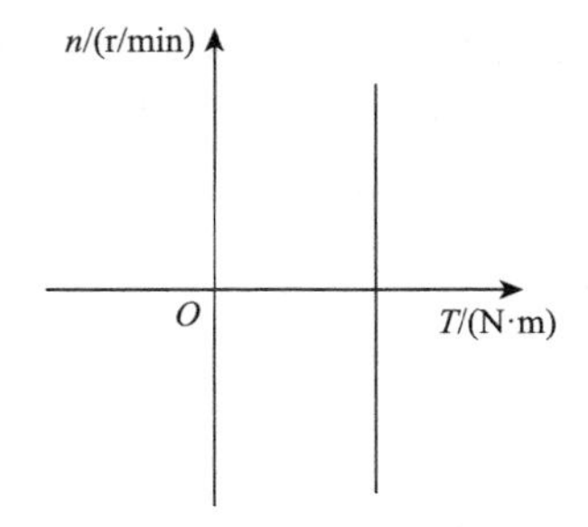


图 2-7 位能型恒转矩型机械特性

当考虑传动机械由于摩擦阻力产生的转矩损耗时，实际的位能型恒转矩型机械特性如图 2-8 所示，即同时存在反抗型恒转矩型机械特性。图中虚线为重物产生的位能型负载转矩 $T_{L1}$ ，传动机构的损耗转矩为 $\Delta T$ 。提升重物时（ $n>0$ ），损耗转矩由电动机承担，折算到电动机轴上的负载转矩应为两者之和，即 $T_L = T_{L1} + \Delta T$ ；下放重物时（ $n<0$ ），损耗转矩由负载承担，折算到电动机轴上的负载转矩应为两者之差，即 $T_L = T_{L1} - \Delta T$ 。

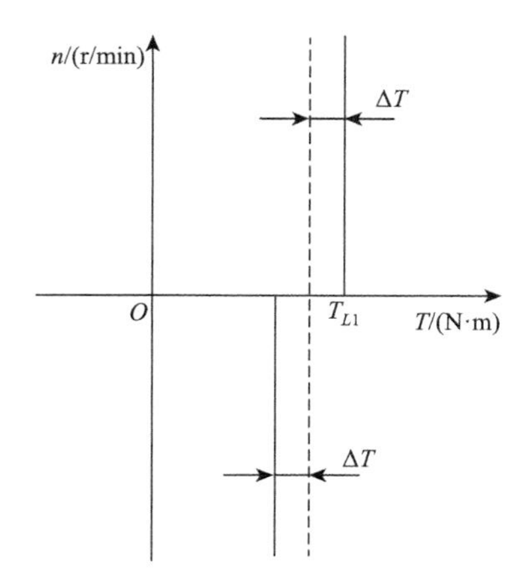


图 2-8　考虑实际摩擦损耗时的位能型恒转矩型机械特性

2. 恒功率型机械特性

恒功率型机械特性的特点是生产机械负载转矩的大小与转速 $n$ 成反比，即

$$T_L = \frac{K'}{n}$$

式中，$K'$ 为比例常数。

可见，这时负载的功率为常数，所以这种负载称为恒功率负载，其机械特性称为恒功率型机械特性。由于此类负载也属反抗型负载，机械特性在第一和第三象限，第一象限的恒功率型机械特性如图 2-9 所示。金属切削机床是典型的恒功率负载。因为在粗加工时，其切削量大，切削力和负载转矩大，但通常切削速度较低；在精加工时，切削量小，切削力和负载转矩小，但切削速度较高，切削功率则基本不变。因此，金属切削机床的机械特性属于恒功率型机械特性。

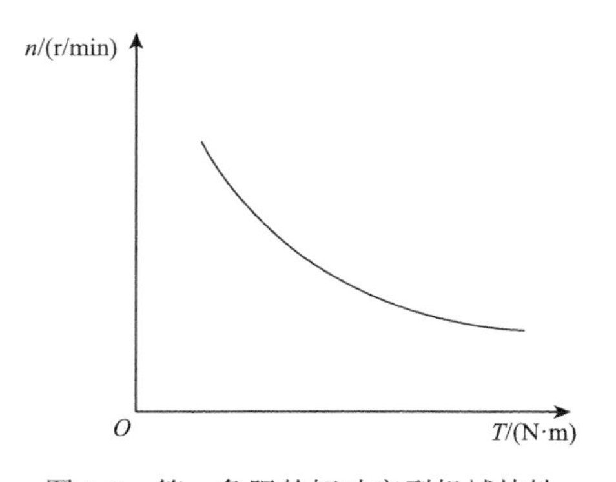


图 2-9　第一象限的恒功率型机械特性

还应指出，实际负载可能是单一类型的，也可能是几种典型的综合。

## 2.4　机电传动系统的稳定运行

对机电传动系统的研究一般都是将系统等效变换成电动机与负载同轴相连的单轴系统，这样可以把电动机的机械特性与生产机械的机械特性画在同一个坐标系中，对系统的运行性能进行讨论。为了保证系统运行合理，就要使电动机的机械特性与生产机械的机械特性尽量相匹配，其中最基本的要求是系统能稳定地运行。机电传动系统稳定运行有两方面的含义：一是指系统能以一定的速度匀速运行；二是系统在受外部干扰（如电压波动、负载波动等）的作用后，会离开平衡点，但在新的条件下可达到新的平衡（到达一个新的平衡点），而干扰消除后，系统又能回到原来的平衡点匀速运行。

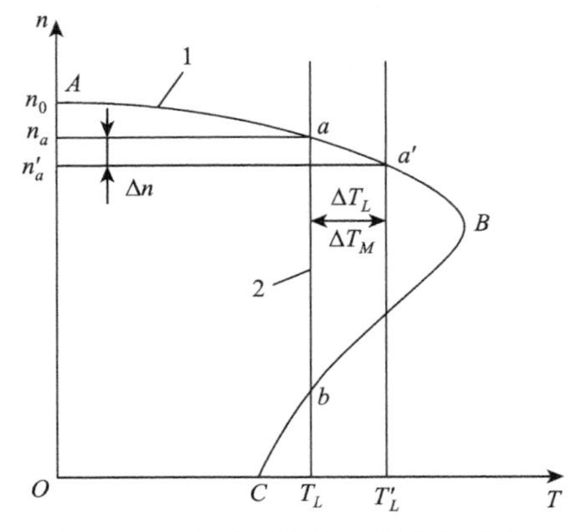


图 2-10　传动系统的机械特性曲线

为保证系统匀速稳定运行，必要条件是电动机转矩 $T_M$ 和折算到电动机轴上的负载转矩 $T_L$ 大小相等、方向相反，这样才能达到相互平衡。从 $T$-$n$ 坐标平面，即机械特性曲线上看，电动机的机械特性曲线和生产机械的机械特性曲线必须有交点，该交点称为拖动系统的平衡点，但该平衡点是否为稳定平衡点还需进一步分析。图 2-10 所示为某传动系统的机械特性曲线，其中曲线 1 为电动机的机械特性曲线，曲线 2 为生产机械的机械特性曲线，其平衡点为 $a$ 和 $b$。

首先分析 $a$ 点。在系统出现干扰时，例如，负载转矩突然增加了 $\Delta T_L$，则 $T_L$ 变为 $T'_L$，这时，电动机来不及反应，仍工作在原来的 $a$ 点，其转矩为 $T_M$，于是 $T_M < T'_L$，由拖动系统运动方程可知，系统要减速，即 $n$ 要沿着机械特性曲线下降到 $n'_a = n_a - \Delta n$。从电动机机械特性的 $AB$ 段可看出，电动机转矩 $T_M$ 将增大为 $T'_M = T_M + \Delta T_M$，电动机的工作点转移到 $a'$ 点，在该点稳定运行。当干扰消除后，必有 $T'_M > T_L$，迫使电动机加速，转速 $n$ 沿机械特性曲线上升，而 $T_M$ 又要随 $n$ 的上升而减小，直至 $\Delta n = 0$、$T_M = T_L$，系统重新回到原来的运行点 $a$；反之，若 $T_L$ 突然减小，$n$ 上升，当干扰消除后，系统也能回到 $a$ 点工作，所以 $a$ 点是系统的稳定平衡点。

然后分析 $b$ 点。若 $T_L$ 突然增加，$n$ 下降，从电动机机械特性的 $BC$ 段可看出，$T_M$ 会减小。当干扰消除后，有 $T_M < T_L$，使得 $n$ 继续下降，$T_M$ 随 $n$ 的下降而进一步减小，使 $n$ 进一步下降，直至 $n = 0$，电动机停转；反之，若 $T_L$ 突然减小，$n$ 上升，使 $T_M$ 增大，促使 $n$ 进一步上升，直至越过 $B$ 点进入 $AB$ 段的 $a$ 点工作，所以 $b$ 点不是系统的稳定平衡点。

从以上对于稳定运行的分析可以总结出，机电传动系统稳定运行的必要充分条件如下。

（1）电动机的机械特性曲线与负载的机械特性曲线有交点，即系统存在平衡点。

（2）当转速大于平衡点所对应的转速时，$T_M < T_L$，若干扰使转速上升，则当干扰消除后应有 $T_M - T_L < 0$，转速向平衡点处回落；而当转速小于平衡点所对应的转速时，$T_M > T_L$，若干扰使转速下降，当干扰消除后应有 $T_M - T_L > 0$，转速向平衡点处上升。总之，干扰产生后，系统偏离平衡点；干扰消除后，系统回到平衡点。

只有满足上述两个条件的平衡点，才是传动系统的稳定平衡点，即只有满足这样的特性匹配，系统在受到外部干扰后，才具备恢复到原来平衡状态稳定运行的能力。

## 2.5　液　压　油

液压油作为液压系统的传动介质，其性能对液压系统性能具有重要的影响。通常情况下，对于理想传动液体，作如下假设：①连续性，即质量分布均匀；②无黏性，即流动液体层间无摩擦；③不可压缩性，即液体受外界压力作用，其体积不发生变化。但是，实际的液压油与理想液体有一定的区别。

### 2.5.1 液压油的主要性质

1. 密度

单位体积液体所具有的质量称为液体的密度，即

$$\rho = \frac{m}{V} \tag{2-18}$$

式中，$V$ 为液体的体积；$m$ 为液体的质量；$\rho$ 为液体的密度。

液体密度与重力加速度的乘积称为重度，即

$$\gamma = \rho g \tag{2-19}$$

密度是液压油的一个重要参数，密度随压力或温度的变化而发生变化，但其变化很小，可以忽略。工程上液压油的密度一般可取为 $900\text{kg/m}^3$。

2. 可压缩性

液体压力增大而发生体积缩小的性质称为可压缩性。若体积为 $V$ 的液体，当压力增大 $\Delta p$ 时，体积减小 $\Delta V$，则液体在单位压力下的体积相对变化量为

$$k = -\frac{1}{\Delta p}\frac{\Delta V}{V} \tag{2-20}$$

式中，$k$ 为体积压缩系数。

当压力增大时，体积减小，故在式（2-20）前加一个负号，使其为正值。

液体体积压缩系数的倒数称为体积弹性模量，以 $K$ 表示：

$$K = \frac{1}{k} = -\frac{\Delta p V}{\Delta V} V \tag{2-21}$$

液体的体积弹性模量越大表明该液体抵抗压缩的能力越强。工程上取液压油的体积弹性模量 $K = (1.4\sim2)\times10^3\,\text{MPa}$，其数值很大，一般认为液压油是不可压缩的。但在系统压力很高或分析研究系统的动态特性时，则必须考虑液压油的可压缩性。

由于空气的可压缩性很大，当液压油中混入空气时，其 $K$ 值大幅度减小，严重影响系统的性能，因此应力求减少液压油中的含气量，以及避免液压油中混入空气。由于液压油中的气体不可能完全排除，实际计算中常取液压油的体积弹性模量 $K = (0.7\sim1.4)\times10^3\,\text{MPa}$。

在液压管路中，变动压力作用下，液压油可压缩性的作用就像一根弹簧，当压力波动引起 $\Delta F$ 变化时，液体承压面积 $A$ 不变，则液柱的长度将发生变化 $\Delta l$，因为 $\Delta V = A\Delta l$，$\Delta p = \Delta F / A$，即

$$K = -(V\Delta F)/(A^2\Delta l) \tag{2-22}$$

或

$$K_h = -\Delta F / \Delta l = KA^2 / V \tag{2-23}$$

式中，$K_h$ 为液压弹簧的刚度。

3．黏性

1）黏性的物理本质

液体在外力作用下流动或具有流动趋势时，分子间的内聚力会阻碍分子间的相对运动，从而沿其界面产生内摩擦力，这一特性称为液体的黏性。黏性是液体的重要物理性质，也是选用液压油的主要依据。

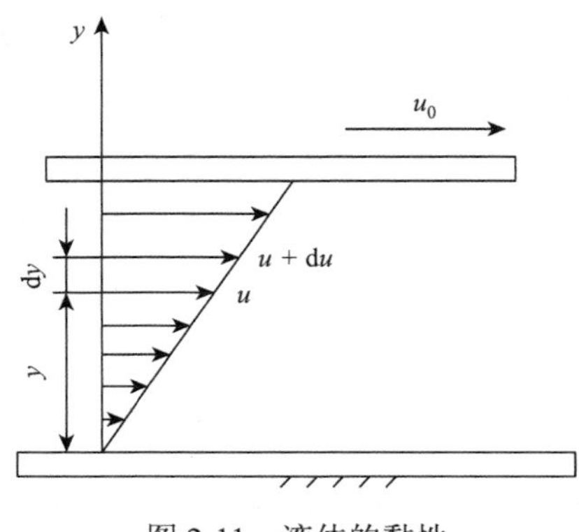

图 2-11　液体的黏性

现以图 2-11 为例说明液体的黏性。两个平行平板间充满液体，下平板固定，上平板以 $u_0$ 的速度向右运动。由于液体的黏性作用，紧贴下平板的一薄层液体的速度为零，紧贴上平板的一薄层液体以 $u_0$ 的速度与上平板一起向右运动，而中间各层的液体速度按线性规律变化。速度快的上层液体会拖带下层液体运动，而速度慢的下层液体对速度快的上层液体起阻滞作用。

实验结果表明，流动液体层间的摩擦力 $F_f$ 与液层的接触面积 $A$ 、液层间的速度梯度 $\mathrm{d}u/\mathrm{d}y$ 成正比，即

$$F_f = \mu A \frac{\mathrm{d}u}{\mathrm{d}y} \tag{2-24}$$

式中，$\mu$ 为比例系数，称为黏性系数或动力黏度，也称为绝对黏度，$\mu$ 为常数时，液体称为牛顿流体，而 $\mu$ 根据外部条件变化时，液体称为非牛顿流体，如牙膏就属于非牛顿流体，通常液压油均属于牛顿流体。

若以 $\tau$ 表示液层间的切应力，即单位面积上的内摩擦力，则式（2-24）可写为

$$\tau = \frac{F_f}{A} = \mu \frac{\mathrm{d}u}{\mathrm{d}y} \tag{2-25}$$

这就是牛顿液体内摩擦定律。

由式（2-25）可知，在静止液体中，速度梯度 $\mathrm{d}u/\mathrm{d}y = 0$ ，故内摩擦力为零，因此，静止液体不呈现黏性，也就是说液体的静摩擦力是不存在的，这是液体与固体的重要区别之一。

2）黏度的表示方法及影响因素

常用的黏度表示方法有三种，即动力黏度、运动黏度和条件黏度。

（1）动力黏度。

动力黏度 $\mu$ 由式（2-24）给出，其物理意义是，液体在单位速度梯度下流动时，液层间单位面积上的内摩擦力。动力黏度的法定计量单位用 $\mathrm{Pa \cdot s}$ 表示。工程上，有时用泊（P）表示动力黏度的单位，$10\mathrm{P} = 1\mathrm{Pa \cdot s}$ 。

（2）运动黏度。

运动黏度用 $\nu$ 表示，它是动力黏度与密度的比值，即

$$\nu = \frac{\mu}{\rho} \tag{2-26}$$

运动黏度无物理意义，但却在工程计算时经常使用。运动黏度的法定计量单位是 $m^2/s$，工程上有时用斯（St）表示运动黏度的单位，$10^4 St = 1m^2/s$。

我国采用40℃下液压油的运动黏度值（$mm^2/s$）作为黏度等级标号，即油的牌号。例如，牌号为L-HL32的液压油，其在40℃时的运动黏度值为$32mm^2/s$。

（3）条件黏度。

条件黏度又称为相对黏度，是根据不同测定条件利用特定黏度计得到的黏度。由于测量条件不同，各国使用的相对黏度也不相同。中国、德国、俄罗斯等采用恩氏黏度（$E$），美国采用赛氏黏度，英国采用雷氏黏度。恩氏黏度由恩氏黏度计测定，即将200mL温度为$t$的被测液体倒入恩氏黏度计，流经黏度计底部直径为2.8mm的小孔，测量其流尽所用的时间$t_1$，再测相同体积的蒸馏水在20℃时流经相同小孔所用的时间$t_2$，这两个时间比值即被测液体在$t$下的恩氏黏度，即

$$E = \frac{t_1}{t_2} \tag{2-27}$$

恩氏黏度与运动黏度之间可用经验公式换算，即

$$\nu = \left(7.31E - \frac{6.31}{E}\right) \times 10^{-6} m^2/s \tag{2-28}$$

当液压油的黏度不符合要求时，可把两种不同黏度的液压油按适当比例进行混合，即调和油。

3）温度对黏度的影响

液压油对温度变化极敏感，温度升高，黏度降低，这一特性称为黏温特性。不同种类的液压油有不同的黏温特性，黏温特性常用黏度指数VI来度量。黏度指数越大，表示油液黏度随温度的变化越小，即黏温特性越好。

4）压力对黏度的影响

液体所受压力增长时，其内摩擦力将增大，黏度随之增大，对于一般的中压、低压系统（20MPa以下），压力的变化对油液黏度的影响甚小，可以忽略。但如果压力较高或者压力变化较大时，黏度的变化不容忽略。

### 2.5.2 液压油的选用

正确选用液压油对于保证液压系统达到设计要求，提高工作可靠性，延长使用寿命，防止事故发生等有重要的作用。

1. 液压油的使用要求

液压传动系统所用的油液应满足如下要求。

（1）黏度适当，黏温特性好。

（2）具有润滑、防锈能力。

（3）对金属和密封材料有良好相容性。

（4）化学稳定性好，不易变质，包括热稳定性、水解性、相容性、氧化性等。
（5）抗泡沫性好、乳化性好。
（6）燃点高、凝点低。
（7）对人体无害。

2. 液压油的种类

液压油的品种很多，可从可燃性角度划分为可燃性液压油和抗燃性液压油，可燃性液压油主要为石油型，抗燃性液压油主要有合成型和乳化型。

3. 液压油的选用

在选用液压油时，最主要的依据就是黏度，其对液压系统的工作稳定性、可靠性、效率、温升及磨损等均有显著的影响。选择黏度时，应注意环境温度、系统工作压力、工作部件运动速度及泄漏量等因素。当环境温度高、压力高，执行元件低速运动时，宜选用高黏度液压油，以减少系统泄漏；当环境温度低、压力低，执行元件高速运动时，宜选用低黏度液压油，以减少液体流动时的能量损失。在工程上，常根据液压系统所用的液压泵形式，确定液压油的黏度，这是因为液压泵对液压油的性能最为敏感。

### 2.5.3　液压油的污染和防污措施

根据统计，液压系统发生故障有 75%是油液污染造成的，因此，液压油的防污对保证系统正常工作是非常重要的。

1. 污染的危害

液压油被污染是指油中含有水分、空气、微小固体颗粒及胶状生成物等杂质，液压油污染对液压系统造成的危害如下。
（1）堵塞过滤器，使液压泵吸油困难，产生振动和噪声；堵塞小孔或缝隙，造成阀类元件动作失灵。
（2）固体颗粒会加速零件磨损，擦伤密封件，增加泄漏。
（3）水分和空气使油液润滑性下降，发生锈蚀；空气使系统出现振动或爬行等现象。

2. 污染原因

液压油被污染的主要原因如下。
（1）残留的固体颗粒。
在液压元件装配、维修等过程中，因洗涤不干净而残留下的固体颗粒，如砂粒、铁屑、磨料、焊渣、棉纱及灰尘等。
（2）空气中的尘埃。
周围环境恶劣，空气中的尘埃、水蒸气等通过液压缸外伸的活塞杆、油箱的通气孔和注油孔等侵入油中。

（3）生成物污染。

液压系统工作过程中，因元件相对运动等原因产生的金属微粒、密封材料磨损颗粒、涂料剥离片，以及油氧化变质产生的胶状物等。

3. 防污措施

产生污染的原因各异，为保证系统正常工作，并延长液压元件寿命，应将污染控制在允许的范围之内，工程上常采用如下措施防污。

（1）防止污物带入系统。在安装、维修液压元件时要认真严格清洗，力求减少外来污染。

（2）滤除油液中的杂质。在系统中的相关位置设滤油器，清除油中杂质，注意定期检查、清洗和更换滤芯。

（3）应按设备使用说明书的要求定期更换油液，换油时应清洗油箱及管道等。

## 2.6 液体静力学基础

液体静力学研究静止液体的力学规律及这些规律的应用，静止液体的内部质点间无相对运动，而液体整体可以像刚体一样做各种运动。至于盛装液体的容器，无论其是静止的还是运动的，都没有关系。

### 2.6.1 静压力及其性质

静止分绝对静止和相对静止。作用在液体上的力有质量力和表面力，前者与质量有关，后者与表面积有关。静止液体单位面积作用的法向力称为静压力，即物理学中的压强，液压技术中称为压力。

若静止液体某点处微元面积 $\Delta A$ 上作用有法向力 $\Delta F$，则该点压力定义为

$$p=\lim_{\Delta A\to 0}\frac{\Delta F}{\Delta A} \tag{2-29}$$

若法向力 $F$ 均匀作用于面积 $A$ 上，则有

$$p=\frac{F}{A} \tag{2-30}$$

静压力的法定计量单位是 Pa，$1\text{Pa}=1\text{N}/\text{m}^2$，液压技术中常用 MPa，$1\text{MPa}=10^6\text{Pa}$。

静压力有两个重要性质：①静压力垂直于承压面，其方向沿内法线方向；②静止液体内任一点处的压力在各方向上均相等。

### 2.6.2 静压力的基本方程

重力作用下的静止液体的受力情况如图 2-12（a）所示，密度为 $\rho$ 的液体在容器内处于静止状态，其受力除重力外，还有液面上的压力。为求出任意深度 $h$ 处的压力 $p$，可以从液体内取出一个垂直小液柱。液柱的底面积为 $\Delta A$，高为 $h$，如图 2-12（b）所示。液柱处于平衡状态，其垂直方向上的力平衡方程为

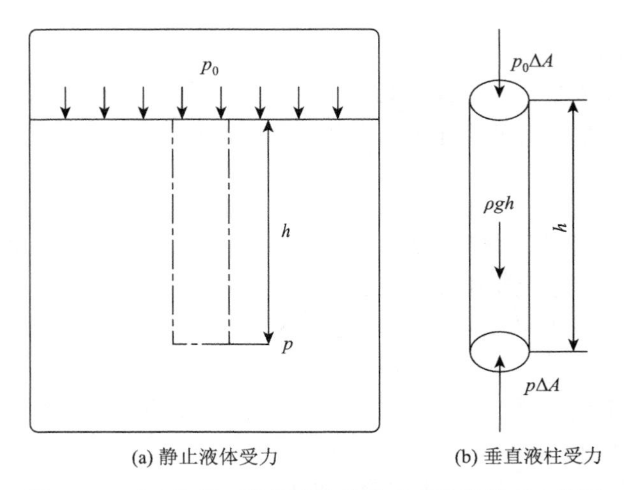


(a) 静止液体受力　　(b) 垂直液柱受力

图 2-12　重力作用下的静止液体及垂直液柱的受力情况

$$p\Delta A = p_0\Delta A + \rho gh\Delta A$$

因此可得

$$p = p_0 + \rho gh \tag{2-31}$$

式（2-31）即为静压力基本方程，由式（2-31）可知，重力作用下的静止液体的压力分布有如下特征。

（1）静止液体内任意点处的压力由两部分组成：一部分是液面上的压力 $p_0$；另一部分是该点以上液体重力所形成的压力 $\rho gh$。当液面作用为大气压 $p_a$ 时，液体内任意点压力为

$$p = p_a + \rho gh \tag{2-32}$$

（2）静止液体内的压力随深度呈线性规律分布。

（3）同一液体中，离液面深度相同的各点处的压力相等，由这些点组成的面称为等压面。重力作用下的静止液体的等压面是水平面，等压面是两种互不相混液体的分界面。

工程技术中，由于 $p_0 > \rho gh$，计算时常忽略 $\rho gh$ 项。

### 2.6.3　压力的表示方法和单位

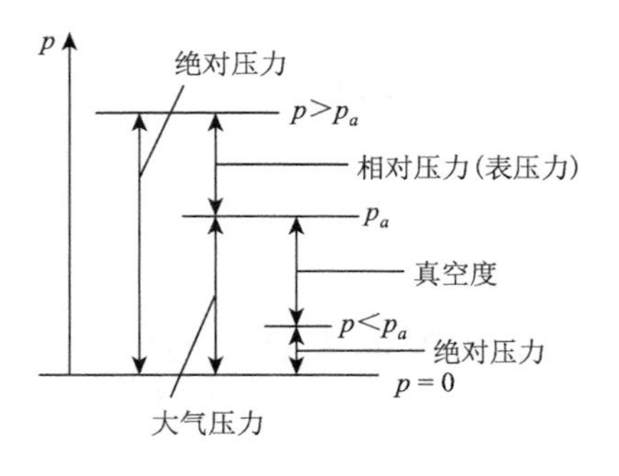


图 2-13　绝对压力、相对压力和真空度

液体压力分为绝对压力和相对压力，它是以不同测量基准区分的，如图 2-13 所示。以绝对真空为基准来测量的称为绝对压力，其数值均为正；而以大气压力为基准测量的称为相对压力。相对压力有正、负之分，正的相对压力称为表压力；对于负的相对压力，其数值称为真空度，即比大气压力小的那部分数值。因此，真空度 = 大气压力–绝对压力，在液压技术中，如不特别指明，压力均指相对压力。

压力的单位除用 Pa 表示外，还有 bar（$1\text{bar}=10^5\text{Pa}$）、工程大气压 at（$1\text{at}\approx 9.807\times 10^4\text{Pa}$）、标准大气压 atm（$1\text{atm}\approx 1.013\times 10^5\text{Pa}$）、毫米水柱 $\text{mmH}_2\text{O}$（$1\text{mmH}_2\text{O}\approx 9.807\text{Pa}$）等。

### 2.6.4 帕斯卡原理

处于密闭容器内的液体，当外加压力 $p_0$ 变化时，只要液体仍然保持静止状态不变，则液体内任一点处的压力均发生相同的变化，即施加于静止液体上的压力以等值传递到各点，这就是帕斯卡原理，又称静压传递原理，帕斯卡原理是液压传动的一个基本原理。

### 2.6.5 静压力对固体壁面的作用力

静止液体与固体壁面相接触时，固体壁面将受到液体静压力的作用。当固体壁面是平面时，作用于该面上的压力方向互相平行，故静压力作用于固体平面上的总作用力 $F$ 等于压力 $p$ 与承压面积 $A$ 的乘积，方向垂直于承压面，即

$$F = pA \tag{2-33}$$

当固体壁面为曲面时，液体压力在该曲面某 $x$ 方向上的总作用力 $F_x$ 等于液体压力 $p$ 与曲面在该方向投影面积 $A_x$ 的乘积，即

$$F_x = pA_x \tag{2-34}$$

上述结果对任何曲面都适用，现以液压缸缸筒为例来说明，如图 2-14 所示。

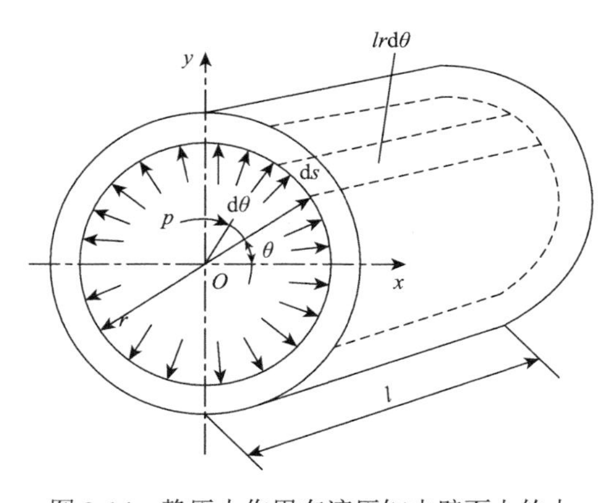


图 2-14 静压力作用在液压缸内壁面上的力

设液压缸两端面封闭，缸内充满压力为 $p$ 的油液，缸筒半径为 $r$，长度为 $l$。缸筒内压力相等，但作用方向不平行。为求出作用于 $x$ 方向上的总作用力 $F_x$，先取出一微元面积 $\mathrm{d}A = l\mathrm{d}s = lr\mathrm{d}\theta$，则压力作用在 $\mathrm{d}A$ 面积上的力 $\mathrm{d}F$ 在水平方向上的分量 $\mathrm{d}F_x$ 的合力 $F_x$ 为

$$F_x = \int_{-\frac{\pi}{2}}^{\frac{\pi}{2}} \mathrm{d}F_x = \int_{-\frac{\pi}{2}}^{\frac{\pi}{2}} plr\cos\theta \mathrm{d}\theta = 2lrp = pA_x$$

即 $F_x$ 等于压力 $p$ 与缸筒在 $x$ 方向上的投影面积 $A_x$ 的乘积。

# 2.7　液体动力学基础

液体动力学主要研究液体运动与作用力之间的相互关系，讨论液体的流动性、运动规律、能量转换及流动液体与固体壁面的相互作用力等。液体的连续性方程、能量方程和动量方程是液体动力学的三个基本方程，是液压技术计算的理论根据。

## 2.7.1　基本概念

### 1. 理想液体、恒定流动和一维流动

通常将既无黏性又不可压缩的液体称为理想液体，它是一种人为假想的自然界中并不存在的液体。由于实际液体具有黏性，在研究液体流动时必须考虑黏性的影响，但这个问题非常复杂，所以在开始分析时可不考虑黏性的影响，再通过实验的方法对理想化的结论进行补充和修正。

液体流动时，若液体中任何一点的压力、速度和密度都不随时间变化，则称为恒定流动（也称稳定流动或定常流动）；反之，只要压力、速度和密度中有一个参数随时间变化，则称为非恒定流动。

液体整体做线形流动时称为一维流动；液体整体做平面或空间流动时称为二维或三维流动。一维流动是最简单的流动，常将封闭容器内液体的流动按一维流动来处理，如液压系统中油液的流动就可简化为一维流动。

### 2. 通流截面、流量和平均流速

流线是指液体中质点在某一瞬间的运动状态的曲线轨迹，其方向与曲线相切，流线既不相交也不转折；在流场内作一条封闭曲线，过该曲线的所有流线构成的管状表面称为流管，流管内所有流线集合称为流束。液体在管道内流动时，其垂直于流动方向的截面称为通流截面，即垂直于流束的界面。

单位时间内流过某通流截面的液体体积称为流量，用$Q$表示，即

$$Q=\frac{V}{t} \tag{2-35}$$

式中，$Q$为流量；$V$为液体的体积；$t$为流过体积$V$所用的时间。

实际液体在管道内流动时，通流截面各点的流速是不相等的，管壁处的流速为零，管轴处的流速最大，平均流速分布如图 2-15（b）所示。欲求流经整个通流截面$A$的流量，可在截面$A$上取一微元面积$\mathrm{d}A$，在$\mathrm{d}A$断面上流速可以认为是相等的，则通过$\mathrm{d}A$的微小流量为

$$\mathrm{d}Q=u\mathrm{d}A$$

而流过整个通流截面$A$的流量为

$$Q=\int_A u\mathrm{d}A \tag{2-36}$$

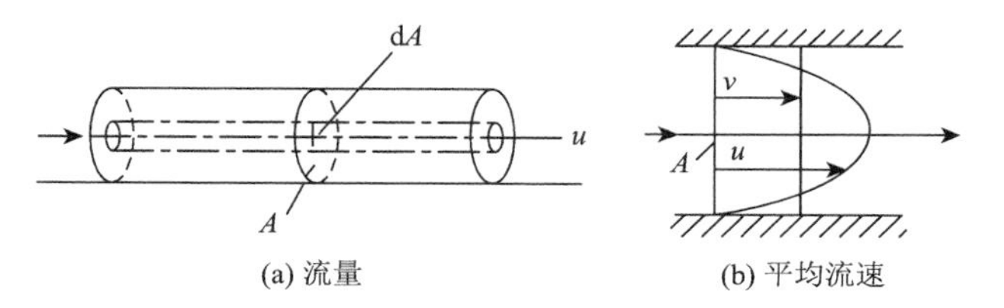


图 2-15 流量和平均流速

若要求解 $Q$，则必须有速度 $u$ 的分布规律的数学表达式，才可以对式（2-36）积分。但是，由于管内流动的速度分布规律很复杂，难以写出其数学表达式，为便于应用，常用一个假想的平均流速 $v$ 来求流量，并认为以平均流速计算通流截面的流量与实际流量相等，即

$$Q = \int_A u \mathrm{d}A = vA$$

由此可得出平均流速为

$$v = \frac{Q}{A} \tag{2-37}$$

3. *层流、紊流和雷诺数*

液体的流动呈现两种状态：层流和紊流。实验表明：在层流时，液体质点互不干扰，液体流动呈现线状或层状，且平行于管道轴线；而在紊流时，液体质点的运动杂乱无章，存在剧烈的横向运动。两种流动状态的物理现象可以通过实验观察得到，这就是雷诺实验。

实验装置如图 2-16 所示。水箱 6 由进水管 2 不断供水，并由溢流管 1 保持水箱内水位高度恒定。水杯 3 中盛有红颜色的水，将开关 4 打开后，红色水即可经细导管 5 流入水平玻璃管 7 中。当调节阀门 8 的开度使玻璃管中的流速较小时，红色水在玻璃管 7 中呈一条明显的红色直线，这条红线与清水互不混杂，如图 2-16（b）所示，液体的这种流动状态称为层流。当调节阀门 8 使玻璃管中的流速逐渐增大至某一值时，可以看到红色的直线开始抖动并呈波纹状，如图 2-16（c）所示，这表明层流被破坏，开始紊流。若使玻璃管 7 中的流速进一步增大，红色水与清水完全混合，红线消失，如图 2-16（d）所示，这种流动状态称为紊流。如果再将阀门逐渐关小，就会观察到完全相反的过程。层流时，液体流速低，质点受黏性力制约，不能随意运动，黏性力起主导作用；紊流时，液体流速高，黏性的制约作用减弱，惯性力起主导作用。液体的流动状态可以用雷诺数来判别。

该实验还可以证明，液体在圆管中的流动状态不仅与管内平均流速 $v$ 有关，还和管径 $d$ 、液体的运动黏度 $\nu$ 有关。实际上，判定流态的是这三个参数所组成的雷诺数 $Re$，其为无量纲数，即

$$Re = \frac{vd}{\nu} \tag{2-38}$$

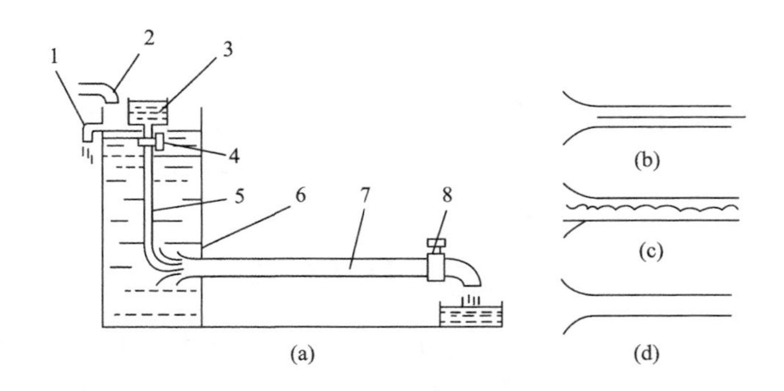


图 2-16　雷诺实验装置

1-溢流管；2-进水管；3-水杯；4-开关；5-细导管；6-水箱；7-玻璃管；8-阀门

雷诺数是液体的惯性力对黏性力的比值，在分析液体流动时，可以借助该物理量判断惯性力和黏性力哪个起主导作用。在相同截面形状管道中，液体的雷诺数相同，它们的流动状态也相同。

液流从层流转变为紊流时的雷诺数和由紊流转变为层流时的雷诺数是不同的，后者数值较小。工程上，一般用后者作为判别流动状态的依据，称为临界雷诺数，记作 $Re_{cr}$。若雷诺数 $Re$ 小于临界雷诺数 $Re_{cr}$，液体为层流流动；反之，液体为紊流流动。不同通流截面的临界雷诺数是不同的，光滑金属圆管的临界雷诺数为 2320。

对于非圆截面的管道，其雷诺数用式（2-39）计算，即

$$Re = \frac{vd_H}{\nu} \tag{2-39}$$

式中，$d_H$ 为通流截面的水力直径，计算公式为

$$d_H = \frac{4A}{x} \tag{2-40}$$

其中，$A$ 为通流截面面积；$x$ 为湿周，即液体与固体壁接触的周界长度。

水力直径表征管道的通流能力，水力直径越大，通流能力越强。

几种常用管道的水力直径 $d_H$ 和临界雷诺数 $Re_{cr}$ 见表 2-1。

**表 2-1　几种常用管道的水力直径 $d_H$ 和临界雷诺数 $Re_{cr}$**

| 管道界面形状 | 图示 | 水力直径 $d_H$ | 临界雷诺数 $Re_{cr}$ |
|---|---|---|---|
| 圆形 | $d$ | $d$ | 2000 |
| 正方形 | $b$　$b$ | $b$ | 2100 |

续表

| 管道界面形状 | 图示 | 水力直径 $d_H$ | 临界雷诺数 $Re_{cr}$ |
| --- | --- | --- | --- |
| 长方形 | 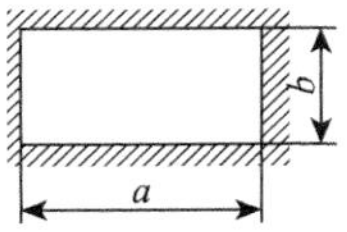  | $\frac{2ab}{a+b}$ | 1500 |
| 长方形缝隙 | 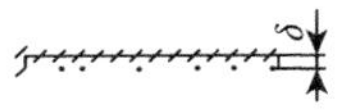  | $2\delta$ | 1400 |
| 同心圆环 | 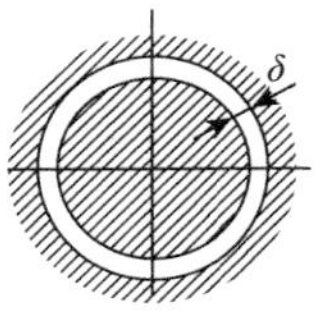  | $2\delta$ | 1100 |
| 滑阀阀口 | 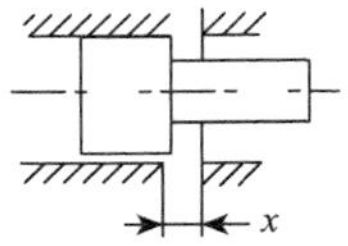  | $2x$ | 260 |
| 圆形（橡胶） | 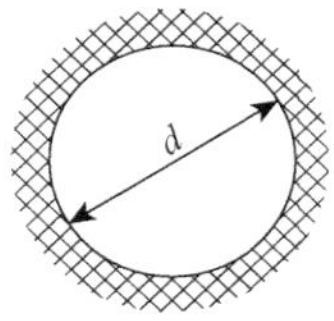  | $d$ | 1600 |

## 2.7.2 连续性方程

连续性方程是质量守恒定律在流体力学中的一种表达形式，即将质量守恒转化为理想液体恒定流动时的体积守恒。

设液体在如图 2-17 所示的管道内恒定流动。若取 1、2 两通流截面的面积分别为 $A_1$ 和 $A_2$，两截面处液体的密度分别为 $\rho_1$ 和 $\rho_2$，平均流速分别为 $v_1$ 和 $v_2$，根据质量守恒定律，单位时间内流过两通流截面的液体质量相等，即 $\rho_1 v_1 A_1 = \rho_2 v_2 A_2$。

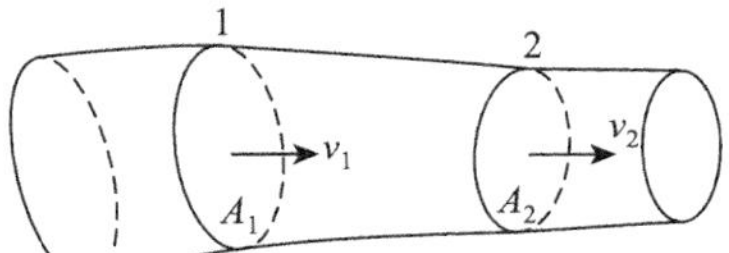

图 2-17 液流的连续性原理

若液体不可压缩，则 $\rho_1 = \rho_2$，此时

$$v_1 A_1 = v_2 A_2 \tag{2-41}$$

或写成

$$Q = vA = 常数$$

式（2-41）即为连续性方程，它表明在恒定流动中，通过管道各截面的不可压缩液体的流量相等，因而平均流速与通流截面面积成反比。

## 2.7.3 伯努利方程

伯努利方程是流动液体的能量方程，是能量守恒定律在流体力学中的一种表达形式。

1. 理想液体的伯努利方程

设理想液体在如图 2-18 所示的管道内做恒定流动。取 $ab$ 液段为研究对象，设 $a$ 、$b$ 两断面中心到基准面 $OO'$ 的高度分别为 $h_1$ 和 $h_2$ ，通流截面面积分别为 $A_1$ 和 $A_2$ ，压力分别为 $p_1$ 和 $p_2$ ，平均流速分别为 $v_1$ 和 $v_2$ 。经 $\Delta t$ 时间后，$ab$ 段流动到 $a'b'$ 位置。接下来，分析液体的功能变化。

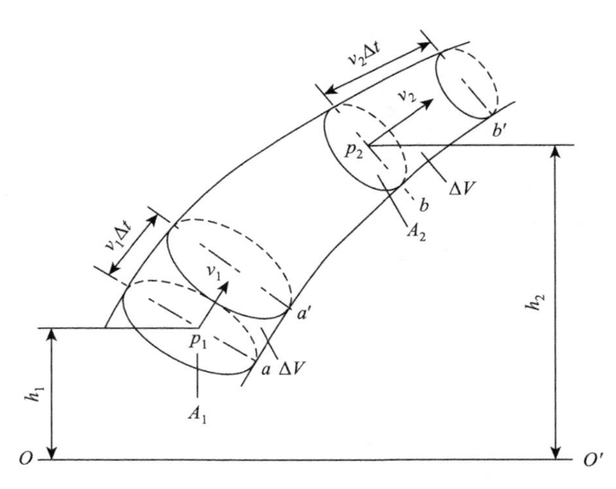


图 2-18　理想液体伯努利方程的推导

1）外力所做的功

作用于该液段上的外力有侧面和两个断面上的压力，因为假设为理想液体，无内摩擦力，侧面上无摩擦力，所以外力的功仅是两断面处压力所做功的代数和，即

$$W = p_1 A_1 v_1 \Delta t - p_2 A_2 v_2 \Delta t$$

由连续性方程 $A_1 v_1 = A_2 v_2 = Q$ 可得

$$A_1 v_1 \Delta t = A_2 v_2 \Delta t = Q\Delta t = \Delta V$$

式中，$\Delta V$ 为 $aa'$ 或 $bb'$ 段的液体体积，则

$$W = (p_1 - p_2)\Delta V$$

2）液体机械能的变化

理想液体做恒定流动，经 $\Delta t$ 时间后，中间段 $a'b'$ 的液体力学参数无变化，没有能量的变化。液体机械能仅表现在 $bb'$ 和 $aa'$ 段有能量的增减。由连续性方程可知，两液段具有相同的质量，$\Delta m = \rho_1 v_1 A_1 \Delta t = \rho_2 v_2 A_2 \Delta t = \rho Q \Delta t = \rho \Delta V$ ，所以两段液体的位能差 $\Delta E_p$ 和动能差 $\Delta E_k$ 分别为

$$\Delta E_p = \rho g Q \Delta t (h_2 - h_1) = \rho g \Delta V (h_2 - h_1)$$

$$\Delta E_k = \frac{1}{2}\rho Q \Delta t (v_2^2 - v_1^2) = \frac{1}{2}\rho \Delta V (v_2^2 - v_1^2)$$

根据能量守恒定律，外力对液体所做的功等于该液体能量的变化量，$W = \Delta E_p + \Delta E_k$ ，即

$$(p_1 - p_2)\Delta V = \rho g \Delta V (h_2 - h_1) + \frac{1}{2}\rho \Delta V (v_2^2 - v_1^2)$$

整理可得

$$\frac{p_1}{\rho}+\frac{v_1^2}{2}+h_1 g=\frac{p_2}{\rho}+\frac{v_2^2}{2}+h_2 g \tag{2-42}$$

式中，$\frac{p_1}{\rho}$为单位质量液体所具有的压力能，也称为比压能；$\frac{v_1^2}{2}$为单位质量液体所具有的动能，也称为比动能；$h_1 g$为单位质量液体所具有的位能，也称为比位能。

式（2-42）即为理想液体的伯努利方程。伯努利方程的物理意义是：理想液体做恒定流动时具有压力能、位能和动能三种形式的能量，在任一截面处三种能量可以互相转换，但三者之和为常数，即能量守恒。

2. 实际液体的伯努利方程

由于实际液体具有黏性，流动时会有摩擦阻力，造成能量损失。另外，实际液体在管道通流截面上的流速分布是不均匀的，采用平均流速计算的动能与实际具有的动能之间存在误差，因此实际液体的伯努利方程为

$$p_1+\rho g h_1+\frac{1}{2}\rho\alpha_1 v_1^2=p_2+\rho g h_2+\frac{1}{2}\rho\alpha_2 v_2^2+h_w \tag{2-43}$$

式中，$\alpha_1$、$\alpha_2$为动能修正系数；$h_w$为液体流动过程中的能量损失。

动能修正系数$\alpha$的计算公式为

$$\alpha=\frac{\int_A \rho\frac{u^2}{2}u\mathrm{d}A}{\frac{1}{2}\rho v\cdot v^2}=\frac{\int_{A'} u^3\mathrm{d}A}{v^3 A} \tag{2-44}$$

式中，$u$为通流截面上的真实流速；$v$为平均流速。

动能修正系数与流动状态有关。层流时，$\alpha=2$；紊流时，$\alpha=1$。

式（2-43）是仅受重力作用的实际液体在管道中做恒定流动时的能量方程。伯努利方程是液压技术中的一个特别重要的方程，在应用该方程解决具体问题时需注意如下几点。

（1）两通流截面的选取，首先应包含所求的未知量，另一个截面应选在已知参数最多处。

（2）基准的选取应减少未知量。

（3）计算过程中，压力的基准选取应一致。

（4）若未知量多于方程数，则必须列出其他辅助方程，如连续性方程等，可联立求解。

### 2.7.4　动量方程

动量方程是动量定理在流体力学中的具体应用，经常用来计算液流作用于固体壁面上的力，实用性较强。动量定理指出：作用于物体上的合外力的大小等于物体在力作用方向上的动量变化率，即

$$\sum F = \frac{\mathrm{d}I}{\mathrm{d}t} = \frac{\mathrm{d}(mw)}{\mathrm{d}t} \tag{2-45}$$

式中，$I$为动量；$m$为物体质量；$v$为物体运动速度。

将动量定理应用于管道流动的流体，如图 2-19 所示，即以通流截面 $A_1$ 与 $A_2$ 为端面所围的一段液体为对象。

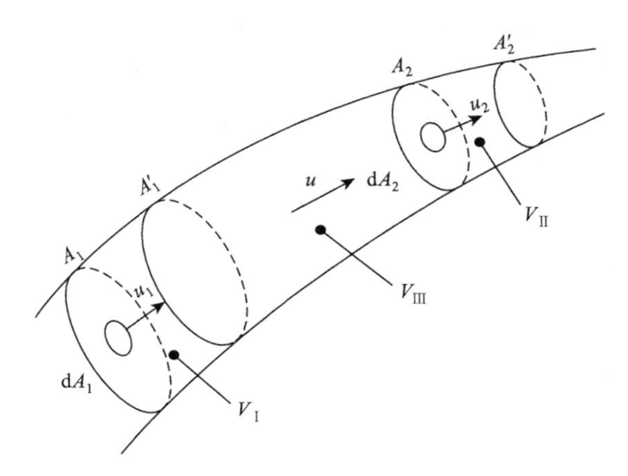


图 2-19　流管内液流动量定理推导简图

取截面上的微元面积 $\mathrm{d}A_1$ 与 $\mathrm{d}A_2$，其流速分别为 $u_1$ 与 $u_2$，经 $\mathrm{d}t$ 时间后，流动到新的位置 $A_1'$ 与 $A_2'$ 处，则在 $\mathrm{d}t$ 时间内，该段体积中动量的变化为

$$\begin{aligned}\mathrm{d}\left(\sum I\right) &= (I_{A_1'A_2'})_{t+\mathrm{d}t} - (I_{A_1A_2})_t \\ &= (I_{A_1'A_2})_{t+\mathrm{d}t} + (I_{A_2A_2'})_{t+\mathrm{d}t} - (I_{A_1A_1'})_t - (I_{A_1'A_2})_t \\ &= (I_{A_1'A_2})_{t+\mathrm{d}t} - (I_{A_1'A_2})_t + (I_{A_2A_2'})_{t+\mathrm{d}t} - (I_{A_1'A_1'})_t \\ &= \mathrm{d}\int_{V_{\mathrm{III}}} \rho \mathrm{d}V_{1'\text{-}2} u + \mathrm{d}\int_{V_{\mathrm{II}}} \rho \mathrm{d}V_{2\text{-}2'} u_2 - \mathrm{d}\int_{V_{\mathrm{I}}} \rho \mathrm{d}V_{1\text{-}1'} u_1\end{aligned} \tag{2-46}$$

当 $\mathrm{d}t \to 0$ 时，整理得

$$\sum F = \frac{\mathrm{d}}{\mathrm{d}t}\left(\int \rho u \mathrm{d}V\right) + \int_{A_2} \rho u_2 u_2 \mathrm{d}A_2 - \int_{A_1} \rho u_1 u_2 \mathrm{d}A_1$$

因为 $\int_{A_1} u_1 \mathrm{d}A_1 = \int_{A_2} u_2 \mathrm{d}A_2 = Q$，考虑用平均流速 $v$ 代替实际流速 $u$，其误差采用动量修正系数 $\beta$ 予以修正，经整理可得

$$\sum F = \frac{\mathrm{d}}{\mathrm{d}t}\left(\int \rho u \mathrm{d}V\right) + \rho Q(\beta_2 v_2 - \beta_1 v_1) \tag{2-47}$$

式（2-47）中，动量修正系数 $\beta$ 等于实际动量与按平均流速计算的动量的比值，即

$$\beta = \frac{\int_A u \mathrm{d}m}{mv} = \frac{\int_A u(\rho u \mathrm{d}A)}{(\rho v A)v} = \frac{\int_A u^2 \mathrm{d}A}{v^2 A} \tag{2-48}$$

在层流时，$\beta = 4/3$，紊流时，$\beta = 1$。式（2-47）即为动量方程，等式左端 $\sum F$ 为作用于液体内所有外力的矢量和，等式右端的第一项是使液体加速所需的力，称为瞬

态液动力，等式右端的第二项是液体不同截面处因速度不同所引起的力，称为稳态液动力。

对于恒定流动的液体，式（2-47）中无瞬态液动力，其改写成

$$\sum F=\rho Q(\beta_2 v_2-\beta_1 v_1) \tag{2-49}$$

必须指出，式（2-47）与式（2-49）均为矢量式，应用时可根据具体要求向指定方向投影，列出动量方程进行求解。需注意，除求出数值大小外还要判定力的方向。

## 2.8 液体流动时的压力损失

实际液体具有黏性，流动时会产生阻力，为克服阻力要消耗一定的能量，这种能量损失就是实际液体伯努利方程中的 $h_w$ 项，折算成压力损失，使液压能转变为热能，导致系统温度升高。设计液压系统时，应尽量减少压力损失，压力损失可以分为沿程压力损失和局部压力损失。

### 2.8.1 沿程压力损失

液体在等径直管中流动时，因黏性摩擦而产生的压力损失称为沿程压力损失，其损失大小与液体的流动状态有关。液压系统多用圆管，圆管中液体的层流流动是液压传动中最常见的现象，设计和使用液压系统时也希望圆管中的流动呈层流。

液体在等径光滑的水平圆管中做恒定的层流运动，如图 2-20 所示。

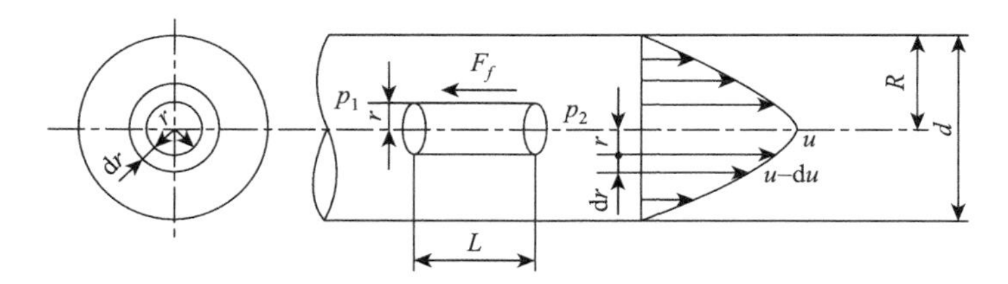


图 2-20 圆管中的层流

在与管轴重合处取一个半径为 $r$ 、长度为 $L$ 的小圆柱体，作用于两端面上的压力分别为 $p_1$ 和 $p_2$ ，侧面上有摩擦力 $F_f$ 。液体等速流动时，列出小圆柱体的受力平衡方程，有

$$(p_1-p_2)\pi r^2=F_f$$

由式（2-24）可得， $F_f=-2\pi rL\mu\mathrm{d}u/\mathrm{d}r$ （因为 $r$ 增大，速度 $u$ 减小，所以 $\mathrm{d}u/\mathrm{d}r$ 为负值，为使 $F_f$ 取正值，加一负号）。令 $\Delta p=p_1-p_2$ ，并代入上式得

$$\frac{\mathrm{d}u}{\mathrm{d}r}=-\frac{\Delta p}{2\mu L}r \quad 或 \quad \mathrm{d}u=-\frac{\Delta p}{2\mu L}r\mathrm{d}r$$

对上式积分，并利用边界条件，当 $r=R$ 时， $u=0$ ，得

$$u=\frac{\Delta p}{4\mu L}(R^2-r^2) \tag{2-50}$$

由式（2-50）可知，管内流速随半径按抛物线规律分布，最大流速在管轴线上，因为 $r=0$，所以

$$u_{\max}=\frac{\Delta p}{4\mu L}R^2$$

在半径 $r$ 处取一个厚度为 $\mathrm{d}r$ 的微小圆环面积，则 $\mathrm{d}A=2\pi r\mathrm{d}r$，通过此圆环面积的流量 $\mathrm{d}Q=u\mathrm{d}A=2\pi ru\mathrm{d}r$，对此式积分可求得流量为

$$\begin{aligned}Q&=\int_0^R \mathrm{d}Q=\int_0^R 2\pi ru\mathrm{d}r=\int_0^R 2\pi\frac{\Delta p}{4\mu L}(R^2-r^2)r\mathrm{d}r\\&=\frac{\Delta R^4}{8\mu L}\Delta p=\frac{\pi d^4}{128\mu L}\Delta p\end{aligned} \tag{2-51}$$

式（2-51）就是圆管层流的流量计算公式。由式（2-51）可知，圆管层流时，流量 $Q$ 与压差 $\Delta p$ 为线性关系，流量 $Q$ 与 $d^4$ 成正比。显然，管径对流量的影响甚大。

由式（2-51）可求出平均流速，即

$$v=\frac{Q}{A}=\frac{1}{\pi R^2}\cdot\frac{\pi R^4}{8\mu L}\Delta p=\frac{R^2}{8\mu L}\Delta p=\frac{d^2}{32\mu L}\Delta p \tag{2-52}$$

将其与 $u_{\max}$ 相比，可得平均流速为最大流速的一半。

沿程压力损失常用 $\Delta p_\lambda$ 表示，可直接由圆管层流流量公式（2-51）得到

$$\Delta p_\lambda=\frac{128\mu L}{\pi d^4}Q$$

将 $\mu=v\rho, Re=\frac{vd}{v}, Q=\frac{\pi}{4}d^2v$ 代入上式，整理得

$$\Delta p_\lambda=\frac{64}{Re}\frac{L}{d}\frac{\rho v^2}{2}=\lambda\frac{L}{d}\frac{\rho v^2}{2} \tag{2-53}$$

式中，$\lambda$ 为沿程阻力系数。

对于圆管层流，理论值为 $\lambda=\frac{64}{Re}$。考虑到实际圆管截面可能有变形，靠近管壁处的液层可能冷却，因此实际计算时，金属管的沿程阻力系数 $\lambda=\frac{75}{Re}$，橡胶管的沿程阻力系数 $\lambda=\frac{80}{Re}$。

虽然式（2-53）是在水平管的条件下推导出来的，但由于重力和位置变化所引起的压力变化很小，可以忽略，此公式也适用于非水平管。

液体在圆管中做紊流流动时，其沿程压力损失计算公式与层流时相同，但式中的沿程阻力系数 $\lambda$ 与层流时不同。具体计算时，可根据雷诺数和管内壁粗糙情况查阅有关经验公式或由曲线确定 $\lambda$。

### 2.8.2　局部压力损失

液体流经接头、弯头、阀口及突变截面等处时，因流速或流向变化所造成的压力损

失称为局部压力损失，常用$\Delta p_{\xi}$表示。此时的液体流动情况非常复杂，影响因素较多，除个别情况外，一般可按式（2-54）计算：

$$\Delta p_{\xi} = \xi \frac{\rho v^2}{2} \tag{2-54}$$

式中，$\xi$为局部阻力系数，其取值可查阅有关手册。

液流经过阀类元件时，也会造成压力损失，常用式（2-55）计算：

$$\Delta p_v = \Delta p_N \left( \frac{Q}{Q_N} \right)^2 \tag{2-55}$$

式中，$\Delta p_N$为阀的额定压力损失（可从产品样本查出）；$Q_N$为额定流量；$Q$为通过阀的实际流量。

### 2.8.3 管路系统的总压力损失

液压系统的管路通常由若干段直管和阀类元件、过滤器、管接头、弯头等组成，因此管路系统的总压力损失是各段直管中的沿程压力损失和各局部压力损失的总和，即

$$\begin{aligned}\Delta p &= \sum \Delta p_{\lambda} + \sum \Delta p_{\xi} + \sum \Delta p_v \\ &= \sum \left( \lambda \frac{L}{d} \frac{\rho v^2}{2} \right) + \sum \left( \xi \frac{\rho v^2}{2} \right) + \sum \left[ \Delta p_N \left( \frac{Q}{Q_N} \right)^2 \right]\end{aligned}$$

式中，$\Delta p_{\lambda}$为管路沿程压力总损失。

液压系统的压力损失会造成温度升高，油液黏度下降，泄漏增大，影响系统的工作性能。从公式中可知，影响压力损失的最主要参数是流速，因此要限制管内流速。

## 2.9 孔口流动和缝隙流动

液压技术中经常利用孔口和缝隙来控制流量和压力，以达到调速和调压的目的。液压元件的泄漏也属缝隙流动，因此研究孔口流动和缝隙流动的情况，对于正确分析元件工作原理和系统性能是非常必要的。

### 2.9.1 孔口流动

液压技术中常用的孔口有薄壁孔（长径比$l/d \leqslant 0.5$）、细长孔（$l/d > 4$）和短孔（$0.5 < l/d \leqslant 4$）三种。

1. *薄壁孔*

薄壁孔的边缘做成刃口形式，如图 2-21 所示。当液体流经薄壁孔时，由于液体的惯性作用，液体质点冲向流束中心，在薄壁孔后形成一个收缩截面$A_e$，然后再扩大，这一收缩扩大过程就产生了局部能量损失。对于薄壁圆孔，当孔前通道直径与薄壁圆孔

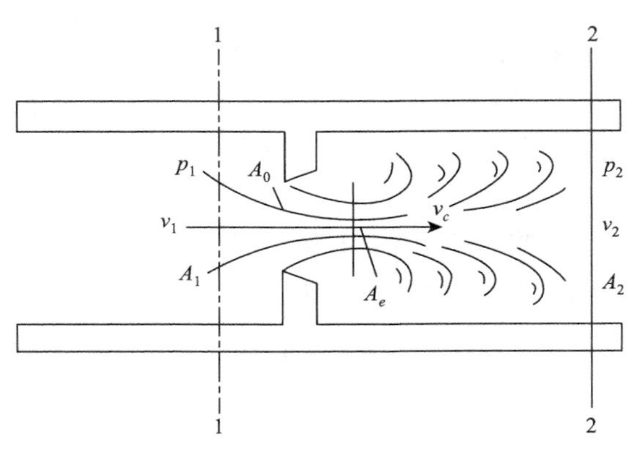


图 2-21　液体通过薄壁孔的流动

$v_c$表示扩张中心流速

直径之比≥7 时，流束的收缩作用不受孔前通道内壁的影响，这时的收缩称为完全收缩；反之，孔前通道对液流进入薄壁圆孔起导向作用，这时的收缩称为不完全收缩。列出图 2-21 中截面 1-1 和 2-2 的伯努利方程，并设动能修正系数$\alpha=1$，有

$$\frac{p_1}{\rho g}+\frac{v_1^2}{2g}=\frac{p_2}{\rho g}+\frac{v_2^2}{2g}+\sum h_\xi$$

式中，$\sum h_\xi$为局部能量损失，包括截面收缩时的损失$h_{\xi_1}$和突然扩大时的损失$h_{\xi_2}$。由前述内容可得

$$h_{\xi_1}=\xi\frac{v_e^2}{2g}$$

$$h_{\xi_2}=\left(1-\frac{A_e}{A_2}\right)^2\frac{v_e^2}{2g}$$

由于$A_e \ll A_2$，可得

$$\sum h_\xi=h_{\xi_1}+h_{\xi_2}=(\xi+1)\frac{v_e^2}{2g}$$

将上式代入伯努利方程，且当$A_1=A_2$时，$v_1=v_2$，得

$$v_e=\frac{1}{\sqrt{\xi+1}}\sqrt{\frac{2}{\rho}(p_1-p_2)}=C_v\sqrt{\frac{2}{\rho}\Delta p} \tag{2-56}$$

式中，$C_v$为流速系数，$C_v=\frac{1}{\sqrt{\xi+1}}$；$\Delta p$为薄壁孔前后的压差，$\Delta p=p_1-p_2$。

由此可得，薄壁孔流量为

$$Q=A_e v_e=C_c C_v A_0\sqrt{\frac{2}{\rho}\Delta p}=C_d A_0\sqrt{\frac{2}{\rho}\Delta p} \tag{2-57}$$

式中，$A_0$为薄壁孔截面；$C_c$为截面收缩系数，$C_c=\dfrac{A_e}{A_0}$；$C_d$为流量系数，$C_d=C_cC_v$。

由式（2-57）可知，流经薄壁孔的流量与小孔截面积成正比，与薄壁孔前后压差的平方根成正比；薄壁孔流量公式中无黏度参数，因而温度变化对薄壁孔流量的影响可以忽略。因此，薄壁孔常用作流量控制调节元件。

薄壁孔流量公式中的流量系数$C_d$常由实验确定。薄壁孔流态常为紊流，当$Re>10^5$，液流完全收缩时，可取$C_d=0.6\sim0.62$；液流不完全收缩时，可取$C_d=0.7\sim0.8$。当薄壁孔边缘不是刃口时，$C_d$将会增大，计算时可查阅有关手册。

2．短孔和细长孔

短孔易加工，适合作为固定节流器使用。短孔的流量公式仍为式（2-57），但流量系数$C_d$与薄壁小孔不同，当$Re>2000$时，$C_d$为0.8左右。

流经细长孔的液体，由于具有黏性而流动不畅，多为层流，可直接应用圆管层流的流量公式，即$Q=\dfrac{\pi d^4}{128\mu L}\Delta p$。由于公式中含有黏度参数$\mu$，流量会受温度变化的影响，这一点与薄壁孔有明显不同。

## 2.9.2　缝隙流动

缝隙流动是指液体流经液压元件配合间隙处的流动，多为层流。缝隙流动有两种状态：一种是由缝隙两端存在的压力差所引起的流动，称为压差流动；另一种是由于形成缝隙的固体壁面的相对运动而引起的流动，称为剪切流动。这两种流动常同时存在。

1．平行平板缝隙

如图2-22所示，在上下两平行平板间充满液体，平板长度为$l$，宽度为$b$，两平板间隙为$h$，且恒有$h\ll b$、$h\ll L$，由于$h$值很小，其间流动多处于层流状态。现分析在压差和剪切共同作用下的流动。

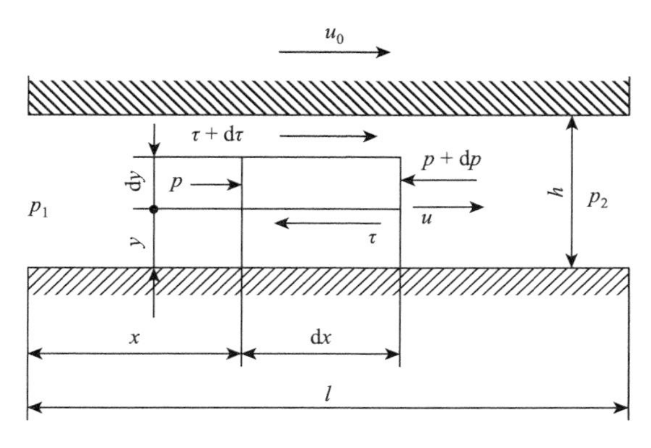

图2-22　平行平板缝隙间的液流

在液流中取长度为 $\mathrm{d}x$，高度为 $\mathrm{d}y$，取单位宽度 $b$，分析此体积在 $\mathrm{d}x\mathrm{d}y$ 上的受力情况。在左右端面上的压力分别为 $p$ 和 $p+\mathrm{d}p$，上下两平面所受的切应力分别为 $\tau+\mathrm{d}\tau$ 和 $\tau$，则该体积的受力平衡方程为

$$p\mathrm{d}y+(\tau+\mathrm{d}\tau)\mathrm{d}x=(p+\mathrm{d}p)\mathrm{d}y+\tau\mathrm{d}x$$

将 $\tau=\mu\dfrac{\mathrm{d}u}{\mathrm{d}y}$ 代入后整理可得

$$\frac{\mathrm{d}^2u}{\mathrm{d}y^2}=\frac{1}{\mu}\frac{\mathrm{d}p}{\mathrm{d}x}$$

对上式积分两次，得

$$u=\frac{1}{2\mu}\frac{\mathrm{d}p}{\mathrm{d}x}y^2+C_1y+C_2 \tag{2-58}$$

式中，$C_1$、$C_2$ 为积分常数。

利用边界条件求出，下平板固定不动，上平板以 $u_0$ 速度运动，则在 $y=0$ 处，$u=0$；在 $y=h$ 处，$u=u_0$，代入式（2-58）可求出 $C_1=\dfrac{u_0}{h}-\dfrac{1}{2\mu}\cdot\dfrac{\mathrm{d}p}{\mathrm{d}x}h$，$C_2=0$。此外，液体做层流流动时，$p$ 仅是 $x$ 的线性函数，即 $\mathrm{d}p/\mathrm{d}x=\left(p_2-p_1\right)/l=-\Delta p/l$，将这些关系式代入式（2-58）整理得

$$u=\frac{\gamma(h-y)}{2\mu l}\Delta p+\frac{u_0}{h}y \tag{2-59}$$

由此可求出平行平板缝隙的流量为

$$\begin{aligned}Q&=\int_0^h ub\mathrm{d}y=\int_0^h\left[\frac{y(h-y)}{2\mu l}\Delta p+\frac{u_0}{h}y\right]b\mathrm{d}y\\&=\frac{bh^3}{12\mu l}\Delta p+\frac{bh}{2}u_0\end{aligned} \tag{2-60}$$

当压差流动与剪切流动方向不同时，式（2-60）等号右边的第二项为负号。

当上下两平板均固定不动，即 $u_0=0$ 时，可得压差流动时的流量，其值为

$$Q=\frac{bh^3}{12\mu l}\Delta p \tag{2-61}$$

当缝隙两端无压差时，即 $\Delta p=0$，可得剪切流动时的流量，其值为

$$Q=\frac{bh}{2}u_0 \tag{2-62}$$

由式（2-61）可知，通过缝隙的流量与间隙 $h$ 的立方成正比，可见间隙对流量的影响甚大。通常，流过间隙的流量可以看作泄漏流量，为减少泄漏，应尽可能减小缝隙值，这也是液压元件配合面要求有很高的加工精度的原因之一。

2. 环形缝隙

1）同心环形缝隙

图 2-23 所示为同心环形缝隙。通过同心环形缝隙的流量可直接引用平行平板流量公式，只是将式（2-60）中的 $b$ 用 $\pi d$ 代入即可

$$Q=\frac{\pi dh^3}{12\mu l}\Delta p+\frac{\pi dh}{2}u_0 \tag{2-63}$$

采用式（2-63）时需注意，当压差流动与剪切流动方向相反时，式中等号右边的第二项取负号。

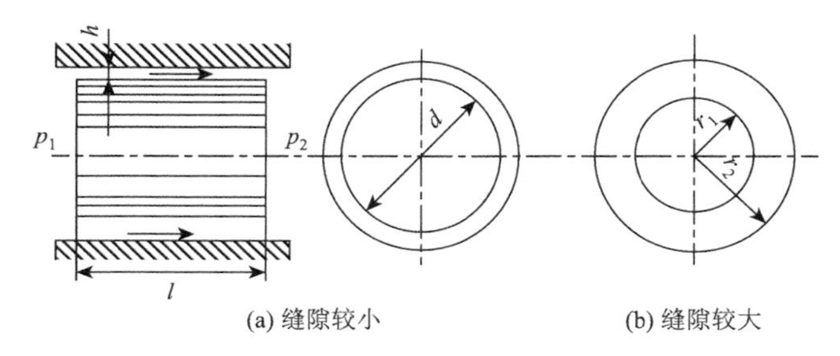


(a) 缝隙较小 (b) 缝隙较大

图 2-23 同心环形缝隙间的液流

当缝隙较大时，可用式（2-64）计算流量：

$$Q=\frac{\pi}{8\mu l}\left[\left(r_2^4-r_1^4\right)-\frac{\left(r_2^2-r_1^2\right)^2}{\ln\frac{r_2}{r_1}}\right]\Delta p \tag{2-64}$$

2）偏心环形缝隙

若圆环的内外圆不同心，存在偏心距 $e$，经推导后，其流量为

$$Q=(1+1.5\varepsilon^2)\frac{\pi dh_0^3}{12\mu l}\Delta p+\frac{\pi dh_0}{2}u_0 \tag{2-65}$$

式中，$h_0$ 为同心时的间隙；$\varepsilon$ 为偏心率，$\varepsilon=\frac{e}{h_0}$。

当 $\varepsilon=0$，式（2-65）即为同心时的流量公式［式（2-63）］；当 $\varepsilon=1$，即存在最大偏心时，其流量为同心时的 2.5 倍。

3）圆环平面缝隙

圆环平面缝隙如图 2-24 所示，液体自圆环中心向四周放射流出，其流量公式为

$$Q=\frac{\pi h^3}{6\mu\ln\frac{r_2}{r_1}}\Delta p \tag{2-66}$$

式中的符号意义见图 2-24。

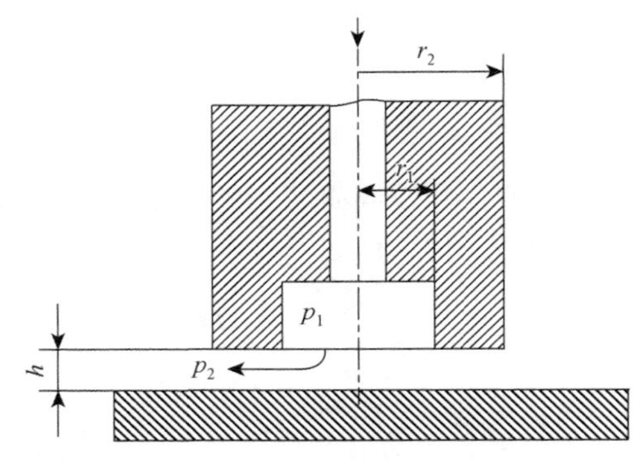


图 2-24　圆环平面缝隙间的液流

# 2.10　液压冲击和气穴现象

在液压系统中有时会产生液压冲击和气穴现象，会对液压系统的正常工作造成危害，因此应了解产生这些现象的原因，尽量避免或采取措施加以防治。

## 2.10.1　液压冲击

在液压系统中，由于某些原因，液体压力突然急剧上升，形成一个压力峰值，这种现象称为液压冲击。

1. 液压冲击产生的原因和危害

当液压系统中使用的各种阀类元件突然关闭时，原来流动的液体发生速度突变，将动能转为压力能，从而产生液压冲击；另外，当液压缸快速制动时，由于惯性作用，油液受到挤压也会产生压力突变，形成液压冲击。

当系统内出现液压冲击时，液体瞬间的压力峰值可以比正常工作时的压力大好几倍。液压冲击会破坏密封装置、管道或液压元件，还会引起振动、噪声等。同时，液压冲击会使某些液压元件产生误动作，影响系统正常工作。

2. 冲击压力

由于液压冲击是一种非恒定流动，动态过程非常复杂，影响因素多，较难精确计算。下面仅介绍两种冲击压力的近似计算公式。

1）管道阀门关闭时的冲击压力

设管道截面面积为 $A$，产生冲击的管道长度为 $l$，压力冲击波在管道内传播的时间为 $t$，液体密度为 $\rho$，管内平均流速为 $v$。若阀门为瞬间关闭，则根据动量方程得

$$\Delta pA = \rho Al\frac{v}{t}$$

或

$$\Delta p = \rho\frac{vl}{t} = \rho cv \tag{2-67}$$

式中，$\Delta p$ 为冲击压力的升高值；$c$ 为冲击波在管中的传播速度，即 $c=l/t$，在液压传动中，$c$ 值常取为 $900\sim1400\mathrm{m/s}$。

$c$ 值的计算公式为

$$c=\frac{\sqrt{\dfrac{K}{\rho}}}{\sqrt{1+\dfrac{Kd}{E\delta}}}$$

式中，$K$ 为液体的体积弹性模量；$E$ 为管材的弹性模量；$d$ 为管内径；$\delta$ 为管壁厚度。

若阀门不是瞬间全部关闭，而是部分关闭，使液体流速从 $v$ 降为 $v'$，此时的冲击压力为

$$\Delta p=\rho c(v-v')=\rho c\Delta v$$

当求出 $\Delta p$ 值后，便可求出产生液压冲击时管道中的最高压力：

$$p_{\max}=p+\Delta p$$

式中，$p$ 为管内的正常工作压力。

2）运动部件制动时的冲击压力

对于液压缸等运动部件，制动时的冲击压力可按式（2-68）计算，即

$$\Delta p=\frac{\left(\sum m\right)\Delta v}{A_0\Delta t} \tag{2-68}$$

式中，$\sum m$ 为运动部件的总质量；$\Delta v$ 为运动部件的速度变化值；$\Delta t$ 为运动部件制动时间；$A_0$ 为液压缸的有效面积。

式（2-68）忽略了阻尼和泄漏等因素，其计算值比实际值要大些，因此是偏于安全的。

3. 减小液压冲击的措施

分析影响冲击压力的各因素，可以采取以下措施减小液压冲击。

（1）延长阀门关闭或运动部件制动换向的时间，例如，采用换向时间可调的换向阀就可以减小液压冲击。

（2）限制管内液流速度，一般将液压系统管道内的液流速度限制在 4.5m/s 以内。

（3）适当加大管径，尽量缩短管道长度。

（4）在易发生液压冲击的部位设置蓄能器或使用橡胶软管，以吸收冲击压力。

### 2.10.2　气穴现象

在液体流动过程中，由于局部区域压力急剧降低而在液体中产生气泡的现象称为气穴现象。气泡中的气体可能是空气，也可能是该液体的蒸气，通常是二者兼有。

当液压系统中出现气穴现象时，大量气泡破坏了液流的连续性，引起流量和压力脉动。当气泡流到高压处时，急剧破灭，造成局部高温和高压，腐蚀金属表面，使元件的工作性能变差，缩短其使用寿命。

气穴现象多发生在液压泵的吸入口处和阀件的阀口处，这些位置处的液流速度高，压力较低，易发生气穴现象。

为减小气穴现象的危害，可采取以下措施。

（1）减小阀的进出口间的压差，一般进出口的压力比 $p_1 / p_2 < 3.5$ 时较为合适。

（2）降低液压泵吸油高度，增大吸油管径，限制流速。

（3）采用抗腐蚀材料，提高零件的机械强度。

# 3 直流电动机及拖动

直流电动机是一种将直流电能转换为机械能的装置，其最大优点是调速性能好，可以在宽广的范围内实现无级调速。另外，直流电动机的启动转矩大，过载能力强，因此广泛应用于运输、起重、轧钢等领域中，如无轨电车、电动机车、船舶设备、轧钢机、起重吊车等大多采用直流电动机提供动力。

## 3.1 直流电动机的结构和工作原理

直流电动机是最早出现的电动机。随着科学技术的发展，材料和工艺的完善，以及工程技术的需要，直流电动机成为发展最快、品种变化最多的一种电动机，各种新结构、新品种的直流电动机不断涌现。

### 3.1.1 直流电动机的结构

一般直流电动机的结构如图 3-1 所示。

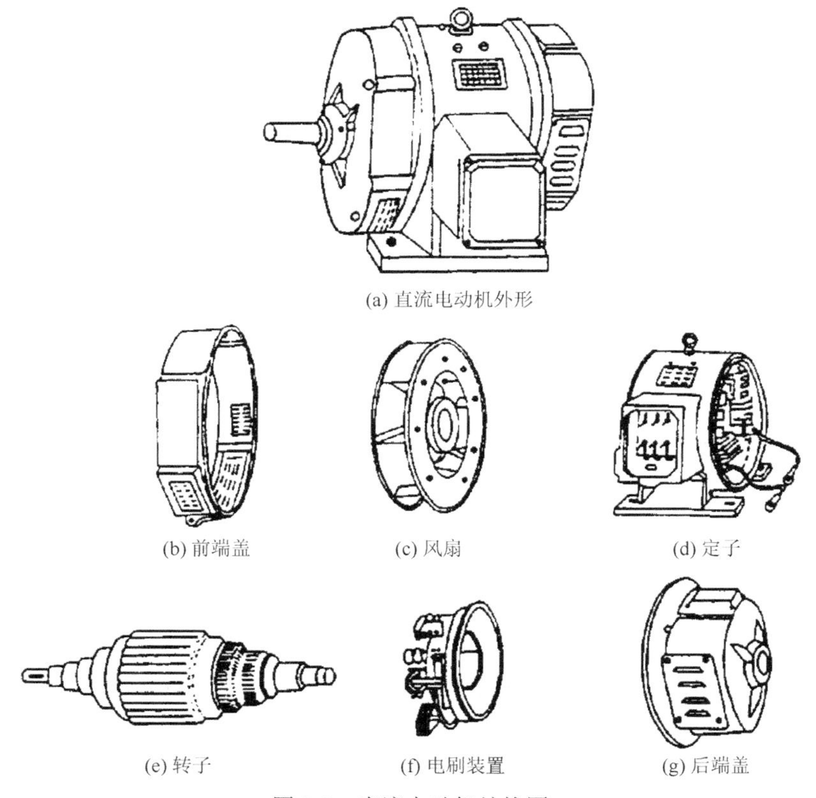

(a) 直流电动机外形

(b) 前端盖　(c) 风扇　(d) 定子

(e) 转子　(f) 电刷装置　(g) 后端盖

图 3-1 直流电动机结构图

直流电动机由定子和转子两大部分组成，在定子和转子之间是空气隙。

1. 定子（静止部分）

定子的作用是产生主磁场和支撑电动机，它主要由主磁极、机座、电刷装置、前后端盖和轴承等组成。图 3-2 为定子结构示意图。

主磁极由主磁极铁芯（包括极芯和极掌）和绕在其上面的励磁绕组组成，主要作用是产生主磁场，见图 3-3。极掌的作用是使通过空气隙中的磁通量分布最为合适，并使励磁绕组（由绝缘铜线绕成）能牢固地固定在极芯上。主磁极铁芯由1～1.5mm 厚的钢板叠压铆合而成，目的是减小涡流损耗。

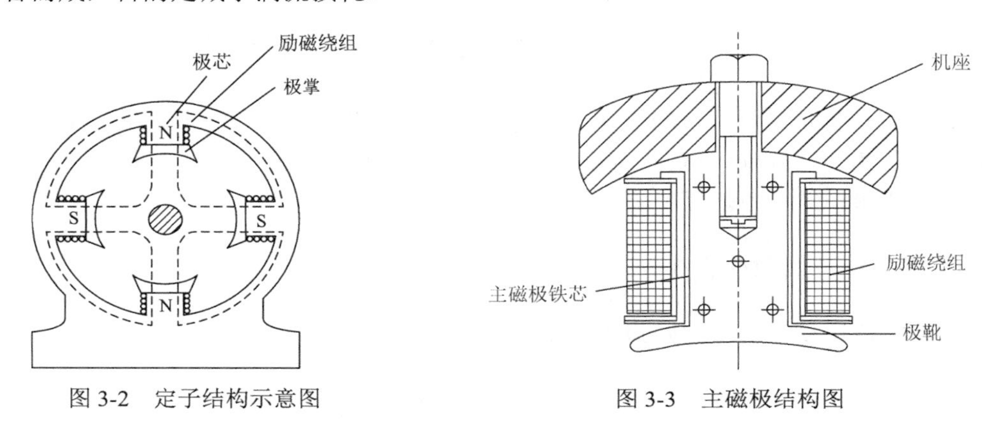


图 3-2　定子结构示意图　　　　图 3-3　主磁极结构图

机座用作磁通量的通路，另外在其上安装主磁极，并通过端盖支持电枢部分，机座通常采用铸钢或钢板制成。

电刷装置的作用是通过固定的电刷和旋转的换向器之间的滑动接触，使旋转的转子电路与静止的外电路相连接，电刷装置由电刷、刷握、刷杆、刷杆座等组成。

前后端盖用来安装轴承和支撑电枢，一般为铸铁件或铸钢件。

2. 转子或电枢（转动部分）

对于直流电动机，转子的作用是产生机械转矩以实现能量的转换。转子主要由电枢铁芯、电枢绕组、换向器、转轴（电枢轴）、风扇（未在图中标注）等组成，见图 3-4（a）。

电枢铁芯的作用是减小磁路的磁阻和嵌放电枢绕组，一般用硅钢片叠压而成，呈圆柱形，表面冲槽，电枢绕组嵌放在槽里。为了加快冷却，电枢铁芯上有轴向的通风孔，如图 3-4（b）所示。

电枢绕组的作用是感应电动势并通过电流，使电动机实现能量的转换。绕组一般由铜线绕成，包上绝缘漆后嵌入电枢铁芯的槽中。为了防止离心力将绕组甩出槽外，一般用槽楔将绕组楔在槽内。

在直流电动机中，换向器的作用是将电刷间的直流电势和电流转换为电枢绕组的交变电流，并保证每一磁极下电枢电流的方向不变，以产生恒定的电磁转矩。换向器由很多彼此绝缘的铜片叠合而成，这些铜片称为换向片，每个换向片都和电枢绕组连接。

转轴的作用是传递转矩，转轴一般用合金钢锻压而成。

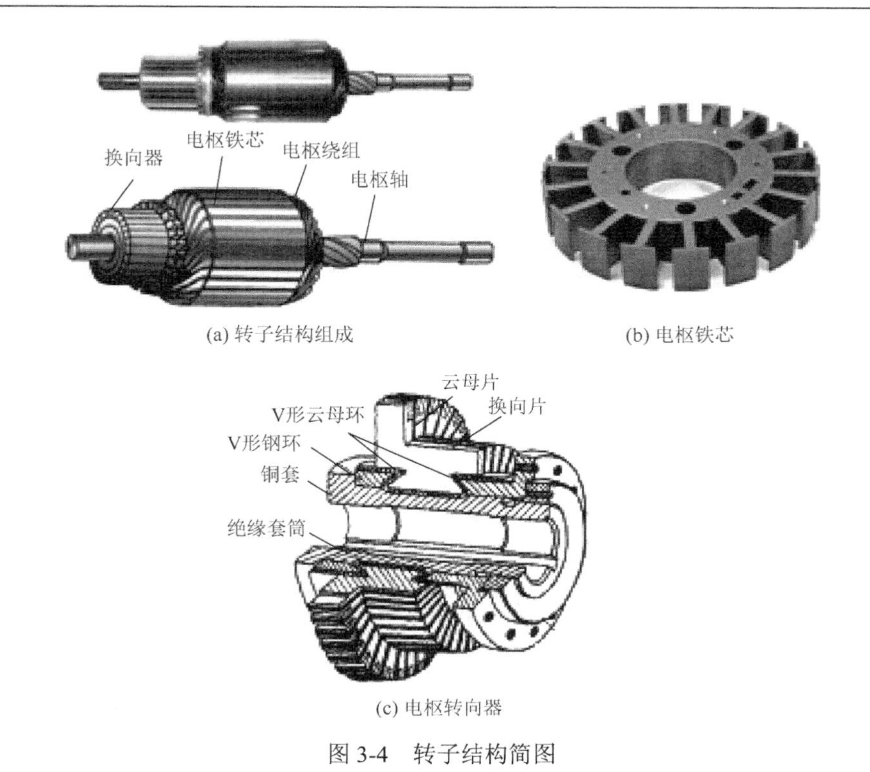


(a) 转子结构组成　(b) 电枢铁芯

(c) 电枢转向器

图 3-4　转子结构简图

### 3.1.2　直流电动机的工作原理

任何电动机的工作原理都是建立在电磁力和电磁感应的基础上的，直流电动机也是如此。

为了方便讨论问题，可把复杂的直流电动机结构简化，直流电动机的工作原理图如图 3-5 所示。直流电动机的定子上有一对方向固定的磁极，电枢绕组只是一个线圈，线圈两端分别连在两个换向片上（换向片随电枢旋转而旋转），换向片上压着电刷 A 和 B（电刷是固定不动的），直流电源通过电刷引入电枢绕组。

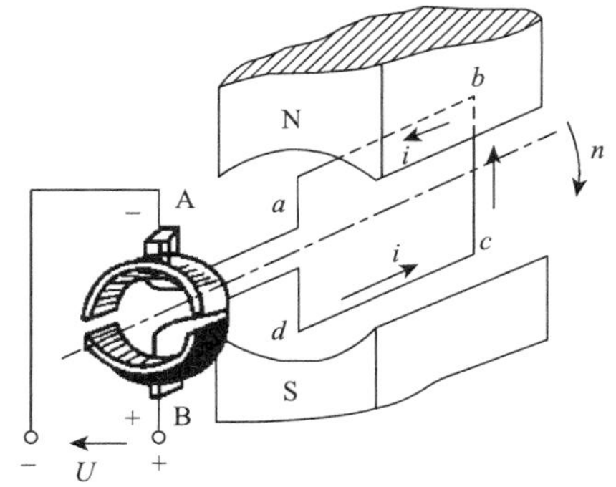


图 3-5　直流电动机的工作原理图

直流电源的极性及流过电枢的电流方向如图 3-5 所示。通电导体在磁场中受到电磁力的作用，力的方向可根据左手定则确定，由此可判断出：从换向器这一侧看过去，电枢受到顺时针方向的电磁转矩，电枢沿顺时针方向旋转。当电枢绕组的 $ab$ 段从 N 极下转到 S 极下时（对应绕组 $cd$ 段从 S 极下转到 N 极下），如果流过其中的电流方向不变，该段导体受到的电磁力方向改变，电枢受到逆时针方向的电磁转矩作用。由上可知，要使电枢受到一个方向不变的电磁转矩的作用，必须保证每个磁极下绕组中的电流始终是一个方向，即电枢绕组中的电流方向随着所在磁极的不同而改变，电流是交变的。而这正是由换向片和电刷来实现的，其把直流电源转换为电枢绕组中的交流电，使电枢受到方向不变的电磁转矩的作用，从而实现连续运转。

实际的直流电动机中，电枢圆周上均匀地嵌放许多线圈，换向器由许多换向片组成，使电枢线圈所产生的总的电磁转矩足够大并且比较均匀，电动机的转速也就比较均匀。

1. 电枢绕组的感应电动势

设某一转子绕组处于图 3-5 所示位置，其有效长度为 $l$、宽度为 $D$，系统磁感应强度为 $B$，此时导体电动势为

$$e = Blv \tag{3-1}$$

将导体线速度 $v$ 用转速 $n$ 表示，即

$$v = \frac{D}{2} \cdot 2\pi \cdot \frac{n}{60} \tag{3-2}$$

将式（3-2）代入式（3-1）得

$$e = Bl\frac{D}{2} \cdot 2\pi \cdot \frac{n}{60} = \frac{\pi}{60}\Phi n \tag{3-3}$$

考虑其他转子绕组后，电动机的感应电动势为

$$E = ce = c\frac{\pi}{60}\Phi n = K_e \Phi n \tag{3-4}$$

式中，$E$ 为反电动势（V）；$c$ 为与结构有关的常数；$K_e$ 为反电动势常数，仅与电动机结构有关；$\Phi$ 为主磁极磁通量（Wb）；$n$ 为电枢转速（r/min）。

考虑到这个电动势的方向（可由右手螺旋定则确定）与电流或外加电压总是相反的，故称为反电动势。

2. 电磁转矩

电动机运行时，电枢中都有电流流过，该电流在磁场中必然产生电磁力的作用，从而对转轴形成转矩，称其为电磁转矩 $T$，仍在如图 3-5 所示的位置，令电枢电流为 $I_a$，则该绕组一侧有效边产生的电磁力为

$$f = BlI_a \tag{3-5}$$

则对转轴的作用转矩为

$$t = BlI_a\frac{D}{2} = \frac{1}{2}\Phi I_a \tag{3-6}$$

考虑其他转子绕组后，电动机的电磁力矩为

$$T = ct = \frac{c}{2}\Phi I_a = K_t \Phi I_a \tag{3-7}$$

式中，$T$ 为电磁转矩（N·m）；$K_t$ 为转矩常数，仅与电动机结构有关的常数；$I_a$ 为电枢电流（A）。

由式（3-4）和式（3-7）可知，同一电动机反电动势常数和转矩常数的关系为

$$K_t = \frac{30}{\pi}K_e \approx 9.55K_e \tag{3-8}$$

直流发电机的模型与直流电动机相同，不同的是电刷上不加直流电压，而是用原动机拖动电枢朝某一方向，如逆时针方向旋转（从换向器端看过去），如图3-5所示。此时，导体*ab*和*cd*分别切割N极和S极下的磁力线，产生感应电动势，电动势的方向用右手螺旋定则确定。可见，直流发电机电枢线圈中的感应电动势的方向是交变的，而通过换向器和电刷的作用，在电刷A、B两端输出的电动势是方向不变的直流电动势。若在电刷A、B之间外接负载，发电机就能向负载供给直流电能。

从以上分析可以看出，一台直流电动机原则上既可以作为电动机运行，也可以作为发电机运行。这个运行的原理，称为电动机的可逆原理。

## 3.2　直流电动机的分类及机械特性

### 3.2.1　直流电动机的分类

按照励磁方式（即获得磁通量的方式）和励磁绕组与电枢绕组的连接方式，可将直流电动机分为并励式、串励式、复励式、他励式和永磁式等，如图3-6所示。

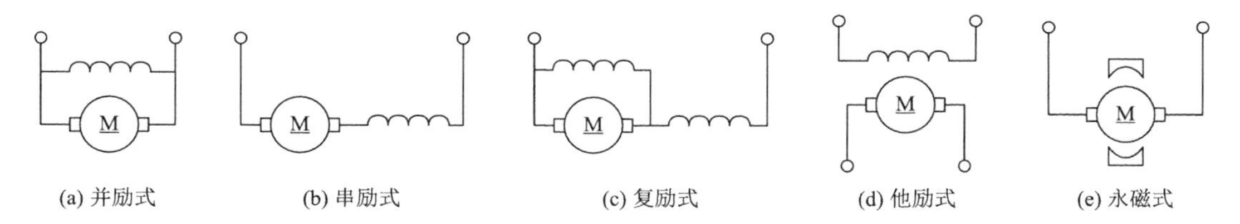


(a) 并励式　(b) 串励式　(c) 复励式　(d) 他励式　(e) 永磁式

图3-6　不同励磁方式的电动机结构示意图

并励式直流电动机的励磁绕组与电枢绕组并联，其特点是

$$I = I_a + I_f$$

式中，励磁电流$I_f \approx (1\%\sim5\%)I_N$，因此励磁绕组的导线细而匝数多。

串励式直流电动机的励磁绕组与电枢绕组串联，其特点是

$$I = I_a = I_f$$

由于励磁电流等于电枢电流，励磁绕组导线粗而匝数少。

复励式直流电动机的每个主磁极上所套的励磁绕组分为两个部分，一部分与电枢绕组并联，另一部分与电枢绕组串联，当两部分励磁绕组产生的磁动势方向相同时，称为积复励，相反则称为差复励，通常选择积复励。

他励式直流电动机的励磁绕组与电枢绕组都是由各自电源供电，因此励磁电流不受电枢端电压或电枢电流的影响，其特点是

$$I = I_a$$

式中，励磁电流$I_f \approx (1\%\sim5\%)I_N$。

永磁式直流电动机所需的磁场是由永久磁铁产生的，因此其磁场强度大小是固定的，不能进行调节。有时用$C_e$和$C_t$来分别表示$K_e\Phi$和$K_t\Phi$，即$C_e = K_e\Phi$，$C_t = K_t\Phi$。

对于并励、串励及复励电动机，其励磁电流就是电枢电流或电枢电流的一部分，因此也称为自励电动机。

按照使用场合的不同可选择各种不同类型的电动机，在伺服控制中通常采用永磁式直流电动机，而在动力控制中，常使用他励式直流电动机。鉴于他励直流电动机应用较为广泛，因此本章主要讨论他励直流电动机的工作特性。

### 3.2.2　直流电动机的基本方程

直流电动机的基本方程是指直流电动机稳定运行时，电路系统的电压平衡方程、能量转换过程中的功率平衡方程、机械系统的转矩平衡方程。

电压平衡方程：根据图 3-7，采用基尔霍夫电压定律，可得电压平衡方程为

$$U = E + I_a R_a \tag{3-9}$$

式中，$R_a$ 为电枢绕组电阻和电刷与换向器的接触电阻总和，通常称为电枢电阻。

由式（3-9）可见，直流电动机中 $E < U$，这是判断直流电动机电动状态的依据：当电动机工作在发电状态时，$E > U$，$U = E - I_a R_a$。

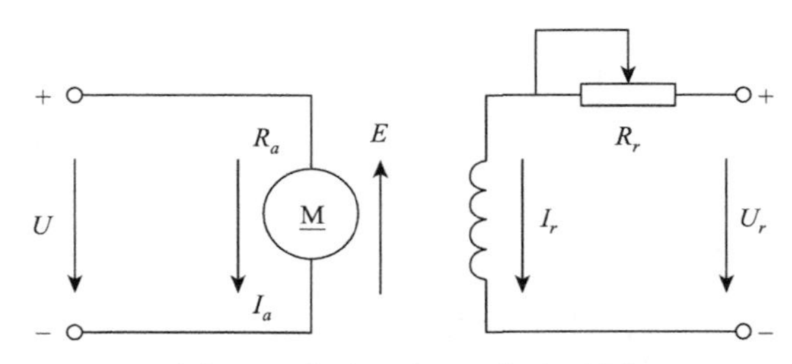


图 3-7　他励直流电动机电路图

功率平衡方程：直流电动机稳定运行时，从电网输入给电动机的功率为 $P_1 = UI$，这个功率不可能全部转换成电动机轴上的机械功率，在能量转换过程中总有一些损耗，从 $P_1$ 中首先扣除电枢回路铜耗（$P_{\mathrm{Cu}} = I_a^2 R_a$），此时便得到电磁功率 $P_M$，电与磁相互作用全部转换成机械功率，即 $P_M = T\omega$。而电动机运行时，还应从 $P_M$ 中扣除机械损耗 $P_j$ 和铁耗 $P_{\mathrm{Fe}}$，剩下的功率才是电动机轴上的输出功率 $P_2$，所以有

$$P_1 = P_M + P_{\mathrm{Cu}} = P_2 + P_j + P_{\mathrm{Fe}} + P_{\mathrm{Cu}} \tag{3-10}$$

式中，$P_{\mathrm{Fe}} + P_{\mathrm{Cu}} = P_0$，$P_0$ 称为空载损耗；$P_j$ 为电动机内部的机械损耗。

一般额定运行情况下，铜耗占总损耗的 1/3～1/2。

转矩平衡方程：当电动机稳定运行时，作用在电动机轴上有三个转矩，一是电枢电流与磁场相互作用产生的电磁转矩 $T$，二是电动机空载阻转矩 $T_0$，三是电动机轴上的输出转矩 $T_2$，该值与负载转矩 $T_L$ 相平衡，它们之间的关系为

$$T = T_2 + T_0$$

$T_0$ 很小，一般 $T_0 \approx (2\%～6\%)T_N \approx 0$，将其省略后，有

$$T \approx T_2 \tag{3-11}$$

式（3-11）说明，稳定运行时，电磁转矩 $T$ 与负载转矩 $T_L$ 大小相等、方向相反。

### 3.2.3　直流电动机的机械特性方程

机械特性是电动机的重要特性，是分析电动机启动、调速、制动等问题的重要依据。机械特性是指电动机的电磁转矩与转速之间的关系，即 $n=f(T)$，其描述的特性属于静特性。

参见图 3-7，考虑电压平衡方程（3-9），将式（3-4）代入得

$$n=\frac{U}{K_e\Phi}-\frac{R_a}{K_e\Phi}I_a \tag{3-12}$$

将式（3-7）代入式（3-12）得

$$n=\frac{U}{K_e\Phi}-\frac{R_a}{K_eK_t\Phi^2}T \tag{3-13}$$

式（3-13）即为他励直流电动机的机械特性方程，可用于运行特性分析，有时利用式（3-12）进行运行特性分析更为方便。

他励直流电动机的磁通量 $\Phi$ 与电枢电流无关，当 $U_f$、$R_f$ 不变时磁通量 $\Phi$ 不变；而 $K_e$、$K_t$ 是和电动机结构有关的常数；$R_a$ 是电枢电阻，也为常数。因此，当电动机电枢两端的电压 $U$ 不变时，机械特性曲线为一条直线，如图 3-8 所示。

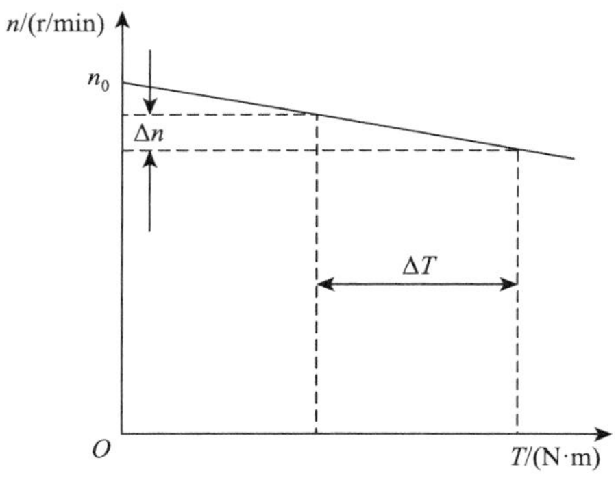

图 3-8　他励直流电动机的机械特性曲线

式（3-13）中，$T=0$ 时的转速 $n_0=U/K_e\Phi$，称为理想空载转速。实际上，电动机总存在空载制动转矩，靠电动机本身的作用是不可能使其转速上升到 $n_0$ 的，“理想”的含义就在这里。

为了衡量机械特性的平直程度，引进一个机械特性硬度的概念，记作 $\beta$，其定义为转矩变化 d$T$ 与所引起的转速变化 d$n$ 的比值：

$$\beta=\mathrm{d}T/\mathrm{d}n=\Delta T/\Delta n\times 100\% \tag{3-14}$$

参考机械特性方程（3-13）可知：

$$\beta=\frac{K_eK_t\Phi^2}{R_a} \tag{3-15}$$

根据 $\beta$ 值的不同，可将电动机机械特性分为三类。

（1）绝对硬特性（$\beta\to\infty$），如交流同步电动机的机械特性。

（2）硬特性（$\beta>10$），如他励直流电动机的机械特性，交流异步电动机机械特性的上半部。

（3）软特性（$\beta<10$），如直流串励电动机和直流积复励电动机的机械特性。

在实际生产中，应根据生产机械和工艺过程的具体要求来决定选用哪种电动机。例如，金属切削机床、连续式冷轧机、造纸机等需选用硬特性的电动机；而起重机、电车等则需选用软特性的电动机。

1. 固有机械特性

当电枢上加额定电压$U_N$，为额定磁通量$\Phi_N$，电枢回路不串任何电阻，即$U=U_N$、$\Phi=\Phi_N$、$R_{ad}=0$，这种情况下的机械特性称为他励直流电动机的固有机械特性，其方程为

$$n=\frac{U_N}{K_e\Phi_N}-\frac{R_a}{K_eK_t\Phi_N^{\,2}}T \tag{3-16}$$

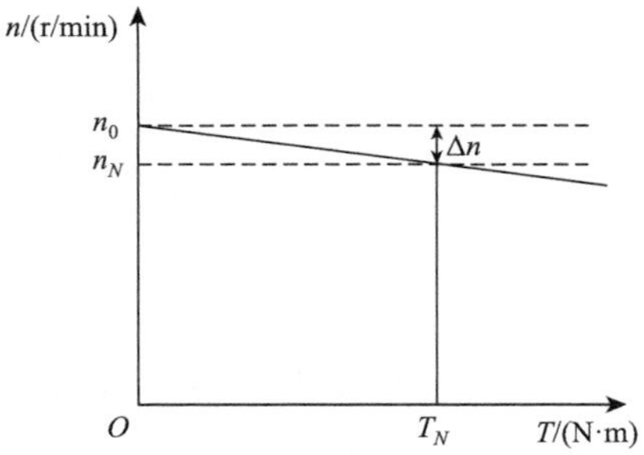

图 3-9 他励直流电动机的固有机械特性曲线

他励直流电动机的固有机械特性曲线如图 3-9 所示。

他励直流电动机的固有机械特性具有如下特点。

（1）由于$R_a$很小，斜率$|k|=R_a/K_eK_t\Phi_N^2$也很小，特性较平，属于硬特性，当转矩变化时，转速变化较小。

（2）当$T=0$时，$n=n_0=U_N/K_e\Phi_N$，为理想空载转速，此时，$I_a=0$，$E=U_N$。

他励直流电动机的固有机械特性图可以根据电动机的铭牌数据来绘制。由式（3-16）知，固有机械特性曲线是一条直线，只要确定其中的两个点就能画出这条直线，一般采用理想空载点$(0,n_0)$和额定运行点$(T_N,n_N)$。通常在电动机铭牌上给出了额定功率$P_N$、额定电压$U_N$、额定电流$I_N$、额定转速$n_N$等，电枢电阻$R_a$有时给出，有时不给，由这些已知数据就可求出固有机械特性，其计算步骤如下。

1）电枢电阻$R_a$已经给出

$K_e\Phi_N$和$K_t\Phi_N$的计算如下：

$$K_e\Phi_N=\frac{U_N-I_NR_a}{n_N},\quad K_t\Phi_N=\frac{60}{2\pi}K_e\Phi_N$$

计算理想空载点数据：

$$T=0,\quad n_0=\frac{U_N}{K_e\Phi_N}$$

计算额定转矩：$T_N=K_t\Phi_NI_N$或利用$T_N=9.55P_N/n_N$（两式计算结果之差为空载损耗转矩），根据计算所得$(0,n_0)$和$(T_N,n_N)$两点就可以绘出电动机的固有机械特性曲线。

2）电枢电阻$R_a$未给出

（1）估算。

$$R_a=\left(\frac{1}{2}\sim\frac{2}{3}\right)\frac{U_NI_N-P_N}{I_N^2} \tag{3-17}$$

式中，$P_N$为额定输出功率（W）。

式（3-17）是一个经验公式，它表示在额定负载下，电动机的电枢铜损占电动机全部损耗的$1/2\sim2/3$。

（2）实测。

如果已经有电动机，可以采取实测的方法测出$R_a$。由于电刷与换向器表面接触电阻

是非线性的，电枢电流很小时，表现的电阻值很大，不反映实际情况，不能用万用表直接测量正负电刷之间的电阻。一般采用伏安法来测量，实测时，励磁绕组要开路，并卡住电枢避免其旋转。在测量过程中，可以让电枢转动几个位置进行测量，然后取其平均值。这种方法只适用于容量为几千瓦以下的小型电动机，当容量较大时，可以采用估算法。

前面讨论的是他励直流电动机正转时的机械特性，其在 $T$ - $n$ 直角坐标平面的第一象限内。实际上电动机既可正转，也可反转。若将式（3-13）的等号两边乘以负号，即得电动机反转时的机械特性表达式。因为 $n$ 和 $T$ 均为负值，所以其固有机械特性曲线应在 $T$ - $n$ 直角坐标平面的第三象限中，如图 3-10 所示。

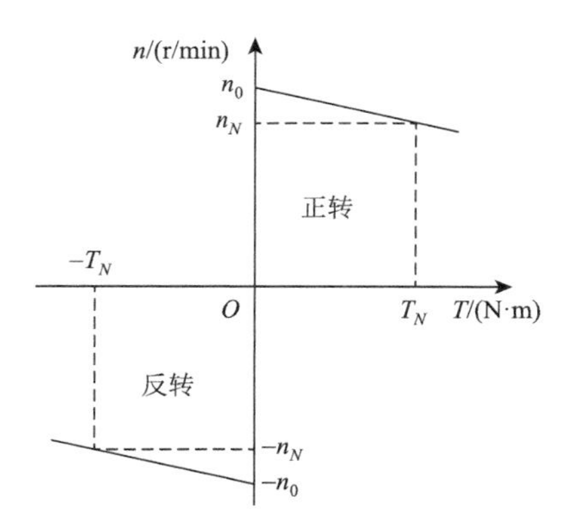


图 3-10 他励直流电动机正反转时的固有机械特性曲线

2. 人为机械特性

人为机械特性就是指式（3-13）中的供电电压 $U$ 或磁通量 $\Phi$ 不是额定值、电枢电路内接有外加电阻 $R_{ad}$ 时的机械特性，也称人为机械特性。下面分别介绍他励直流电动机的三种人为机械特性。

1）电枢回路中串接附加电阻时的人为机械特性

如图 3-11（a）所示，当 $U=U_N$，$\Phi=\Phi_N$，电枢回路中串接附加电阻 $R_{ad}$ 时，若以 $R_{ad}+R_a$ 代替式（3-13）中的 $R_a$，就可求得人为机械特性方程，即

$$n=\frac{U_N}{K_e\Phi_N}-\frac{R_{ad}+R_a}{K_eK_t\Phi_N^2}T=n_0-\Delta n \tag{3-18}$$

将其与固有机械特性［式（3-16）］比较可看出，当 $U$ 和 $\Phi$ 都是额定值时，二者的理想空载转速 $n_0$ 是相同的，而转速降 $\Delta n$ 却变大了，即特性变软。$R_{ad}$ 越大，特性越软，在 $R_{ad}$ 值不同时，可得一族过同一点 $(0,n_0)$ 的人为机械特性曲线，如图 3-11（b）所示。

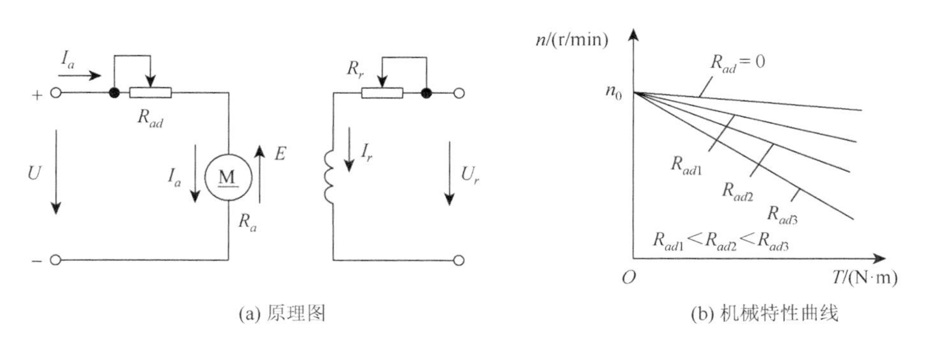


(a) 原理图　　(b) 机械特性曲线

图 3-11 电枢回路中串接附加电阻的他励直流电动机

2）改变电动机供电电压时的人为机械特性

改变电动机供电电压时，固有机械特性的条件是：$U$ 可变、$\Phi=\Phi_N$、$R_{ad}=0$。与固有机械特性比较，只有 $U$ 改变，因此固有机械特性方程变为

$$n = \frac{U}{K_e \Phi_N} - \frac{R_a}{K_e K_t \Phi_N^2} T \tag{3-19}$$

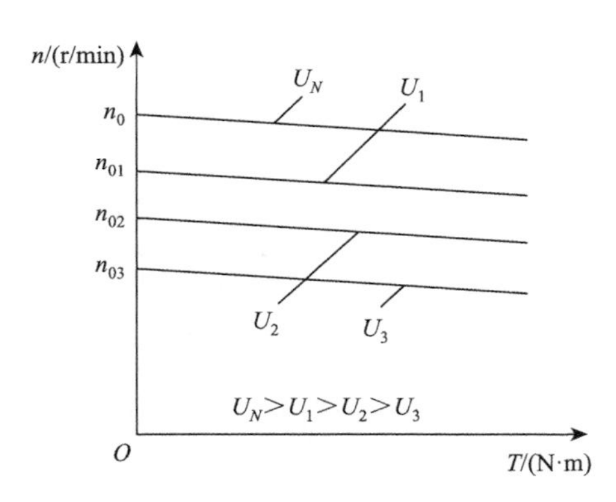


图 3-12　改变电枢电压的人为机械特性曲线

改变供电电压时，人为机械特性的特点是：①斜率不变，各条特性曲线互相平行；②理想空载转速 $n_0$ 与 $U$ 成正比。

由于一般要求电动机电枢的外加电压不超过其额定值，外加电压通常是在额定电压以下改变。改变外加电压时的人为机械特性曲线是从固有机械特性往下移得到的，而且是平行于固有机械特性的一族直线，如图 3-12 所示。

3）减弱电动机磁通量时的人为机械特性

图 3-13（a）所示的是减弱磁通量时的原理图，此时 $U = U_N$、$R_{ad} = 0$，所以机械特性方程为

$$n = \frac{U_N}{K_e \Phi} - \frac{R_a}{K_e K_t \Phi^2} T \tag{3-20}$$

由式（3-20）可看出，减弱磁通量时，理想空载转速 $n_0$ 将增大，又由于转速降与 $\Phi^2$ 成反比，机械特性随磁通量减弱而变软，如图 3-13（b）所示。

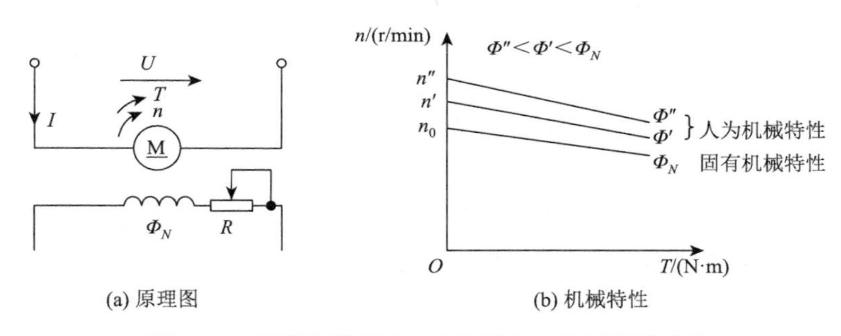


图 3-13　弱磁他励直流电动机原理及机械特性曲线

电动机在正常运行时磁路已接近饱和，在设计时，为节省铁磁材料，需要改变磁通量，而且只能是减弱磁通量，对应的人为机械特性曲线在固有机械特性曲线的上方。

在减弱磁通量时必须注意：当磁通量过分减弱后，在输出转矩一定的条件下，电动机电流将大大增加而导致严重过载。另外，若处于严重弱磁状态，则电动机的速度会上升到机械强度不允许的数值，俗称“飞车”。因此，他励直流电动机启动时，必须先加励磁电流，在运行过程中，决不允许励磁电路断开或励磁电流为零，为此，他励直流电动机通常设有“失磁”保护。

前面讨论了机械特性曲线位于直角坐标系第一象限的情况（通常称该直角坐标系为 $n$-$T$ 平面），它是指转速与电磁转矩均为正的情况；倘若电动机反转，电磁转矩也随 $n$ 的方向一同变化，机械特性曲线的形状仍是相同的，只是位于 $n$-$T$ 平面的第三象限，称为反转电动状态，如图 3-14 所示。

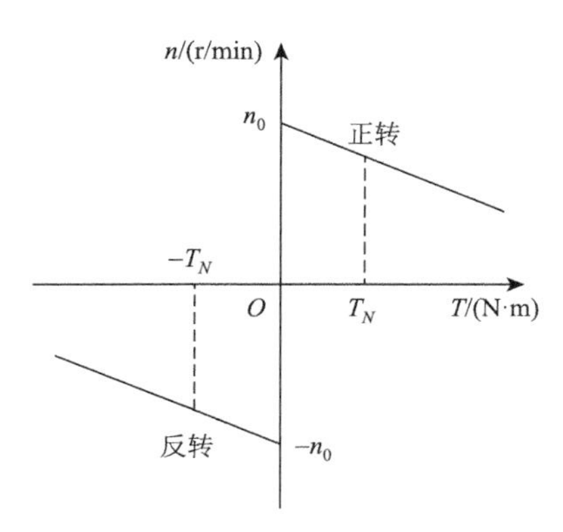


图 3-14 他励电动机正反转时的机械特性曲线

## 3.3 他励直流电动机的启动特性

电动机的启动是指电动机接通电源后，由静止状态加速到稳定运行状态的过程。虽然启动时间很短，但若不能采用正确的启动方法，电动机就不能正常安全地投入运行，为此，应对直流电动机的启动过程和方法进行必要的分析。

从生产机械的生产过程来看，启动过程属于非生产过程，所占用的时间属于辅助生产时间。因此，为提高生产效率，大多数生产机械要求启动过程越短越好，对于频繁启动、制动的生产机械尤其如此。

### 3.3.1 他励直流电动机的启动要求

他励直流电动机的启动一般有以下要求。

（1）启动过程中启动转矩$T_{st}$足够大，使$T_{st} > T_L$，电动机的加速度大于零，保证电动机能够启动，且启动过程时间较短，以提高生产效率。

（2）启动电流的起始值$I_{st}$不能太大，否则会使换向困难，产生强烈火花，损坏电动机，还会产生转矩冲击，影响传动机构等。

（3）启动设备与控制装置简单、可靠、经济性好，操作方便。

由直流电动机的转矩公式$T = K_t \varPhi_N I_a$可知，启动转矩$T_{st} = K_t \varPhi_N I_{st}$，为使$T_{st}$较大而$I_{st}$又不致太大，首先要加足励磁，即调节励磁电阻使$I_f = I_{fN}$、$\varPhi = \varPhi_N$；或者将励磁回路的调节电阻调至最小，使磁通量最大，再将电枢回路接通电源，通以电流，产生启动转矩，开始启动。

对于直流电动机不限流的情况，一般不容许全压启动。全压启动就是直流电动机的电枢直接加以额定电压启动，启动瞬间，由于机械惯性的原因，电动机转速$n = 0$，则$E = 0$，这时流过电枢的启动电流起始值为

$$I_{st} = \frac{U - E}{R_a} = \frac{U}{R_a} \tag{3-21}$$

由于电枢电阻$R_a$很小，$I_{st}$的数值可达$(10\sim50)I_N$，远超过电动机所允许的最大电流。过大的启动电流将造成一些不良影响，具体如下。

（1）电网电压波动过大，影响接在同一电网的其他用电设备正常工作。

（2）使电动机换向恶化，在换向器与电刷之间产生强烈火花或环火，同时电流过大易使电枢绕组烧坏。

（3）启动转矩过大，使生产机械和传动机构受到强烈冲击而损坏。

除极小容量直流电动机（如家用电器中采用的某些直流电动机）外，不允许全压启动。

### 3.3.2　他励直流电动机的启动方法

由式（3-21）可见，可采用电枢回路串电阻和降压启动方法限制直流电动机的启动电流。

1. 电枢回路串电阻启动

不同的生产工艺过程对直流电动机启动过程有不同要求。例如，市内无轨电车就要求启动时平稳缓慢，启动过快会使乘客感到不适。而对于一般生产机械，则要求有足够的启动转矩，这样可缩短启动时间，提高生产效率。我国标准控制柜均按快速启动原则设计，用于普通生产机械，启动速度的快慢可以通过改变启动电阻来实现。

启动电阻的计算应当满足启动过程的要求，即启动转矩要求大些，但也不能太大，因为电动机允许的最大电流受到换向器和机械强度的限制，一般最大允许电流为额定电流的2～2.5倍。从经济上要求启动设备简单、便宜而且可靠，因此启动电阻段数要少，但段数太少会使启动过程的快速性和平滑性受到影响。由此可要求，在保证不超过最大允许电流的条件下尽可能平滑和快速启动，这就要求各段启动电阻都对应相同的最大电流和切换电流，启动段数一般为3～4段。

1）串电阻启动过程分析

现以串三段电阻启动为例来分析启动过程，启动时的电气原理图和机械特性曲线如图3-15所示。

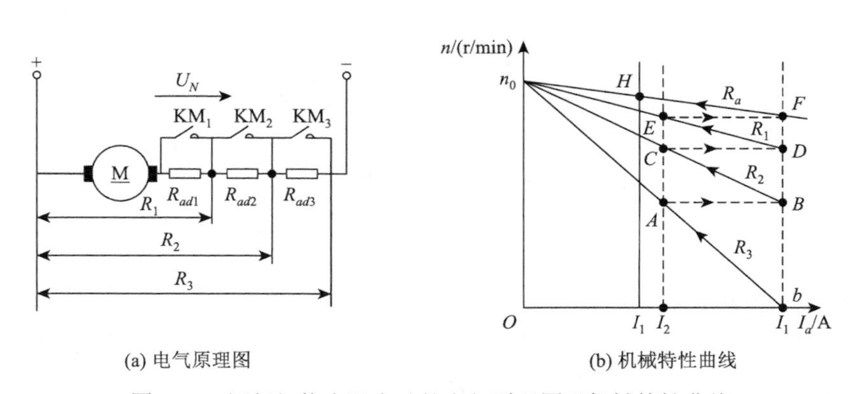


(a) 电气原理图　　(b) 机械特性曲线

图3-15　逐级切换电阻启动的电气原理图及机械特性曲线

图3-15中，$R_{ad1}$、$R_{ad2}$、$R_{ad3}$为启动电阻，$KM_1$、$KM_2$、$KM_3$为接触器的常开触头。$R_1 = R_a + R_{ad1}$，$R_2 = R_a + R_{ad1} + R_{ad2}$，$R_3 = R_a + R_{ad1} + R_{ad2} + R_{ad3}$。先将电动机定子通电，完成定子励磁，$KM_1$、$KM_2$、$KM_3$断开，此时电枢回路总电阻为$R_3$，接通电源电压$U_N$，

在$n=0$时，启动电流$I_1=U_N/R_3$，启动点为$R_3$对应的机械特性与横轴的交点$b$。显然，$I_1>I_L$，即$T_1>T_L$，电动机由$b$点开始启动，变化过程沿$R_3$曲线由$b\to A$。

为得到较大的加速转矩，到$A$点时闭合$KM_3$，切除$R_{ad3}$，一般称切换电阻时的电流$I_2$为切换电流，对应的转矩称为切换转矩。切除$R_{ad3}$后的电枢总电阻为$R_2=R_a+R_{ad1}+R_{ad2}$，对应的机械特性曲线为如图3-15（b）所示的$R_2$曲线。在切换瞬间，转速不能突变，电枢电势保持不变，可知此时电流从$I_2$突增至$I_1$，运行点由$A$过渡到$B$。电动机转矩从$T_2$突增到$T_1$，得到与开始启动时同样大的加速转矩，变化过程沿$R_2$曲线由$B\to C$。

同样，为得到较大的加速转矩，到$C$点时再闭合$KM_2$，切除$R_{ad2}$，电枢总电阻为$R_1=R_a+R_{ad1}$。切除电阻瞬间，转速来不及变化，电枢电势保持不变，此时，电流和转矩再次分别突增到$I_1$和$T_1$，运行点从$R_2$曲线上$C$点过渡到$R_1$曲线上的$D$点，电动机又获得与开始启动时同样大的加速转矩，变化过程沿$R_1$曲线由$D\to E$。

等运行点到达$E$点时，最后闭合$KM_1$，切除$R_{ad3}$，运行点从$R_1$曲线上的$E$点过渡到$F$点，电流、转矩再一次分别突增到$I_1$、$T_1$，加速过程一直持续到$H$点。在$H$点，$T=T_L$、$n=n_H$，系统稳定运行，启动过程结束。

在整个启动过程中，电动机启动过程将较平稳地运行。

2）启动最大电流$I_1$和切换电流$I_2$的选择

$I_1$的选择原则是不超过电动机容许的最大电流$I_{max}$，即

$$I_1=(2\sim2.5)I_N \tag{3-22}$$

若要求快速启动，则$I_1$可选大些；若要求平稳缓慢启动，则$I_1$可选小些。

$I_2$的选择原则是兼顾启动的快速性及启动设备费用的合理性，一般范围为

$$I_2=(1.1\sim1.2)I_N \tag{3-23}$$

启动过程的切换电流$I_2$应大于负载电流$I_L$，如出现$I_2<I_L$，说明启动段数多或者最大启动电流大。

分级启动时，每一级的$I_1$（或$T_1$）和$I_2$都取相同的值，即图3-15中的$A$、$C$、$E$对应相同的切换电流，以及$b$、$B$、$D$、$F$对应相同的最大电流，这样可使电动机启动时加速度均匀。此时，令$\lambda=I_1/I_2=T_1/T_2$，$\lambda$称为启动电流比（或启动转矩比）。

3）启动电阻的计算

由图3-15（b）可知，$n_A=n_B$，即$\dfrac{U-I_2R_3}{K_e\Phi}=\dfrac{U-I_1R_2}{K_e\Phi}$，化简得$\dfrac{I_1}{I_2}=\dfrac{R_3}{R_2}$。因为$n_C=n_D$，即$\dfrac{U-I_2R_2}{K_e\Phi}=\dfrac{U-I_1R_1}{K_e\Phi}$，得$\dfrac{I_1}{I_2}=\dfrac{R_2}{R_1}$。

同理，因为$\dfrac{I_1}{I_2}=\dfrac{R_1}{R_a}$，所以有

$$\frac{R_3}{R_2}=\frac{R_2}{R_1}=\frac{R_1}{R_a}=\frac{I_1}{I_2}=\lambda \tag{3-24}$$

式（3-24）说明相邻两级启动电阻之比均等于启动电流比。若已知电枢电阻$R_a$和启动电流比$\lambda$，则各级启动电阻为

$$
\begin{aligned}
R_1 &= \lambda R_a \\
R_2 &= \lambda R_1 = \lambda^2 R_a \\
R_3 &= \lambda R_2 = \lambda^3 R_a
\end{aligned} \tag{3-25}
$$

各级外串电阻为

$$
\begin{aligned}
R_{ad1} &= R_1 - R_a = (\lambda - 1)R_a \\
R_{ad2} &= R_2 - R_1 = \lambda(\lambda - 1)R_a \\
R_{ad3} &= R_3 - R_2 = \lambda^2(\lambda - 1)R_a
\end{aligned} \tag{3-26}
$$

若启动级数为 $m$ ，则最大启动电阻为 $R_m = \lambda^m R_a$ ，有

$$
\lambda = \sqrt[m]{\frac{R_m}{R_a}} \tag{3-27}
$$

或者

$$
m = \frac{\lg \dfrac{R_m}{R_a}}{\lg \lambda} \tag{3-28}
$$

现分两种情况介绍启动电阻的计算步骤。

（1）启动级数已知为 $m$ 。

第一步，选定 $I_1$，按式（3-22）计算。

第二步，计算最大启动电阻，即 $R_m = U / I_1$ 。

第三步，计算启动电流比，即 $\lambda = \sqrt[m]{\dfrac{R_m}{R_a}}$ 。

第四步，依据式（3-25）和式（3-26）计算各级启动电阻及分段外串电阻。

（2）启动级数未知。

第一步，分别按式（3-22）、式（3-23）和式（3-24）初选 $I_1$、 $I_2$ 和 $\lambda$ 。

第二步，计算最大启动电阻，即 $R_m = U / I_1$ 。

第三步，按式（3-28）计算启动级数 $m$ 。若求得 $m$ 为小数，则取邻近的较大的整数（如 $m$ 为 2.67，则取 $m = 3$），然后将所取整数代入式（3-27）中，对 $\lambda$ 值进行修正，再将修正后的 $\lambda$ 值代入式（3-24）中，对 $I_2$ 进行修正。修正后的 $I_2$ 应满足取值范围要求，否则应另选级数 $m$ ，再重新修正 $\lambda$ 和 $I_2$ 值。

第四步，将修正后的 $\lambda$ 值代入式（3-25）和式（3-26）中，计算出各级启动电阻和分段外串电阻。

### 2. 降压启动

如果他励直流电动机采用的是降压调速，则对应的调压设备可兼作启动设备。在关上电源之前，将调压器的输出电压调为较小值，保证电动机堵转电流在允许范围内，一般为额定值的 2～2.5 倍。合上开关，电动机由堵转开始加速，随着电动机转速的增大，反电动势逐渐增加。这时平滑地增加调压器的输出电压，使电枢电流始终保持为最大值，

电动机将以最大加速度启动。由于调压器输出电压可连续调节，该方法可恒加速启动，使启动过程处于最优运行状态。

调压设备过去多采用直流发电机-电动机组，即每一台电动机专门由一台直流发电机供电，当调节发电机的励磁电流时，便可改变发电机的输出电压，从而改变加在电动机电枢两端的电压。近年来，随着电力电子技术的发展，直流发电机已经被晶闸管、晶体管整流电源所取代。降压启动虽需要专用的可调电源，设备投资较大，但其启动平稳，启动过程中的能量损耗小，因而得到了广泛的应用。

## 3.4　他励直流电动机的调速特性

大量生产机械，如各种金属切削机床、轧钢机、电动机车、电梯、纺织机械等，其工作机构的转速要求能够用人为的方法进行调节，以满足生产工艺过程的需要。电力拖动系统通常采用两种调速方法：一种是电动机的转速不变，通过改变机械传动机构（如齿轮、皮带轮等）的转速比实现调速，这种方法称为机械调速，其特点是传动机构比较复杂，调速时一般需要停机，且多为有级调速；另一种是通过改变电动机的参数调节电动机的转速，从而调节生产机械转速的方法，称为电气调速，其特点是传动机构比较简单，调速时不用停机，可以实现无级调速，且易于实现电气控制自动化。也有一些负载机构将机械调速和电气调速配合使用，本节只讨论电气调速。

电气调速是指在负载转矩不变的条件下，通过人为的方法改变电动机的有关参数，从而调节电动机和整个拖动系统的转速。必须指出，调速与因负载变化而引起的转速变化是不同的。例如，在图 3-16 中，他励直流电动机带恒转矩负载 $T_L$ 工作在固有机械特性曲线上，工作点为 $A$，转速为 $n_A$。若人为降低电源电压，使固有机械特性曲线平行下移，与负载机械特性的交点由 $A$ 点移至 $B$ 点，转速降为 $n_B$，这属于调速。如果电动机参数不变，固有机械特性不变，由于负载转矩由 $T_L$ 增大为 $T_L'$，工作点由 $A$ 点移至 $C$ 点，转速由 $n_A$ 降为 $n_C$，这属于负载转矩变化引起的转速变化。可见两者的主要区别在于：调速前后工作点必定不在电动机的同一条固有机械特性曲线上，而转速变化前后的工作点必定在电动机的同一条固有机械特性曲线上。

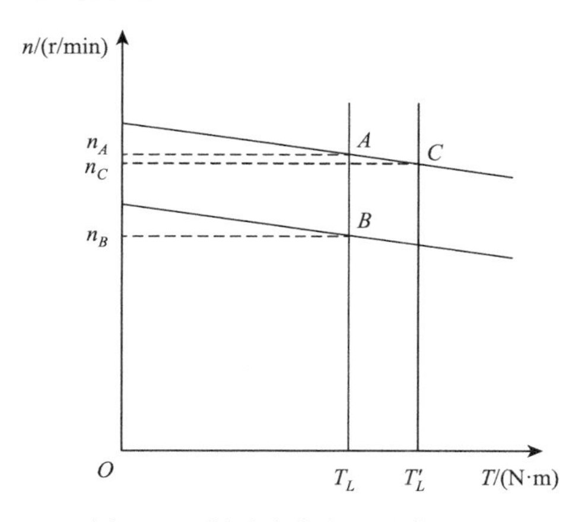

图 3-16　转速变化与调速的区别

他励直流电动机的机械特性方程的一般形式为

$$n=\frac{U}{K_e\Phi}-\frac{R_a}{K_eK_t\Phi^2}T$$

可以看出，他励直流电动机的调速方法有三种：①电枢回路串电阻调速；②降压调速；③弱磁调速。

在分析不同调速方法的性能和实际工作中，为生产机械选择合适的调速方法时，都要以统一规定的调速方法的技术指标和经济指标为依据。

### 3.4.1　调速的技术指标和经济指标

1. 调速的技术指标

1）调速范围 $D$

在额定负载转矩下，电动机可能调到的最高转速 $n_{max}$ 与最低转速 $n_{min}$ 之比称为调速范围，用 $D$ 表示，即

$$D=\frac{n_{max}}{n_{min}} \tag{3-29}$$

式中，最高转速 $n_{max}$ 受电动机换向及机械强度的限制；最低转速 $n_{min}$ 则受生产机械对转速相对稳定性要求的限制。

转速相对稳定性是指负载转矩变化时转速变化的程度，用静差率来表示。转速变化越小，相对稳定性越好，能达到的 $n_{min}$ 就越低，调速范围 $D$ 就越大。

不同的生产机械对调速范围 $D$ 的要求是不同的，如车床要求 $D=20\sim120$，造纸机要求 $D=3\sim20$，龙门刨床要求 $D=10\sim40$，轧钢机要求 $D=3\sim120$ 等。

2）静差率 $S$

他励直流电动机工作在某条机械特性曲线上，理想空载到额定负载运行的转速降 $\Delta n_N$ 与理想空载转速 $n_0$ 之比的百分数，称为该特性的静差率，用 $S$ 表示，一般为5%～10%。

$$S=\frac{\Delta n_N}{n_0}\times100\%=\frac{n_0-n_N}{n_0}\times100\% \tag{3-30}$$

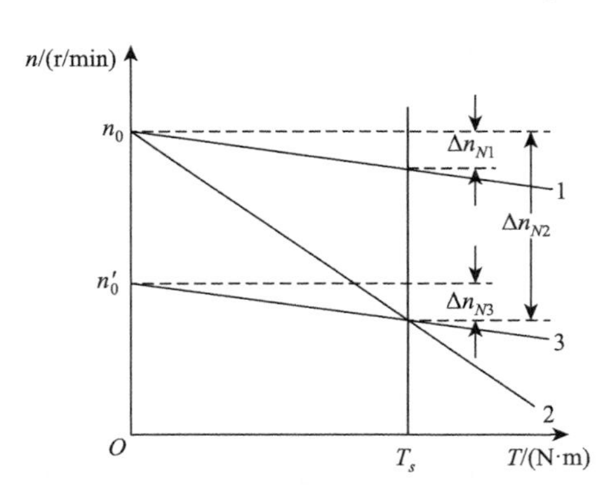


图 3-17　静差率与机械特性硬度的关系

1-固有机械特性；2-电枢回路串电阻的人为机械特性；3-降低电压时的人为机械特性

静差率 $S$ 的大小反映静态转速相对稳定的程度，$S$ 越小，额定转矩时的转速降 $\Delta n_N$ 越小，转速相对稳定性越好。不同的生产机械要求不同的静差率，如普通车床要求 $S\leqslant30\%$，龙门刨床要求 $S\leqslant10\%$，造纸机要求 $S\leqslant0.1\%$ 等。

比较图 3-17 中的固有机械特性 1 和电枢回路串电阻时的人为机械特性 2 可知，$n_0$ 一定时，电动机的机械特性越硬，则额定转矩时的转速降 $\Delta n_N$ 越小，静差率 $S$ 越小；同时比较固有机械特性 1 和降低电压时的人为机械特性 3 可知，机械特性的硬度相同时，静差率 $S$ 并不相等，$n_0$ 较低时 $S$ 较大。可见，静差率 $S$ 与特性的硬度有关系，但又不是同一概念。

从以上分析还可看出，生产机械对静差率的要求限制了电动机允许达到的最低转速 $n_{min}$，从而限制了调速范围，所以计算 $S$ 时均以低速时对应的机械特性为准。下面以调压调速时的情况为例，推导调速范围 $D$ 与静差率 $S$ 的关系。参照图 3-17，1 和 3 是不

同电压下的机械特性曲线，在额定负载转矩下的转速降 $\Delta n_{N1}=\Delta n_{N3}=\Delta n_N$，设最低转速时的静差率 $S=\dfrac{\Delta n_N}{n_0'}$，则调速范围为

$$D=\frac{n_{\max}}{n_{\min}}=\frac{n_{\max}}{n_0'-\Delta n_0}=\frac{n_{\max}}{n_0'-n_0'S}=\frac{n_{\max}}{n_0'(1-S)}=\frac{n_{\max}}{\dfrac{\Delta n_N}{S}(1-S)}=\frac{n_{\max}S}{\Delta n_N(1-S)} \tag{3-31}$$

式（3-31）是调压调速时，调速范围与静差率之间关系的表达式。此式表明，生产机械允许的最低转速下的静差率 $S$ 越小，电动机允许的调速范围 $D$ 也就越小。如果允许的 $S$ 越大，$D$ 也越大，所以调速范围 $D$ 只有在对 $S$ 有一定要求的前提下才有意义。此式同时表明，$S$ 的允许值一定时，调速范围 $D$ 还受额定负载转矩下的转速降 $\Delta n_N$ 的影响。例如，如果采用电枢回路串电阻的方法调速，其特性如图 3-17 中的曲线 2 所示。由于 $\Delta n_{N2}$ 明显大于 $\Delta n_{N3}$，与调压调速时相比，在同样条件下，电枢回路串电阻调速的调速范围 $D$ 要小得多。

3）平滑性

在允许的调速范围内，调节的级数越多，即每一级速度的调节量越小，则调速的平滑性越好。调速的平滑性可用平滑系数 $\varPhi'$ 来表示，其定义为相邻两级（$i$ 级和 $i$–1 级）转速或线速度之比，即 $\varPhi'=\dfrac{n_i}{n_{i-1}}=\dfrac{v_i}{v_{i-1}}$。一般取 $n_i>n_{i-1}$，即取 $\varPhi'>1$，显然，$\varPhi'$ 越接近于 1，调速平滑性越好。如果 $\varPhi'-1=\varepsilon$，$\varepsilon$ 趋近于 0，则 $n$ 可调至任意数值，平滑性最好，称为平滑调速或无级调速。

4）调速时的容许输出

容许输出是指在保持额定电流的条件下调速时，电动机容许输出的最大转矩或最大功率与转速的关系。容许输出的最大转矩与转速无关的调速方法称为恒转矩调速方法，容许输出的最大功率与转速无关的调速方法称为恒功率调速方法。要注意的是，容许输出并不是实际输出，实际输出还要看负载的特性。

2. 调速的经济指标

经济指标包括三个方面：一是调速设备的初期投资，二是运行过程中的能量损耗，三是维护费用。三者总和较小者，其经济指标较好。

### 3.4.2 电枢回路串电阻调速

前面已介绍，直流电动机电枢回路串电阻后，可以得到人为的机械特性，并可用此法进行启动控制。同样，用这个方法也可以进行调速。图 3-18 所示为电枢回路串电阻调速的特性，从图中可看出，在一定的负载转矩 $T_L$ 下，串入不同的电阻可以得到不同的转速，如在电阻分别为 $R_a$、$R_3'$、$R_2'$、$R_1'$ 的情况下，可以得到对应于 $A$、$C$、$D$ 和 $E$ 点的转速 $n_A$、$n_C$、$n_D$ 和 $n_E$。在不考虑电枢电路的电感时，电动机调速时的机电过程（如降低转速）如图中沿 $A\to B\to C$ 的箭头方向所示，即从稳定转速 $n_A$ 调至新的稳定转速 $n_C$。

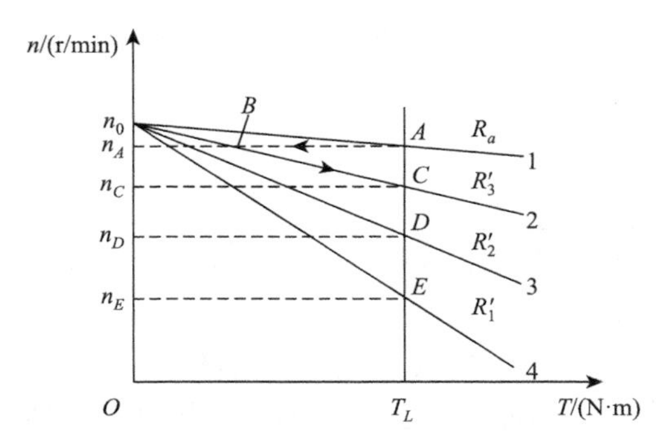


图 3-18 电枢回路串电阻调速的特性

这种调速方法存在很多缺点，如机械特性较软，电阻越大则机械特性越软，稳定度越低；在空载或轻载时，调速范围较小；实现无级调速较困难；在调速电阻上消耗大量电能等。特别注意，启动电阻不能当作调速电阻用，否则会被烧坏。

电枢回路串电阻调速只能使转速由额定值往下调（$n_{\max}=n_N$），且转速降低时，机械特性硬度变小，转速稳定性变差，额定转速降 $\Delta n_N$ 增大，静差率明显增大。在静差率要求一定时，调速范围较小，一般情况下 $D=1.5\sim2$。调速电阻中流过的电流较大，电阻不易实现连续调节，只能分段有级调节，所以调速平滑性差。调速时 $\Phi$ 和电枢绕组允许通过的 $I_a$ 均不变，容许输出的转矩 $T=K_t\Phi I_a$ 也不变，故属于恒转矩调速方法。电枢回路串电阻设备比较简单，初期投资不大，但运行过程中调速电阻损耗较大，转速越低，电阻越大，损耗越大。为此，这种调速方法一般只适用于功率不大，低速运行时间不长，对于调速性能要求不高的场合，如用于电瓶车和中小型起重机械等。

### 3.4.3 改变电枢电压调速

改变电枢电压 $U$ 可得到人为机械特性，如图 3-19 所示，从图中可看出，在一定负载转矩 $T_L$ 下，加上不同的电压 $U_N$、$U_1$、$U_2$、$U_3(U_N>U_1>U_2>U_3)$ 可以得到不同的转速 $n_a$、$n_b$、$n_c$、$n_d$，即改变电枢电压可以达到调速的目的。

现以电压由 $U_1$ 突然升高至 $U_N$ 为例说明其升速的机电过程，见图 3-19。电压为 $U_1$ 时，电动机工作在 $U_1$ 特性的 $b$ 点，稳定转速为 $n_b$。当电压突然上升为 $U_N$ 的一瞬间，由于系统机械惯性的作用，转速 $n$ 不能突变，相应的反电势 $E=K_e\Phi n$ 也不能突变，仍为 $n_b$ 和 $E_b$。在不考虑电枢电路的电感时，电枢电流将随 $U$ 的突然升高而增大，即由 $I_L=(U_1-E_b)/R_a$ 突增至 $I_g=(U_N-E_b)/R_a$，则电动机的转矩也由 $T=T_L=K_t\Phi I_L$ 突然增至 $T'=T_g=K_t\Phi I_g$，即在 $U$ 突增的这一瞬间，电动机的工作点由 $U_1$ 特性的 $b$ 点过渡到 $U_N$ 特性的 $g$ 点（实际上平滑调节时，电流变化是不大的）。由于 $T_g>T_L$，系统开始加速，反电动势 $E$ 也随转速 $n$ 的上升而增加，电枢电流则逐渐减小，电动机转矩也相应减小，电动机的工作点将沿 $U_N$ 特性由 $g$ 点向 $a$ 点移动。直到 $n=n_a$ 时，$T$ 又下降到 $T=T_L$，此时电动机已工作在一个新的稳定转速 $n_a$。

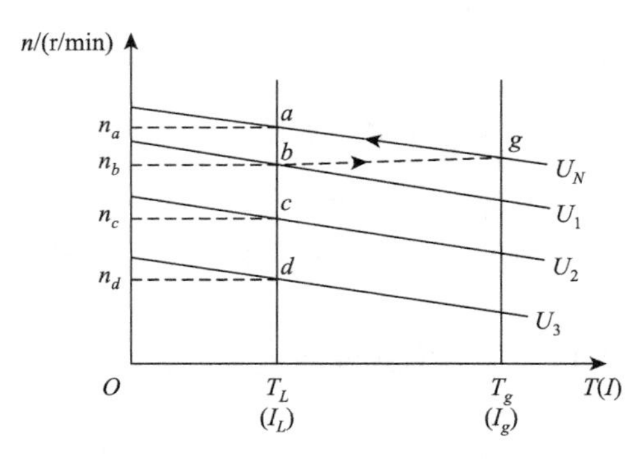


图 3-19 改变电枢电压调速的人为机械特性

由于调压调速过程中$\Phi=\Phi_N=$常数，当$T_L$为常数时，稳定运行状态下的电枢电流$I_a$也是一个常数，与电枢电压$U$的大小无关。

调压调速的特点如下。

（1）如果电源电压能够平滑调节，可以实现无级调速。

（2）调速前后机械特性的斜率不变，硬度较高，负载变化时，速度稳定性好。

（3）无论轻载还是重载，最高转速和最低转速之差不变，调速范围$D$较大，可达2.5～12。

（4）调速时，因电枢电流与电压$U$无关，且$\Phi=\Phi_N$，故电动机转矩不变，属于恒转矩调速，适合于恒转矩型负载调速。

（5）电能损耗较小。

（6）需要一套调压电源设备。

因此，调压调速多用于对调速性能要求较高的生产机械上，如机床、轧钢机、造纸机等。

### 3.4.4 改变磁通量调速

改变磁通量，一般指在额定磁通量$\Phi_N$以下减弱磁通量。因为一般电动机的额定磁通量$\Phi_N$已设计得使磁路接近饱和，即使励磁电流增加很大，磁通量$\Phi$也增加很少。因此，变磁通量调速实际上是指在额定磁通量$\Phi_N$以下的弱磁调速。

弱磁时的机械特性方程为$n=\dfrac{U_N}{K_e\Phi}-\dfrac{R_a}{K_eK_t\Phi^2}T=n_0-\Delta n$，其机械特性曲线如图3-20所示。可见，减小磁通量$\Phi$时，$n_0$增大，$\Delta n$增大，但因$R_a$很小，在一般情况下$T_L\leqslant T_N$，$n_0$比$\Delta n$增加得多，因此弱磁时的转速增大（$n_e>n_c>n_a$）。

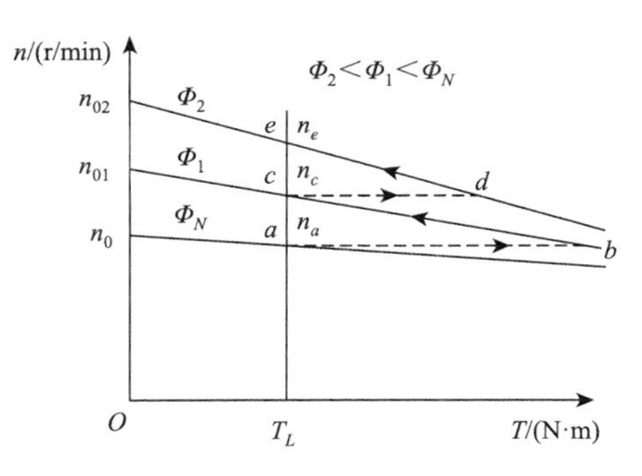

图3-20 改变磁通量调速的机械特性曲线

现以转速由$n_a$增大到$n_c$为例说明其调速过程。当$\Phi=\Phi_N$时，系统在$a$点稳定运行，$n=n_a$。当$\Phi$降为$\Phi_1$时，开始$n$来不及变化，工作点由$a\to b$，此时$T_M>T_L$；$\mathrm{d}n/\mathrm{d}t>0$，$n$上升，工作点上移至$c$点，此时$T_M=T_L$，电动机以$n_c$的转速稳定运行。同理，如果磁通量再由$\Phi_1$减小为$\Phi_2$，工作点将由$c\to d\to e$，最后以$n_e$的转速稳定运行。

弱磁调速的优点：在电流较小的励磁回路中进行调节（一般直流电动机的励磁功率只有额定功率的1%～5%），控制方便，能量损耗小，调速平滑。

弱磁调速的缺点：①机械特性斜率加大，特性变软；②调速范围较小。由于弱磁只能升速，而转速的增大又受到电动机换向能力和机械强度的限制，弱磁升速的范围较小。普通直流电动机最高只能调到额定转速的1.2～2倍，对于特殊设计的调磁电动机，其额定转速较低，可调到$n_N$的3～4倍。

因此，常常把调压和弱磁两种方法结合起来使用，以扩大调速范围。以电动机的额定

转速 $n_N$ 作为基速，在基速以下（$n < n_N$）调压，在基速以上（$n > n_N$）弱磁。只有在少数需要恒功率调速且调速范围又不大的情况下才单独使用弱磁调速。

应该指出，如果在他励电动机运行过程中，励磁回路突然断线，磁通量只有很小的剩磁，则不仅将增大电枢电流，而且会使转速上升到危险值（俗称“飞车”）。这样，可能会导致电枢被破坏，因此必须有相应的保护措施。

最后，必须说明一点，恒转矩性质的调速方法应用于恒转矩负载，恒功率性质的调速方法应用于恒功率负载，即调速方法的性质必须与负载性质相匹配，否则电动机无法得到充分利用。例如，以恒转矩性质调速方法配以恒功率负载时，要确保低速时电动机的转矩满足要求，则在高速运行时，电动机的转矩就得不到充分利用；如将恒功率性质的调速方法配以恒转矩负载，要确保高速时电动机的转矩仍大于负载转矩，则在低速运行时，电动机的转矩就得不到充分利用，造成投资和运行费用的浪费。

## 3.5 他励直流电动机的制动特性

电动机的制动是与启动相对应的工作状态：启动是从静止加速到某一稳定转速，而制动则是从某一稳定转速开始减速到停止或是限制位能型负载下降速度的一种工作状态。

利用拉闸断电源停车的方法称为自然停车。由于在这种制动减速停车过程中，制动转矩为很小的系统摩擦阻转矩，停车时间长，为了提高生产效率，保证产品质量，需要加快停车过程。

利用机械摩擦获得制动转矩的方法称为机械制动，如常见的抱闸装置。设法使电动机的电磁转矩与旋转方向相反，成为制动转矩，该方法称为电气制动。与机械制动相比，电气制动没有机械磨损，容易实现自动控制，应用较为广泛。在某些特殊场合，也可同时采用电气制动和机械制动。

他励直流电动机有两种基本的运行状态，即电动状态和制动状态。

电动状态的特征是电动机的电磁转矩与转速 $n$ 同方向，$T$ 为驱动性质转矩，负载转矩为制动性质转矩。按转速方向，又可分为正向电动与反向电动两种电动状态。从能流关系分析，电动机都是从电网吸收电能，向轴上的负载输出机械能。正向电动状态的运行点位于机械特性坐标平面的第一象限，反向电动状态的运行点位于第三象限。

制动状态的特征是电动机的电磁转矩与转速 $n$ 方向相反，此时，$T$ 为制动性质的阻转矩。从能流关系分析，电动机从轴上所带负载中吸收机械能，将其转化为电能，全部消耗掉或大部分回馈电网。此时，运行点应位于机械特性坐标平面的第二和第四象限。

制动运行的作用是使电气传动系统快速减速或停车或匀速下放重物。根据实现制动的方法和制动时电动机内部的能量传递关系，制动方法分为三种，即能耗制动、反接制动和反馈制动。

### 3.5.1 他励直流电动机的能耗制动

电动机在电动状态下运行时，电磁转矩 $T$ 和电枢电流 $I_a$ 如图 3-21（a）中的实线所示。

若把加到电动机上的电源电压$U$断开，并在电枢回路串接一个附加电阻$R_{ad}$，则电动机进入能耗制动状态，制动时，接触器KM的线圈断电。其常开触点断开，把电枢从电源上断开；常闭触点闭合，将$R_{ad}$串入电枢回路中。由于机械惯性，电动机的转速不能突变，感应电动势仍旧存在，此时对应的电枢电压平衡方程为$E=-I_a(R_a+R_{ad})$，对应的机械特性表达式为

$$n=-\frac{R_a+R_{ad}}{K_eK_t\Phi^2}T \tag{3-32}$$

由式（3-32）可见，能耗制动时的机械特性是通过坐标原点、位于第二象限和第四象限的直线，如图3-21（b）所示。此时，$R_{ad}$越大，机械特性曲线越倾斜。若忽略电磁惯性，在能耗制动瞬间，由于机械惯性的作用，电动机的转速不能突变，工作点由$a$点移到$b$点，电磁转矩$T$和电枢电流$I_a$改变方向，如图3-21（a）中的虚线所示。由于电动机在$b$点的转矩方向与转速方向相反，电动机进入制动状态，电动机转矩与负载转矩共同阻碍系统运动，使转速迅速降低。已知电枢电势与转速成正比，所以能耗制动转矩随转速降低而呈直线规律减小。当转速等于零时，电枢电动势也等于零，因而制动转矩也等于零。

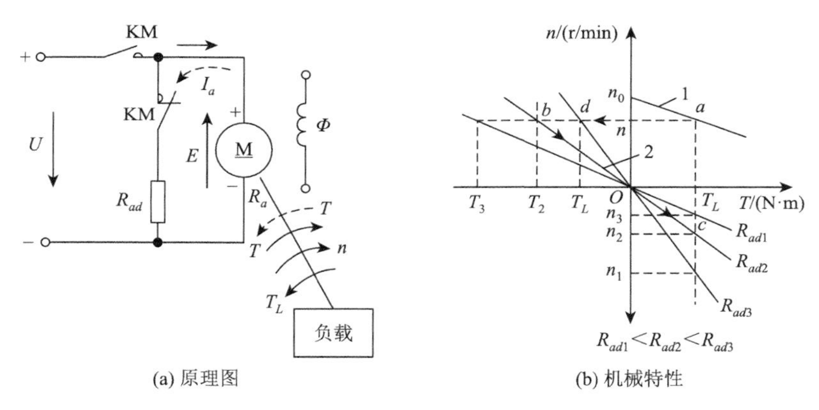


(a) 原理图　　(b) 机械特性

图3-21 能耗制动状态下的机械特性

通常，他励直流电动机能耗制动时，其最终的运动状态与所拖动的负载性质有关。如果电动机拖动的是反抗型负载，则当电动机由第二象限制动减速到坐标原点时，电动机便会自动停车；如果电动机拖动的是位能型负载，电动机还将沿着机械特性曲线在第四象限内反向加速，直至制动转矩与位能转矩相平衡，位能型负载匀速下放，如图3-21（b）中的$c$点。

在他励直流电动机能耗制动开始的瞬间，电枢电流和电磁转矩的大小与制动时电枢回路的总电阻有关。在图3-21（b）中，如果增大能耗制动电阻，制动开始的电枢电流和电磁转矩就减小到由$d$点决定的数值。由此可见，制动电阻越小，机械特性硬度越水平，制动转矩的绝对值越大，制动越迅速。但制动电阻也不能太小，否则制动时的电枢电流和电磁转矩将超过允许值，从而对拖动系统的运行带来不利影响，甚至损坏电动机或传动机构。对于制动加速度受到限制的生产机械，在确定制动电阻时应考虑许可的最大制动转矩。

当能耗制动用于匀速下放位能型负载时，机械功率就是负载输送给电动机的功率；而当电动机拖动反抗型负载能耗制动时，用于制动的能量来自拖动系统减小动能放出的机械能。

能耗制动的控制线路比较简单，当它用于快速停车时，制动比较平稳，而且能够实现准确停车。因为转速下降到零时，电动机的转矩也为零。如果没有位能型负载转矩的作用，电动机减速到零时就自动停止。因此，能耗制动广泛应用于要求平稳、准确停车的场合，也可应用于起重机一类带位能型负载的机械，以限制重物下放的速度，使重物保持匀速下降。

### 3.5.2 他励直流电动机的反接制动

当他励直流电动机的电枢电压 $U$ 或电枢电势 $E$ 中的任一个物理量在外部条件作用下改变了方向，即二者由方向相反变为方向一致时，电动机即运行于反接制动状态。把改变电枢电压 $U$ 的方向所产生的反接制动称为电源反接制动，而把改变电枢电势 $E$ 的方向所产生的反接制动称为电势反接制动（或倒拉反接制动）。

1. 电源反接制动

如图 3-22 所示，若电动机运行在正向电动状态，电动机电枢电压 $U$ 的极性如图 3-22（a）中的虚线所示。此时，电动机稳速运行在第一象限中特性曲线 1 的 $a$ 点，转速为 $n_a$。若电枢电压 $U$ 的极性突然反接，如图 3-22（a）中的实线所示，此时电势平衡方程为

$$E = -U - I_a(R_a + R_{ad}) \tag{3-33}$$

注意，电势 $E$、电枢电流 $I_a$ 的方向为电动状态下假定的正方向。将 $E = K_e\Phi_n$、$I_a = T/(K_t\Phi)$ 代入式（3-33），便可得到电源反接制动状态的机械特性表达式，即

$$n = \frac{-U}{K_e\Phi} - \frac{R_a + R_{ad}}{K_t K_e \Phi^2}T \tag{3-34}$$

可见，理想空载转速 $n_0$ 变为 $-n_0 = U/(K_e\Phi)$，电动机的机械特性曲线为图 3-22（b）中的直线 2，其反接制动特性曲线在第二象限。由于在电源极性反接的瞬间，电动机的转速和其决定的电枢电势不能突变，若不考虑电枢电感的作用，此时系统的机械特性由直线 1 的 $a$ 点平移到直线 2 的 $b$ 点，电枢电流 $I_a$ 的方向改变。与图 3-22（a）中所示相反，电动机产生与转速 $n$ 方向相反的转矩 $T_b$（即 $T_b$ 为负值），它与负载转矩共同作用，使电动机转速迅速下降。制动转矩将随 $n$ 的下降而减小，系统的状态沿直线 2 自 $b$ 点向 $c$ 点移动。当 $n$ 下降到零时，反接制动过程结束。这时若电枢没有从电源断开，电动机将反向启动，并将在 $d$ 点（$T_L$ 为反抗转矩时）或 $f$ 点（$T_L$ 为位能转矩时）建立系统的稳定平衡点。

注意，由于在反接制动期间，电枢电势 $E$ 和电源电压 $U$ 是串联相加的，为了限制电枢电流 $I_a$，电动机的电枢电路中必须串接足够大的限流电阻 $R_{ad}$。

电源反接制动一般应用在生产机械要求迅速减速、停车和反向的场合，以及要求经常正反转的机械中。

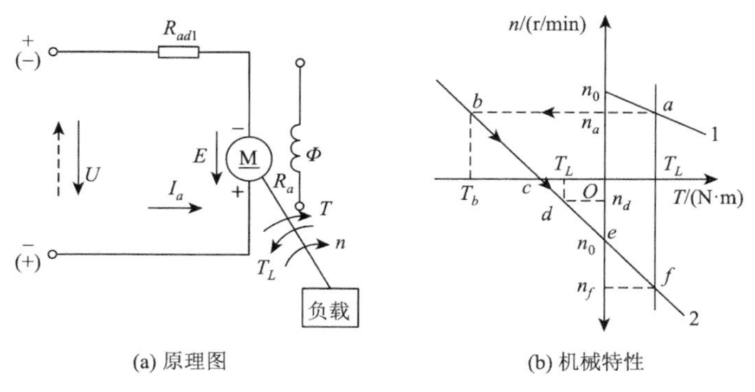

(a) 原理图 (b) 机械特性

图 3-22 电源反接时的反接制动过程

2. 电势反接制动

只有负载为位能型负载时，才会有电势反接制动（倒拉反接制动）产生。如图 3-23 所示，在进行电势反接制动以前，设电动机处于正向电动状态，电枢电流和电磁转矩如图 3-23（a）所示。在 $a$ 点以转速 $n_a$ 稳定运行，提升重物。欲下放重物，只需在电枢回路中串入电阻，使稳定运行点交在第四象限即可。在串入电阻的瞬间，由于机械惯性，转速不能突变，电动机的运行状态由固有特性曲线 1 的 $a$ 点平移到串入电阻之后的曲线 2 的 $c$ 点，电动机转矩 $T$ 远小于负载转矩 $T_L$。因此，传动系统转速下降（即提升重物上升的速度减慢），沿着曲线 2 向下移动。由于转速下降，电势 $E$ 减小，电枢电流增大，则电动机转矩 $T$ 相应增大，但仍比负载转矩 $T_L$ 小，系统速度继续下降，即重物提升速度越来越慢。当电动机转矩 $T$ 沿曲线 2 下降到 $d$ 点时，电动机转速为零，即重物停止上升，电动机的反电势也为零，但电枢在外加电压 $U$ 的作用下仍有很大电流，此电流产生堵转转矩 $T_{st}$，由于此时 $T_{st}$ 仍小于 $T_L$，$T_L$ 拖动电动机的电枢开始反方向旋转，即重物开始下降，电动机工作状态进入第四象限。这时，电势 $E$ 的方向也反过来，$E$ 和 $U$ 同方向，所以电流增大，转矩 $T$ 增大。随着转速在反方向增大，电势 $E$ 增大，电流和转速也增大，直至转矩 $T=T_L$ 的 $b$ 点，转速不再增加，以稳定的速度 $n_b$ 下放重物。由于这时重物是靠位能型负载转矩 $T_L$ 的作用下放，而电动机转矩 $T$ 是阻止重物下放的，故此时电动机起制动作用，这种工作状态称为倒拉反接制动或电势反接制动状态。

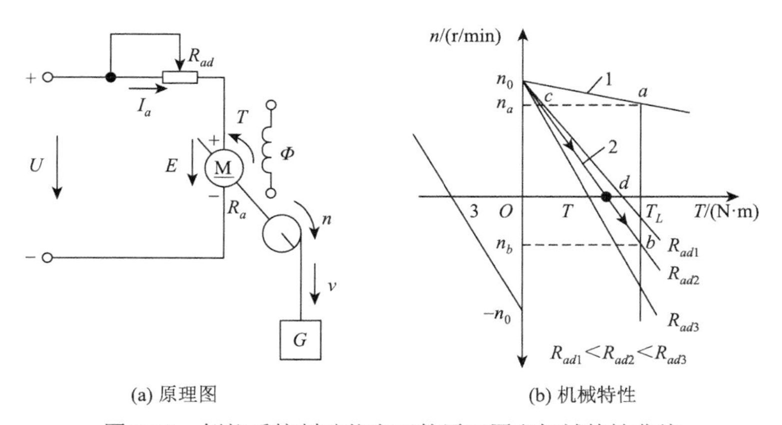

(a) 原理图 (b) 机械特性

图 3-23 倒拉反接制动状态下的原理图和机械特性曲线

适当调节电枢电路中附加电阻 $R_{ad}$ 的大小，即可得到不同的下降速度，且附加电阻越小，下降速度越低。采用这种下放重物的制动方式可以得到极低的下降速度，保证了生产安全。因此，倒拉反接制动常用在控制位能型负载的下降速度的场合，避免其在重力作用下有越来越大的速度，其缺点是，若对 $T_L$ 的大小估计不准，则本应下降的重物可能向上升的方向运动。另外，其机械特性硬度小，因而较小的转矩波动就可能引起较大的转速波动，即速度的稳定性较差。

由于图 3-23（a）中的电压 $U$ 、电势 $E$ 、电流 $I_a$ 都是在电动状态下假定为正方向，倒拉反接制动状态下的电势平衡方程和机械特性在形式上均与电动状态下相同，分别为

$$E = U - I_a(R_a + R_{ad}) \tag{3-35}$$

$$n = \frac{U}{K_e\Phi} - \frac{R_a + R_{ad}}{K_t K_e \Phi^2}T \tag{3-36}$$

在倒拉反接制动状态下，电枢反向旋转，故式（3-35）和式（3-56）中的转速 $n$ 、电势 $E$ 应是负值。可见，倒拉反接制动状态下的机械特性曲线实际上是电动状态下第一象限中的机械特性曲线在第四象限中的延伸；若电动机在反向电动状态运行，则倒拉反接制动状态下的机械特性曲线就是电动状态下第三象限中的机械特性曲线在第二象限的延伸，如图 3-23（b）中的曲线 3 所示。

### 3.5.3 他励直流电动机的反馈制动

反馈制动无须改变电动机的任何参数，它是在外部条件的作用下使电动机的实际运行转速大于其理想空载转速，电动机的电磁转矩与转速方向相反，且电动机向电源反馈电能。这种状态称为反馈制动、再生制动或发电制动。

反馈制动的条件是 $n > n_0$ 。当 $n$ 为正时，反馈制动状态下的机械特性曲线是由第一象限向第二象限延伸的部分；当 $n$ 为负时，反馈制动状态下的机械特性曲线是由第三象限向第四象限延伸的部分，如图 3-24 所示。此时，电动机即运行于反馈制动状态。例如，电车走平路时，电动机工作在电动状态，电磁转矩 $T$ 克服负载转矩 $T_{L1}$ 并以转速 $n_a$ 稳定在 $a$ 点工作，如图 3-24 所示。当电车下坡时，负载转矩 $T_{L2}<0$ ，电车加速，转速 $n$ 增加。越过 $n_0$ 继续加速，使 $n > n_0$ ，感应电势 $E$ 大于电源电压 $U$，故电枢中电流 $I_a$ 的方向与电动状态相反，转矩的方向也由于电流方向的改变而变得与电动运转状态相反，直至 $T_M = T_{L2}$ 时，电动机以 $n_b$ 的稳定转速控制电车下坡。实际上这时是电车的位能转矩带动电动机发电，把机械能转变成电能，向电源馈送，故称反馈制动，也称再生制动或发电制动。

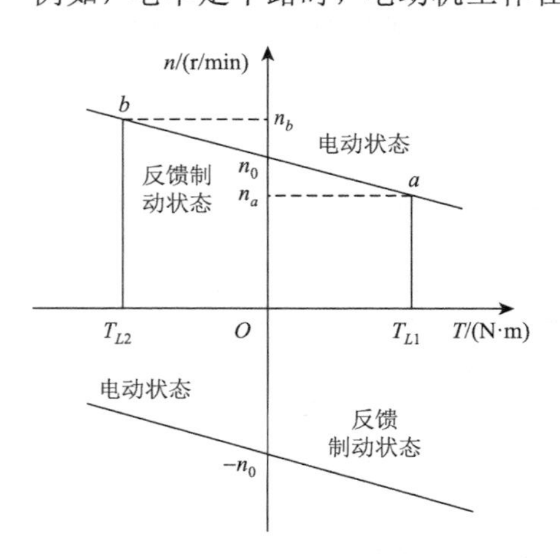

图 3-24　他励直流电动机的反馈制动

在反馈制动状态下，电动机的机械特性表达式仍是式（3-16），不同的仅是 $T$ 改变了符号（即 $T$ 为

负值），而理想空载转速和机械特性的斜率均与电动状态下一致。这说明电动机正转时，反馈制动状态下的机械特性曲线是电动状态下第一象限中的机械特性曲线在第二象限内的延伸。

在电动机电枢电压突然降低使电动机转速降低的过程中，也会出现反馈制动状态。例如，原来电枢电压为$U_1$，相应的机械特性为图 3-25 中的直线 1，在某一负载下以转速$n_1$运行在电动状态；当电枢电压由$U_1$突降为$U_2$时，对应的理想空载转速为$n_{02}$，机械特性变为直线 2。但由于电动机转速和由其所决定的电枢电势不能突变，若不考虑电枢电感的作用，则电枢电流将由$I_a=\dfrac{U_1-E}{R_a+R_{ad}}$突变为$I'_a=\dfrac{U_2-E}{R_a+R_{ad}}$。

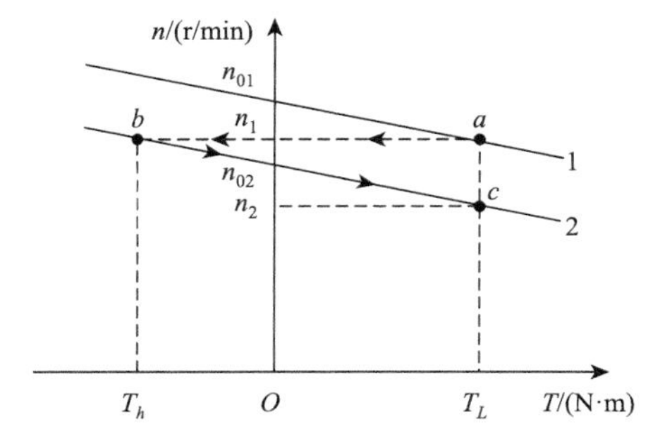

图 3-25 电枢电压突然降低时的反馈制动过程

当$n_{02}<n_1$，即$U_2<E$时，电流$I'_a$为负值并产生制动转矩，即电压$U$突降的瞬时，系统工作在第二象限中的$b$点。从$b$点到$n_{02}$这段，电动机进行反馈制动，转速逐步降低。转速下降至$n=n_{02}$时，$E=U_2$，电动机的制动电流和由其建立的制动转矩下降为零，反馈制动过程结束。此后，在负载转矩$T_L$的作用下，转速进一步下降，电磁转矩又变为正值，电动机又重新运行于第一象限的电动状态，直至达到$c$点时，$T=T_L$，电动机又以$n_2$的转速在电动状态下稳定运行。

以上介绍了他励直流电动机的三种制动方法。为了便于掌握和比较，现将三种制动方法及其能量关系、优点、缺点、应用场合的比较列于表 3-1 中。

**表 3-1 他励直流电动机的各种制动方法比较**

| 项目 | 能耗制动 | 反接制动 | | 反馈制动 |
|---|---|---|---|---|
| | | 电源反接制动 | 电势反接制动 | |
| 条件 | 电枢断电并通过电阻闭合 | 电枢电压突然反馈，并在电枢回路中串入电阻 | 电枢按提升方向接通电源，并在电枢回路串入较大电阻 | 在某一转矩作用下，使电动机转速超过理想空载转速，即$n>n_0$ |
| 能量关系 | 吸收系统储存的动能并转换成电能消耗在电枢电阻上 | 吸收系统储存的机械能，变为轴上输入的机械功率并转换成电功率之后，连同电源输入电枢功率，全部消耗在电枢回路的电阻上 | | 轴上输入机械功率并转换成电枢的功率，一部分消耗在电枢回路电阻上，一部分送回电网 |
| 优点 | 控制简单、制动平稳，便于实现准确停车 | 制动较强，停车迅速 | 能使位能型负载为$n<n_0$的稳定转速下降 | 能向电网反馈功率，比较经济 |
| 缺点 | 制动较慢 | 能量损耗大，控制较复杂，不易实现准确停车 | 能量损耗大 | 在$n<n_0$时不能实现反馈制动 |
| 应用场合 | 要求平稳、准确停车的场合；<br>限制位能型负载的下降速度 | 要求迅速停车和需要反转的场合 | 限制位能型负载的下降速度，并在$n<n_0$的情况下采用 | 限制位能型负载的下降速度，并在$n>n_0$的情况下采用 |

他励直流电动机下放重物时的反馈制动过程如图 3-26 所示。

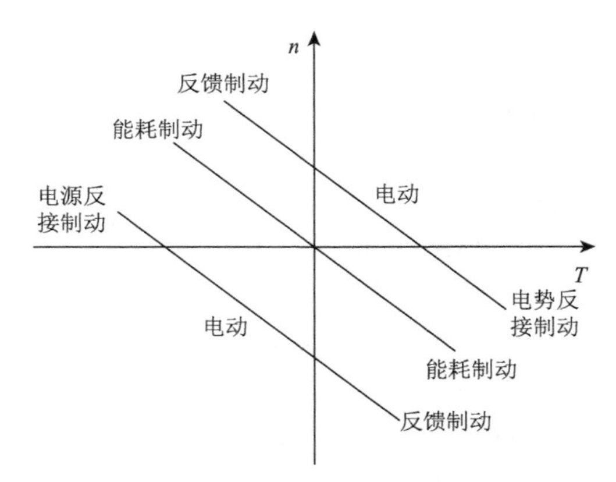


图 3-26　他励直流电动机下放重物时的反馈制动过程

各种不同运动状态的能量传递关系如下：电动——电能转换成机械能；能耗制动——机械能转换成热能；电势反接制动——机械能和电能转换成热能；反馈制动——机械能转换成电能。

## 3.6　他励直流电动机传动系统的过渡过程

### 3.6.1　他励直流电动机传动系统过渡过程的实际意义

前面着重分析了他励直流电动机传动系统的稳态工作特性，即研究当电动机的转矩等于负载转矩时，他励直流电动机传动系统的各个物理量，如转速、转矩、电流、功率等为某一数值的情况，描述这种稳定工作状态的主要工具是机械特性。从这个意义上讲，电动机的机械特性只能表征电动机传动系统的稳态特性。

但是，对于任何一个他励直流电动机传动系统，不仅有稳定工作状态，往往还存在由于人们对系统施加作用，或负载发生变化而引起的由一种稳定工作状态过渡到另一种稳定工作状态的过渡过程。

为了满足上述各种不同的要求，必须对他励直流电动机传动系统的过渡过程进行认真研究，掌握在传动系统过渡过程中，转速、电流、电磁转矩及功率随时间的变化规律，研究这些变化规律受哪些因素制约和支配，从而有针对性地采取措施，使传动系统的过渡过程在一定程度上得以控制。减少损耗、提高生产效率、改善产品质量，这些对于某些要求快速可逆运转或频繁启动、制动的生产机械，以及有些要求速度变化平稳或能准确停车的生产机械尤为重要。

可采用解析法、图解法或仿真法研究他励直流电动机系统过渡过程。解析法通过对机电传动系统各环节约束关系进行分析，建立线性微分方程组以描述系统的运动规律，然后用数学方法求解，找出转速、转矩或电流随时间的变化规律，讨论各参数对过渡过程的影响。解析法的优点为能够给出各物理量随时间变化的解析表达式，便于定性分析。但微分方程阶次偏高时，求解复杂。考虑实际的机电传动系统中或多或少地都存在着一定的非线性，因而借助于计算机，采用数值解法研究传动系统的过渡过程将是一种具有广阔前景的研究方法，也就是仿真法，该方法又可分为数字仿真和模拟仿真。

他励直流电动机传动系统之所以存在过渡过程，是因为受各种惯性的影响。通常，电气传动系统中存在着三种惯性：机械惯性、电磁惯性和热惯性。由于热惯性较大，对过渡过程影响较小，一般不予考虑。对于他励直流电动机，电磁惯性主要表现在电枢电感上，如果不在其电枢回路中串接电感，其影响也不大，即滞后的电磁时间常数 $\tau_a = \dfrac{L_a}{R}$ 很小。因此，为简化分析，可仅考虑机械惯性对系统的影响。在只考虑机械惯性的过渡过程中，转速不能突变，而电枢电流和电磁转矩被认为是可以突变的。

### 3.6.2 他励直流电动机传动系统过渡过程具体分析

他励直流电动机的机械特性 $n = f(T_M)$ 体现了电磁转矩和转速之间的关系，对应的曲线是一条直线。设负载是恒转矩负载，即 $T_L$ 为常数。根据图 3-27，他励直流电动机的机械特性表达式可写成 $\dfrac{T_M}{T_{st}} + \dfrac{n}{n_0} = 1$，即

$$T_M = T_{st}\left(1 - \frac{n}{n_0}\right)$$

式中，$T_{st}$ 为 $n = 0$ 时的转矩，即堵转转矩；$n_0$ 为理想空载转速。

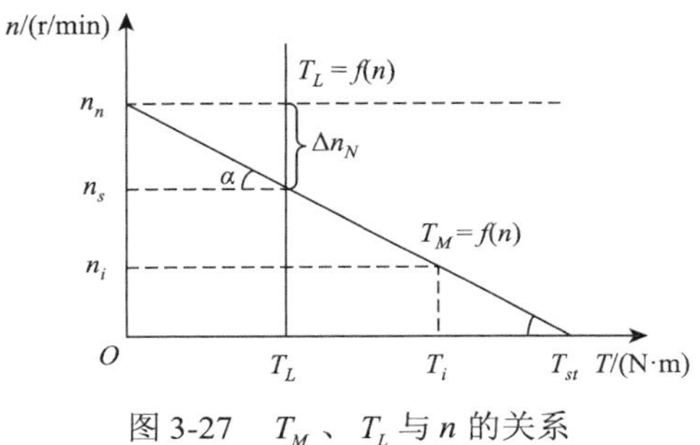


图 3-27　$T_M$、$T_L$ 与 $n$ 的关系

设转矩为 $T_L$ 时对应的转速为 $n_s$，则

$$T_L = T_{st}\left(1 - \frac{n_s}{n_0}\right)$$

以上各式中，变化的量只有 $T_M$ 和 $n$，其余的量均为已知的定值。

将 $T_M$ 和 $T_L$ 代入动力学方程 $T_M - T_L = \dfrac{GD^2}{375}\dfrac{\mathrm{d}n}{\mathrm{d}t}$，整理后得

$$n_s - n = \frac{GD^2}{375}\frac{n_0}{T_{st}}\frac{\mathrm{d}n}{\mathrm{d}t}$$

式中，$T_{st}$、$n_0$ 为常数；$GD^2$ 为折算到电动机轴上的飞轮惯量，该值也是常量。

令

$$\frac{GD^2}{375}\frac{n_0}{T_{st}} = \tau_m \tag{3-37}$$

式中，$\tau_m$ 是反映机电传动系统机械惯性的物理量，通常称为机电传动系统的机电时间常数，于是可写成

$$\tau_m \frac{\mathrm{d}n}{\mathrm{d}t} + n = n_s \tag{3-38}$$

这是一个典型的一阶线性常系数非齐次微分方程，其全解是

$$n = n_s + C\mathrm{e}^{-t/\tau_m} \tag{3-39}$$

式中，$C$ 为积分常数，由初始条件决定。

若过渡过程开始，即 $t=0$ 时，$n=n_i$，代入式（3-39），可得 $C=n_i-n_s$，所以

$$n=n_s+(n_i-n_s)\mathrm{e}^{-t/\tau_m} \tag{3-40}$$

同样，若对式（3-39）求导数，并将结果代入传动系统的运动方程，可得

$$T_M=T_L-\frac{GD^2}{375}\frac{C}{\tau_m}\mathrm{e}^{-t/\tau_m} \tag{3-41}$$

若以 $t=0$ 时，$T_M=T_i$ 代入式（3-41）求出 $C$，则式（3-41）就变为

$$T_M=T_L+(T_i-T_L)\mathrm{e}^{-t/\tau_m} \tag{3-42}$$

如果他励直流电动机的磁通量是定值，则电枢电流正比于电磁转矩，则可得

$$I_a=I_L+(I_i-I_L)\mathrm{e}^{-t/\tau_m} \tag{3-43}$$

式中，$I_i$ 为 $t=0$ 时电动机电流的初始值。

式（3-40）、式（3-41）、式（3-43）便分别是当 $T_L$=常数、$n=f(T_M)$ 为线性关系时，机电传动系统过渡过程中转速、转矩、电流对时间的动态特性，即 $n$、$T_M$、$I_a$ 随时间的变化规律。以启动过程为例，即 $t=0$ 时，$n_i=0$，$T_i=T_{st}$，$I_i=I_{st}$，于是可得

$$n=n_s(1-\mathrm{e}^{-t/\tau_m}) \tag{3-44}$$

$$T_M=T_L+(T_{st}-T_L)\mathrm{e}^{-t/\tau_m} \tag{3-45}$$

$$I_a=I_L+(I_{st}-I_L)\mathrm{e}^{-t/\tau_m} \tag{3-46}$$

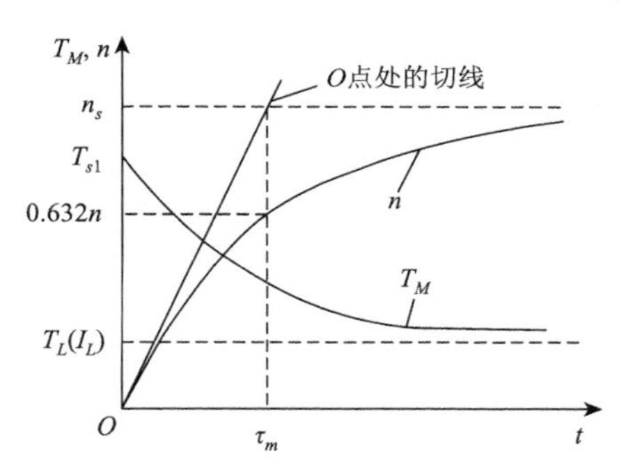

图 3-28　启动时的过渡过程曲线

启动时，这些关系式所对应的过渡过程曲线如图 3-28 所示，由于 $T_M=K_t\Phi I_a$，$I_a$ 与 $T_M$ 形状相同。它们所反映的物理过程是，启动开始（$t=0$）时，$T_M=T_{st}$，动态转矩 $T_d=T_M-T_L$ 最大，电动机加速度也最大，转速迅速上升。随着 $n$ 上升，$T_M$ 与 $T_d$ 相应减小，系统的加速度减小，速度上升减慢。当 $T_M=T_L$ 时，达到稳态转速 $n_s$。理论上，$t=\infty$ 时，过渡过程才算结束，实际上，当 $t=(3\sim5)\tau_m$ 时，就可以认为转速已经达到稳态转速 $n_s$。

式（3-37）中，$n_0/T_{st}$ 表示的是他励直流电动机的特性曲线斜率的绝对值，因此 $\tau_m$ 又可以写成

$$\tau_m=\frac{GD^2}{375}\frac{\Delta n_L}{T_L} \tag{3-47}$$

$$\tau_m=\frac{GD^2}{375}\frac{n_s}{T_{st}-T_L}=\frac{GD^2}{375}\frac{n_s}{T_d} \tag{3-48}$$

这几种表达式建立了系统动态参数 $\tau_m$ 与系统静特性的机械特性之间的联系，也表示了机电时间常数 $\tau_m$ 的几何意义。

在式（3-47）中，考虑到 $\Delta n_L=\dfrac{R}{K_eK_t\Phi^2}T_L$，则有

$$\tau_m=\frac{GD^2}{375}\frac{R}{K_eK_t\Phi^2}$$

式中，$R$ 为电枢回路总电阻；$\Phi$ 为励磁磁通量。以上两值不一定是额定值，该式表达了机电时间常数 $\tau_m$ 的物理意义，它既与机械量 $GD^2$ 有关，又与电气量 $R$ 、$\Phi$ 有关。

机电时间常数 $\tau_m$ 是电气传动系统动态特性中非常重要的参数，直接影响电气传动系统过渡过程的快慢：$\tau_m$ 越小，过渡过程进行得越快。从电气传动系统的动力学方程可以得出，减小飞轮惯量 $GD^2$ 和增大动态转矩 $T_d$（如负载不变时，即增大电动机的驱动力矩）是加快电气传动系统过渡过程的主要途径，其中增大动态转矩可以从电动机选择和启动电流控制方面考虑。欲实现最快的过渡过程，该期间内电动机应工作在最大电流状态下，称该过程为最佳过渡过程。

# 4　交流电动机及拖动

交流电动机主要分为同步电动机和异步电动机两类。同步电动机的转子转速与定子所接电源频率之间有严格不变的关系，即同步，而异步电动机就没有这种关系。三相异步电动机是工业和农业中用得最多的一种电动机，在国民经济的各行各业中应用极为广泛。此外，在人们的日常生活所用的机械中，如电扇、洗衣机、电冰箱、空调机、医疗机械等，异步电动机的应用也日益增多。

异步电动机之所以得到如此广泛的应用，是由于和其他电动机相比较，它具有结构简单、制造容易、价格低廉、运行可靠、维护方便、效率较高等一系列优点。和同容量的直流电动机相比，异步电动机的重量约为直流电动机的一半，而其价格仅为直流电动机的三分之一。异步电动机的缺点是不能经济地在较大范围内平滑调速，以及必须从电网吸收滞后的无功功率，使电网功率因数降低。但是，由于大多数生产机械并不要求大范围的平滑调速，而电网的功率因数又可以采用其他办法进行补偿，三相异步电动机是电气传动系统中一个极为重要的元件。

## 4.1　三相异步电动机的结构和工作原理

### 4.1.1　三相异步电动机的结构及分类

三相异步电动机种类繁多，若按转子结构分类，可分为笼型（也称为鼠笼型）和绕线式异步电动机两大类；若按机壳的防护形式分类，笼型可分为防护式、封闭式、开启式，其外形如图 4-1（a）～（c）所示。虽然异步电动机的分类方法不同，但各类三相异步电动机的基本结构形式却是相同的。

三相笼型异步电动机的结构如图 4-1（d）所示，三相异步电动机由静止的定子和转动的转子两大部分组成，定子和转子之间有很小的气隙。

1. 定子

定子由铁芯、绕组与机座三部分组成。定子铁芯是电动机磁路的一部分，它由硅钢片叠压而成，片与片之间是绝缘的，以减少涡流损耗。定子铁芯硅钢片的内圆加工有定子槽，如图 4-2 所示，槽中安放绕组，定子铁芯硅钢片在叠压后成为一个整体，固定于机座上。定子绕组是电动机的电路部分，由许多线圈连接而成，每个线圈有两个有效边，分别放在两个槽里。三相对称绕组 $U_1U_2$、$V_1V_2$、$W_1W_2$ 可连接成星形或三角形。机座主要用于固定与支撑定子铁芯，中小型异步电动机一般采用铸铁机座，可根据不同的冷却方式采用不同的机座形式。

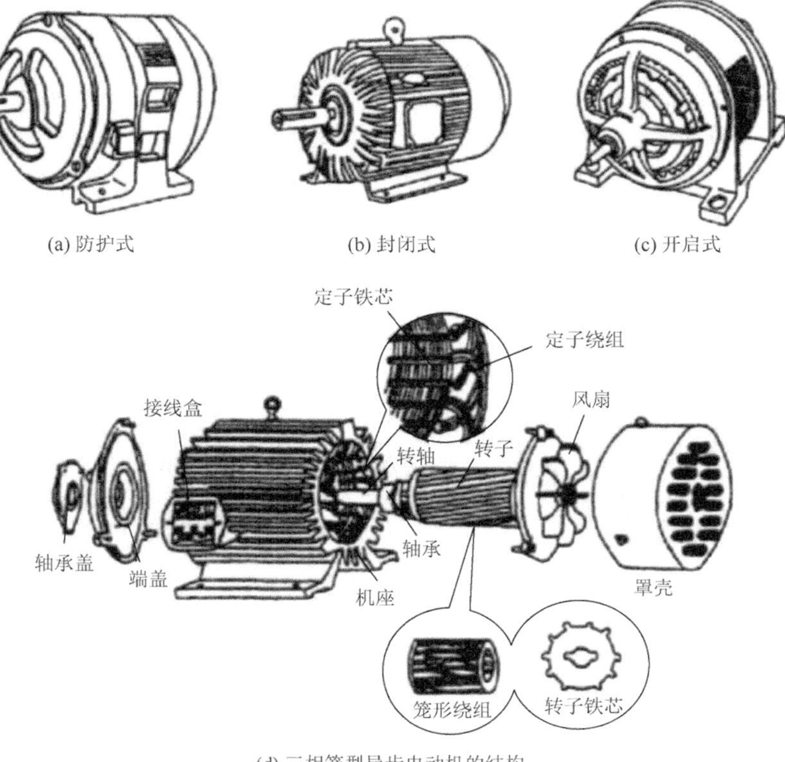


(a) 防护式 (b) 封闭式 (c) 开启式

(d) 三相笼型异步电动机的结构

图 4-1 三相笼型异步电动机

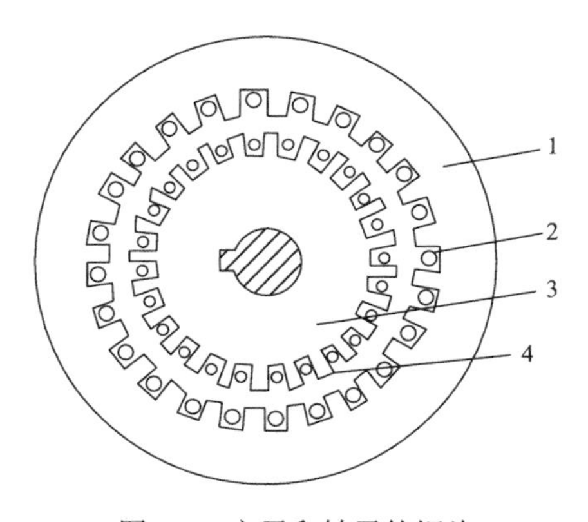


图 4-2 定子和转子的钢片

1-定子铁芯硅钢片；2-定子绕组；3-转子铁芯硅钢片；4-转子绕组

2. 转子

异步电动机的转子由转子铁芯、转子绕组和转轴组成。

转子铁芯也是电动机磁路的一部分，一般也由 0.5mm 厚的硅钢片叠压而成。中小型电动机的转子铁芯套在转轴上，大型电动机的转子则固定在转子支架上。在转子铁芯外圆上开有许多槽，以供嵌放或浇铸转子绕组。

转子绕组构成转子电路，作用是流过电流和产生电磁转矩，其结构形式有笼型和绕线式转子两种。

笼型转子绕组结构与定子绕组不大相同。在转子铁芯外圆有槽，每个槽内放一根导条，在铁芯两端用两个端环把所有的导条都连接起来，形成自行闭合的回路。如果去掉铁芯，整个绕组的形状为笼状，如图 4-3 所示，所以称为笼型转子。导条与端环的材料可采用铜或铝，如果用铜，就是事先把做好的裸铜条插入转子铁芯槽中，再用铜端环套在两端铜条的头上，并用铜焊或银焊将其焊在一起，如图 4-3（a）所示。转子外形如图 4-3（b）所示。中小型电动机一般都采用铸铝转子，是用熔化了的铝液直接浇铸在转子铁芯槽内，连同槽环及风叶等一次铸成，如图 4-3（c）所示。

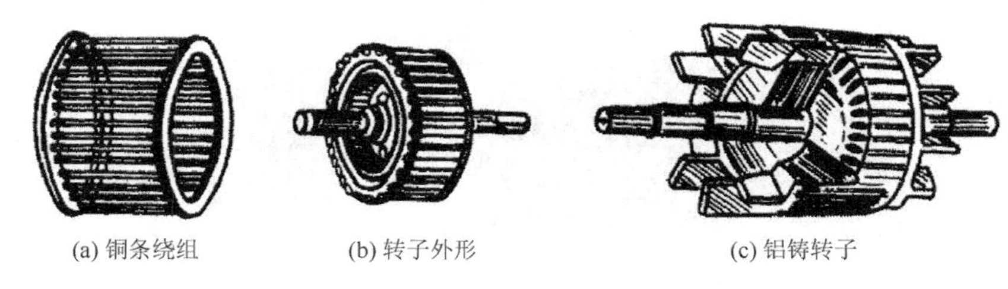

(a) 铜条绕组　　(b) 转子外形　　(c) 铝铸转子

图 4-3　笼型转子

绕线式转子绕组和定子绕组相似，是嵌于转子铁芯槽内的三相对称绕组。一般小容量电动机接成三角形，中、大容量电动机接成星形。绕组的三根引出线分别接到转子一端轴上的三个集电环（滑环）上，分别用三组电刷引出来，如图 4-4 所示。其主要优点是可以通过集电环和电刷给转子回路串入附加电阻，以改善电动机的启动或调速性能；缺点是结构复杂，价格贵，维护麻烦。

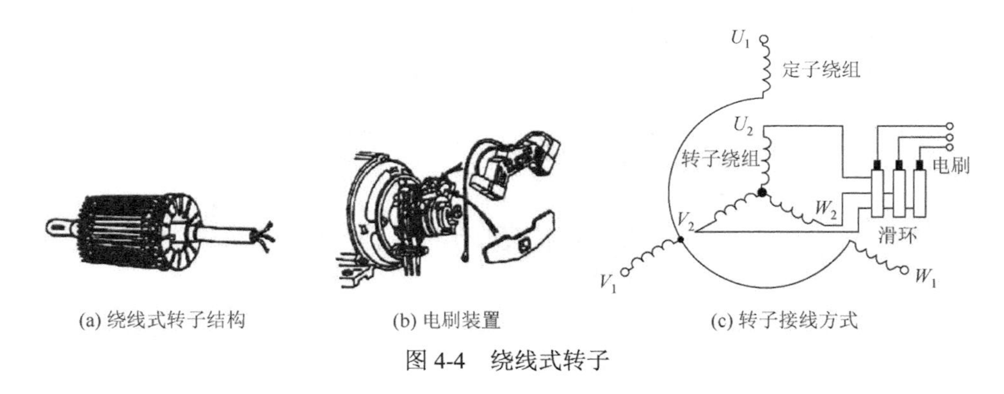


(a) 绕线式转子结构　　(b) 电刷装置　　(c) 转子接线方式

图 4-4　绕线式转子

3. 气隙

异步电动机的气隙比同容量的直流电动机小得多，在中小型异步电动机中，一般为 0.2～2.5mm。气隙大小对电动机性能的影响很大，气隙越大，建立磁场所需的励磁电流就越大，从而降低电动机的功率因数。如果把异步电动机看成变压器，显然，气隙越小，定子和转子之间的相互感应（即耦合）作用就越好，因此应尽量让气隙小些，但也不能太小，否则会使加工和装配困难，运转时定转子之间易发生摩擦或碰撞。

### 4.1.2 三相异步电动机的工作原理

三相异步电动机的工作原理是基于定子旋转磁场和转子电流的相互作用：定子绕组接上三相电源后产生旋转磁场，它在转子绕组中感应出电流，两者相互作用产生电磁转矩，使转子转动。

当定子绕组通入三相交流电时，在某一瞬时产生的合成磁场以同步转速 $n_0$ 顺时针方向旋转，如图 4-5 所示。由于它与转子之间存在相对运动，转子导条便被磁场切割而产生感应电动势 $e_2$。感应电动势的方向由右手螺旋定则确定，如图上导条的外层记号。

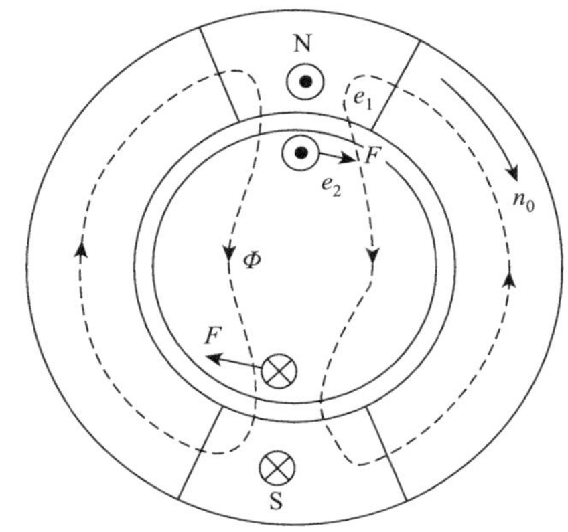


图 4-5 定子和转子的感应电动势

由于转子电路是一个闭合回路，在感应电动势的作用下将产生电流 $i_2$。若略去转子电路的感抗，$i_2$ 与 $e_2$ 同相，各导条中的电流方向也与电动势方向相同。

转子电流与旋转磁场作用，将产生电磁力 $F$，其方向可用左手定则判定，如图 4-5 所示。这些电磁力对转轴形成一个转矩，称为电磁转矩 $T$，它将使转子旋转。转子旋转的方向与旋转磁场的旋转方向是一致的。因此，要改变电动机的转动方向，只要改变旋转磁场的旋转方向即可。

转子旋转的速度一般总低于旋转磁场的转速 $n_0$，这是因为如果 $n=n_0$，则旋转磁场与转子不能相对切割，转子导条中的感应电动势 $e_2$ 无从产生，感应电流 $i_2$ 及电磁转矩 $T$ 也都随之消失，转子也就不能以原来的转速继续旋转下去。因此，电动机不能达到同步转速，作为电动运行，总是保持 $n<n_0$，这种电动机称为异步电动机。又由于转子电流不是靠直接接通电源来获得，而是靠电磁感应产生的，这种电动机又称为感应电动机。

同步转速 $n_0$ 和转子转速 $n$ 的差值与同步转速 $n_0$ 之比称为转差率 $S$，即

$$S=\frac{n_0-n}{n_0}\times 100\% \tag{4-1}$$

$n_0$ 与 $n$ 有差值时才会产生 $e_2$、$i_2$ 及 $T$，所以转差率是异步电动机的重要参数。

在电动机启动的瞬间，$n=0$，则 $S=1$，$S$ 是异步电动机的重要物理量，根据 $S$ 的大小可判断其工作状态（$0<S<1$ 为电动状态、$S<0$ 为发电状态、$S>1$ 为制动状态）。异步电动机在电动状态时的微小变化，也会引起较大转速变化，即

$$n=(1-S)n_0$$

（1）异步电动机定子刚接上电源瞬时，转子尚未转动，$n=0$，则转差率 $S=1$。

（2）当异步电动机转速 $n=n_0$ 时，则转差率 $S=0$。

（3）当异步电动机转速 $0<n<n_0$ 时，转差率在 0～1 变化。

（4）异步电动机额定运行时，$n=n_N$，则 $S_N=0.02\sim0.06$。

（5）空载时，$n$ 接近 $n_0$，则 $S=0.0005\sim0.005$。

### 4.1.3 三相异步电动机的旋转磁场

1. 旋转磁场的产生

三相异步电动机的定子铁芯中安放有三个相同绕组$U_1U_2$、$V_1V_2$、$W_1W_2$，这里$U_1$、$V_1$、$W_1$为绕组的始端，$U_2$、$V_2$、$W_2$为绕组的末端。三相绕组在空间彼此相隔 120°，设将三相绕组接成星形，接到三相电源上，如图 4-6 所示，绕组中通入三相对称电流，即

$$i_U = I_m \sin(\omega t)$$
$$i_V = I_m \sin(\omega t - 120°)$$
$$i_W = I_m \sin(\omega t - 240°)$$

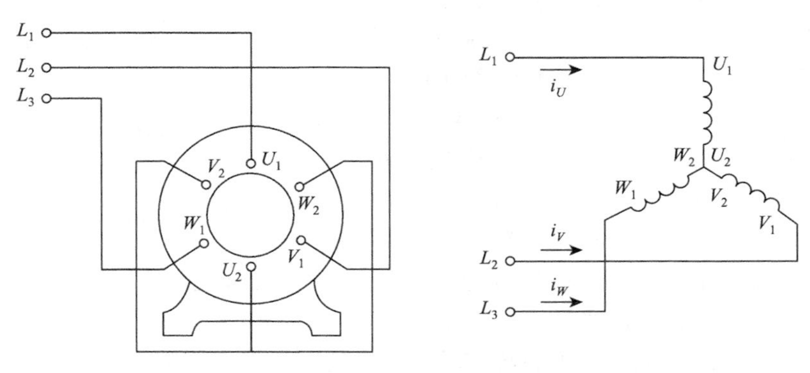


图 4-6 定子电路

电流的波形如图 4-7 所示，电流的正方向取各相绕组的始端流向末端。三相电流在各自绕组的空间产生交变磁场，它们在整个定子空间合成为一个磁场。为了便于说明，取$\omega t = 0$、$\omega t = 120°$、$\omega t = 240°$、$\omega t = 360°$几个时刻来分析空间合成磁场的情况。在$\omega t = 0$时，$i_U$为 0，$U_1U_2$绕组此时没有电流；$i_V$为负，电流从末端$V_2$流入（用⊗表示），从始端$V_1$流出（用⊙表示）；$i_W$为正，电流从始端$W_1$流入，从末端$W_2$流出。应用右手螺旋定则，可知此时合成磁场方向沿$U_1U_2$自上而下，如图 4-7（a）所示。

在$\omega t = 120°$时，$i_V$为 0，$V_1V_2$绕组没有电流；$i_U$为正，电流从$U_1$进，从$U_2$出；$i_W$为负，电流从$W_2$进、从$W_1$出。因此，合成磁场方向转为$V_1 \to V_2$，在空间次序上顺时针方向转了 120°，如图 4-7（b）所示。

同样，可绘出$\omega t = 240°$及$\omega t = 360°$时的合成磁场，分别如图 4-7（c）、4-7（d）所示。由此可见，当空间相隔 120°的三相绕组通以相位彼此相差 120°的三相对称电流时，它们产生的合成磁场在空间不断旋转，这种磁场称为旋转磁场。

2. 旋转磁场的方向

旋转磁场的方向是由流入定子绕组的三相电流到达正最大值的顺序（即相序）决定的。前面假定电源的相序是$L_1L_2L_3$，图 4-6 是沿顺时针方向将$L_1L_2L_3$接到$U_1V_1W_1$，由图 4-7 可见，其合成磁场的转向是顺时针的。如果将定子绕组接至电源三根导线中，任意两根对调连

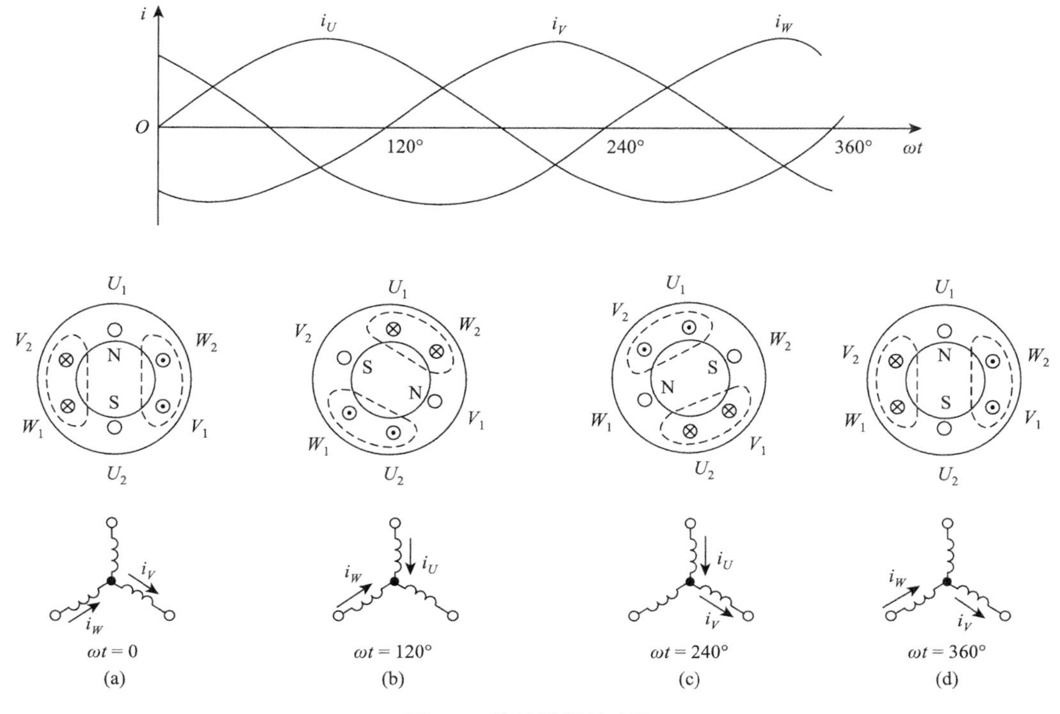


图 4-7　旋转磁场的产生

接，例如，将 $V_1$ 接 $L_3$，$W_1$ 接 $L_2$，则 $L_1L_2L_3$ 逆时针方向接到 $U_1V_1W_1$，这时合成磁场将按逆时针方向旋转。

3. 旋转磁场的速度

图 4-6 中，三相定子绕组在空间彼此相隔 120°，由图 4-7 可见其合成磁场具有一对磁极（磁极对数 $p=1$）。当电流变化一周时，磁场在空间恰好转过一圈。设电流的频率为 $f$，则磁场每秒钟旋转 $f$ 圈，即每分钟的转速为 $n_0=60f$，单位为 r / min 。

旋转磁场的磁极对数 $p$ 与定子绕组的安排有关。如果每相绕组改为由两个串联的线圈组成，各相的始端在空间相隔 60°，如图 4-8 所示，则接通三相电流时，产生的磁场具有两对磁极，即 $p=2$，如图 4-9 所示。这里绘出了 $\omega t=0$ 和 $\omega t=120°$ 两个瞬时的合成磁场。由图 4-9 可见，由 $\omega t=0$ 到 $\omega t=120°$ 时，磁场在空间转过了 60°。可见，电流变化一周，磁场旋转半圈，即 $n_0=60f/2$。

同理，如果每相定子绕组由三个线圈串联而成，各相绕组的始端在空间相隔 40°，则定子接通三相电源时产生的磁场将具有三对磁极，即 $p=3$。当电流变化一周时，磁场在空间仅旋转了 1/3 圈，即磁场转速为 $n_0=60f/3$。

由此可以推知，当磁场具有 $p$ 对磁极时，其转速为

$$n_0=\frac{60f}{p} \tag{4-2}$$

磁场的转速又称为同步转速，由式（4-2）可知，它取决于电流频率 $f$ 和磁极对数 $p$。

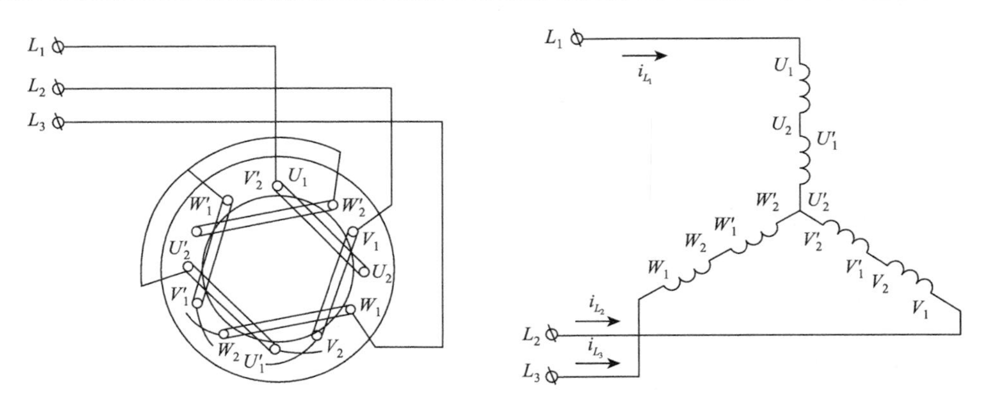


图 4-8　定子绕组接成两对磁极

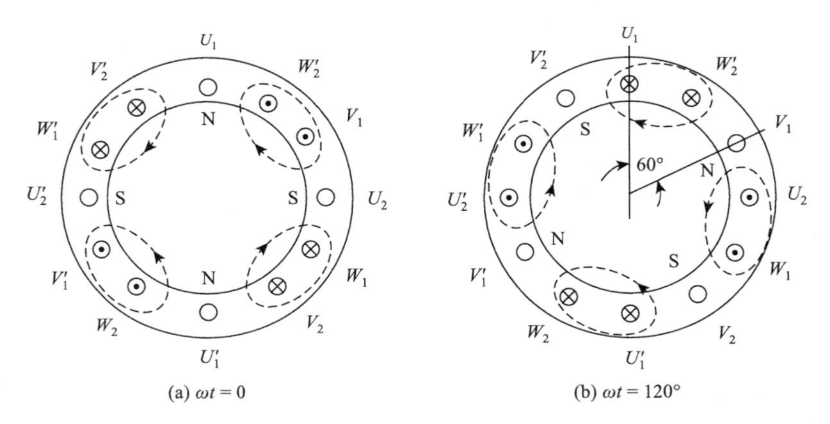


图 4-9　两对磁极的旋转磁场

在我国，工频 $f$ =50Hz，磁极对数 $p$ 不同时，其同步转速如表 4-1 所示。

**表 4-1　磁极对数不同时的同步转速**

| | $p$=1 | $p$=2 | $p$=3 | $p$=4 | $p$=5 | $p$=6 | … |
|---|---|---|---|---|---|---|---|
| $n_0$ / (r/min) | 3000 | 1500 | 1000 | 750 | 600 | 500 | … |

可见，已知额定转速，根据额定转差率的范围，可以求得同步转速。

电动机转子的磁极对数与定子的磁极对数必须相等，这是一切电动机正常工作的首要条件。针对绕线式异步电动机，转子绕组绕成的磁极对数应与定子绕组绕成的磁极对数相同，而笼型转子导条中的电动势和电流都由定子气隙磁场感应而产生，所以转子导条中电流的分布所形成的磁极对数必然等于定子气隙磁场的磁极对数。因此，笼型转子没有固定的磁极对数，其磁极数随定子磁极对数而定。

## 4.1.4　定子绕组线端连接方式

对于三相电动机的定子绕组，每相都由许多线圈（或称绕组元件）组成，其绕制方法在此处不作详细叙述。

定子绕组的首端和末端通常都接在电动机接线盒内的接线柱上，一般按图 4-10 所示的方法排列，这样可以很方便地接成星形（图 4-11）或三角形（图 4-12）。按照我国电工专业标准规定，定子三相绕组出线端的首端是$U_1$、$V_1$、$W_1$，末端是$U_2$、$V_2$、$W_2$。

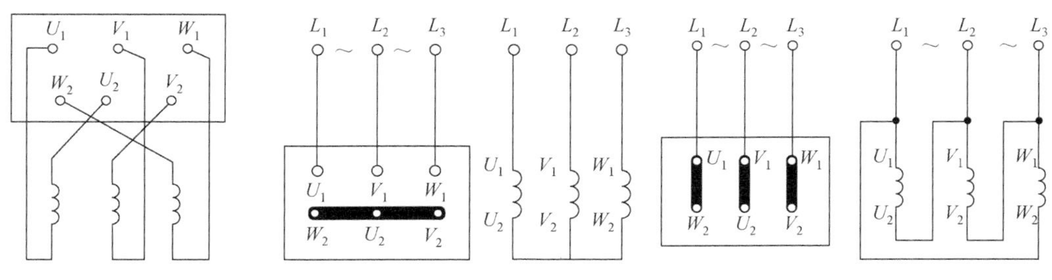


图 4-10　出线端的排列　　图 4-11　星形连接　　图 4-12　三角形连接

定子三相绕组的连接方式（Y 形或△形）的选择和普通三相负载一样，须视电源的线电压而定。如果电动机所接入的电源的线电压等于电动机的额定相电压（即每相绕组的额定电压），那么，它的绕组应该接成三角形；如果电源的线电压是电动机额定相电压的$\sqrt{3}$倍，那么，它的绕组就应该接成星形。通常电动机的铭牌上标有符号 Y /△ 和数字 380/220，前者表示定子绕组的接法，后者表示对应于不同接法应加的线电压值。

### 4.1.5　三相异步电动机的额定值

异步电动机和直流电动机一样，机座上都有一个铭牌，铭牌上标有额定数据，这些数据主要如下。

1. 额定功率 $P_N$

额定功率指电动机在额定运行时轴上输出的机械功率，单位为 kW。

2. 额定电压 $U_N$

额定电压指额定运行时加在定子绕组上的线电压，单位为 V。

3. 额定电流 $I_N$

额定电流指电动机定子绕组加额定频率的额定电压，轴上输出额定功率时，定子绕组的线电流，单位为 A。

4. 额定频率 $f_N$

我国规定标准工业用电的额定频率为 50Hz。

5. 额定转速 $n_N$

额定转速指电动机定子加额定频率的额定电压，且轴上输出额定功率时转子的转速，单位为 r / min 。

6. 额定功率因数 $\cos\varphi_N$

额定功率因数指电动机在额定运行时定子边的功率因数。

对于三相异步电动机，有

$$P_N = \sqrt{3}U_N I_N \cos\varphi_N \eta_N \times 10^{-3}$$

式中，$\eta_N$ 为电动机的额定效率。

此外，铭牌上还标明了绝缘等级、温升、工作方式与绕组接法等。绕线式异步电动机铭牌上还标明了转子绕组接法、转子绕组额定电压（指定子绕组加额定电压、转子绕组开路时滑环间的电压）和转子额定电流等技术数据，额定数据是选择和使用电动机的重要依据。

# 4.2　三相异步电动机

## 4.2.1　三相异步电动机与变压器的异同

1. 两者相似之处

定子绕组相当于变压器原绕组，转子绕组相当于变压器副绕组。定子、转子之间只有磁的耦合，没有电的直接关系，功率传递与变压器一样是通过电磁感应来实现的。

2. 两者的主要区别

两者磁场的性质不同，变压器铁芯中为脉动磁场，异步电动机气隙中却为旋转磁场；变压器主磁通量 $\Phi_m$ 经过铁芯而闭合，其空载电流 $I_0 =$（2%～8%）$I_{\text{in}}$，而异步电动机主磁通量 $\Phi_m$ 除经过铁芯外还要经过气隙而闭合，空载电流 $I_0 =$（20%～50%）$I_{\text{in}}$。当定子三相绕组通以三相对称电流时，便产生一旋转磁场分别切割定子、转子绕组而产生电动势 $E_1$、$E_2$，由于转子自行闭合而旋转，但转子不带机械负载的运行状态称为空载运行。在转子不动时，某些电磁关系就存在，故分析转子不动时的空载运行，使人更容易理解。

## 4.2.2　三相异步电动机的定子电路

异步电动机通电后产生旋转磁场，该磁场不仅要在转子每相绕组中感应出电动势 $e_2$，而且在定子每相绕组中也要感应出电动势 $e_1$（实际上三相异步电动机中的旋转磁场是由定子电流和转子电流共同产生的），如图 4-5 所示。定子和转子每相绕组的匝数分别为 $N_1$ 和 $N_2$。图 4-13 为三相异步电动机的一相电路图，旋转磁场以同步转速 $n_0$ 旋转，沿定子和转子之间的气隙接近于正弦规律分布。通过定子每相绕组的磁通量 $\Phi = \Phi_m \sin(\omega t)$，其中 $\Phi_m$ 是通过每相绕组的磁通量最大值，在数值上等于旋转磁场的每极磁通量 $\Phi$。

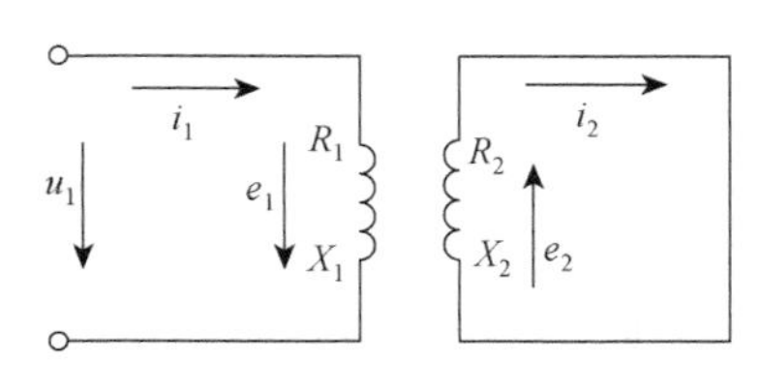

图 4-13　三相异步电动机的一相电路图

定子每相绕组中产生的感应电动势为$e_1=-N_1\dfrac{\mathrm{d}\Phi}{\mathrm{d}t}$，它也是正弦量，其有效值为

$$E_1=4.44f_1N_1\Phi \tag{4-3}$$

式中，$f_1$为$e_1$的频率，是定子旋转磁场相对定子的转动频率，考虑定子是固定不动的，故等于定子电流的频率：

$$f_1=pn_0/60=f \tag{4-4}$$

定子电流产生的漏磁通量为$\Phi_{L1}$，在定子每相绕组中还要产生漏磁电动势：

$$e_{L1}=-L_{L1}\frac{\mathrm{d}i_1}{\mathrm{d}t} \tag{4-5}$$

定子每相绕组上的电压方程为

$$u_1=i_1R_1+(-e_{L1})+(-e_1)=i_1R_1+L_{L1}\frac{\mathrm{d}i_1}{\mathrm{d}t}+(-e_1) \tag{4-6}$$

用复数表示为

$$\dot{U}_1=\dot{I}_1R_1+(-\dot{E}_{L1})+(-\dot{E}_1)=\dot{I}_1R_1+\mathrm{j}I_1X_1+(-\dot{E}_1) \tag{4-7}$$

式中，$R_1$和$X_1(X_1=2\pi f_1L_{L1})$分别为定子每相绕组的电阻和漏磁感抗。

由于$R_1$和$X_1$（或漏磁通量$\Phi_{L1}$）较小，其上的电压降与电动势$E_1$比较起来，常可忽略，于是

$$\dot{U}_1\approx-\dot{E}_1 \tag{4-8}$$

$\dot{U}_1$与$\dot{E}_1$的有效值近似相等。

### 4.2.3　三相异步电动机的转子电路

转子旋转磁场转速与定子旋转磁场转速是相等的。旋转磁场在转子每相绕组中感应出的电动势为$e_2=-N_2\dfrac{\mathrm{d}\phi}{\mathrm{d}t}$，其有效值为

$$E_2=4.44f_2N_2\Phi \tag{4-9}$$

式中，$f_2$为转子电动势$e_2$或转子电流$i_2$的频率。

因为旋转磁场和转子间的相对转速为$n_0-n$，所以有

$$f_2=\frac{p(n_0-n)}{60}=\frac{(n_0-n)}{n_0}\frac{pn_0}{60}=Sf \tag{4-10}$$

可得

$$E_2=4.44SfN_2\Phi=SE_{20} \tag{4-11}$$

式中，$E_{20}=4.44fN_2\Phi$，即$S=1$、$n=0$时的转子电动势。

转子每相电路的方程为

$$e_2=i_2R_2+(-e_{L2})=i_2R_2+L_{L2}\frac{\mathrm{d}i_2}{\mathrm{d}t} \tag{4-12}$$

式中，$e_{L2}$为转子电流在转子每相绕组中产生的漏磁电动势。

如用复数表示，则为

$$\dot{E}_2=\dot{I}_2R_2+(-\dot{E}_{L2})=\dot{I}_2R_2+\mathrm{j}\dot{I}_2X_2 \tag{4-13}$$

式中，$R_2$和$X_2$分别为转子每相绕组的电阻和漏磁感抗。

$X_2$的表达式为

$$X_2 = 2\pi f_2 L_{L2} = 2\pi S f L_{L2} = S X_{20} \tag{4-14}$$

式中，$X_{20}$为$S=1$、$n=0$时的转子感抗。

转子每相电路的电流为

$$I_2 = \frac{E_2}{\sqrt{R_2^2 + X_2^2}} = \frac{S E_{20}}{\sqrt{R_2^2 + S^2 X_{20}^2}} \tag{4-15}$$

由于转子有漏磁通量$\Phi_{L2}$，相应的感抗为$X_2$，$I_2$比$E_2$滞后$\varphi_2$，因而转子电路的功率因数为

$$\cos\varphi_2 = \frac{R_2}{\sqrt{R_2^2 + X_2^2}} = \frac{R_2}{\sqrt{R_2^2 + S^2 X_{20}^2}} \tag{4-16}$$

可见，转子频率$f_2$、电动势$E_2$、感抗$X_2$、电流$I_2$、功率因数$\cos\varphi_2$均与转差率$S$有关，即与转速有关。图 4-14 为转子电流$I_2$和功率因数$\cos\varphi_2$与$S$的关系。

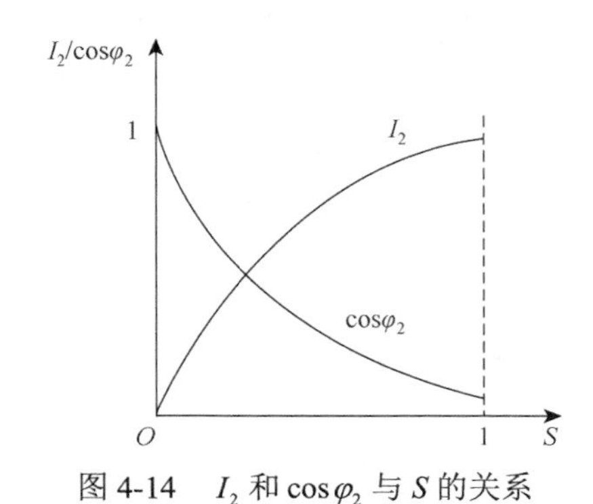


图 4-14　$I_2$和$\cos\varphi_2$与$S$的关系

# 4.3　三相异步电动机运行

## 4.3.1　三相异步电动机空载运行

在转子开路（以绕线式电动机为例）空载运行状态下，转子电流$I_2$=0，电磁转矩$T$=0，转速$n$=0，这时电动机与变压器空载时相同，空载气隙磁场完全由定子电流$I_1$产生。该磁通量大部分同时交链定子、转子绕组，即主磁通量分别在定子、转子中产生感应电动势；余下磁通量只与定子绕组相交链，而不传递能量，是定子漏磁通量，此时的定子电压平衡方程为式（4-6），而转子电动势平衡方程为$\dot{E}_2 = \dot{E}_{20}$。

转子短路（以绕线式电动机为例，笼型电动机同样）的空载运行状态：此时，转子电流$I_2 \neq 0$，产生的转矩用于克服空载转矩。但因转差很小，$E_2 \approx 0$，$I_2 \approx 0$，可见，这与转子开路时的空载运行状态相似，基本方程同转子开路。

异步电动机空载运行时，空载电流为$\dot{I}_0$。其中，有很小部分为有功分量$\dot{I}_{0P}$，用于供给定子铜耗、铁耗和机械损耗，而绝大部分是无功分量$\dot{I}_{0Q}$，用以产生气隙选择磁场。因

此，异步电动机空载时的功率因数很低，一般取$\cos\varphi_0 \approx 0.2$，应尽量避免电动机长期空载运行，以免浪费电能。

### 4.3.2 三相异步电动机负载运行

异步电动机空载时，气隙磁场由定子空载电流$I_0$产生空载磁动势$F$。因此，若外加电压$U_1$不变，主磁通量$\Phi_m$基本不变，则$F$不变。当电动机带负载后，转子电流$I_2$便产生转子磁动势$F_2$，同时，定子绕组从电网吸收的电流便由$I_0$增加到$I_1 = I_0 + I_{1L}$，此时磁动势为$F_1$，电流的负载分量$I_{1L}$产生负载磁动势$F_{1L}$，该磁动势平衡转子磁动势$F_2$，从而保证$\Phi_m$基本不变。

由于$F_1$与$F_2$在空间相对静止，其共同建立空载磁动势$F_0$，可得

$$\dot{F}_1 = \dot{F}_0 + \dot{F}_{1L} \doteq \dot{F}_0 - \dot{F}_2$$

当异步电动机转子静止时，定子、转子电路的频率相同，即$f_1 = f_2$，与变压器相似。而当转子旋转时，异步电动机中有一个静止的定子电路和一个旋转的转子电路，如图 4-15 所示。两个电路的频率不同，则$f_1 < f_2$。为了将两个独立电路联系到一起，首先必须进行频率折算，即将旋转的转子折算为静止的转子。然后，可进行绕组折算，将定子、转子之间磁的耦合转化为仅有电联系的等效电路。

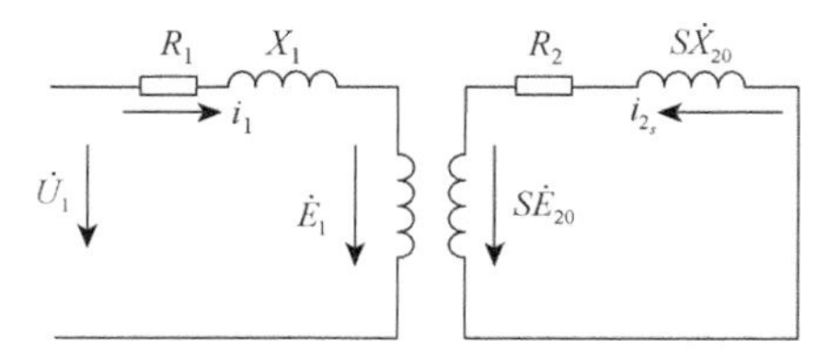


图 4-15 异步电动机旋转时的电路图

频率折算就是用一个等效不动的转子来代替实际转动的转子，使其与定子有相同的频率，进行这种折算纯属是为求解电路。要求在频率折算前后，$i_2$的大小和相位不变，转子旋转时的转子电流、功率因数角、频率分别为

$$\begin{cases} I_2 = \dfrac{E_2}{R_2 + \mathrm{j}X_2} = \dfrac{SE_{20}}{R_2 + \mathrm{j}(SX_{20})} \\ \varphi_2 = \arctan\dfrac{X_2}{R_2} = \arctan\dfrac{SX_{20}}{R_2} \\ f_2 = Sf_1 \end{cases} \tag{4-17}$$

将式（4-17）中的分子、分母同除以$S$得

$$\begin{cases} I_2 = \dfrac{E_{20}}{R_2 / S + \mathrm{j}X_{20}} \\ \varphi_2 = \arctan\dfrac{X_2}{R_2 / S} \\ f_2 = f_1 \end{cases} \tag{4-18}$$

虽然式（4-17）和式（4-18）中的转子电流大小、相位没有变化，但它们代表的实际

意义却截然不同：式（4-17）对应转子旋转时的情况，$f_2 = Sf_1$；式（4-18）对应转子静止时的情况，$f_2 = f_1$。可见，用等效的静止转子电路去代替实际转子电路，除了改变与频率有关的参数外，只需在转子电路中串入一个可变电阻$(1-S)R_2/S$，使转子每相电阻变为$R_2+(1-S)R_2/S=R_2/S$，就可使转子电流不变，从而保持转子磁动势不变。

因为转子旋转时，转子具有与总机械功率为$P_\omega = P_2 + P_j$时所对应的动能，而现用静止转子代替实际转子时，总的机械功率$P_\omega$就可用$(1-S)R_2/S$上流过电流$I_2$产生的损耗来代替$P_\omega = I_2^2(1-S)R_2/S$，频率折算后的等效电路如图 4-16 所示。

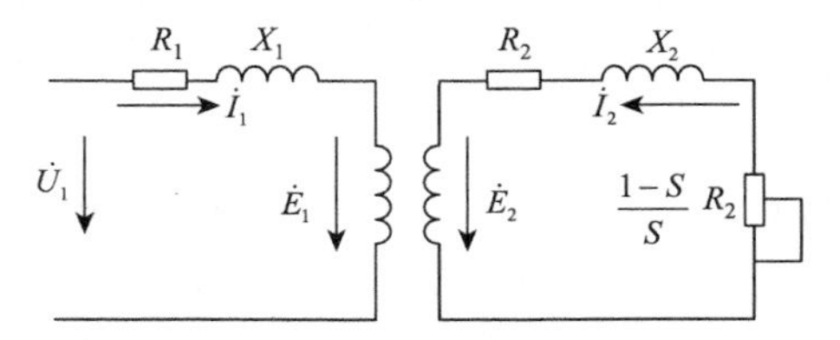


图 4-16　异步电动机频率折算后的电路图

当$n \approx n_0$、$S=0$时，$(1-S)R_2/S \to \infty$，$I_2$=0，相当于转子开路，电动机处于空载状态，无机械功率输出；若当$n=0$，$S=1$，$(1-S)R_2/S=0$，相当于转子堵住（短路），也无机械功率输出；$(1-S)R/S$表示转子转速$n$不同时，产生的总的机械功率的变化状况。

经过频率折算后，异步电动机的定子和转子频率相同，就可像变压器那样进行绕组折算。折算前后应保持磁动势和功率不变，转子各参数折算至定子后的参数为$I_2'$、$E_2'$、$R_2'$、$X_2'$。

折算后的基本方程为

$$\begin{cases} \dot{U}_1 = \dot{E}_1 + \dot{I}_1(R_1 + \mathrm{j}X_1) = -\dot{E}_1 + \dot{I}_1 Z_1 \\ \dot{E}_2' = \dot{I}_2' R_2' + \mathrm{j}\dot{I}_2' X_2' + \dot{I}_2' \dfrac{1-S}{S} R_2' = \dot{I}_2' \dfrac{R_2'}{S} + \mathrm{j}\dot{I}_2' X_2' \\ \dot{I}_1 = \dot{I}_0' + \dot{I}_{1L} = \dot{I}_0 + (-\dot{I}_2') \\ \dot{E}_1 = \dot{E}_2' = -\dot{I}_0(R_m + \mathrm{j}X_m) = -\dot{I}_0 Z_m \end{cases} \tag{4-19}$$

经过频率折算和绕组折算，可得出异步电动机 T 形等值电路图，如图 4-17 所示。

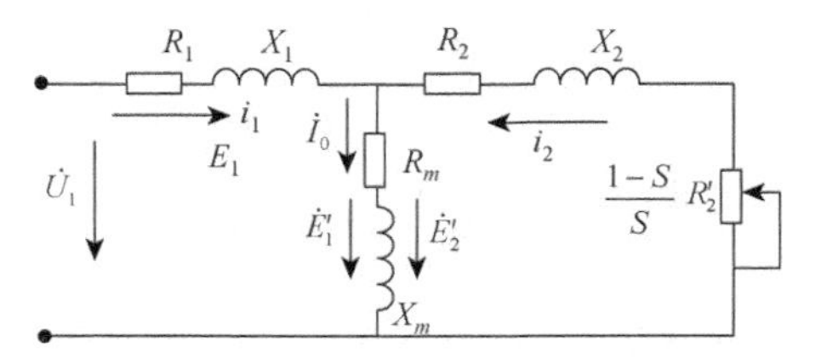


图 4-17　异步电动机 T 形等值电路图

# 4.4　三相异步电动机的转矩与机械特性

## 4.4.1　三相异步电动机的转矩

### 1. 物理表达式

三相异步电动机的转矩是由旋转磁场的每极磁通量$\Phi$与转子电流 $I_2$ 相互作用产生

的，它与 $\Phi$ 和 $I_2$ 的乘积成正比。此外，由于转子电路有感抗，转子电流 $I_2$ 会滞后 $e_2$ 一个相位角 $\varphi_2$ 。如图 4-18（a）所示，可以将 $I_2$ 分解为两个分量：一个是与 $\dot{E}_2$ 同相的 $I_2\cos\varphi_2$，另一个是与 $\dot{E}_2$ 相位差 90°的 $I_2\sin\varphi_2$ 。与 $e_2$ 同相的分量，在转子中的分布情况如图 4-18（b）所示（外层是 $e_2$，内层是 $I_2$）。由于在 $e_2$ 为最大值的导体中，与 $e_2$ 相位差 90°的分量为 0，而在 $e_2$ 为 0 的导体中，正好取最大值，其在导体中的进出分布情况如图 4-18（c）所示，$I_2$ 是两个分量的合成，它与旋转磁场相互作用产生的力矩，由图 4-18（b）和图 4-18（c）中所产生的力矩合成。图 4-18（b）中转子各导体所产生的力矩只有一个方向，能形成转矩，可是在图 4-18（c）中，在磁极中心线两侧对称的导体中，电流与 $\varphi$ 产生的力矩大小相等而方向相反，所以整个转子产生的合成转矩为零，不起作用。因此，整个电动机的电磁转矩 $T$ 等于 $\varphi$ 与 $I_2\cos\varphi_2$ 相互作用产生的转矩，经过理论推导得

$$T = K_t \Phi I_2 \cos\varphi_2 \tag{4-20}$$

式中，$K_t$ 为与电动机结构有关的常数；$\Phi$ 为旋转磁场每极的磁通量；$I_2$ 为转子电流有效值；$\cos\varphi_2$ 为转子电路的功率因数。

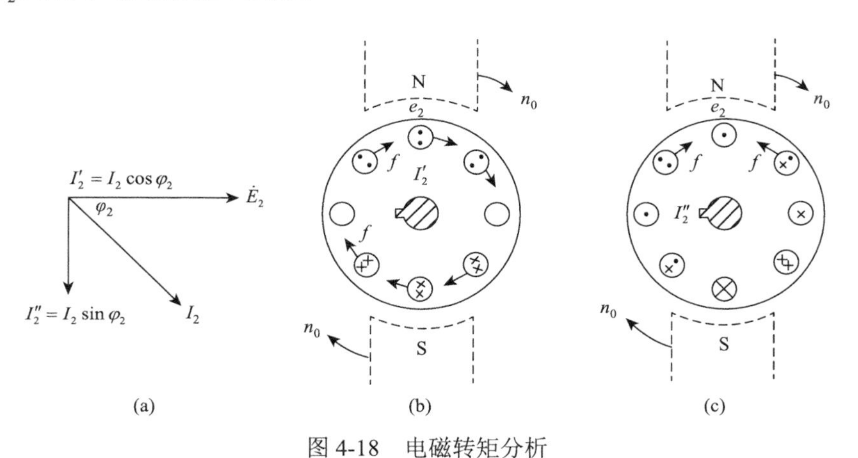


图 4-18 电磁转矩分析

上面推导出的电磁转矩公式 $T = K_t \Phi I_2 \cos\varphi_2$ 从物理意义上说明了电磁转矩与磁通量 $\Phi$ 及电流有功分量 $I_2\cos\varphi_2$ 的关系，而 $I_2$、$\cos\varphi_2$ 都与转速有关，所以它隐含了 $n$ 与 $T$ 的关系，通常称为异步电动机机械特性的物理表达式。

物理表达式反映了异步电动机电磁转矩产生的物理本质，但并没有直接反映电磁转矩与电动机参数之间的关系，更没有明显地表示电磁转矩与转速之间的关系，该式只适用于对电动机的运行特性作定性分析。

2. *参数表达式*

将式（4-9）代入式（4-15）得

$$I_2 = \frac{S(4.44 f N_2 \Phi)}{\sqrt{R_2^2 + (SX_{20})^2}} \tag{4-21}$$

再将式（4-21）和式（4-16）代入式（4-20），并考虑到式（4-3）和式（4-8），得出转矩的另一个表达式，即

$$T = K\frac{SR_2U_1^2}{R_2^2 + (SX_{20})^2} = K\frac{SR_2U^2}{R_2^2 + (SX_{20})^2} \tag{4-22}$$

式中，$K$ 为与电动机结构参数、电源频率有关的参数，$K = \frac{K_t N_2}{4.44 f N_1^2}$；$U_1$、$U$ 分别为定子绕组相电压和电源相电压；$R_2$ 为转子每相绕组的电阻；$X_{20}$ 为电动机不动 $(n = 0)$ 时，转子每相绕组的感抗。

参数表达式清楚地表示了转矩、转差率与电动机参数之间的关系，用此公式分析各种参数对电动机运行性能的影响是很方便的。但是针对电气传动系统中具体的电动机而言，其参数是未知的，欲求得其参数表达式是非常困难的。因此，希望能够利用电动机的技术数据和铭牌数据求得电动机的机械特性，即机械特性的实用表达式。

3. 实用表达式

令 $\frac{dT}{dS} = 0$，由式（4-22）可得电磁转矩取最大值的转差率 $S_m$（称为临界转差率，负值舍去）：

$$S_m = \frac{R_2}{X_{20}} \tag{4-23}$$

将其代入式（4-22），可得最大电磁转矩为

$$T_{\max} = K\frac{U^2}{2X_{20}} \tag{4-24}$$

从式（4-24）和式（4-23）可看出：在 $K$ 值一定的情况下，最大转矩 $T_{\max}$ 的大小与定子每相绕组上所加电压 $U$ 的平方成正比，这说明异步电动机对电源电压的波动是很敏感的。电源电压过低，会使电动机轴上输出转矩明显下降，甚至小于负载转矩，从而造成电动机停转；最大转矩 $T_{\max}$ 的大小与转子电阻 $R_2$ 的大小无关，但临界转差率 $S_m$ 却正比于转子电阻 $R_2$，这对绕线转子式异步电动机而言，在转子电路中串接附加电阻可使 $S_m$ 增大，而 $T_{\max}$ 却不变。

在异步电动机运行中经常会遇到短时冲击负载，如果冲击负载转矩小于最大电磁转矩，电动机仍然能够运行，而且电动机短时过载也不会引起剧烈的发热。通常把在固有机械特性上最大电磁转矩与额定转矩的比值称为电动机的过载能力系数：

$$\lambda_m = \frac{T_{\max}}{T_N} \tag{4-25}$$

过载能力系数表征电动机能够承受冲击负载的能力，是电动机的又一个重要运行参数，各种电动机的过载能力系数在国家标准中有规定。

用式（4-22）除以式（4-24），并和式（4-23）联立，化简后得

$$T = \frac{2T_{\max}}{\frac{S_m}{S} + \frac{S}{S_m}} \tag{4-26}$$

式（4-26）即为电动机机械特性的实用表达式，$T_{\max}$ 和 $S_m$ 可由电动机的额定数据方便地求得。下面介绍 $T_{\max}$ 和 $S_m$ 的求法：已知电动机的额定功率 $P_N$、额定转速 $n_N$ 和过载能力系数 $\lambda_m$，则额定转矩为

$$T_N = 9.55\frac{P_N}{n_N} \tag{4-27}$$

式中，额定功率 $P_N$ 的单位为 W；额定转速 $n_N$ 的单位为 $\mathrm{r/min}$。

最大转矩为

$$T_{\max} = \lambda_m T_N \tag{4-28}$$

额定转差率为

$$S_N = \frac{n_0 - n_N}{n_0}$$

忽略空载损耗，当 $S = S_N$ 时，电磁转矩 $T = T_N$，代入式（4-26）得

$$T_N = \frac{2T_{\max}}{\dfrac{S_m}{S_N} + \dfrac{S_N}{S_m}} \tag{4-29}$$

将 $T_{\max} = \lambda_m T_N$ 代入式（4-29）整理得 $S_m^2 - 2\lambda_m S_N S_m + S_N^2 = 0$，解关于 $S_m$ 的一元二次方程得

$$S_m = S_N\left(\lambda_m \pm \sqrt{\lambda_m^2 - 1}\right) \tag{4-30}$$

因为 $S_m > S_N$，所以式（4-30）中应取+号，故

$$S_m = S_N\left(\lambda_m + \sqrt{\lambda_m^2 - 1}\right) \tag{4-31}$$

求得 $T_{\max}$ 和 $S_m$ 后，只要给定一系列的 $S$ 值，根据式（4-26）便可求出相应的电磁转矩 $T$。电磁转矩的实用表达式适用于电动机机械特性的工程计算。

### 4.4.2　三相异步电动机的机械特性

三相异步电动机的机械特性是指电动机的转速 $n$ 与电磁转矩 $T$ 之间的函数关系，即 $T = f(n)$。由于在异步电动机中转速 $n = (1-S)n_0$，转速 $n$ 和转差率 $S$ 之间是一一对应的关系，也可以用 $T = f(S)$ 来描述异步电动机的机械特性。4.4.1 节中所介绍的电磁转矩的表达式，均可以作为三相异步电动机的机械特性表达式，只不过在实际工程应用中较多采用实用表达式。三相异步电动机的机械特性可分为固有机械特性和人为机械特性。

1. 固有机械特性

三相异步电动机的固有机械特性是指在额定电压和额定频率下，采用规定的接线方式，定子、转子电路不串联电阻（电抗或电容）时电动机的电磁转矩和转速（或转差率）之间的关系，也称自然机械特性。可根据实用表达式绘出其固有机械特性曲线，如图 4-19 所示，图中只绘出第一象限内的部分。为了描述固有机械特性的特点，下面着重考虑固有机械特性上的几个特殊运行点。

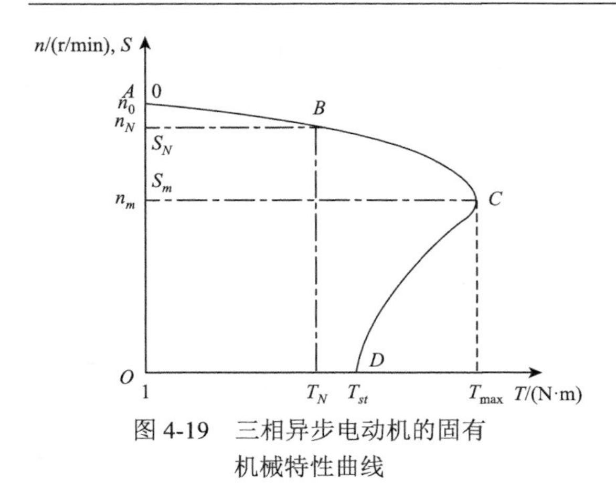


图 4-19　三相异步电动机的固有机械特性曲线

（1）理想空载工作点 $A$，其特点是转速 $n=n_0(S=0)$，转矩 $T=0$。

（2）额定工作点 $B$，其特点是转速 $n=n_N$ $(S=S_N)$，转矩 $T=T_N$（额定转矩）。

（3）最大转矩点 $C$，对应转速 $n=n_m$ $(S=S_m)$，转矩 $T=T_{max}$。

（4）启动点 $D$，其特点是转速 $n=0$ $(S=1)$，转矩 $T=T_{st}$（启动转矩），一般可由 $T_{st}=\lambda_{st}T_N$ 求得，其中 $\lambda_{st}$ 是衡量异步电动机启动能力的一个重要参数，称为启动转矩倍数，一般取 $\lambda_{st}=1.0\sim1.2$。

将 $S=1$ 代入式（4-22），可得

$$T_{st}=K\frac{R_2U^2}{R_2^2+X_{20}^2} \tag{4-32}$$

可见，异步电动机的启动转矩 $T_{st}$ 与 $U$、$R_2$ 及 $X_{20}$ 有关，当施加在定子每相绕组上的电压 $U$ 降低时，启动转矩会明显减小。

2. 人为机械特性

三相异步电动机的人为机械特性是指人为地改变电源参数或电动机参数后得到的机械特性。由电磁转矩的参数表达式可知，可以改变的电源参数有电压 $U$ 和频率 $f$；可以改变的电动机参数有磁极对数 $p$、定子电路串电阻或电抗、转子电路串电阻或电抗等。下面通过分析特殊运行点的变化情况来研究人为机械特性。

1）降低电动机电源电压时的人为机械特性

由式（4-2）、式（4-23）和式（4-24）可以看出，电压 $U$ 的变化对理想空载转速向和临界转差率无影响，但最大转矩 $T_{max}$ 与 $U^2$ 成正比，当降低定子电压时，$n_0$ 和 $S_m$ 不变，而 $T_{max}$ 减小。在同一转差率情况下，人为机械特性与固有机械特性的转矩之比等于电压的平方之比。因此，在绘制降低电动机电源电压的人为机械特性曲线时，是以固有机械特性为基础的，在不同的 $S$ 处，取固有机械特性上对应的转矩乘以降低电压与额定电压比值的平方，即可作出人为机械特性曲线，如图 4-20 所示。例如，当 $U_a=U_N$ 时，$T_a=T_{max}$；当 $U_b=0.8U_N$ 时，$T_b=0.64T_{max}$；当 $U_c=0.5U_N$ 时，$T_c=0.25T_{max}$。可见，电压越低，人为机械特性曲线越往左移。由于异步电动机对电源电压的波动非常敏感，运行时，若电压降低太多，会大大降低其过载能力与启动转矩，甚至使电动机发生带不动负载或者根本不能启动的现象。例如，电动机运行在额定负载 $T_N$ 下，使 $\lambda_m=2$，若电源电压下降到 70%$U_N$，由于这时 $T_{max}=\lambda_m T_N\left(\dfrac{U}{U_N}\right)^2=2\times0.7^2\times T_N=0.98T_N$，电动机也会停转。此外，电源电压下降，在负载转矩不变的条件下，将使电动机转速下降，转差率 $S$ 增大，电流增大，引起电动机发热甚至被烧坏。

2）定子电路接入电阻或电抗时的人为机械特性

在电动机定子电路中外串电阻或电抗后，电动机端电压为电源电压减去定子外串电阻上或电抗上的压降，致使定子绕组相电压降低。这种情况下的人为机械特性与降低电源电压时相似，如图 4-21 所示，图中实线 1 为降低电源电压的人为机械特性曲线，虚线 2 为定子电路串入电阻 $R_{1s}$ 或电抗 $X_{1s}$ 的人为机械特性曲线。从图中可看出，定子串入 $R_{1s}$ 或 $X_{1s}$ 后的最大转矩要比直接降低电源电压时的最大转矩大一些。这是因为随着转速的上升和启动电流的减小，在 $R_{1s}$ 或 $X_{1s}$ 上的压降减小，加到电动机定子绕组上的端电压自动增大，致使最大转矩增大；而降低电源电压后，在整个启动过程中，定子绕组的端电压是恒定不变的。

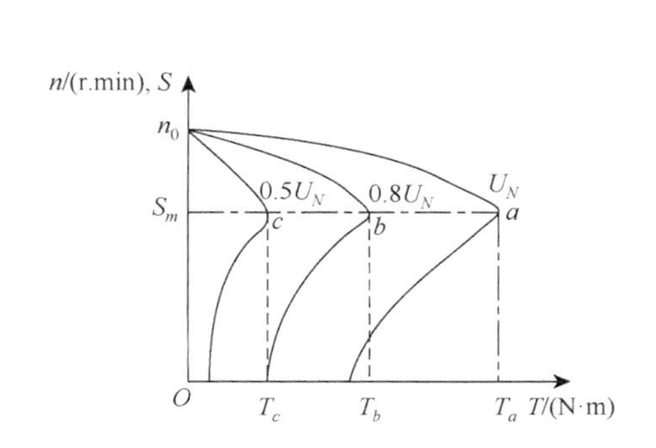


图 4-20　降低电动机电源电压时的人为机械特性曲线

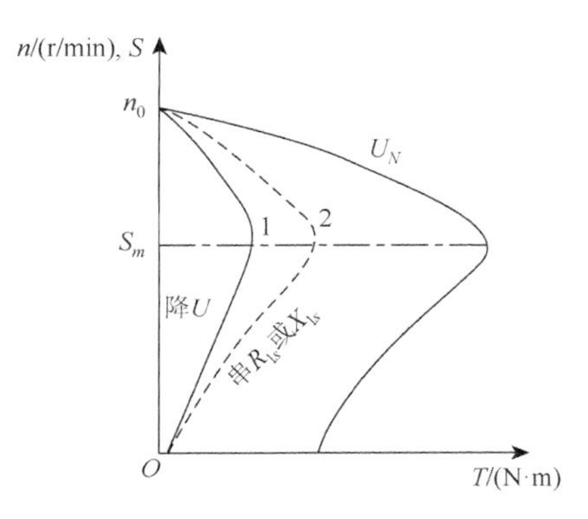


图 4-21　定子电路外接电阻或电抗时的人为机械特性曲线

3）改变定子电源频率时的人为机械特性

改变定子电源频率 $f$ 对三相异步电动机机械特性的影响是比较复杂的，下面仅定性地分析 $n=f(T)$ 的近似关系。根据式（4-2）、式（4-22）～式（4-24），并注意到 $X_{20}\propto f, K\propto 1/f$，且一般采用恒转矩变频调速，即希望最大转矩 $T_{\max}$ 保持为恒值。为此，在改变频率 $f$ 的同时，电源电压 $U$ 也要作相应的变化，使 $\dfrac{U}{f}$=常数，实质上是使电动机的气隙磁通量保持不变。在上述条件下就存在有 $n_0\propto f$、$S_m\propto\dfrac{1}{f}$、$T_{st}\propto\dfrac{1}{f}$ 和 $T_{\max}$ 不变的关系，即随着频率的降低，理想空载转速 $n_0$ 要减小，临界转差率要增大，启动转矩要增大，而最大转矩基本维持不变，如图 4-22 所示。

4）转子电路串电阻时的人为机械特性

在三相绕线转子异步电动机的转子电路中串入电阻 $R_{2r}$ 后[见图 4-23（a）]，转子电路中的电阻为 $R_2+R_{2r}$。由式（4-2）、式（4-23）和式（4-24）可看出，$R_{2r}$ 的串入对理想空载转速 $n_0$ 和最大转矩 $T_{\max}$ 没有影响，但临界转差率 $S_m$ 则随着 $R_{2r}$ 的增加而增大。此时的人为机械特性曲线将是一条比固有特性较软的曲线，如图 4-23（b）所示。

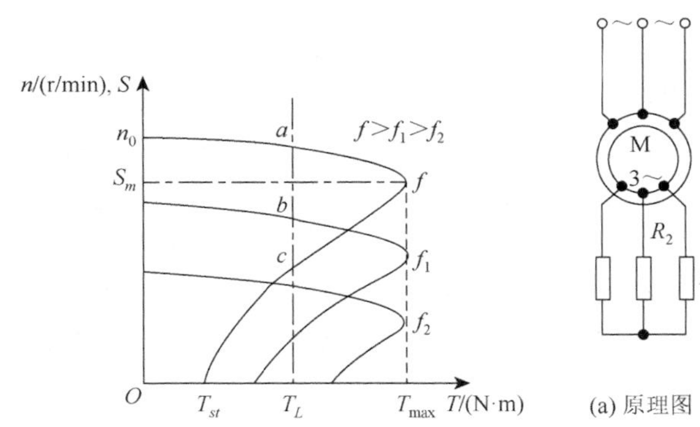


图 4-22 改变定子电源频率时的人为机械特性曲线

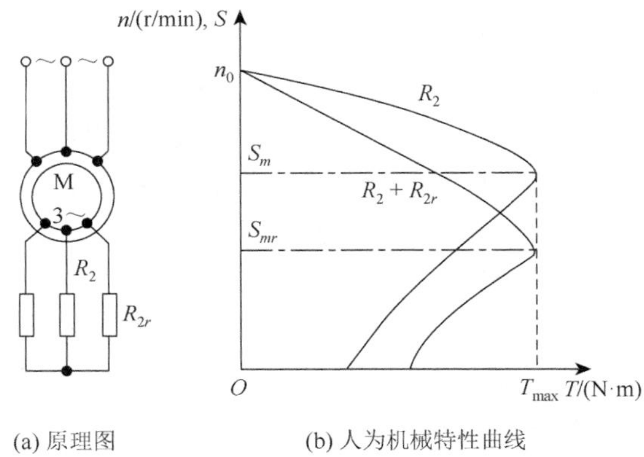


图 4-23 绕线式异步电动机转子电路（串电阻）

## 4.5 三相异步电动机的启动特性

和直流电动机一样，当异步电动机的定子接入电源时，电动机从静止状态开始加速到稳定运行的过程称为启动过程。异步电动机的启动首先要满足生产工艺的要求，同时还要使电动机本身能够合理地运行，因此对异步电动机的启动性能有如下要求。

（1）启动转矩足够大，以保证生产机械的正常启动，缩短启动时间。

（2）启动电流要小，以减小对电动机和电网的冲击。

（3）启动设备简单，控制方便。

（4）启动平滑，以减小对生产机械的冲击。

（5）启动过程中能量损耗小。

在上述基本要求中，（1）和（2）两条是衡量电动机启动性能的主要技术指标。但是，对于一台普通的三相异步电动机，当直接启动，即直接加额定电压启动时，其启动特性恰好与上述要求相反，存在启动电流很大而启动转矩却不大的问题。在异步电动机接入电网启动的瞬时，由于转子处于静止状态，定子旋转磁场以最快的相对速度（即同步转速）切割转子导体，在转子绕组中感应出很大的转子电势和转子电流，从而引起很大的定子电流，一般启动电流 $I_{st}$ 可达额定电流 $I_N$ 的 5～7 倍。启动时 $S=1$，转子功率因数 $\cos\varphi_2$ 很低，因而启动转矩 $T_{st}=K_1\Phi I_{2st}\cos\varphi_{2st}$ 却不大，一般 $T_{st}=(0.8\sim1.5)T_N$。异步电动机的固有启动特性如图 4-24 所示。

显然，异步电动机的这种启动性能和生产机械的要求是相矛盾的。为了解决这些矛盾，必须根据具体情况，采取不同的启动方法。

### 4.5.1 三相笼型异步电动机的启动特性

三相笼型异步电动机有直接启动和降压启动两种方法。直接启动是三相笼型异步电动机最简单的启动方法，适用于容量不大，以及在空载情况下启动的异步电动机。

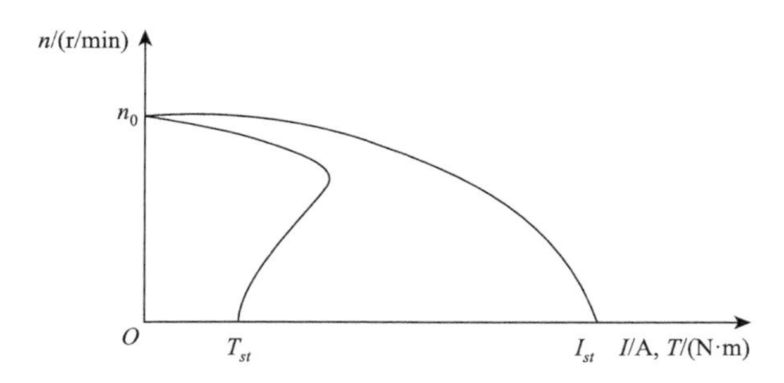


图 4-24 异步电动机的固有启动特性

例如，一般机床上采用的电动机的启动电流较大，但存在的时间很短，只要车间里许多机床不是同时启动，对电网电压降低的影响就不会太大。至于启动转矩，即使它比电动机额定转矩小很多，但只要是空载或轻载启动，转动起来仍能承担额定负载，因此可以直接启动。

降压启动是指电动机在启动时降低加在定子绕组上的电压，启动结束时加额定电压运行的启动方式。降压启动虽然能降低电动机的启动电流，但由于电动机的转矩与电压的平方成正比，降压启动时电动机的转矩减小更多，此方法一般只适用于电动机空载或轻载启动。

### 1. 直接启动

现代设计的笼型异步电动机都按直接启动时的电磁力和发热来考虑其机械强度和热稳定性，因此从电动机本身来说，笼型异步电动机都允许直接启动。异步电动机在什么情况下才允许采用直接启动，主要取决于供电电网的容量。一般情况下，异步电动机的功率小于 7.5kW 时允许直接启动；如果功率大于 7.5kW，而电网容量较大，符合如下条件的电动机也可直接启动：

$$\frac{\text{启动电流}I_{st}}{\text{额定电流}I_N}\leqslant\frac{3}{4}+\frac{\text{电源总容量}}{4\times\text{电动机功率}}$$

直接启动不需要附加启动设备，且操作和控制简单、可靠，所以在条件允许的情况下应尽量采用。考虑到目前在大中型厂矿企业中，变压器容积已足够大，因此绝大多数中、小型笼型异步电动机都采用直接启动的方法。

### 2. 定子串电阻或电抗的降压启动

启动时，在定子回路中串入启动电阻或电抗，降低定子绕组上的电压，从而减小启动电流。启动结束后，切除启动电阻或电抗，电动机进入正常运行状态。如图 4-25 所示，启动时，接触器触点 $KM_1$ 断开，KM 闭合，将启动电阻 $R_{st}$ 串入定子电路，使启动电流减小；待转速上升到一定程度后再将 $KM_1$ 闭合，$R_{st}$ 被短接，电动机接上全部电压而趋于稳定运行。

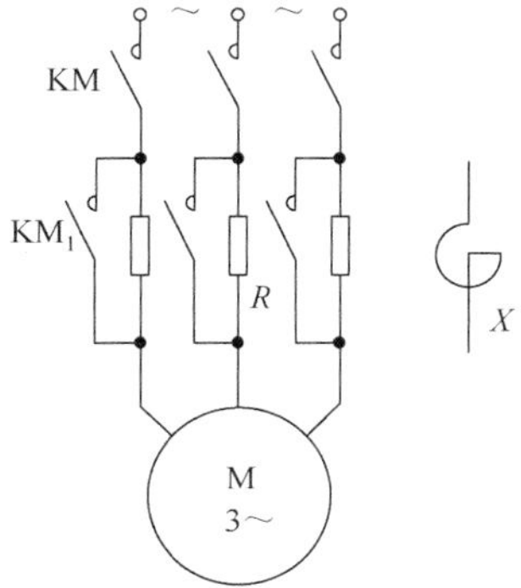


图 4-25 定子串电阻或电抗的降压启动

设全压直接启动时，电源线电压为$U_N$，即$U_{st}=U_N$，电动机的启动电流为$I_{st}$（线电流），启动转矩为$T_{st}$。定子串电阻或电抗后，如果启动电压降为$aU_N$（$a$为小于1的系数），即$U'_{st}=aU_N$，则启动电流$I'_{st}=aI_{st}$，启动转矩$T'_{st}=a^2T_{st}$（转矩与每相绕组电压的平方成正比）。

这种启动方法的缺点是只适用于空载或轻载启动的场合，串电阻启动时，能耗较大，若采用电抗器代替电阻器，则所需设备费用较高，且体积庞大。

### 3. Y-△（星-三角）降压启动

Y-△降压启动的接线图如图4-26所示。启动时，接触器的触点KM和$KM_1$闭合，$KM_2$断开，将定子绕组接成星形；待转速上升到一定程度后再将$KM_1$断开、$KM_2$闭合，将定子绕组接成三角形，电动机启动过程完成而转入正常运行，该方法适用于电动机运行时定子绕组接成三角形的情况。

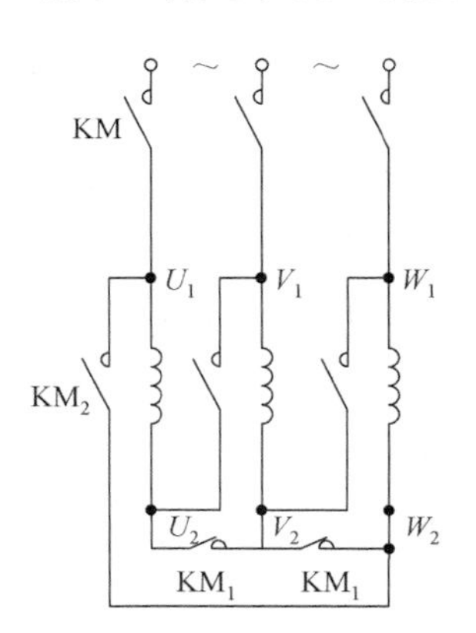

图4-26　Y-△降压启动

设电源线电压为$U_N$，电动机定子的每相绕组的等效阻抗为$Z$，则定子绕组接成星形时的启动电流（线电流）$I_{stY}=\frac{U_N}{\sqrt{3}Z}$，每相绕组上的启动电压$U_{stY}=\frac{U_N}{\sqrt{3}}$；接成三角形时的启动电流（线电流）为$I_{st\triangle}=\sqrt{3}\frac{U_N}{Z}$，启动电压$U_{st\triangle}=U_N$，所以$I_{stY}=\frac{I_{st\triangle}}{3}$。又由于电磁转矩与每相绕组电压的平方成正比，$T_{stY}=\frac{T_{st\triangle}}{3}$，即星形启动时，启动电流和启动转矩均下降为三角形接法的1/3，这种启动方法只适用于空载或轻载启动的场合。该启动方法的优点是启动电流小、启动设备简单、价格便宜、运行可靠，缺点是启动转矩小。

### 4. 自耦变压器降压启动

自耦变压器降压启动的原理如图4-27（a）所示。启动时$KM_1$和$KM_2$闭合，KM断开，三相自耦变压器T的三个绕组连成星形接于三相电源，使接于自耦变压器二次绕组的电动机降压启动。当转速上升到一定值后，$KM_1$和$KM_2$断开，自耦变压器T被切除，同时KM闭合，电动机全压运行。

自耦变压器降压启动的一相电路如图4-27（b）所示。设自耦变压器一次绕组的匝数为$N_1$，二次绕组的匝数为$N_2$，则自耦变压器的变压比$k=\frac{N_2}{N_1}<1$，其一次电压$U_1$（设为额定电压$U_N$）、电流$I_1$与二次电压$U_2$、电流$I_2$的关系为$\frac{U_2}{U_N}=\frac{I_1}{I_2}=k$，即$U_2=kU_N$，所以此时电动机定子的启动电流也为全压启动时的$k$倍，即$I_2=kI_{st}$（$I_{st}$为全压启动时的启动电流）。变压器一次电流$I_1=kI_2=k^2I_{st}$，即此时从电网吸取的电流$I_1$是直接全压启动的$k^2$倍。

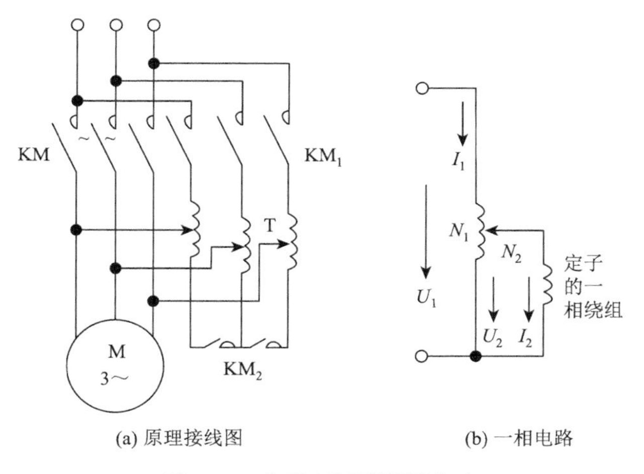


(a) 原理接线图　　(b) 一相电路

图 4-27　自耦变压器降压启动

自耦变压器降压启动时启动转矩与直接启动时的关系为

$$\frac{T_{st}'}{T_{st}}=\left(\frac{U_2}{U_N}\right)^2=k^2$$

综上，采用自耦变压器降压启动后，若电压下降到额定电压的 $k$ 倍，则启动电流和启动转矩均下降到直接启动的 $k^2$ 倍。不难看出，与定子串电阻或电抗降压启动相比，在电动机启动转矩相同时，自耦变压器降压启动时所需的电网电流较小，或者说在相同的启动电流下，自耦变压器降压启动可获得较大的启动转矩。因此，此方法适用于较大负载的启动，尤其适用于大容量、低电压电动机的降压启动。且自耦变压器二次绕组一般有三个抽头，可以根据需要选用，但设备体积大、价格高、质量大、维修麻烦。

实际启动用的自耦变压器有 QJ2 型和 QJ3 型两个系列：QJ2 型的三个抽头比（即 $k$ ）分别为 55%、64%、73%；QJ3 型的抽头比为 40%、60%、80%。

## 4.5.2　特殊结构的笼型异步电动机

普通笼型异步电动机的最大优点是结构简单、运行可靠，缺点是启动性能差，很难满足启动次数频繁且启动转矩大的生产机械（主要是起重运输机械和冶金企业中的各种辅助机械）的要求。为了既保持笼型电动机结构简单的优点，又能获得较好的启动性能，人们在电动机的结构上采取了一些改进措施，设计和制造出了一些特殊结构的笼型异步电动机。

1. 高转差率笼型异步电动机

增大转子导条的电阻，既可以限制启动电流，又可以增大启动转矩。为了增大转子导条电阻，不用普通纯铝浇注，而是采用高电阻率的 ZL-14 铝合金。这种电动机正常运行时的转差率高于普通笼型异步电动机，称为高转差率笼型异步电动机。由于转子导条电阻增大，启动转矩增大，电动机电流减小，而正常运行时的损失相应地增大，故效率随之降低。高转差率笼型异步电动机适用于具有较大飞轮惯量和不均匀冲击负载及正、反转次数较多的生产机械。

2. 深槽式异步电动机

深槽式异步电动机的转子槽型窄而深，通常槽深与槽宽之比为 10～12，如图 4-28 所示。在启动时，转子电流频率高（$f_2 = f_1$），由于集肤效应，导条中的电流密度由槽口至轴方向逐渐减小，相当于减小了导体的有效截面，使转子电阻增大，限制了启动电流，增大了启动转矩。当正常运行时，集肤效应基本消失，转子导条内的电流均匀分布，导体的有效截面增大，转子电阻减小，这时就和普通的笼型异步电动机差不多了。

3. 双笼型异步电动机

双笼型异步电动机的转子具有上、下两套笼型结构，如图 4-29 所示。工作原理同深槽式异步电动机，启动时上笼电阻大，限制了启动电流，所以上笼又称启动笼。正常运行时转子频率很低，转子电流主要集中到电阻较小的下笼中，下笼又称为工作笼。

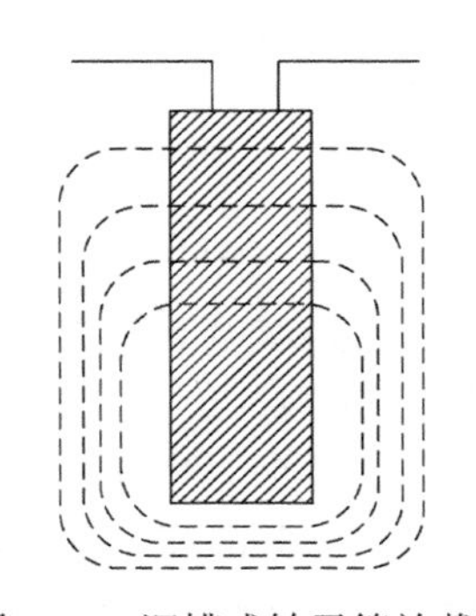

图 4-28 深槽式转子等效截面

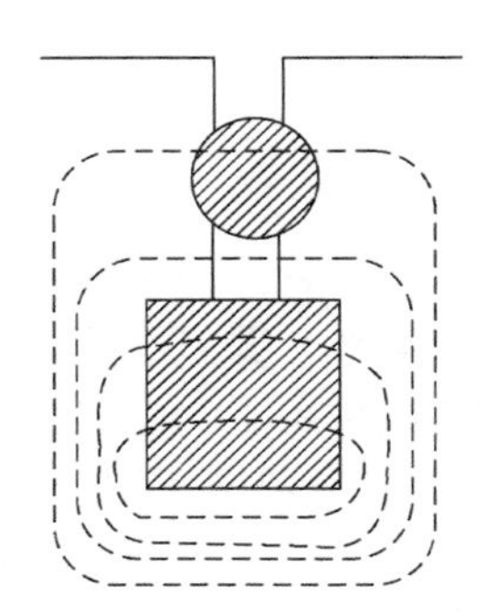

图 4-29 双笼型转子截面

特殊形式的笼型异步电动机都具有较好的启动性能，虽其功率因数较小，效率稍低，但在工业上得到了广泛的应用。实际上，功率大于 100kW 的笼型异步电动机都设计为双笼型或深槽式。

### 4.5.3 三相绕线转子异步电动机的启动特性

前面在分析机械特性时已经说明，适当增大转子电路的电阻可以提高启动转矩。笼型异步电动机无法在转子电路中串入电阻，而绕线转子异步电动机可以利用这一特性，在转子电路中串入电阻或频敏变阻器来改善启动特性，增大启动电阻，减小启动电流。而且转子接入的电阻或频敏变阻器所散发的热量大部分都在电动机外部，可以减少电动机本身的发热。

1. 逐级切除启动电阻法

采用逐级切除启动电阻的方法，其启动过程与他励直流电动机采用的逐级切除启动电阻的方法相似，主要是使整个启动过程中能保持较大的加速转矩，其启动过程如下：

如图 4-30（a）所示，启动开始时，触点 $KM_1$、$KM_2$、$KM_3$ 均断开，启动电阻全部接入，KM 闭合，将电动机接入电网。电动机的机械特性如图 4-30（b）中的曲线Ⅲ所示，初始启动转矩为 $T_A$，加速转矩 $T_{d1}=T_A-T_L$，这里 $T_L$ 为负载转矩。在加速转矩的作用下，转速沿曲线Ⅲ上升，轴上输出转矩相应下降。当转矩下降至 $T_B$ 时，加速转矩下降到 $T_{d1}=T_B-T_L$，这时，为了使系统保持较大的加速度，$KM_3$ 闭合，使各相电阻中的 $R_{st3}$ 被短接（或切除），启动电阻由 $R_3$ 减为 $R_2$，电动机的机械特性曲线由曲线Ⅲ变化到曲线Ⅱ。只要 $R_2$ 的大小选择合适，并掌握好切除时间，就能保证在电阻刚被切除的瞬间，电动机轴上的输出转矩重新回升到 $T_A$，即电动机重新获得最大的加速转矩。以后各段电阻的切除过程与上述相似，直到转子电阻全部被切除，电动机稳定运行在固有机械特性曲线上，即图中曲线Ⅳ相应于负载转矩 $T_L$ 的点 9，启动过程结束。

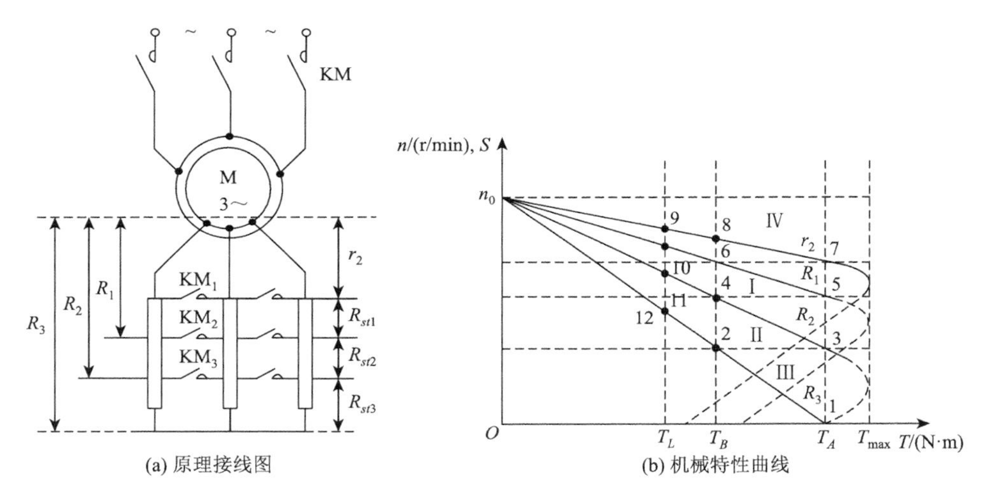

(a) 原理接线图　　(b) 机械特性曲线

图 4-30　逐级切除启动电阻的启动过程

### 2. 频敏变阻器启动法

在转子串电阻启动方法中，由于电阻需分段切除，存在着如下缺点：①转矩变化较大，对生产机械的冲击较大；②控制设备庞大；③操作维修不便。

为了克服上述缺点，可采用转子串频敏变阻器启动。频敏变阻器实质上是一个铁芯损耗很大的三相电抗器。铁芯由几块厚度一定的实心铁板或钢板叠成，一般做成三柱式，每柱上绕有一个线圈，三相线圈连接为星形，然后接到绕线转子异步电动机的转子电路中。它的特点是等效电阻值随电流频率的降低而自动减小，从而使电动机能平滑启动。

启动时，频敏变阻器经滑环和电刷接入转子电路。由于刚启动时电动机转速较低，转子频率 $f_2=Sf$ 较高，铁芯中的涡流损耗较大，与其对应的等效阻抗也较大。随着电动机转速上升，$S$ 减小，$f_2=Sf$ 减小，铁芯涡流损耗减小，使对应的等效阻抗减小。这样，就相当于在转子电路中串入了一个随转子频率可变的变阻器，随着电动机转速升高，转子频率逐渐减小，变阻器等效电阻逐渐减小，使电动机平稳加速。启动结束后，将滑环短接，切除频敏变阻器，并抬起电刷。

由于频敏变阻器结构简单、运行可靠、使用维护方便、价格便宜，使用十分广泛。

# 4.6　三相异步电动机的调速特性

三相异步电动机具有结构简单、运行可靠、维修方便、价格便宜等优点，因此在国民经济各领域得到了广泛应用。三相异步电动机没有换向器，克服了直流电动机的一些缺点，但提高三相异步电动机的调速性能一直是人们追求的目标。随着电力电子技术、微电子技术、计算机技术及电动机理论和自动控制理论的发展，限制三相异步电动机发展的问题逐渐得到了解决，目前三相异步电动机的调速特性已达到了直流调速的水平。

由三相异步电动机的转速表达式 $n = n_0(1-S) = \dfrac{60f}{p}(1-S)$ 可知，异步电动机的调速方法有三种：①变极调速，指改变定子绕组的磁极对数 $p$；②变频调速，指改变供电电源的频率 $f$；③变转差率调速，指改变电动机的转差率 $S$，有调压调速、转子电路串电阻调速、串级调速等。

## 4.6.1　调压调速

改变三相异步电动机电源电压时的人为机械特性曲线如图 4-31 所示，由图可见，电压改变时，$T_{max}$ 变化，而 $n_0$ 和 $S_m$ 不变。对于恒转矩性负载 $T_L$，由负载特性曲线 1 与不同电压下电动机的人为机械特性的交点，可以得到 $a$、$b$、$c$ 点所决定的速度，其调速范围很小；由离心式通风机型负载曲线 2 与不同电压下电动机的人为机械特性的交点为 $d$、$e$、$f$，可以看出，调速范围稍大。这种调速方法能够实现无级调速，但当降低电压时，转矩也按电压的平方比例减小，所以调速范围不大。在定子电路中串入电阻（或电抗）和用晶闸管调压调速都属于这种调速方法。

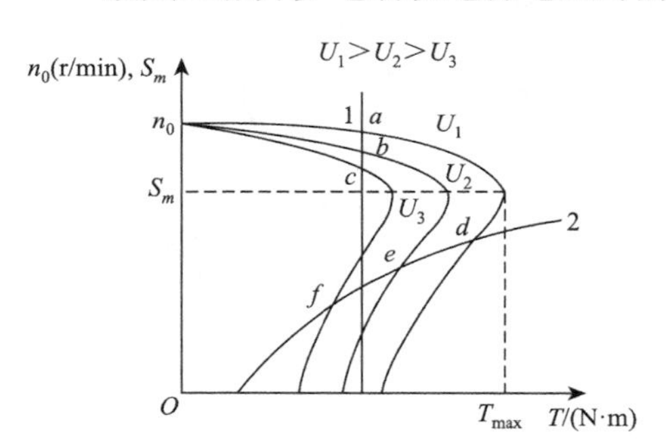


图 4-31　调压调速时的人为机械特性曲线

## 4.6.2　转子电路串电阻调速

转子电路串电阻调速方法只适用于绕线转子异步电动机，其启动电阻可兼作调速电阻，不过此时要考虑稳定运行时的发热，应适当增大电阻的容量。

如图 4-32 所示，原来工作于点 $a$，现在在转子电路中串入电阻，使机械特性由曲线 1 变为曲线 2。开始时，由于机械惯性，转速来不及变化，工作点由点 $a$ 平移到点 $b$，且电动机转矩下降。这时 $T_m < T_1$（设负载转矩 $T_1$ 恒定），转速沿曲线 2 下降。随着转速下降，$T_m$ 上升，最后在点 $c$ 以降低的转速匀速运行。

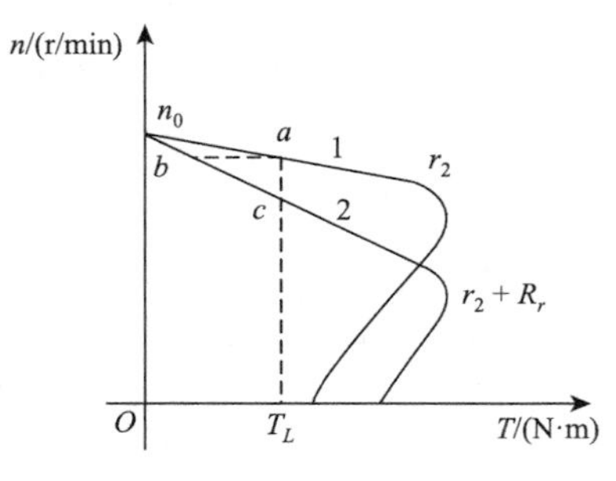


图 4-32　改变 $r_2$ 调速过程

此种调速方法简单，初期投资不高，但它是有级调速。随着转速降低，机械特性变软，转子电路电阻损耗与转差率成正比，低速时损耗大，经济性差。因此，这种调速方法适用于重复短时运转的生产机械中，如在起重运输设备中应用非常广泛。

### 4.6.3 变极调速

三相异步电动机的同步转速 $n_0$ 与磁极对数 $p$ 成反比，故改变磁极对数 $p$ 即可改变电动机的转速。在改变定子磁极对数时，转子的磁极对数也必须同时改变，因此变极调速常用于笼型异步电动机，因为笼型异步电动机转子的磁极对数能随定子磁极对数自然变化。

1. 变极调速原理

在生产中有大量的生产机械，它们并不需要连续平滑调速，只需要几种特定的转速就可以；而且这些机械对启动性能没有很高的要求，一般只在空载或轻载下启动，在这种情况下使用变极调速的多速笼型异步电动机是合理的。

以单绕组双速电动机为例，对变极调速的原理进行分析，如图 4-33 所示，为简便起见，将一个线圈组集中起来用一个线圈代表。单绕组双速电动机的定子中，每相绕组由两个相等圈数的“半绕组”组成。图 4-33（a）中两个“半绕组”串联，其电流方向相同；图 4-33（b）中两个“半绕组”并联，其电流方向相反。它们分别代表两种磁极对数，即 $2p=4$ 与 $2p=2$ 。可见，改变磁极对数的关键在于改变每相定子绕组中一半绕组内的电流方向，即可用改变定子绕组的接线方式来实现。若在定子上装两套独立绕组，各自具有所需的磁极对数，两套独立绕组中又可以有不同的连接，这样就可以分别得到双速、三速或四速等电动机，称为多速电动机。

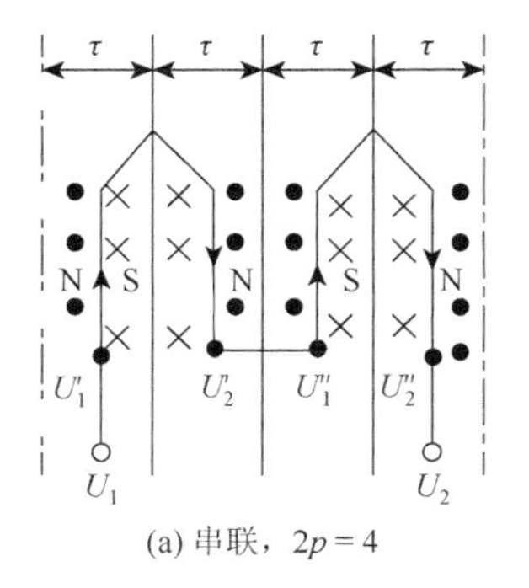

(a) 串联，$2p=4$

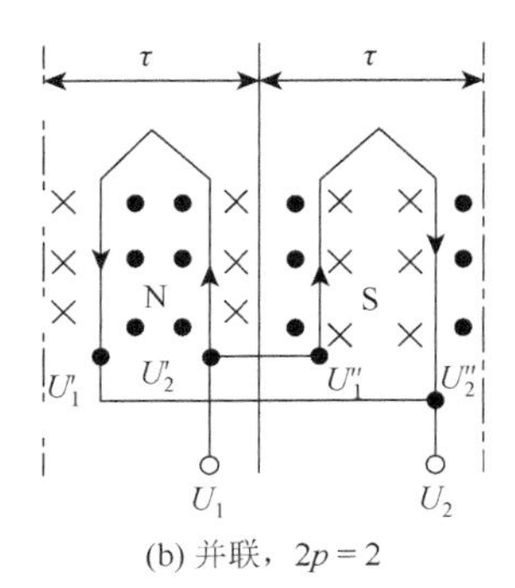

(b) 并联，$2p=2$

图 4-33 改变磁极对数调速的原理

2. 接线方式及容许输出

1）接线方式

目前，我国常用的多速电动机定子绕组连接方式有两种：一种是从星形改成双星形，写作 Y/YY，如图 4-34（a）所示，电动机磁极对数减少一半，$n_{YY}=2n_Y$；另一种是从三角形改成双星形，写作△/YY，如图 4-34（b）所示，磁极对数也减少一半，即 $n_{YY}=2n_{\triangle}$ 。

另外，由于磁极对数的改变，三相定子绕组中电流的相序也改变了，为了在改变磁极对数后仍维持原来的转向不变，应把三相绕组接线的相序改接一下。

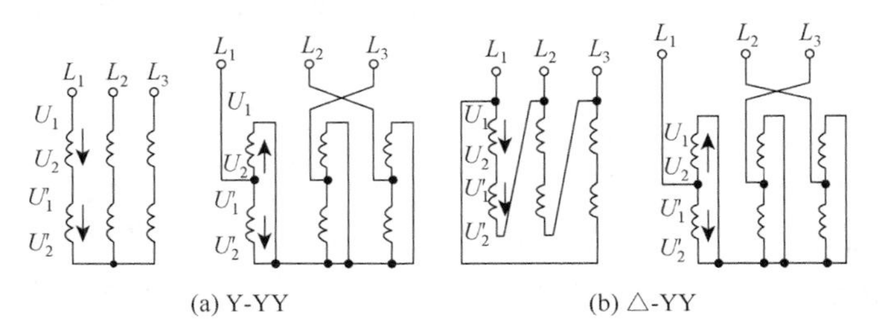


(a) Y-YY　　　　(b) △-YY

图 4-34　单绕组多速电动机的磁极对数变换

2）容许输出

（1）Y/YY 接线方式。

设电源线电压为$U_N$，每相绕组额定电流为$I_N$，每相绕组额定电流为星形连接时，线电流等于相电流，输出功率和转矩分别为

$$P_{\mathrm{Y}} = \sqrt{3}U_N I_N \eta_N \cos\varPhi_N,\quad T_{\mathrm{Y}} = 9.55\frac{P_{\mathrm{Y}}}{n_{\mathrm{Y}}}$$

改接成双星形后，$n_{\mathrm{YY}} = 2n_{\triangle}$，若保持绕组额定电流$I_N$不变，则线电流为$2I_N$。假定改装前后效率和功率因数近似不变，则输出功率和转矩为

$$P_{\mathrm{YY}} = \sqrt{3}U_N(2I_N)\eta_N \cos\varPhi_N = 2P_{\mathrm{Y}},\quad T_{\mathrm{YY}} = 9.55\frac{P_{\mathrm{YY}}}{n_{\mathrm{YY}}} = T_{\mathrm{Y}}$$

可见，采用 Y/YY 连接时，电动机的转速增大一倍，容许输出功率增大一倍，而容许输出转矩保持不变，所以这种连接方式的变极调速属于恒转矩调速，它适用于恒转矩负载。

（2）△/YY 接线方式。

三角形连接时的线电流为$\sqrt{3}I_N$，输出功率和转矩分别为

$$P_{\triangle} = \sqrt{3}U_N(\sqrt{3}I_N)\eta_N \cos\varPhi_N,\quad T_{\triangle} = 9.55\frac{P_{\triangle}}{n_{\triangle}}$$

改装成双星形后，$n_{\mathrm{YY}} = 2n_{\triangle}$，线电流为$2I_N$，则输出功率和转矩为

$$P_{\mathrm{YY}} = \sqrt{3}U_N(2I_N)\eta_N \cos\varPhi_N = 1.15P_{\triangle}$$

$$T_{\mathrm{YY}} = 9.55\frac{P_{\mathrm{YY}}}{n_{\mathrm{YY}}} = 9.55\times\left(\frac{1.15P_{\triangle}}{2n_{\triangle}}\right) = 0.58T_{\triangle}$$

可见，采用△/YY 连接时，电动机的转速增大一倍，容许输出功率近似不变，而容许输出转矩近似减小一半。因此，这种连接方式的变极调速可认为是恒功率调速，它适用于恒功率负载。

### 4.6.4　变频调速

变频调速，就是通过改变电动机定子供电频率以改变同步转速，来实现调速的目的。

若电源电压$U$不变，当降低电源频率$f$调速时，磁通量$\Phi$将增加，使铁芯饱和，从而导致励磁电流和铁损耗增大、电动机温升过高等，这是不允许的。为了解决这一问题，要求在变频调速系统中，降频的同时最好降压，即频率与电压能协调控制，即电源电压$U$必须与$f$成比例地变化，此时近似为恒转矩调速方式。

若升高电源频率向上调速，升高电源电压（$U > U_N$）是不允许的，只能保持电源电压为$U_N$不变，因此频率越高，磁通量就越低，此时是降低磁通量升速的方法，近似为恒功率调速。

在异步电动机变频调速系统中，为了得到更好的性能，可以将恒转矩调速与恒功率调速结合起来。

在变频调速过程中，从高速到低速都可以保持有限的转差率，因而该方法具有高效率、宽范围和高精度的调速特点，已经在很多领域获得广泛应用，如轧钢机、工业水泵、鼓风机、起重机、纺织机、球磨机、化工设备及家用空调器等方面。变频调速的主要缺点是系统较复杂、成本较高，但仍是最有发展前途的异步电动机调速方法。

## 4.7 三相异步电动机的制动特性

与直流电动机相同，按电磁转矩与转速的方向是否相同分类，三相异步电动机可分为电动状态与制动状态。

电动状态的特点是电磁转矩与转速方向相同，机械特性位于第一、三象限，在第一象限称为正向电动状态，在第三象限称为反向电动状态。在电动状态工作时，电动机是从电网吸取电能，转变为机械能以带动机械负载。

制动状态的特点是电磁转矩与转速方向相反，机械特性在第二、四象限。在制动状态工作时，电动机吸收机械能，并转换为电能。

根据制动状态中电磁转矩和转速的情况，可分为能耗制动、反接制动和反馈制动。

### 4.7.1 能耗制动

异步电动机能耗制动的原理线路图如图 4-35（a）所示。进行能耗制动时，首先将定子绕组从三相交流电源断开（KM 打开），接着立即将一低压直流电源通入定子绕组（$KM_2$闭合）。直流电流通过定子绕组后，在电动机内部建立一个固定不变的磁场，由于转子在运动系统储存的机械能维持下继续旋转，转子导体内产生感应电势和电流，该电流与恒定磁场相互作用产生作用方向与转子实际旋转方向相反的制动转矩。在制动转矩的作用下，电动机转速迅速下降，此时运动系统储存的机械能被电动机转换成电能后消耗在转子电路的电阻中。

能耗制动时的机械特性如图 4-35（b）所示，制动时系统运行点从曲线 1 的$a$点平移至曲线 2 的$b$点，在制动转矩和负载转矩的共同作用下沿曲线 2 迅速减速至$n=0$。当$n=0$时，$T=0$，如果电动机拖动的是反抗型负载，则电动机停转，实现了快速制动停车；如果电动机拖动的是位能型负载，在$n=0$时，若要停车，必须立即用机械抱闸将电动机轴刹住，否则电动机将在位能型负载的倒拉下反转，直至进入第四象限中的$c$点，系统处于稳定的能耗制动状态，这时重物保持匀速下降。

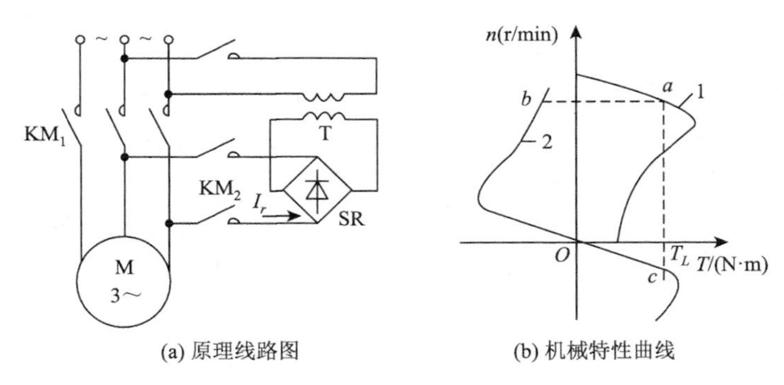


(a) 原理线路图　　(b) 机械特性曲线

图 4-35　能耗制动时的原理线路图及机械特性曲线

因此，如果电动机拖动的是反抗型负载，能耗制动能准确停车。但是，当电动机停止后不应再接通直流电源，因为那样会烧坏定子绕组。另外，制动的后阶段，随着转速的降低，能耗制动转矩也很快减小，因此制动较平稳，但制动效果差一些。可以通过改变定子励磁电流或转子电路串入电阻（绕线转子异步电动机）的大小来调节制动转矩，从而调节制动的强弱，由于制动时间很短，通过定子的直流电流 $I_f$ 可以大于电动机的定子额定电流，一般取 $I_f=(2\sim3)I_N$。如果电动机拖动的是位能型负载，可以以较低的速度下放重物，并且通过调节定子励磁电流的大小或转子电路所串电阻的大小来调节下放重物的速度。

### 4.7.2　反接制动

三相异步电动机的反接制动分为电源反接制动和倒拉反接制动两种。

1. 电源反接制动

如果正常运行时，异步电动机三相电源的相序突然改变，即电源反接，就会改变旋转磁场的方向，电动状态下的机械特性曲线就由第一象限的曲线 1 变成了第三象限的曲线 2，如图 4-36 所示。但由于机械惯性的原因，转速不能突变，系统运行点 $a$ 只能平移至曲线 2 上的点 $b$，电磁转矩由正变负，则转子将在电磁转矩和负载转矩的共同作用下迅速减速，在从点 $b$ 到点 $c$ 的整个第二象限内，电磁转矩 $T$ 和转速 $n$ 的方向都相反，电动机工作在反接制动状态。$n=0$ 时（点 $c$），应将电源切断，否则电动机将反向启动运行。

由于电源反接制动时的电流很大，常在笼型电动机定子电路中串接电阻；绕线转子电动机则在转子电路中串接电阻，这时的人为机械特性如图 4-36 中的曲线 3 所示，制动时工作点由点 $a$ 转换到点 $d$，然后沿曲线 3 减速至 $n=0$（点 $e$），切断电源。

2. 倒拉反接制动

倒拉反接制动出现在位能型负载转矩超过电磁转矩的情况，例如，起重机下放重物时，为了避免下降速度太快，常采用这种工作状态。若起重机提升重物时稳定运行在曲线 1 的点 $a$（图 4-37），欲使重物下降，应在转子电路内串入较大的附加电阻。此时系统运行点将从曲线 1 上的点 $a$ 移至曲线 2 上的点 $b$，负载转矩 $T_L$ 将大于电动机的电磁转矩 $T$，

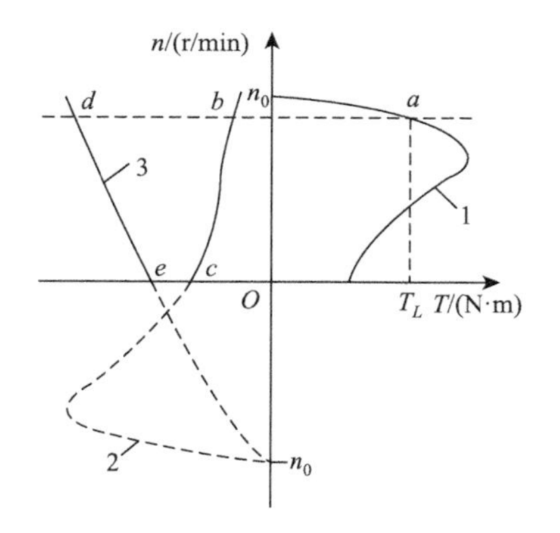


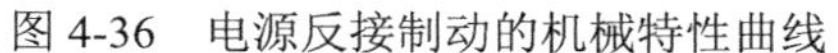
图 4-36 电源反接制动的机械特性曲线

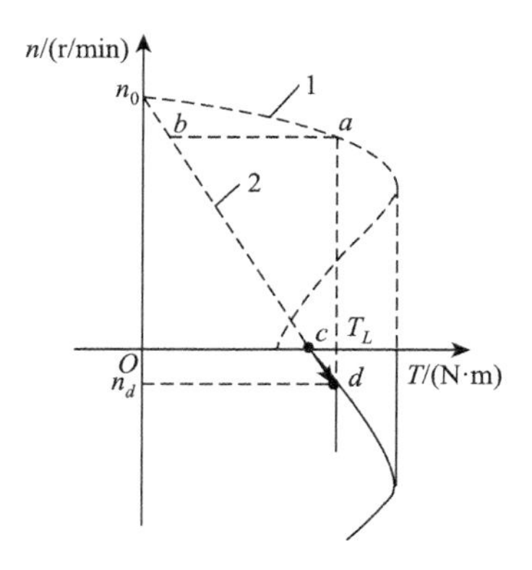


图 4-37 倒拉反接制动的机械特性曲线

电动机减速到点 $c$（即 $n=0$）。这时，由于电磁转矩 $T$ 仍小于负载转矩 $T_L$，重物将迫使电动机反向旋转，重物被下放，即电动机转速 $n$ 由正变负，$S>1$，机械特性曲线由第一象限延伸到第四象限，电动机进入反接制动状态。随着下放速度的增加，$S$ 增大，转子电流 $I_2$ 和电磁转矩也增大，直至 $T=T_L$，系统达到相对平衡状态，重物以 $n_d$ 等速下放。可见，与电源反接的过渡制动状态不同，这是一种能稳定运转的制动状态。

在倒拉反接制动状态下，转子轴上输入的机械功率转变成电功率后，连同从定子输送的电磁功率一起，消耗在转子电路的电阻上。

电源反接制动一般应用于要求快速减速、停车和反转的场合，以及经常要求正反转的机械上，倒拉反接制动可用于低速下放重物。

### 4.7.3 反馈制动

反馈制动对应的机械特性表达式和电动状态时完全相同，只不过是外部条件的变化，使转速超过了理想空载转速，转差率变为负值，电磁转矩的方向与转速的方向相反。

由于某种原因，异步电动机的运行速度高于其同步速度，即 $n>n_0$、$S=(n_0-n)/n_0<0$ 时，异步电动机就进入发电状态。显然，这时转子导体切割旋转磁场的方向与电动状态时的方向相反，电流 $I_2$ 改变了方向，电磁转矩 $T=K_m\Phi I_2\cos\Phi_2$ 也随之改变方向，即 $T$ 与 $n$ 的方向相反，$T$ 起制动作用。反馈制动时，电动机从轴上吸取功率后，一部分转换为转子铜耗，大部分则通过空气隙进入定子，并在供给定子铜耗和铁耗后，反馈给电网。因此，反馈制动又称发电制动，这时异步电动机实际上是一台与电网并联运行的异步发电机。由于 $T$ 为负，$S<0$，反馈制动的机械特性是电动状态下的机械特性向第二象限的延伸，如图 4-38 所示。

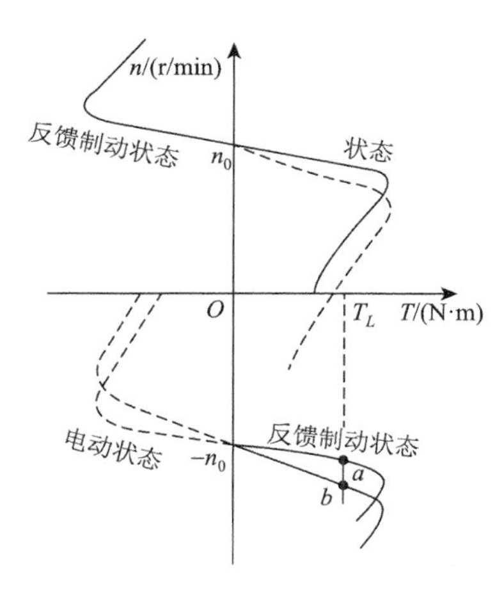


图 4-38 反馈制动状态下异步电动机的机械特性曲线

异步电动机的反馈制动状态有两种情况。一种是负载转矩为位能型转矩的起重机械在下放重物时的反馈制动状态，如桥式吊车中的电动机反转（在第三象限）下放重物。开始，电动机在反转电动状态工作，电磁转矩与负载转矩方向相同，重物快速下降，直至$|-n|>|-n_0|$，即电动机的实际转速超过同步转速后，电磁转矩成为制动转矩；当$T=T_L$时，达到稳定状态，重物匀速下降，如图 4-38 中的点$a$。改变转子电路内的串入电阻，可以调节重物下降的稳定运行速度，如图 4-38 中的点$b$，转子电阻越大，电动机转速就越高。但为了避免因电动机转速太高而造成运行事故，转子附加的电阻值不允许太大。另一种是在电动机变极调速或变频调速过程中，磁极对数突然增大或供电频率突然降低，使同步转速$n_0$突然降低时的反馈制动运行状态。例如，某生产机械采用双速电动机传动，高速运行时为 4 极$(2p=4)$、$n_{01}=\dfrac{60f}{p}=1500\text{r/min}$；低速运行时为 8 极$(2p=8)$、$n_{02}=750\text{r/min}$。如图 4-39 所示，当电动机由高速切换到低速时，由于转速不能突变，运行状态从$a$点至$b$点，且速度开始下降，直至$n_{02}$点，此过程的机械特性曲线在第二象限的发电区域内。此时电枢所产生的电磁转矩为负，和负载转矩一起，迫使电动机降速。在降速过程中，电动机将运行系统中的动能转换成电能反馈到电网，当电动机在高速状态下储存的动能消耗完后，电动机就进入$2p=8$的电动状态，直至电动机的电磁转矩又重新与负载转矩相平衡，电动机稳定运行在$c$点。反馈制动用于高速（大于$n_0$）匀速下放物体。

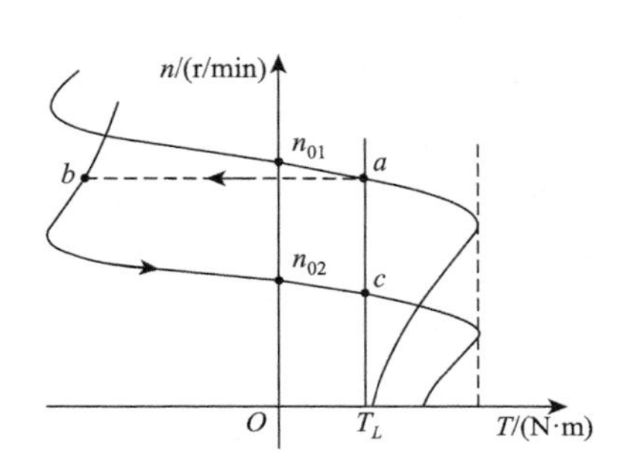


图 4-39 变极或变频调速的反馈制动运行过程

# 4.8 单相异步电动机

单相异步电动机是接单相交流电源运行的异步电动机，具有结构简单、成本低廉、噪声小、运行可靠等优点，广泛应用于家用电器、电动工具、医疗器械等方面。与三相异步电动机相比，虽然单相异步电动机的效率较低，功率因数较小，但容量不大，此缺点并不突出。

## 4.8.1 工作原理

当定子单相绕组通入交流电时，在空间便产生一个磁场（图 4-40），其大小随时间按正弦规律变化，即

$$\Phi=\Phi_m\sin(\omega t)$$

式中，$\omega$为电源的角频率。

这个磁场的轴线在空间固定不变，只是磁通量的大小随时间做正弦变化，因此不是旋转磁场而是脉动磁场。该脉动磁场在转子导体中产生感应电流，从而产生转矩，

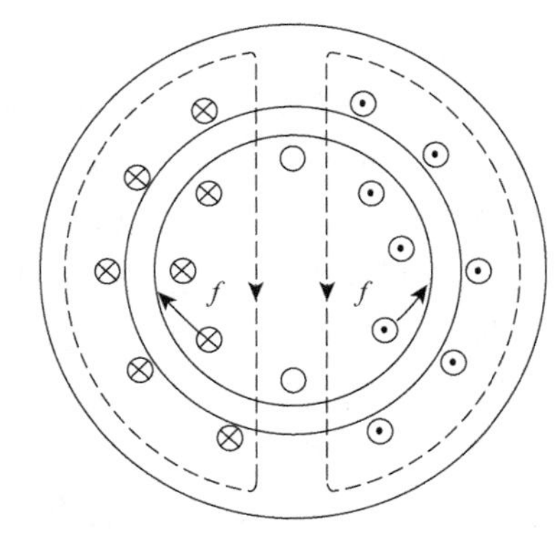


图 4-40 脉动磁场

但磁场轴线两侧的转子导条是对称的，产生的转矩大小相等而方向相反，合成转矩为零，转子不会转动。但是，如果将转子向任一方向拨动一下，转子将按拨动的方向旋转下去，并且能带动一定的机械负载。为什么会有此特点？这里可用双向旋转磁场理论来解释。

1. 双向旋转磁场

一个脉动磁场可以看作由两个大小相等、转速相同（$n_0$ 均为 $60f/p$）但旋转方向相反的旋转磁场（$B_+$及$B_-$）合成的结果。这两个旋转磁场的磁感应强度幅值等于脉动磁场磁感应强度幅值的一半，即 $B_{+m}=B_{-m}=\dfrac{B_m}{2}$。任一时刻，两个双向旋转磁场合成的情况如图 4-41 所示。

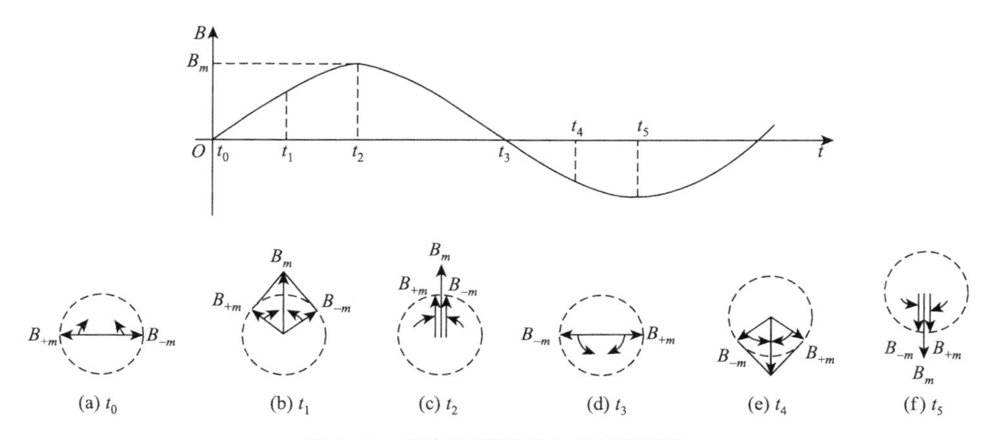


图 4-41　双向旋转磁场合成脉动磁场

在 $t=t_0=0$ 时，两个旋转磁场的矢量 $B_+$ 和 $B_-$ 相反，合成结果为 $B=0$。$t=t_1$ 时，$B_+$ 和 $B_-$ 按相反方向各在空间转过 $\omega t_1$ 角，故其合成磁场为

$$B=B_{+m}\sin(\omega t_1)+B_{-m}\sin(\omega t_1)=2\frac{B_m}{2}\sin(\omega t_1)=B_m\sin(\omega t_1)$$

由此可见，在任一时刻 $t$，合成磁场正是脉动磁场 $B(t)=B_m\sin(\omega t)$。因此，单相绕组产生的磁场虽然是脉动的，却可以引用前面所说的旋转磁场来分析电动机的工作。

2. 电磁转矩

这两个旋转磁场均将在转子中产生感应电流和转矩，它们的转矩特性 $T=f(S)$ 和三相异步电动机相同。

设转子的转速为 $n$，方向如图 4-42 所示，则两个旋转磁场中，有一个与转子转向相同，称为正向磁场 $B_+$，另一个则称为反向磁场 $B_-$。

对于正向磁场，转子的转差率为

$$S_+=\frac{n_0-n}{n_0}<1$$

对于反向磁场，转子的转差率很大，即

$$S_- = \frac{-n_0 - n}{-n_0} = \frac{n_0 + n}{n_0} = \frac{n_0 + (1 - S_+)n_0}{n_0} = 2 - S_+ > 1$$

这两个旋转磁场同转子作用产生的 $T_+$和 $T_-$大小相等、方向相反，其转矩特性曲线如图 4-43 所示。显然，两者的合成曲线即代表单相异步电动机的转矩特性。

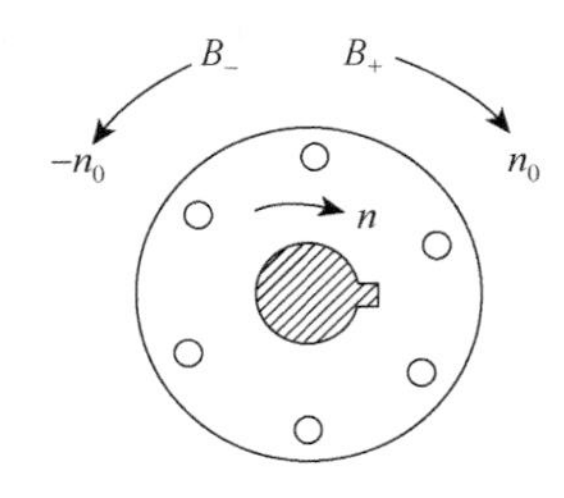


图 4-42　两相旋转磁场

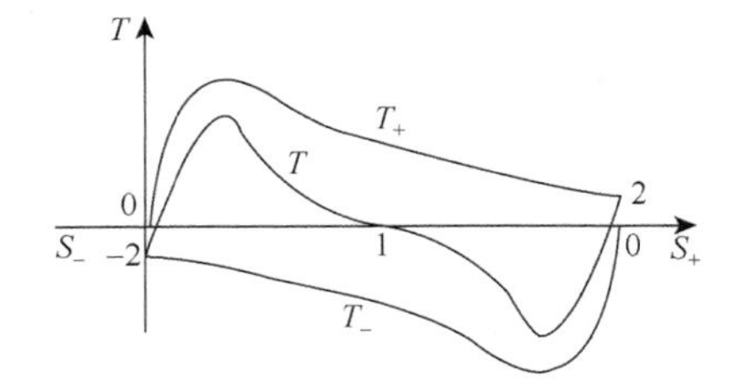


图 4-43　对应两相旋转磁场的转矩特性及其合成

当转子未动时，$S_+ = S_- = 1$，转子与两个相反旋转磁场的相对转速相等，故 $T_+ = T_-$，合成转矩 $T = 0$，所以单相异步电动机没有启动能力，这就是对前面所述的脉动磁场不能使静止的转子转动的一种解释。

拨动转子后，转子与两旋转磁场的相对转速相同。若 $S_+$ 处于 0～1 范围内，则 $T_+ > T_-$，合成转矩 $T = T_+ - T_- > 0$；若 $S_-$ 处于 0～1 范围内，则 $T_- > T_+$，合成转矩 $T = T_+ - T_- < 0$。以上两种情况均会使转子按原来转向继续转动。

## 4.8.2　启动方法

单相电动机没有启动能力，若依靠外力拨动，显然不可行，因此需采用特殊的启动装置，常用的方法如下。

### 1. 分相式单相异步电动机

这种方法是在定子上装两个绕组，两者在空间相差 90°（电角度）。其中一个是主绕组，也称工作绕组；另一个是辅助绕组，或称启动绕组，如图 4-44 所示。辅助绕组电路中有串联电容的，也有串联电阻的，使两绕组中的电流不同相，故称为分相式异步电动机。

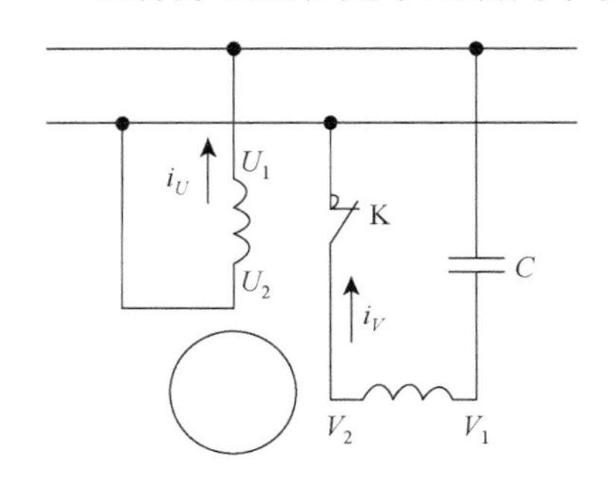


图 4-44　分相式单相异步电动机接线图

设辅助绕组串联电容后，使 $i_U$ 和 $i_V$ 相位差接近 90°，则两相电流在不同时刻所产生的合成磁场如图 4-45 所示，它是旋转磁场。按异步电动机工作原理，它可使转子转动。

图 4-44 中，K 是离心开关，在电动机启动时 K 是闭合的。电动机启动后，转速升到相当高时，借助离心力的作用，K 自动打开，此后电动机就只由主绕组通电流单相运行了。

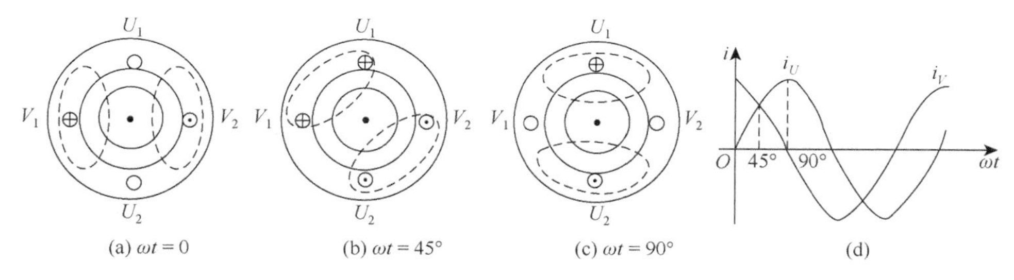


图 4-45 两相电流在不同时刻产生的合成旋转磁场

若电路中不用开关 K，则运转时不切断辅助绕组电路，这种电动机也称电容分相运转电动机。这时单相电动机相当于一台两相电动机，但由于接在单相电源上，仍称作单相异步电动机，它和带离心开关的单相异步电动机相比有较大的最大转矩和功率因数。辅助绕组所串联的电容不一定要使 $i_U$ 和 $i_V$ 相差 90°，另外也可以用电阻代替电容。只要使 $i_U$ 和 $i_V$ 有一定相位差，合成磁场就会旋转，就可以达到启动的目的。

分相式单相异步电动机的启动转矩比较大，功率可做到几十到几百瓦，常用于吊风扇、空气压缩机、电冰箱和空调设备中。

2. 罩极式单相异步电动机

罩极式单相异步电动机的结构比较特殊，在磁极一侧开一个小槽，用短路铜环罩住磁极的一部分。磁极的磁通量 $\Phi$ 分为两部分，即 $\Phi_1$ 与 $\Phi_2$。当磁通量变化时，由于电磁感应作用，在罩极线圈中产生感应电流，其作用是阻止通过罩极部分的磁通量的变化，使罩极部分的磁通量 $\Phi_2$ 在相位上滞后于未罩部分的磁通量 $\Phi_1$。这种在空间上相差一定角度，在时间上又有一定相位差的两部分磁通量的合成效果与前面所述的旋转磁场相似，即产生一个由未罩部分向罩极部分移动的磁场，从而在转子上产生一个启动转矩，使转子转动。

罩极式单相异步电动机的结构简单，制造方便，但启动转矩小，多用于小型风扇、电动机模型中，功率一般在 40W 以下。

由于某种原因，三相异步电动机接电源的三根导线中断开了一根，就成为单相电动机运行。如果是断了一根线后再接通电源，则电动机不能启动，只发出嗡嗡声，这时两线中的电流很大，若不立即切断电源，电动机就易被烧坏。如果是在运行过程中断了一根线，则电动机仍继续转动，若此时还带动额定负载，电动机电流势必超过额定电流，时间长了也会烧坏电动机。三相异步电动机单相运行往往不易察觉（特别在无过载保护情况下），所以也常是电动机烧坏的原因，在使用时必须注意。

## 4.9 同步电动机

同步电动机是交流旋转电动机中的一种，因其转速恒等于同步转速而得名。同步电机可以分为同步发电机、同步电动机和同步补偿机三大类。同步发电机应用非常广泛，现在世界上几乎所有的发电厂都采用同步发电机发电。同步电动机主要用于功率较大、转速不要求调节的生产机械，如大型水泵、空气压缩机、矿井通风机等。近年来，由于交流变频技术的发展，解决了变频电源问题，同步电动机的启动和调速问题都得到了解决，同步电动机在矿井卷扬机、可逆轧机等一些要求非常高的机电传动系统中也得到了广泛的应用。小功率的永磁同步电动机由变频电源供电，组成了新一代的交流伺服系统，在数控机床和机器人领域也越来越显示出优越性。同步补偿机实际上是空载运行的同步电动机，只向电网发出电感性或电容性无功功率，以满足电网对无功功率的需求，从而改善电网的功率因数。微型同步电动机具有结构简单、成本低廉、运行可靠、体积小和同步特性，在控制领域中得到了广泛应用。

### 4.9.1　基本结构

与异步电动机一样，同步电动机也分定子和转子两大基本部分。定子由铁芯、定子绕组（又称电枢绕组，通常是三相对称绕组，并通有对称三相交流电流）、机座及端盖等主要部件组成。转子则包括主磁极、装在主磁极上的直流励磁绕组、特别设置的启动绕组、电刷及集电环等主要部件。

按转子主磁极的形状，同步电动机分为隐极式和凸极式两种，其结构如图 4-46 所示。隐极式转子的优点是转子圆周的气隙比较均匀，适用于高速电动机；凸极式转子呈圆柱形，转子有可见的磁极，气隙不均匀，但制造较简单，适用于低速运行（转速低于 1000r/min）。

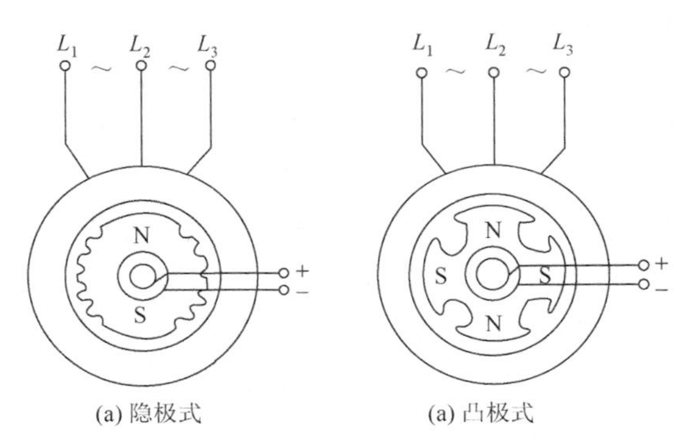


图 4-46　同步电动机的结构示意图

由于同步电动机中作为旋转部分的转子只通以较小的直流励磁功率（电动机额定功率的 0.3%～2%），故同步电动机特别适用于大功率高电压的场合。

### 4.9.2　工作原理和运行特性

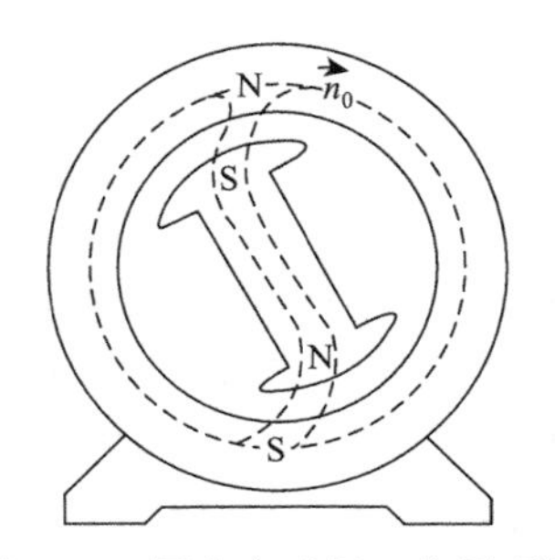


图 4-47　同步电动机工作原理图

同步电动机定子绕组接通三相电源后便产生旋转磁场，转子励磁绕组通入直流励磁电流，则形成转子磁极。根据磁极异性相吸的原理，转子磁极被定子磁场吸住而以相同的转速（即同步转速）一起旋转，如图 4-47 所示，这就是同步电动机名称的由来及其工作原理。

但是，同步电动机不能产生启动转矩。这可以用图 4-48 来说明。设在启动瞬间，定子旋转磁场位于图 4-48（a）中虚线所示位置，静止的转子磁极受到顺时针方向的力矩。

但经过交流的半个周期（对于工频为 0.01s），旋转磁场已转了半周，到达图 4-48（b）中虚线所示位置，而由于惯性，转子尚未跟上，它的磁极又受到逆时针方向的力矩。这样在定子磁场旋转一周时间内，静止转子的平均转矩等于 0，因此同步电动机不能自行启动。

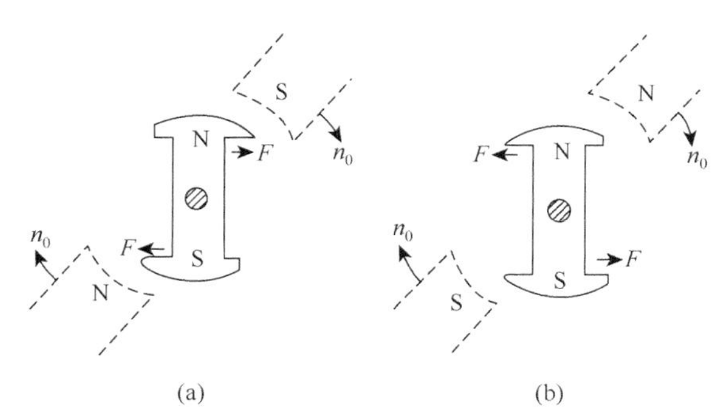


图 4-48 同步电动机无启动力矩分析

现广泛采用异步启动法启动同步电动机。制造电动机时，在凸极面上装有一些笼型导条构成的启动绕组，如图 4-49 所示。启动时，定子先接通三相电源，转子就借启动绕组按异步电动机原理启动旋转。当转子转速接近同步转速时，再在励磁绕组中通入直流励磁电流，产生固定极性的磁极，于是旋转磁场就吸引转子磁极，把转子拉入，同步运行。同步电动机启动完毕后就以恒速运转，其转速为 $n_0 = 60f/p$，它只与电源频率和磁极对数有关，不随负载大小而变。因此，其机械特性曲线 $n = f(T)$ 是一条平行于横轴的直线，即呈绝对硬特性，见图 4-50。

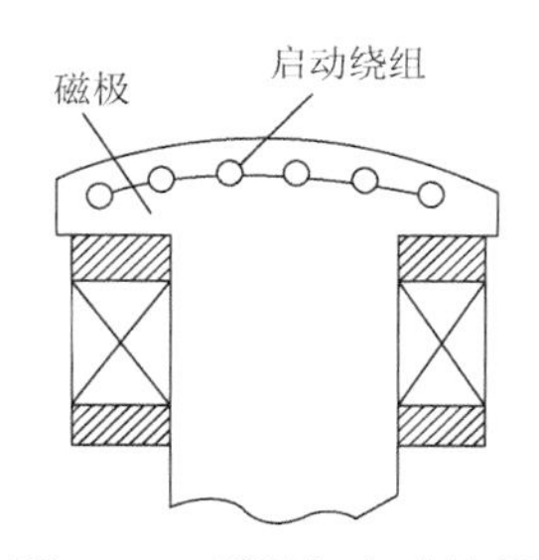


图 4-49 磁极加启动绕组

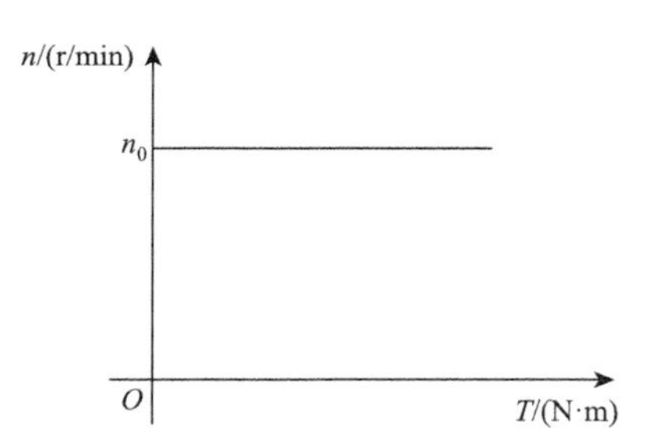


图 4-50 同步电动机的机械特性

虽然同步电动机的机械负载增大时转速不变，但转子磁极轴线与定子旋转磁场轴线之间的夹角要增大，如图 4-51 所示。同步电动机的每极工作磁通量 $\Phi$ 可以套用异步电动机的磁通量公式 $\Phi = \dfrac{U}{4.44 f_1 N_1 K_1}$，这个磁通量是定子电流的旋转磁场和转子励磁电流的磁场共同合成的磁通量，它不受负载变化的影响。机械负载增大时，$\Phi$ 恒定而 $\theta$ 角增大，这使旋转磁场与转子磁场之间的吸引力 $F$ 的切线分量 $F_1$ 增大，如图 4-51 所示，因此电磁转矩增大，直至与负载转矩相平衡。这时转子仍以同步转速旋转，只不过转子磁极在空间比旋转磁场滞后得多一些。两磁场的相互作用好像一个无形的弹簧，旋转磁场仿佛用这个无形弹簧拉着转子磁极一起旋转。负载增大，使 $\theta$ 角增大，电磁转矩随之增大，如同被弹簧所拉的物体阻力增大，弹簧被拉长，而拉力也增大。

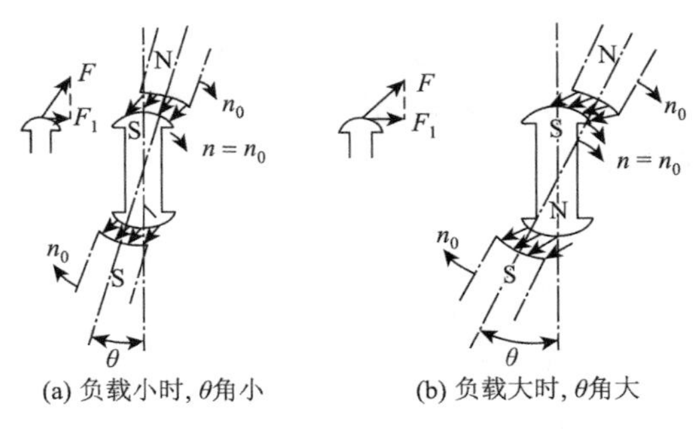

(a) 负载小时, θ角小　　(b) 负载大时, θ角大

图 4-51　$T$ 随负载而变的原理

负载增大使 $\theta$ 角增大，影响两磁场间的相对位置，应减弱磁通量 $\Phi$，但 $\Phi$ 是合成磁通量，是恒定的，转子的励磁电流没有改变，所以定子电流必然要增大，以保持 $\Phi$ 不变。由于转速 $n$ 恒定而电磁转矩 $T$ 增大，输出功率要增大，输入功率也随之增大，因而将 $\theta$ 角称为功率角。综上所述，同步电动机是利用 $\theta$ 角的变化来自动适应负载的变化，这与异步电动机利用转差率 $S$ 的变化来自动适应负载变化是不同的。

在负载恒定的情况下，调节转子的直流励磁电流，可以改变同步电动机定子的功率因数。因转速恒定，当负载转矩恒定时，同步电动机输出的机械功率不变，定子输入的功率也不变，即

$$P_1 = 3U_1 I_1 \cos\varphi_1 = 常数$$

设定子每相的外加交流电压 $U_1$ 不变，则

$$I_1 \cos\varphi_1 = 常数$$

当调节转子励磁电流使转子磁场发生变化时，必然要引起定子磁场变化，才能使合成磁场的磁通量 $\Phi$ 保持恒定，因此要引起定子电流变化，也就是要使有效值 $I_1$ 和相位差 $\varphi_1$ 改变。

通过更详细的分析可以证明，当转子励磁电流增大到一定数值时，$\cos\varphi_1=1$，即 $\dot{I}_1$ 与 $\dot{U}_1$ 同相。而励磁电流继续增大（称为过励状态），$\dot{I}_1$ 在相位上便可超前 $\dot{U}_1$，即同步电动机在电网中呈现电容性。由于电网上多为异步电动机等感性负载，把呈现电容性的过励同步电动机接在电网上就相当于在感性负载上并联了电容，可提高电网的功率因数，这是同步电动机的突出优点。

# 5　机电传动系统中电动机的选择

在设计机电传动系统时，电动机的选择是一项重要的内容。首先要根据生产机械中提出的具体要求和工作情况来确定电动机的类型，然后根据生产机械的实际负载确定所需要的电动机容量。

## 5.1　电动机种类、形式、额定电压和额定转速的选择

### 5.1.1　电动机种类的选择

选择原则是在其性能满足生产机械要求的前提下，优先选用结构简单、价格便宜、工作可靠、维护方便的电动机。在这方面，交流电动机优于直流电动机，交流异步电动机优于交流同步电动机，笼型异步电动机优于绕线转子异步电动机。

对于负载平稳且对启动、制动无特殊要求的连续运行的生产机械，宜优先采用普通的笼型异步电动机。普通笼型异步电动机广泛用于机床、水泵、风机等；深槽式和双笼型异步电动机用于大中功率、要求启动转矩较大的生产机械，如空压机、皮带运输机等。

对于启动、制动比较频繁，要求有较大的启动、制动转矩的生产机械，如桥式起重机、矿井提升机、空气压缩机、不可逆轧钢机等，应采用绕线转子异步电动机。

对于无调速要求，需要转速恒定或要求改善功率因数的场合，如中、大容量的水泵、空气压缩机等，应采用同步电动机。

对于只要求有几种转速的小功率机械，如电梯、锅炉引风机和机床等，可采用变极多速（双速、三速、四速）笼型异步电动机。

对于调速范围要求在 3 以上，且需连续稳定平滑调速的生产机械，如大型精密机床、龙门刨床、轧钢机、造纸机等，宜采用他励直流电动机或采用变频调速的笼型异步电动机。

对于要求启动转矩大、机械特性软的生产机械，如电车、电动机车、重型起重机等，宜使用串励或复励直流电动机。

### 5.1.2　电动机形式的选择

1. 安装形式的选择

按照电动机的安装位置，可分为卧式与立式电动机两种。立式电动机的价格较贵，一般选择卧式电动机，只有在为了简化传动装置，必须垂直运转时才采用立式电动机。

2. 防护形式的选择

为防止电动机受周围环境影响而无法正常运行，或因电动机本身故障引起灾害，必

须根据不同的环境选择不同的防护形式。电动机常见的防护形式有开启式、防护式、封闭式和防爆式四种。

（1）开启式。这种电动机价格便宜，在定子两侧和端盖上有很大的通风口，散热条件良好，但容易进入潮气、水滴、铁屑、灰尘、油垢等杂物，影响电动机的寿命及正常运行，故只适用于干燥和清洁的环境中。

（2）防护式。这种电动机的通风孔在机壳下部，通风冷却条件较好，一般能防止水滴、铁屑等杂物落入机内，但不能阻止潮气及灰尘的侵入，故只用于干燥和灰尘不多又无腐蚀性和爆炸性气体的环境。

（3）封闭式。这类电动机又分为自冷式、强迫通风式和密闭式三种。对于前两种电动机，潮气和灰尘不易进入机内，能防止任何方向飞溅的水滴和杂物侵入，适用于潮湿、多尘土、易受风雨侵袭，有腐蚀性蒸气或气体的各种场合。密闭式电动机一般适用于液体（水或油）中的生产机械，如潜水电泵等。

（4）防爆式。在密封结构的基础上制成隔爆型、增安型和正压型三类，都适用于有易燃易爆气体的危险环境，如油库、煤气站或矿井等场所。

对于湿热地带、高海拔地区及船用电动机等，需要选用有特殊防护措施的电动机。

### 5.1.3 电动机额定电压的选择

电动机额定电压的选择，取决于电力系统对企业的供电电压和电动机容量的大小。

交流电动机电压等级的选择主要依使用场所供电电网的电压等级而定，一般低压电网为 380V，故额定电压为 380V（Y 或△接法）、220/380V（△/Y 接法）、380/660V（△/Y 接法）三种；矿井及选煤厂或大型化工厂等联合企业，要求使用 660V（△接法）或 660/1140V（△/Y 接法）的电动机。当电动机功率较大，供电电压为 6000V 或 10000V 时，电动机的额定电压应选用与之相适应的高电压。

直流电动机的额定电压也要与电源电压相配合，一般为 110V、220V 和 440V。其中，220V 为常用电压等级，大功率电动机可提高到 600～1000V。当交流电源为 380V，用三相桥式可控整流电路供电时，其直流电动机的额定电压应选 440V；当用三相半波可控整流电源供电时，直流电动机的额定电压应为 220V；若采用单相整流电源，其电动机的额定电压应为 160V。

### 5.1.4 电动机额定转速的选择

电动机额定转速的选择关系到机电传动系统的经济性和生产机械的效率，通常根据初期投资和维护费用的大小来决定。在频繁启动、制动或反向的拖动系统中，还应根据电动机过渡时间最短、能量损耗最小的原则来选择适当的额定转速。

## 5.2 电动机容量的选择

电动机容量的选择，主要从电动机的发热与冷却、过载能力、启动能力三方面来考虑，其中以发热与冷却问题最为重要。

### 5.2.1 电动机的发热与冷却

电动机由多种金属和绝缘材料等组成，它在运行时，不断地把电能转变成机械能，在能量的转换过程中必然有能量损耗，这些损耗包括铜损、铁损和机械损耗，其中铜损与电流的平方成正比变化，而铁损与机械损耗则几乎是不变的。这些损耗都转变为热能（称发热），使电动机的温度升高。

由于电动机发热情况是很复杂的，为了简化分析过程，作如下假设。

（1）电动机为均匀物体，它的各点温度都一样，并且各部分表面的散热系数相同。

（2）散发到周围介质中去的热量与电动机的温升成正比，不受电动机本身温度的影响。

（3）周围环境温度不变。刚开始工作时，电动机的工作温度 $\theta_M$ 与周围介质的温度 $\theta_0$（规定取 $\theta_0 = +40℃$）之差（$\theta_M - \theta_0$）很小，而热量的散发是随温度差递增的。因此，这时只有少量的热量被散发出去，大部分热量都被电动机吸收，温度升高较快。随着电动机温度的逐渐升高，其和周围介质的温差也相应增大，散发出去的热量逐渐增加，而被电动机吸收的热量则逐渐减少，温度的升高逐渐缓慢。温升 $\tau = \theta_M - \theta_0$，是按指数规律上升的，如图 5-1 中的曲线 1 所示，其中 $T_h$ 为发热时间常数。当温度升高到一定数值时，电动机在 1s 内散发出去的热量正好等于电动机在 1s 内由于损耗所产生的热量，这时电动机不再吸收热量，因此温度不再升高，温升趋于稳定，达到最高温升。值得指出的是，热惯性比电动机本身的电磁惯性、机械惯性要大得多，一个小容量的电动机也要运行 2～3h，温升才趋于稳定，但温升上升的快慢还与散热条件有关。

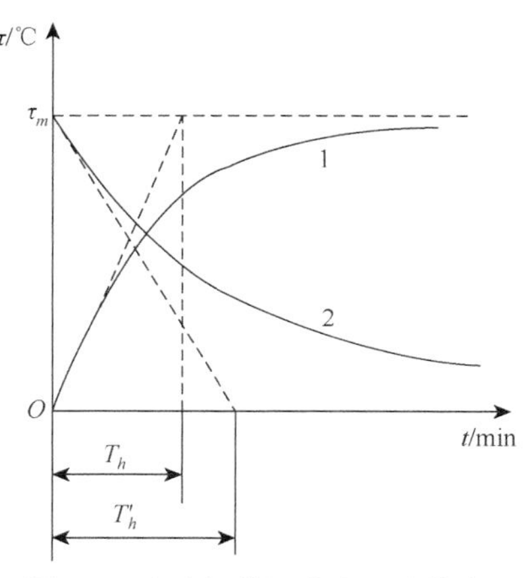


图 5-1 电动机的温升和温降曲线

在切断电源或负载减小时，电动机温度要下降而逐渐冷却，在冷却过程中，其温度降低也是按指数规律变化的，如图 5-1 中的曲线 2 所示，其中 $T'_h$ 为散热时间常数。对风扇冷却式电动机而言，停车后因风扇不转，散热条件变差，故冷却过程进行很慢。

电动机运行时，温度若超过一定数值，首先损坏的是绕组的绝缘，因为电动机中的绝缘材料是耐热最弱的部分。目前，常用的绝缘等级有 E、B、F、H 四级，各级绝缘材料的最高允许工作温度分别为 120℃、130℃、155℃、180℃（各级绝缘材料可查阅有关电动机手册）。如果电动机的工作温度 $\theta_M$ 超过了绝缘材料允许的最高工作温度 $\theta_a$，轻则加速绝缘老化过程，缩短电动机寿命；重则使绝缘材料碳化变质，损坏电动机。据此，规定了电动机的额定容量，电动机长期在此容量下运行时，不会超过绝缘材料所允许的最高温度，所以 $\theta_M \leqslant \theta_a$，是保证电动机长期安全运行的必要条件，也是按发热条件选择电动机功率的最基本的依据。

由于电动机的温升和冷却都有一个过程，其温升不仅取决于负载的大小，而且也和负载的持续时间有关，也就是与电动机的运行方式有关。对于同一台电动机，如果工作时间的长短不同，其温升也不同，或者说，它能够承担的负载功率的大小也不同。为了适应不同负载的需要，将电动机的运行方式（也称工作制）按发热的情况分为三类，即连续工作制、短时工作制和重复短时（断续）工作制，并分别按上述原则规定电动机的额定功率和额定电流，下面介绍不同工作制下电动机容量的选择。

### 5.2.2　不同工作制下电动机容量的选择

#### 1. 连续工作制电动机容量的选择

连续工作制下的负载，按其大小是否变化可分为常值负载和变化负载两类。

1）常值负载下电动机容量的选择

这时电动机容量的选择非常简单，在计算出负载功率后，只要选择一台额定功率等于或略大于负载功率、转速又合理的电动机即可。一般不需校验电动机的启动能力和过载能力，仅在重载启动时，才校验启动能力。

2）变化负载下电动机容量的选择

在多数生产机械中，电动机所带的负载大小是变动的，如小型车床、自动车床的主轴电动机一直在转动，但因加工工序多，每个工序的加工时间较短，加工结束后要退刀，更换工件后又进刀加工，加工时电动机带负载运行，而更换工件时电动机处于空载运行，皮带运输机、轧钢机等也属于此类负载。有的负载是连续的，但其大小是变动的，如图 5-2 所示。在这种情况下，如果按生产机械的最大负载来选择电动机的容量，则电动机不能被充分利用；如果按最小负载来选择，容量又不够。为了解决该问题，一般采用等值法来计算电动机的功率，即把实际的变化负载化成一个等效的恒定负载，而两者的温升相同，这样就可根据得到的等效恒定负载来确定电动机的功率。负载的大小可用电流、转矩或功率来代表。

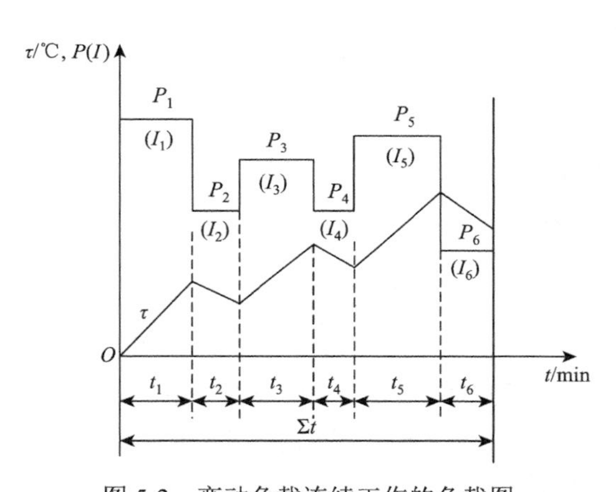


图 5-2　变动负载连续工作的负载图和温升曲线

（1）等效电流法。

等效电流法的基本思想是用一个不变的电流 $I_d$ 来等效实际变化的负载电流，要求在同一个周期内，等效电流 $I_d$ 与实际变化的负载电流所产生的损耗相等。假定电动机的铁损与绕组电阻不变，则损耗只与电流的平方成正比，由此可得等效电流为

$$I_d = \sqrt{\frac{I_1^2 t_1 + I_2^2 t_2 + \cdots + I_n^2 t_n}{t_1 + t_2 + \cdots t_n}} \tag{5-1}$$

式中，$t_n$ 为对应负载电流 $I_n$ 时的工作时间。

求出 $I_d$ 后，选用电动机的额定电流 $I_N$ 应大于或等于 $I_d$。采用等效电流法时，必须先求出用电流表示的负载图。

（2）等效转矩法。

电动机在运行时，其转矩与电流成正比（例如，他励直流电动机的励磁保持不变，异步电动机的功率因数和气隙磁通量保持不变），则式（5-1）可改写成等效转矩公式，即

$$T_d = \sqrt{\frac{T_1^2 t_1 + T_2^2 t_2 + \cdots + T_n^2 t_n}{t_1 + t_2 + \cdots t_n}} \tag{5-2}$$

此时，选用电动机的额定转矩 $T_N$ 应大于或等于 $T_d$，这时应先求出用转矩表示的负载图。

（3）等效功率法。

如果电动机具有较硬的机械特性，其转速在整个工作过程中变化很小时，则可近似地认为功率与转矩成正比，于是由式（5-2）可得等效功率为

$$P_d = \sqrt{\frac{P_1^2 t_1 + P_2^2 t_2 + \cdots + P_n^2 t_n}{t_1 + t_2 + \cdots t_n}} \tag{5-3}$$

此时，选用电动机的额定功率 $P_N$ 应大于或等于 $P_d$ 即可。因为用功率表示的负载图更易给出，等效功率法应用更广。

如果在一个工作周期内变化负载包括启动、制动、停歇等过程，采用自扇冷式电动机时，由于电动机在启动、制动和停歇时的转速发生变化，散热条件变差，在相同的负载下，电动机的温升要比强迫通风时高一些。考虑到这种冷却条件恶化对电动机温升的影响，在式（5-1）～式（5-3）的分母中，应在对应的启动、制动时间上乘以系数 $\alpha$，在对应的停歇时间上应乘以系数 $\beta$，其中 $\alpha$ 和 $\beta$ 均为小于 1 的冷却恶化系数。一般情况下，直流电动机取 $\alpha = 0.75$，$\beta = 0.5$；交流电动机则取 $\alpha = 0.5$，$\beta = 0.25$。

必须注意的是，用等效法选择电动机的容量时，还必须校验其过载能力和启动能力。若不满足要求，则应适当加大电动机容量或重选启动转矩较大的电动机。

### 2. 短时工作制电动机容量的选择

某些生产机械的工作时间较短，而停歇时间却很长，如某些冶金辅助机械、水闸闸门的启闭机等均属短时工作制。拖动这类生产机械的电动机，在工作时间内的最高温升达不到稳态值，而在停歇时间内，电动机可完全冷却到周围环境温度，其负载图与温升曲线见图 5-3。由于发热情况与连续工作制的电动机不同，电动机的选择也不一样，既可选择专用短时工作制的电动机，也可选择连续工作制的普通电动机。

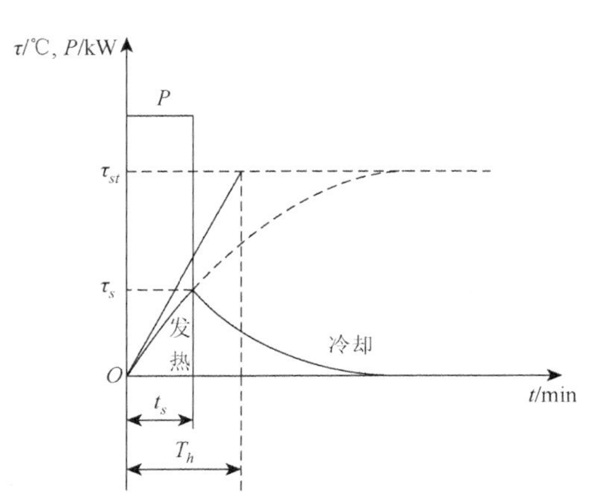


图 5-3 短时工作制下电动机的负载图与温升曲线

1）选用短时工作制的电动机

我国专供短时工作制的电动机的标准短时运行时间是 15min、30min、60min、90min

四种。这类电动机铭牌上所标的额定功率 $P_N$ 是和其标准工作时间 $t_s$ 相对应的。例如，$P_N$ 为 30kW、$t_s$ 为 60min 的电动机，在输出功率为 30kW 时，只能连续运行 60min，否则将超过允许的温升。短时工作制下的负载，如果其工作时间与电动机的标准工作时间一致，设负载功率为 $P_L$，则选择电动机的额定功率只需满足 $P_N \geqslant P_L$。

若负载的工作时间与标准工作时间不一致，则可按等效功率法，先把负载功率由非标准工作时间换算成标准工作时间，然后再按标准工作时间选择额定功率。

设短时工作制的负载工作时间为 $t_p$，负载功率为 $P_L$，换算时所选标准工作时间为 $t_s$，换算后的功率为 $P_s$，则有 $P_s = P_L\sqrt{t_p / t_s}$。然后选择短时工作制电动机，使其额定功率 $P_N \geqslant P_s$，再进行过载能力与启动能力的校验。

2）选用连续工作制的普通电动机

由于短时工作方式的电动机较少，可选择连续工作制的电动机。从发热和温升的角度考虑，电动机在短时工作制下的输出功率应该大于连续工作制下的额定功率，这样才能充分发挥电动机的能力。或者说，应把短时工作制的负载功率等效到连续工作制上去，等效公式为

$$P_s = P_L / K$$

式中，$K$ 与 $t_p / T_h$ 有关，见图 5-4。

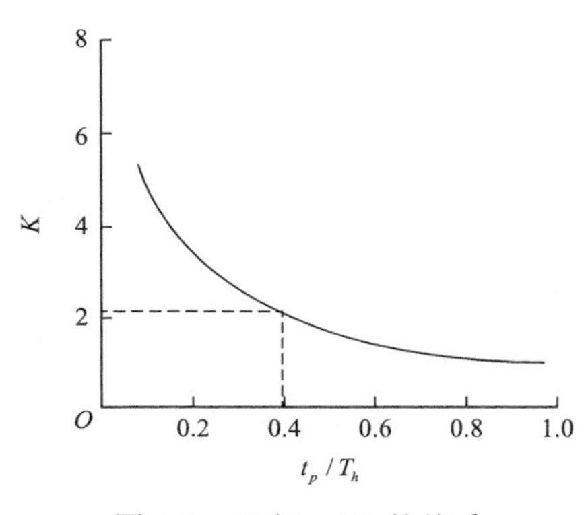


图 5-4　$K$ 与 $t_p / T_h$ 的关系

若实际工作时间极短，一般来讲，只要满足 $t_p < (0.3\sim0.4)T_h$，则电动机的发热与温升就不是问题，只需从过载能力及启动能力方面来选择电动机连续工作制下的额定功率。

在短时运行时，如果负载是变动的，则可用等效法先算出等效功率（转矩或电流），然后再选择短时工作制或连续工作制电动机。

### 3. 重复短时工作制电动机容量的选择

有些生产机械工作一段时间后会停歇一段时间，即工作、停歇交替进行，且时间都比较短，如桥式起重机、轧钢辅助机械、电梯、组合机床与自动线中的主传动电动机等就属于这一类。拖动这类生产机械的电动机的工作特点如下：电动机按一系列相同的工作周期运行，在一个周期内，工作时间 $t_p < (3\sim4)T_h$，停歇时间 $t_0 < (3\sim4)T_h'$。因而，工作时温升达不到稳定值，停歇时温升也降不到环境温度，其典型负载图与温升曲线见图 5-5。国家标准规定，在每个工作周期内，$t_p + t_0 \leqslant 10\text{min}$，所以这种工作制也称作重复短时工作制，其特点就是重复性与短时性。通常用暂载率（或持续率）$\varepsilon$ 来表征重复短时工作制的工作情况，即

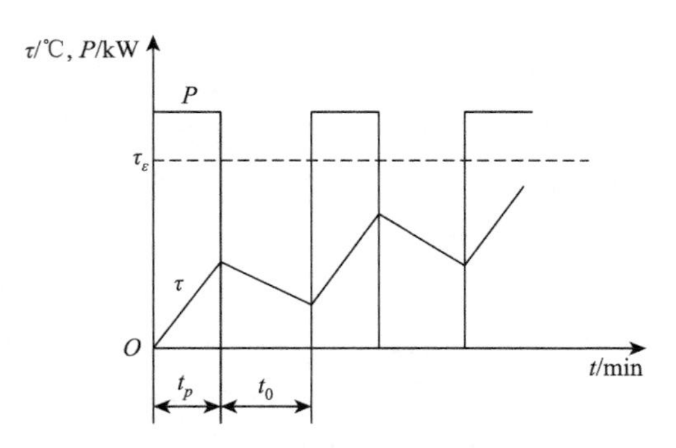


图 5-5　重复短时工作制下电动机的典型负载图与温升曲线

$$\varepsilon = \frac{t_p}{t_p + t_0} \times 100\%$$

重复短时工作制下，电动机的选择也有两种，即选择专用的重复短时工作制电动机或连续工作制的普通电动机。

1）选用重复短时工作制的电动机

我国生产的专供重复短时工作制的电动机，其规定的标准暂载率$\varepsilon_s$为 15%、25%、40%和 60%四种，并以 25%作为额定负载暂载率$\varepsilon_{sN}$。常用的型号有 YZ（JZ）系列笼型异步电动机、YZR（JZR）系列绕线转子异步电动机、ZZ 系列和 ZZJ 系列直流电动机。

选择重复短时工作制电动机的步骤如下：首先根据生产机械的负载图算出负载的实际暂载率$\varepsilon$，如果算出的$\varepsilon$值与电动机的额定负载暂载率相等，即等于 25%，则只需按$P_{sN} \geqslant P_L$选择即可。如果算出的$\varepsilon$值不等于 25%，则必须先按如下公式进行换算：

$$P_s = P_L\sqrt{\frac{\varepsilon}{25\%}} = 2P_L\sqrt{\varepsilon}$$

2）选用连续工作制电动机

如果选择连续工作制电动机，可把电动机的$\varepsilon_{sN}$看作 100%，先按如下公式进行换算：

$$P_s = P_L\sqrt{\frac{\varepsilon}{100\%}} = P_L\sqrt{\varepsilon}$$

然后选择连续工作制电动机，使$P_N \geqslant P_s$即可。

在重复短时工作制下，如果负载是变动的，则仍可用前面已介绍过的“等效法”先算出其等效功率，再按上述方法选取电动机。选好电动机的容量后，也要进行过载能力的校验。

当负载暂载率$\varepsilon$＜10%时，可按短时工作制选择电动机；当$\varepsilon$＞10%时，则可按连续工作制选择电动机。重复周期很短（$t_p + t_0 = 2\text{min}$），启动、制动或正转、反转十分频繁的情况下，必须考虑启动、制动电流的影响，因而在选择电动机的容量时要适当选大些。

另外，电动机铭牌上的额定功率是在一定的工况下电动机允许的最大输出功率，如果工况变了，也应作适当的调整。例如，常年环境温度偏离 40℃较多时，电动机容量可作相应修正，一般环境温度变化±10℃，所选电动机的额定功率$P_N$可修正±10%左右；风扇冷式电动机长期处于低速下运行时，散热条件恶化，必须降低电动机的额定功率；在海拔高于 1000m 的高原地区，空气稀薄，散热条件差，也应降低电动机的额定功率。

# 6　机电传动系统电器控制

## 6.1　常用低压控制电器

电器是一种能根据外界的信号和要求，手动或自动地接通、断开电路，断续或连续地改变电路参数，以实现电路或非电路对象的切换、控制、保护、检测、变换和调节的电气设备。简言之，电器就是一种能控制电的工具。低压控制电器通常是指工作在交流或直流电压为1200V以下的电路中的电气设备，它是电器控制系统的基本组成元件。

### 6.1.1　手动电器

手动电器是指没有动力机构，依靠人力来进行操作，从而接通或断开工作电路的电器。电气控制系统中常用的手动电器有刀开关、组合开关、按钮等。

1. *刀开关*

刀开关又称刀闸，是手动电器中结构最简单的一种，广泛应用于各种供电线路和配电设备中作为电源隔离开关，也可用来不频繁地接通、分断容量较小的低压供电线路或启动小容量的三相异步电动机。由于空气开关的应用，刀开关在配电设备中已很少采用。

一般的刀开关结构如图6-1所示，从中可以明确接通或断开电路的过程，其图形及文字符号如图6-2所示。

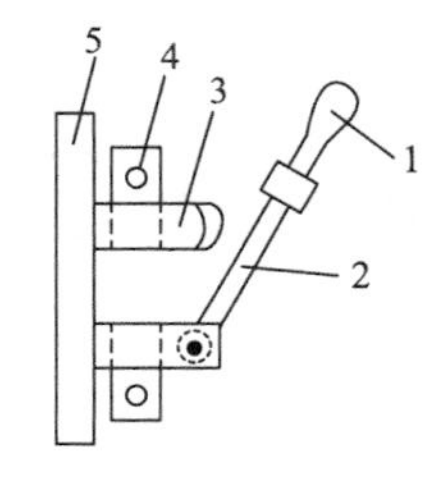


图6-1　刀开关结构

1-刀柄；2-刀片；3-刀夹环；4-接线端子；5-绝缘板

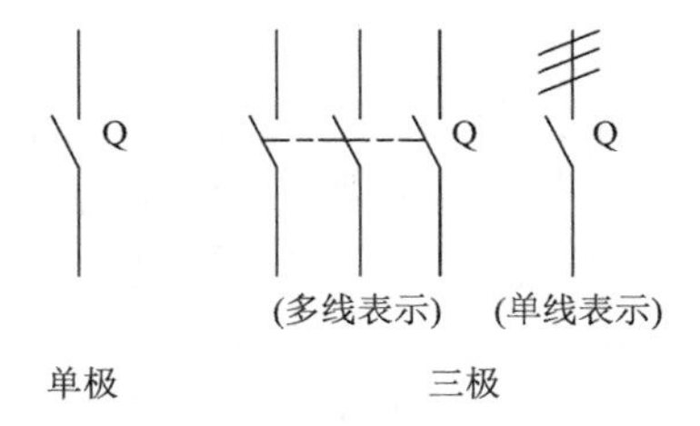


图6-2　刀开关的图形及文字符号

刀开关的种类很多：按刀的极数可分为单极、双极和三极；按刀的转换方向可分为单投和双投；按灭弧装置情况可分为带灭弧罩和不带灭弧罩；按操作形式可分为直接手柄操作式和远距离连杆操作式。常用的刀开关有开启式负荷开关、封闭式负荷开关、刀熔开关、隔离开关等。

2. *组合开关*

刀开关在小电流情况下实现线路的接通、断开和换接控制时不方便，所以在机床等设备上广泛地采用组合开关（又称转换开关）。组合开关的结构紧凑、安装面积小，操作不是用手搬动而是用手拧转，故操作方便、省力。组合开关可根据接线方式的不同而组合成各种类型，如同时通断型、交替通断型、两位转换型和四位转换型等。

图 6-3 为常用的 HZ10 系列组合开关。组合开关由动触片、静触片、方形转轴、手柄、定位机构和外壳等部分组成，其动、静触片分别叠装在数层绝缘垫板内组成双断点桥式结构。而动触片又套装在有手柄的绝缘方轴上，方轴随手柄旋转，于是每层动触片随方轴转动而变化位置，与静触片分断和接触。组合开关的顶盖部分由凸轮、弹簧及手柄等零件构成操作机构，由于这个机构采用了弹簧储能，开关快速闭合及分断，且组合开关的分合速度与手柄的旋转速度无关，有利于灭弧。

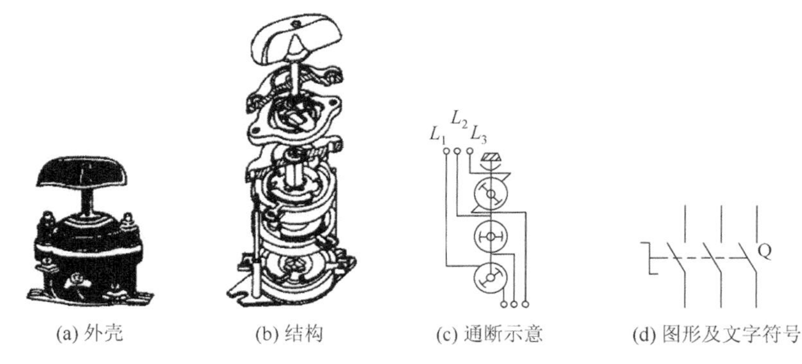


图 6-3 HZ10 系列组合开关

3. 按钮

按钮是一种结构简单、应用广泛的低压手动电器。在低压控制系统中，手动发出控制信号，可远距离操纵各种电磁开关，如继电器、接触器等，转换各种信号电路和电气联锁电路。按钮通常分为自锁式和复位式，有带指示灯的和不带指示灯的。

按钮一般由按钮帽、弹簧、动触头、静触头和外壳等组成，由动触头和静触头组合成具有动合触头与动断触头的复合式结构，见图 6-4。按下按钮帽，动触头和下面的静触头闭合而与上面的静触头断开，从而同时控制了两条电路；松开按钮帽，触头在弹簧的作用下恢复原位，按钮的触头允许通过的电流一般较小。

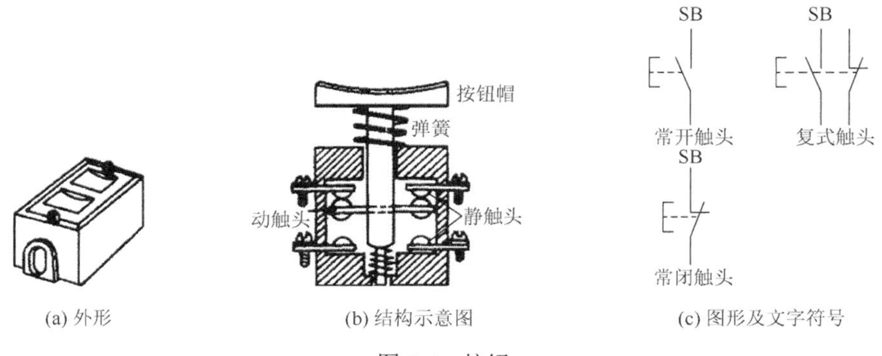


图 6-4 按钮

### 6.1.2 自动电器

自动电器含有电磁铁或其他动力机构，其按照指令、信号或参数变化而自动动作，使工作电路接通和切断，如接触器、继电器等。

1. 接触器

接触器是一种用来频繁地接通和切断主电路或大容量控制线路的电器，广泛地用于控制电动机和其他电力负载，如电焊机、电热器、照明灯和电容器组等。在控制系统中，接触器的操作频率很高，如每小时 300 次、600 次，甚至高达 3000 次，因此为了保证一定的使用期限，接触器必须有足够长的机械寿命和电气寿命，一般要求机械寿命为数百万次到一千万次以上。

接触器的种类很多，按工作原理可分为电磁式、气动式和液压式，这里主要研究电磁式接触器。按控制主回路的电源种类可分为交流接触器和直流接触器两种，励磁线圈为直流，主触头用来接通或断开直流电路的称为直流接触器；励磁线圈为交流，主触头用来接通或断开交流电路的称为交流接触器。此外，还有励磁线圈为直流，主触头用来控制交流电路的交直流接触器。

接触器有主触头和辅助触头，主触头用来开闭大电流的主电路，辅助触头用于开闭小电流的控制线路。主触头的路数称为极数，根据极数可将其分为单极接触器和多极接触器。直流接触器一般分为单极和双极，交流接触器大多数为三极，四极、五极接触器用于多速电动机控制或者自耦降压启动器的自动控制。

1）接触器的结构

接触器主要由电磁系统、触头（触点）系统和灭弧装置三个部分组成，结构简图如图 6-5 所示。

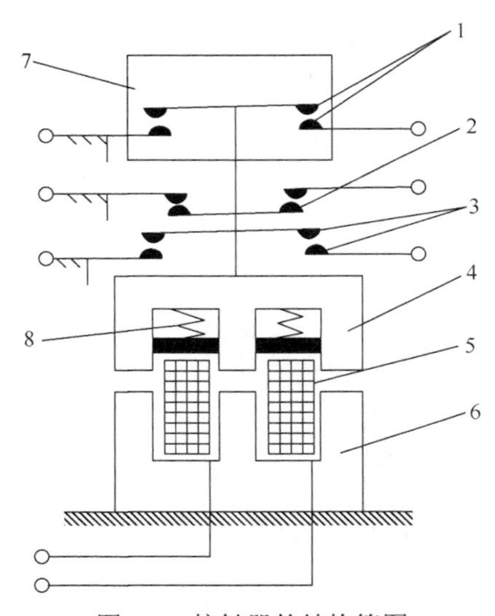


图 6-5　接触器的结构简图

1-主触头；2-常闭辅助触头；3-常开辅助触头；4-动铁芯；5-电磁线圈；6-静铁芯；7-灭弧罩；8-弹簧

（1）电磁系统。

电磁系统包括动铁芯（衔铁）、静铁芯和电磁线圈三部分，其作用是将电磁能转换成机械能，产生电磁吸力带动触头动作。按电磁线圈的种类，电磁系统可分为直流线圈和交流线圈两种。

（2）触头系统。

触头是接触器的执行元件，用来接通或断开被控制线路。触头的结构形式有很多，按其所控制的电路可分为主触头和辅助触头。主触头用于接通或断开主电路，允许通过较大的电流；辅助触头用于接通或断开控制线路，只能通过较小的电流，主触头也可以用于控制线路中。

按其原始状态，可将触头分为常开（动合）触头和常闭（动断）触头：原始状态时（即线圈未通电时）断开，线圈通电后闭合的触头称为常开触头；原始状态时闭合，线圈通电后断开的触头称为常闭触头。线圈断电后，所有触头均复原。

（3）灭弧装置。

当接触器触点切断电路时，例如，电路中的电压超过 10V、电流超过 80mA 时，在拉开的两个触点之间将出现强烈火花，这实际上是一种气体放电现象，通常称为电弧。电弧的出现，既妨碍电路的正常分断，又会使触头受到严重腐蚀，为此，必须采取有效的措施进行灭弧，以保证电路和电气元件工作安全可靠。要使电弧熄灭，应设法降低电弧的温度和电场强度，常用的灭弧装置有灭弧罩、灭弧栅、磁吹灭弧、多纵缝灭弧装置等。

2）接触器的工作原理

接触器的工作原理如下：当励磁线圈通电后，线圈电流产生磁场，使静铁芯产生电磁吸力吸引衔铁，并带动触头动作：常闭触头断开，常开触头闭合，两者是联动的。当线圈断电时，电磁吸力消失，衔铁在释放弹簧的作用下释放，使触头复原：常开触头断开，常闭触头闭合。

（1）交流接触器。

交流接触器线圈通以交流电，主触头接通、分断交流主电路。当交变磁通量穿过铁芯时，将产生涡流和磁滞损耗，使铁芯发热，为减少铁损，铁芯由硅钢片冲压而成，为便于散热，做成短而粗的圆筒线圈，绕在骨架上。

由于交流接触器铁芯的磁通量是交变的，当磁通量过零时，电磁吸力也为零，吸合后的衔铁在反力弹簧的作用下将被拉开；磁通量过零后电磁吸力又增大，当吸力大于反力时，衔铁又被吸合。这样，交流电源频率的变化使衔铁产生强烈振动和噪声，甚至铁芯松散。因此，交流接触器铁芯端面上都安装一个铜制的短路环，短路环包围铁芯端面约 2/3 的面积。通常采用灭弧罩和灭弧栅对交流接触器进行灭弧。

（2）直流接触器。

直流接触器线圈通以直流电流，主触头接通、切断直流主电路。线圈通以直流电，铁芯中不会产生涡流和磁滞损耗，因此不会发热。为方便加工，铁芯用整块钢板制成。为使线圈散热良好，通常将线圈绕制成长而薄的圆筒状。

直流接触器灭弧较困难，一般采用灭弧能力较强的磁吹灭弧装置。

3）接触器的符号

接触器的图形及文字符号如图 6-6 所示。

图 6-6　接触器的图形及文字符号

4）接触器的主要技术数据

（1）额定电压。

接触器铭牌上标注的额定电压是指主触点的额定电压，通常用的电压等级如下：直流接触器为 220V、440V、660V；交流接触器为 220V、380V、660V。

（2）额定电流。

接触器铭牌上标注的额定电流是指主触点的额定电流，通常用的额定电流等级如下：直流接触器为 25A、40A、60A、100A、150A、250A、400A、600A；交流接触器为 5A、10A、20A、40A、60A、100A、150A、250A、400A、600A。

上述值指接触器安装在敞开式控制屏上，触点工作不超过额定温升，负载为间断-长期工作制时的电流。间断-长期工作制是指接触器连续通电时间不超过 8h，若超过 8h，必须空载开闭三次以上，以消除表面氧化膜。如果上述各条件改变了，就要相应修正其电流值，具体如下：①当接触器安装在箱柜内时，由于冷却条件变差，电流要降低 10%～20%；②当接触器工作于长期工作制下，而且通电持续率不超过 40%时，若敞开安装，电流允许提高 10%～25%，若箱柜安装，电流允许提高 5%～10%；③介于上述情况之间时，可酌情增减。

（3）励磁线圈的额定电压。

通常励磁线圈的额定电压等级如下：直流线圈为 24V、48V、110V、220V、440V；交流线圈为 36V、127V、220V、380V。

（4）触头数目。

接触器的触头数目应能满足控制线路的要求，各种类型的接触器触头数目不同。交流接触器的主触头有三对（常开触头），一般有四对辅助触头（两对常开、两对常闭），最多可达到六对（三对常开、三对常闭）。直流接触器主触头一般有两对（常开触头），辅助触头有四对（两对常开、两对常闭）。

（5）接通和分断能力。

接通和分断能力指主触点在规定条件下能可靠地接通和分断的电流值。在此电流下接通时，主触点不应发生熔焊；分断时，主触点不应发生长时间燃弧。接触器的使用类别不同时，对主触点的接通和分断能力的要求是不一样的。

（6）额定操作频率。

接触器的额定操作频率是指每小时的接通次数，通常，交流接触器为 600 次/h，直流接触器为 1200 次/h。

5）接触器的选择

选择接触器主要考虑以下技术数据。

（1）电源种类（交流或直流）。

（2）主触点额定电压、额定电流。

（3）辅助触点种类、数量及触点额定电流。

（4）励磁线圈的电源种类、频率和额定电压。

（5）额定操作频率（次/h），即每小时允许的最多接通次数。

主触点的额定电流由下面经验公式计算，即

$$I_{CN}=\frac{P_N\times 10^3}{K'U_N} \tag{6-1}$$

式中，$I_{CN}$ 为主触头额定电流（A）；$P_N$ 为被控制的电动机的额定功率（kW）；$U_N$ 为电动机的额定电压（V）；$K'$ 为经验系数，一般取 1～1.4。

实际选择时，接触器的主触点额定电流大于式（6-1）的计算值。当接触器的使用类别与所控制负载的工作任务相对应时，一般应使主触点的电流等级与所控制的负载相当，或稍大一些，经验系数 $K'$ 取大些。一般从安全性考虑，接触器线圈电压可以低一些，但当控制线路简单，所用电器不多时，为了节省变压器，可选电压为 380V、220V。

2. 继电器

接触器虽已将电动机的控制由手动变为自动，但还不能满足复杂生产工艺过程自动化的要求。例如，对于大型龙门刨床的工作，不仅要求工作台能自动地前进和后退，而且要求前进和后退的速度不同，能自动地减速和加速。必须要采用整套自动控制设备才能满足这些要求，而继电器就是这种控制设备中的主要元件。

继电器是一种自动动作的电器，当继电器输入电压、电流和频率等电量或温度、压力和转速等非电量并达到规定值时，继电器的触点便接通或分断所控制（保护）的电路。继电器一般由输入感测机构和输出执行机构两部分组成，前者可以反映输入量的高低，后者用于接通或分断电路。

继电器实质上是一种传递信号的电器，它可根据特定形式的输入信号而动作，从而达到不同的控制目的。它与接触器不同，主要用于反映控制信号，其触点通常接在控制线路中。

继电器的种类很多，分类的方法也很多，常用的分类方法如下：①按输入量的物理性质分为电压、电流、速度、时间、温度、压力、热继电器等；②按动作时间分为瞬时动作和延时动作继电器（也称为时间继电器）等；③按动作原理分为电磁式、感应式、电动式、电子式和机械式继电器等。

由于电磁式继电器具有工作可靠、结构简单、制造方便、寿命长等一系列的优点，在机床电气传动系统中应用最为广泛，约有 90%以上的继电器为电磁式继电器。继电器一般用来接通和断开控制线路，故电流容量、触头、体积都很小，只有当电动机的功率很小时，才可用某些继电器来直接接通和断开电动机的主电路。电磁式继电器分为直流和交流两大类，其主要结构和工作原理与接触器基本相同，又可分为电流、电压、时间、中间继电器等。

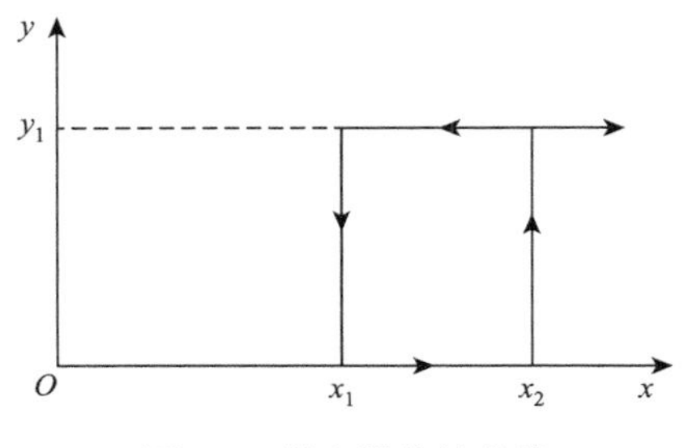


图 6-7　继电器特性曲线

这里主要介绍电器控制系统中常用的电磁式（电压、电流、中间）继电器、时间继电器、热继电器和速度继电器等。继电器的主要特性是输入-输出特性，电磁式继电器的继电特性如图 6-7 所示，这一矩形曲线统称为继电特性曲线。

当继电器输入量 $x$ 由 0 增至 $x_1$ 以前，继电器输出量 $y$ 为 0。当输入量增加到 $x_2$ 时，继电器吸合，通过其触点的输出量为 $y_1$；若 $x$ 继续增加，$y$ 值保持为 $y_1$ 不变。当 $x$ 减小到 $x_1$ 时，继电器释放，输出量由 $y_1$ 降到 0，$x$ 再减小，$y$ 值永为 0。

在图 6-7 中，$x_2$ 称为继电器吸合值，欲使继电器动作，输入量必须大于此值；$x_1$ 称为继电器释放值，欲使继电器释放，输入量必须小于此值；$K = x_1 / x_2$，称为继电器的返回系数，它是继电器的重要参数之一，不同场合要求不同的 $K$ 值。例如，一般继电器要求低返回系数，$K$ 值为 0.1～0.4，当继电器吸合后，输入值波动较大时不致引起误动作；欠电压继电器则要求高返回系数，$K$ 值在 0.6 以上。设某继电器的返回系数 $K = 0.66$，吸合电压为额定电压的 90%，则电压低于额定电压的 60%时，继电器释放，起到欠电压保护作用。$K$ 值是可以调节的，具体方法随继电器的结构不同而有所差异。

继电器的另一个重要参数是吸合时间和释放时间，吸合时间是指从线圈接受电信号到衔铁完全吸合时所需的时间。一般继电器的吸合时间与释放时间为 0.05～0.15s，快速继电器为 0.005～0.05s，其大小会影响继电器的操作频率。

继电器的图形符号如图 6-8 所示，文字符号用 K 来表示。对于具体的电压、电流继电器等若用单字母来表示则也用 K，双字母则为 KV、KA 等。

图 6-8　继电器的图形符号

1）电磁式继电器

按反应参数，常用的电磁式继电器可分为电流继电器和中间继电器，按线圈的电流种类可将其分为直流继电器和交流继电器。

电磁式继电器的结构和工作原理与接触器相似，它由电磁系统、触头系统和释放弹簧等组成。由于继电器用于控制线路，流过触头的电流比较小，不需要灭弧装置。

（1）电流继电器。

电流继电器是反映电路电流变化而动作的继电器，主要用于电动机、发电机或其他负载的过载及短路保护，以及直流电动机的磁场控制或失磁保护等。电流继电器的特点是线圈匝数少、线径较粗、能通过较大电流。在使用时，电流继电器的线圈和负载串联，由于线圈上的压降很小，不会影响负载电路的电流，常用的电流继电器有欠电流继电器和过电流继电器两种。

电路正常工作时，欠电流继电器产生吸合动作，当电路电流减小到某一整定值以下时，欠电流继电器释放，对电路起到欠电流保护作用。电路正常工作时，过电流继电器不动作，当电路中电流超过某一整定值时，过电流继电器产生吸合动作，对电路起到过流保护作用。

在电气传动系统中，用得较多的电流继电器有 JL14、JL15、JT3、JT9、JT10 等型号，选择电流继电器时主要根据电路内的电流种类和额定电流大小。

（2）电压继电器。

电压继电器反映的是电压信号，由于它的线圈是并接在被测电路两端的，线圈导线细、匝数多、阻抗大。电压继电器可分为过电压、欠电压和零电压继电器三种：过电压继电器在超过整定值［一般为（105%～120%）$U_N$］时，衔铁吸合；欠电压继电器是低于整定值［一般为（30%～50%）$U_N$］时，衔铁释放；而零电压继电器是电压降低接近零值［一般为（5%～25%）$U_N$］时，衔铁才释放。

在机床电气传动系统中常用的电压继电器有 JT3、JT4 型。选择电压继电器时也要考虑线路电压的种类和大小。

（3）中间继电器。

中间继电器实质也是一种电压继电器，它的触头对数较多，容量较大，动作灵敏，主要起扩展控制范围或传递信号的中间转换作用。

在机床电气传动系统中，常用的中间继电器除了 JT3、JT4 型号外，目前常用的是 JZ7 型和 JZ8 型，在可编程序控制器和仪器仪表中还用到各种小型继电器。JZ7 型中间继电器的主要结构与 CJ10 型交流接触器相似，它有四个常闭触头和四个常开触头，其优点是体积小、吸合时冲击小、不易产生相间短路、工作可靠且寿命较长，动作原理与交流接触器相似。

选用中间继电器时，主要依据是控制线路所需触头的多少和电源电压等级。

2）热继电器

热继电器是利用电流的热效应原理工作的电器，广泛应用于三相异步电动机的长期过载保护。电动机工作时，是不允许超过额定温升的，否则会降低电动机的寿命。电动机在实际运行中，常会遇到过载情况，但只要过载不严重、时间短，绕组不超过允许的温升，这种过载是允许的。但如果过载情况严重、时间长，电动机就要发热，轻则加速电动机的绝缘老化，重则烧毁电动机。由于熔断器和过电流继电器只能保护电动机不超过最大电流，但不能反映电动机的发热状况，必须采用热继电器进行保护。

（1）热继电器的结构与工作原理。

热继电器主要由热元件、双金属片和触头系统三部分组成，其工作原理如图 6-9 所示。热元件由镍铬合金丝等材料的发热电阻丝制成；双金属片由两种热膨胀系数不同的金属碾压而成。当双金属片受热时，会出现弯曲变形，弯曲变形到一定程度，使继电器动作；热继电器的热元件串接在电动机定子绕组的主电路中，当电动机正常工作时，热元件产生的热量虽能使双金属片弯曲，但还不足以使继电器动作；当电动机过载时，经一定时间，双金属片弯曲程度增大，压下压动螺钉 4，锁扣机构 5 脱开，热继电器触点 8、9（触点 8、9 串接于控制线路中）切断控制线路，使主电路停止工作。热继电器动作后，经一段冷却时间，可手动或自动复位，手动复位时要按下复位按钮 7。改变压动螺钉 4 的位置，即可以调节动作电流。

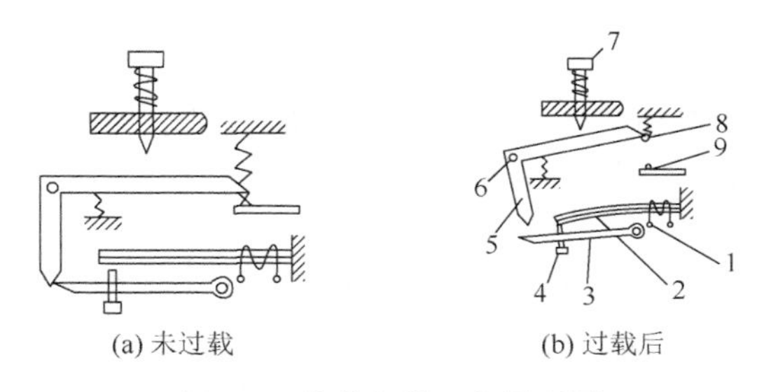


图 6-9　热继电器工作原理图

1-热元件；2-双金属片；3-扣板；4-压动螺钉；5-锁扣机构；6-支点；7-复位按钮；8-动触点；9-静触点

（2）热继电器的主要技术参数。

①热继电器额定电流，即型号中的标识值，是指热继电器壳架的额定电流等级，同时也是该继电器中所允许的最大热元件的额定电流值；②热元件额定电流，是指热继电器工作时，保持长期不动作所能通过的最大电流值；③触头额定电流，是指热继电器触头长期工作允许通过的电流。

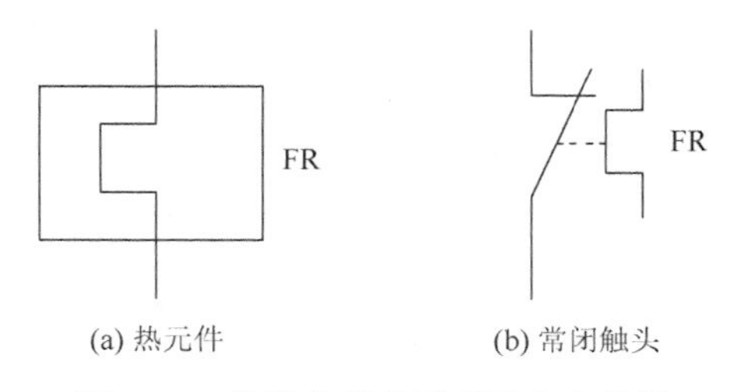


图 6-10　热继电器的图形及文字符号

（3）热继电器的图形及文字符号。

热继电器的图形及文字符号如图 6-10 所示。

（4）热继电器使用注意事项。

①应按照被保护电动机额定电流的 1.1～1.25 倍选取热元件的额定电流；②热继电器的整定电流调节范围为热元件额定电流的 60%～100%；③热继电器安装完毕后需进行整定电流值的调整，整定电流值应等于被保护电动机的额定电流；④由于热继电器有热惯性，大电流出现时不能立即动作，热继电器不能用作短路保护；⑤用热继电器保护三相异步电动机时，至少要有两个热元件，这样在不正常的工作状态下，也可对电动机进行过载保护，例如，电动机单相运行时，至少有一个热元件能起作用；⑥安装时应注意，热继电器的工作环境温度与被保护设备的环境温度相差一般不应超过 15～25℃，以保证保护动作的准确；⑦热继电器连接的导线截面积应满足负荷要求，导线与热继电器连接时要压接牢固，以免由于导线过细或接触不良而发热。

3）时间继电器

在自动控制系统中，有时要求继电器得到信号后不立即动作，而是要顺延一段时间后再动作并输出控制信号，以达到按时间顺序进行控制的目的。时间继电器就可以满足这种要求，按照工作原理，时间继电器可分为电磁式、空气阻尼式（气囊式）、半导体式、电动机式等几种；按延时方式，可分为通电延时型、断电延时型和通、断电延时型等类型。时间继电器的图形及文字符号如图 6-11 所示。

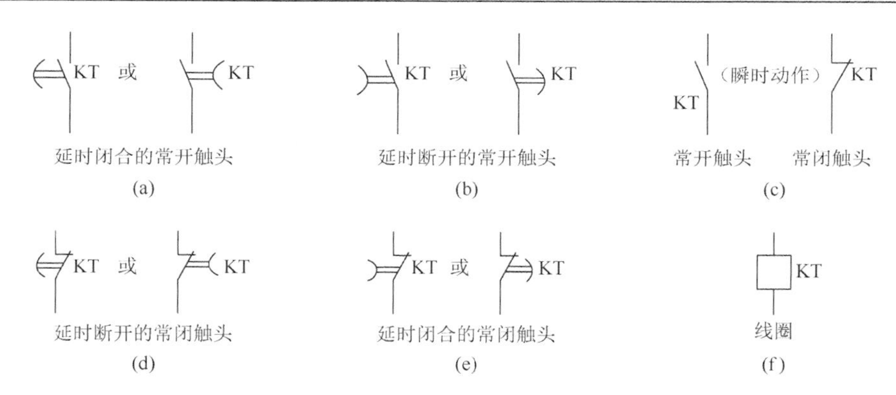


图 6-11　时间继电器的图形及文字符号

4）速度继电器

速度继电器利用转轴的一定转速来切换电路，它主要用在笼型异步电动机的反接制动控制中，故称为反接制动继电器。速度继电器的结构原理如图 6-12 所示。

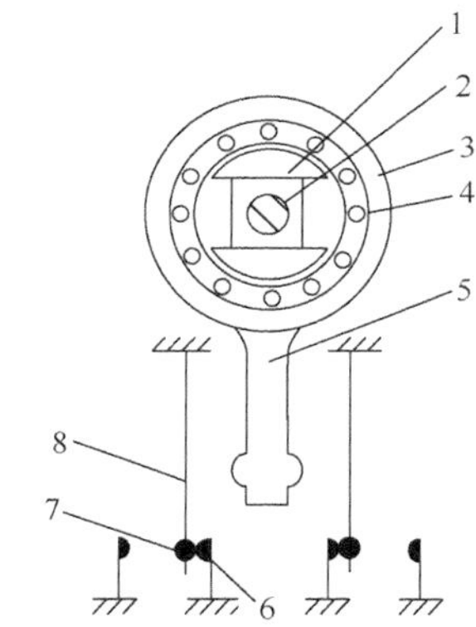


图 6-12　速度继电器的结构原理

1-转子；2-电动机轴；3-定子；4-绕组；5-定子柄；6-静触头；7-动触头；8-簧片

速度继电器主要由定子、转子和触头三部分组成。定子的结构与笼型异步电动机相似，是一个笼型空心圆环，由硅钢片冲压而成，并装有笼型绕组。转子是一块永久磁铁。

速度继电器的轴与电动机的轴相连接，永久磁铁的转子固定在轴上。装有笼型绕组的定子与轴同心且能独自偏摆，与永久磁铁间有一个气隙。当轴转动时，永久磁铁随之一起转动，笼型绕组切割磁通量产生感应电动势和电流。与笼型感应电动机原理一样，此电流与永久磁铁作用产生转矩，使定子随轴的转动方向偏摆，通过定子柄拨动触点，继电器触点接通或断开。当轴的转速下降到接近零速时（约 100r/min），定子柄在动触点弹簧力的作用下恢复到原来位置。

3. 行程开关

行程开关又称限位开关，用来反映生产机械的行程，以实现机电信号的转换，广泛应用于机床及自动生产线的程序控制系统中。

1）机械式行程开关

根据结构，机械式行程开关可分为直动式（如 LX1、JLXK1 系列）、滚轮式（如 LX2、JLXK2 系列）和微动式（如 LXW-11、JLSK1-11 型）三种。图 6-13 为直动式行程开关的外形及动作原理图。行程开关的动作原理是：执行机构上带有压条，压条上装有压块，当执行机构运动时，带动压块一起运动；当压块压下行程开关的顶杆时，行程开关的动断触点先断开，继而动合触点闭合；当压块离开行程开关时，触点恢复常态。

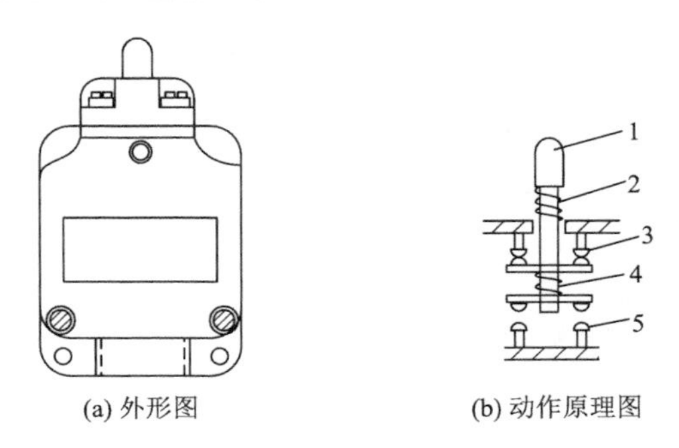


(a) 外形图　(b) 动作原理图

图 6-13　直动式行程开关的外形及动作原理图

1-顶杆；2-弹簧；3-常闭触点；4-触点弹簧；5-常开触点

2）接近式行程开关

接近式行程开关是一种非接触式的检测装置，当运动的物体在一定范围内接近它时，它就能发出信号，以控制运动物体的位置。接近式行程开关既能起行程开关的作用，又能起记数的作用。根据工作原理来划分，接近式行程开关有高频振荡型、电容型、霍尔效应型、感应电桥型等，其中以高频振荡型最为常用。振荡器在开关的作用表面产生一个交变磁场，当执行机构上的金属压块接近此表面时，金属中产生的涡流吸收振动能量，使振动减弱，直至停振，因而产生振动与停振两个信号，由整形放大器转换成二进制的开关信号，从而起到控制作用。接近式行程开关具有定位精度高、操作频率高、功率损耗小、寿命长、耐冲击振动、耐潮湿、能适应恶劣工作环境等优点，因此在工业生产中已得到广泛应用。

3）红外线光电开关

红外线光电开关有对射式和反射式两种，其中对射式红外线光电开关由分离的发射器和接收器组成。当物体挡住发射器发出的红外线，接收器接收不到红外线时，动断触点复位，即该触点闭合；动合触点复位，即该触点断开。反射式红外线光电开关利用物体将光电开关发射出来的红外线反射回去，由光电开关接收，从而判断是否有物体存在。若有物体存在时，光电开关接收红外线后便使该光电开关的动合触点闭合，动断触点断开。

4. 熔断器

1）熔断器的特点与分类

熔断器是一种结构简单、使用方便、价格低廉、控制有效的保护电器，使用时串联在电路中，当电路或用电设备发生短路或过载时，熔体能自身熔断，切断电路，阻止事故蔓延，因而能实现短路或过载保护，无论是在强电系统或弱电系统中都得到了广泛的应用。目前，在一般情况下，熔断器有被空气开关替代的趋势。按结构，熔断器可分为开启式、半封闭式和封闭式三种，其中封闭式熔断器又可分为有填料管式、无填料管式及有填料螺旋式等。按用途，熔断器可分为一般工业用熔断器、保护硅元件用快速熔断器、具有两段保护特性和快慢动作熔断器、特殊用途熔断器（如直流牵引用熔断器、旋转励磁用熔断器及有限流作用并熔而不断的自复式熔断器等）。

2）熔断器的作用原理及主要特性

（1）熔断器的作用原理。

熔断器主要由熔体（俗称保险丝）和安装熔体的熔管（或熔座）组成。熔体一般由熔点较低、电阻率较高的合金或铅、锌、铜、银、锡等金属材料制成丝或片状。熔管由陶瓷、玻璃纤维等绝缘材料制成，在熔体熔断时还兼有灭弧作用。熔体串联在电路中，当电路的电流为正常值时，熔体由于温度低而不熔化。如果电路发生短路或过载时，电流大于熔体的正常发热电流，熔体温度急剧上升，超过熔体金属的熔点而熔断，分断故障电路，从而保护了电路和设备。熔断器断开电路的物理过程可分为熔体升温阶段、熔体熔化阶段、熔体金属气化阶段及电弧的产生与熄灭阶段四个阶段。

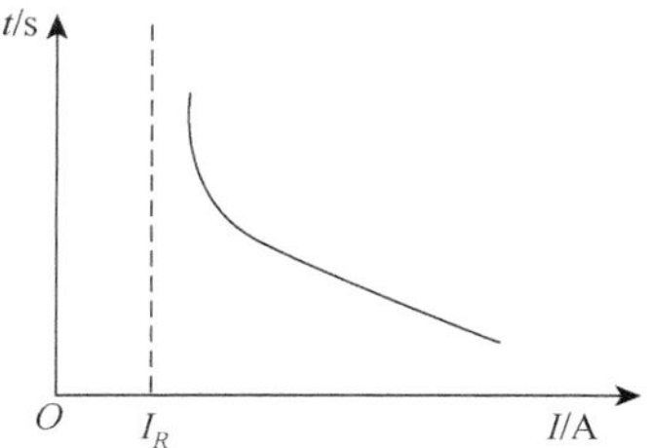

图 6-14 熔断器的安秒特性

（2）熔断器的主要特性。

首先是安秒特性，它表示熔断时间 $t$ 与通过熔体的电流 $I$ 的关系，熔断器的安秒特性如图 6-14 所示。

熔断器的安秒特性为反时限特性，即短路电流越大，熔断时间越短，这就能满足短路保护的要求。其中，有一个熔断电流与不熔断电流的分界线，与此相应的电流称为最小熔断电流 $I_R$ 。在额定电流下，熔体绝不应熔断，所以最小熔断电流必须大于额定电流。

然后是极限分断能力，通常是指在额定电压及一定的功率因数（或时间常数）下切断短路电流的极限能力，用极限断开电流值（周期分量的有效值）来表示，熔断器的极限分断能力必须大于线路中可能出现的最大短路电流。

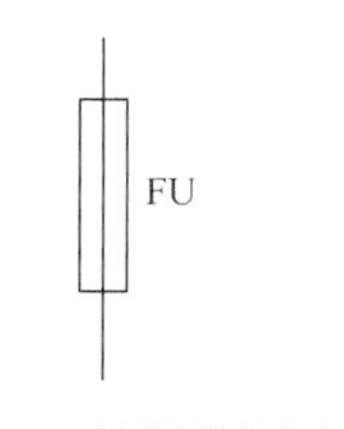

图 6-15 熔断器的图形及文字符号

（3）熔断器的符号及型号所表示的意义。

熔断器在电气原理图中的图形及文字符号如图 6-15 所示。

（4）熔断器的选用。

在选用熔断器时，应根据被保护电路的需要，首先确定熔断器的形式，然后选择熔体的规格，再根据熔体确定熔断器的规格。

第一是熔体额定电流的选择。熔体额定电流的选择应同时满足正常负荷电流和启动尖峰电流两个条件，这就要求选用的熔体在电动机启动过程中或在线路合闸送电瞬间有冲击电流作用的情况下，熔体不被熔断。同时又能保证在线路或用电设备过载至一定数值或短路时，熔体在一定时间内熔断。

选择熔体的额定电流时，必须将电路中实际所需的工作电流作为依据，又要考虑负荷的性质，具体选用方法如下。

对于电炉、照明等电阻性负载的短路保护，熔体的额定电流应等于或稍大于电路的工作电流。

保护单台电动机时，考虑到电动机受启动电流的冲击，熔断器的额定电流应按式（6-2）计算：

$$I_{RN} = (1.5～2.5)I_N \tag{6-2}$$

式中，$I_{RN}$为熔体的额定电流；$I_N$为单台电动机的额定电流，轻载启动或启动时间短时，可取 1.5A，带重载或启动时间长时，可取 2.5A。

保护频繁启动的电动机电流应按式（6-3）计算，即

$$I_{RN}=(3\sim3.5)I_N \tag{6-3}$$

多台电动机长期共用一个熔断器时，可按式（6-4）计算，即

$$I_{RN}\geqslant(1.5\sim2.5)I_{N\max}+\sum I_N \tag{6-4}$$

式中，$I_{N\max}$为容量最大的一台电动机的额定电流（A）；$\sum I_N$为除容量最大的电动机之外，其余电动机额定电流之和（A）。

并联电容器采用熔断器保护时，对于单台并联电容器，熔体的额定电流应为电容器额定电流的 1.5～2.5 倍；对于并联电容器组，熔体的额定电流应为电容器组额定电流的 1.3～1.8 倍。

在选择熔体额定电流时，还应注意以下几个方面。

第一，熔体的额定电流在线路上应由前级至后级逐渐减小，否则会出现越级动作现象；另外，熔体的额定电流也不应超过线路上导线的安全载流量；与电度表相连的熔断器，熔体的额定电流应小于电度表的额定电流。

第二是熔断器电压及电流的选择。熔断器的额定电压必须大于或等于线路的工作电压；熔断器的额定电流必须大于或等于所装熔体的额定电流。

第三是熔断器的维护。应经常对运行中的熔断器进行巡视检查，巡视检查的内容如下：负荷电流应与熔体的额定电流相适应；对于有熔断信号指示器的熔断器，应检查信号指示是否弹出；与熔断器连接的导体、连接点及熔断器本身有无过热现象，连接点接触是否良好；熔断器外观有无裂纹、脏污及放电现象；熔断器内部有无放电声。在检查中，若发现有异常现象，应及时修复，以保证熔断器的安全运行。

第四是更换熔体时的安全注意事项。熔体熔断后，应首先查明熔体熔断的原因，排除故障。熔体在过载下熔断时，响声不大，熔丝仅在一两处熔断，变截面熔体只有小截面处熔断，熔管内没有烧焦的现象；熔体在短路下烧断时响声很大，熔体熔断部位大，熔管内有烧焦的现象。

更换的熔体规格应与负荷的性质及线路电流相适应，另外，更换熔体时，必须停电更换，以防触电。

#### 5. 自动空气断路器

自动空气断路器简称自动空气开关或自动开关，它相当于刀开关、熔断器、热继电器和欠压继电器的功能组合，是一种既起手动开关作用，又可自动有效地对串接在其后面的电气设备的失压、欠压、过载和短路进行保护的电器。

1）结构和工作原理

自动开关由操作机构、触头、保护装置（各种脱扣器，可以根据用途来配备）、灭弧系统等组成，其工作原理如图 6-16 所示。

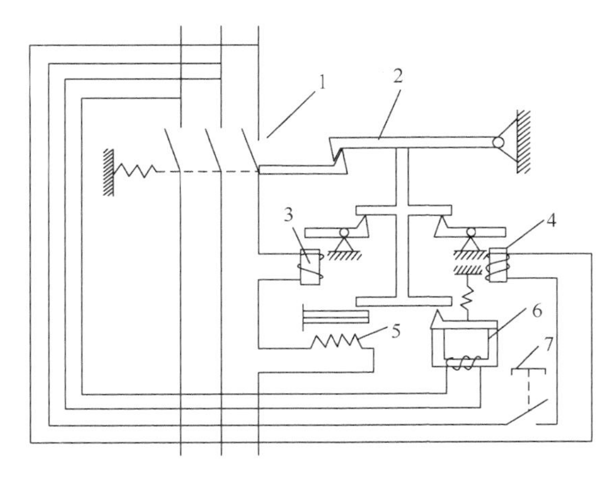


图 6-16 自动开关工作原理图

1-主触头；2-自由脱扣器；3-过电流脱扣器；4-分励脱扣器；5-热脱扣器；6-欠电压脱扣器；7-启动按钮

自动开关的主触头是靠手动操作或电动合闸的，主触头闭合后，自由脱扣机构将主触头锁在合闸位置上。过电流脱扣器的线圈和热脱扣器的热元件与主电路串联，欠电压脱扣器的线圈与电源并联。当电路发生短路或严重过载时，过电流脱扣器的衔铁吸合，使自由脱扣机构动作，主触头断开主电路。当电路过载时，热脱扣器的热元件发热，使双金属片向上弯曲，推动自由脱扣机构动作。当电路欠压时，欠电压脱扣器的衔铁释放，也使自由脱扣机构动作。分励脱扣器则起到远距离控制作用，在正常工作时，其线圈是断电的，在需要远距离控制时，按下启动按钮，使线圈通电，衔铁带动自由脱扣机构动作，使主触头断开。

2）自动开关的分类

自动开关种类繁多，可按用途、结构形式、极数、操作方式和限流性能来分类。

（1）按用途分类，有保护配电线路用、保护电动机用、保护照明线路用和漏电保护用自动开关及特殊用途的自动开关，如灭磁开关等。

（2）按结构形式分类，有框架式和塑料外壳式自动开关。

（3）按极数分类，有单极、双极、三极和四极自动开关。

（4）按操作方式分类，有直接手柄操作式、杠杆操作式、电磁铁操作式和电动机操作式自动开关。

（5）按限流性能分类，有一般不限流型和限流式快速型自动开关。

3）主要技术参数

（1）额定电压与额定电流。

自动开关的额定电压是指其能长期承受的工作电压，数值上取决于电网的额定电压等级。我国标准规定：交流为 220V 和 380V，矿用为 660V 和 1140V，直流为 220V 和 440V 等。额定电流是保证自动开关能长期可靠工作的电流。

（2）通断能力。

自动开关的通断能力是在一定的实验条件下（电压和功率因数或时间常数），自动开关能够可靠接通与分断电流的能力。通常以最大通断电流来表示其极限通断能力，自动开关的极限通断能力大于或等于线路最大短路电流。

（3）保护特性。

保护特性主要是指自动开关的动作时间 $t$ 与过电流脱扣器动作电流 $I$ 的关系特性 $t = f(I)$ 或 $t = f(I / I_N)$，其中 $I_N$ 为过电流脱扣器的额定电流。为了使自动开关具有不同的保护特性，必须配置相应的脱扣器。例如，为了得到短路瞬时动作特性，一般配置电磁式脱扣器；为了得到反时限安秒特性，可配置热继电器式脱扣器；为了得到短延时或长延时定时脱扣特性，还可配置钟表机构式延时脱扣器，使用半导体脱扣器可以得到各种保护特性。自动开关的过电流保护特性分为一段保护、二段保护与三段保护特性三种，用户可根据保护对象的要求合理选用，三段保护特性包括过载长延时、短路短延时、特大短路瞬时动作，这样可以充分利用电气设备的允许过载能力，尽可能地缩小故障停电的范围。失压保护特性是指，当电压低于规定值时，自动开关应在规定的时间内动作，切断电路。漏电保护特性是指，当电路漏电电流超过规定值时，漏电保护自动开关应在规定时间内动作，切断电路。前者借助失压脱扣器来实现，后者借助漏电脱扣器来实现。

（4）分断时间。

自动开关从发出断开信号（如按下分励脱扣器按钮）起到触头分开、电弧熄灭的时间间隔，即分断时间（包括固有断开时间和熄弧时间两部分）。当自动开关工作在短延时（0.2s 或 0.4s）定时限保护段和瞬时工作段时，分断时间 $t>40$ms 时称为一般型自动开关，分断时间 $t$为10～20ms 时称为快速型自动开关。

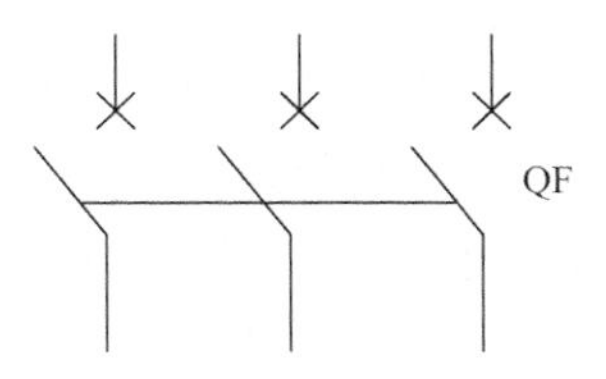


图 6-17　自动开关的图形及文字符号

图 6-17 为自动开关的图形及文字符号。

4）自动开关的选用

（1）自动开关的额定电压和额定电流应大于或等于线路的正常工作电压和工作电流。

（2）欠电压脱扣器的额定电压等于线路的额定电压。

（3）过电流脱扣器的额定电流大于或等于线路的最大负载电流。

# 6.2　常用基本控制线路

由按钮、继电器、接触器等低压控制电器组成的电器控制线路，具有线路简单、维修方便、便于掌握、成本低廉等许多优点，多年来在各种生产机械的电器控制领域中获得了广泛的应用。

对于不同的控制对象，其电器控制线路的复杂程度也不同，但总是由几个最基本的控制环节和保护环节组成，而每个基本环节又起不同的控制和保护作用，掌握这些基本环节有利于对电器控制线路的分析和设计。

## 6.2.1　电器控制基础

电器控制线路主要由各种电气元件（如按钮、开关、接触器、继电器等）和电动机等用电设备组成。电器控制线路的表示方法有电气原理图、电气设备安装图和电气设备接线图。应根据简明易懂的原则，用规定的方法和符号绘制电器控制线路。

1. 电器控制线路常用的图形、文字符号

电器控制线路图是工程技术的通用语言，为了便于交流与沟通，在电器控制线路中，各种电气元件的图形和文字符号必须符合国家标准。近年来，我国相继引进了许多国外的先进设备。为了便于掌握引进的先进技术和先进设备，以及满足国际交流和国际市场的需要，我国参照国际电工委员会颁布的有关文件，制定了电气设备相关国家标准，如《电气简图用图形符号 第 1 部分：一般要求》（GB/T 4728.1—2018）、《电气设备用图形符号 第 1 部分：概述与分类》（GB/T 5465.1—2009）、《电气设备用图形符号 第 2 部分：图形符号》（GB/T 5465.2—2008）等。

电器控制线路图中的支路、节点上一般都有标号，主电路标号由文字符号和数字标号组成。其中，文字符号用以标明主电路中的元件或线路的主要特征；数字标号用以区别电路不同线段。控制线路的标号由三位或三位以下的数字组成，交流控制线路的标号一般以主要压降元件（如电气元件线圈）为分界，左侧用奇数标号，右侧用偶数标号。直流控制线路中的正极按奇数标号，负极按偶数标号。

2. 电气原理图

电气原理图表示电器控制线路的工作原理，以及各电气元件的作用和相互关系，而不考虑各电气元件实际安装的位置和实际连线情况，绘制电气原理图时应遵循以下原则。

（1）根据电路通过的电流大小，可将电器控制线路分为主电路和控制线路。主电路包括从电源到电动机的电路，是强电流通过的部分，一般用粗线条绘制在原理图左侧（或上部）。控制线路是通过弱电流的电路，它包括接触器和继电器的线圈、接触器的辅助触头、继电器和控制电器的触头及自动装置的其他部件，还包括信号电路、保护电路及各种联锁电路，一般采用细线条绘制在原理图的右侧（或下部）。

（2）电器控制线路中，并不按照各个电器的实际位置绘制在线路上，而是采用同一电气元件的各部件分别绘在其作用位置，但需要用同一文字符号标出。若有多个同一种类的电气元件，可在文字符号的后面加上数字序号的下标，如 $KM_1$、$KM_2$ 等。

（3）电器控制线路的全部触点都按平常状态绘出。对于接触器、继电器等，平常状态是指线圈未通电时的触点状态；对于按钮、行程开关，平常状态是指没有受到外力时的触点位置。

（4）控制线路的分支线路，原则上按照动作先后顺序排列，两线交叉连接时的电气连接点需用黑点标出。

（5）表示导线、信号通路、连接线等的图线都应是交叉和折弯最少的直线，可以水平布置，或者垂直布置，也可以用斜的交叉线。

（6）为了突出或区分某些电路、功能等，导线、信号通路、连接线等，可采用粗细不同的线条表示。

（7）所用图形和文字符号应符合国家标准，如果采用国家标准中未规定的图形，必须加以说明。选择图形应尽可能采用优选形式，在满足需要的前提下，尽量采用最简单的形式。

（8）对于具有循环运动的机构，应给出工作循环图，如行程开关等应绘出动作程序和动作位置。

图 6-18 为笼型异步电动机正反转控制线路的电气原理图。

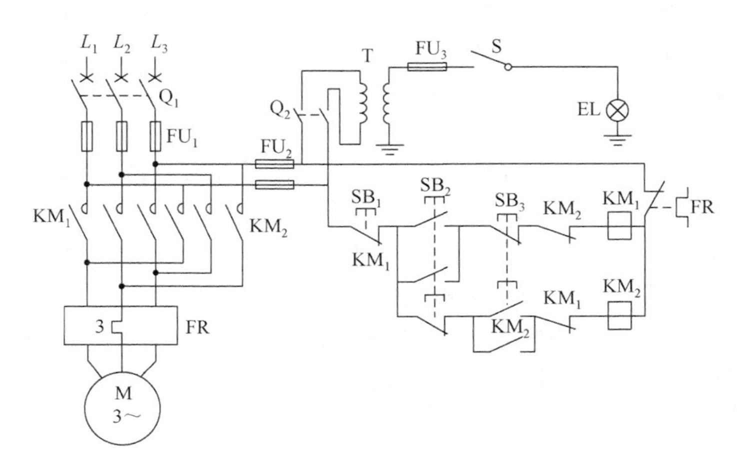


图 6-18　笼型异步电动机正反转控制线路电气原理图

### 3. 电气设备安装图

电气设备安装图用来表示各种电器在生产设备和电器控制柜中的实际安装位置，主要有控制柜、控制板、操纵台等电气设备具体布置图，同一电气元件的各部件（如触点与线圈）必须画在一起。各电气元件的位置，应与实际安装位置一致。各电气元件的安装位置是由生产设备的结构和工作要求决定的，如电动机要和被拖动的机械部件在一起，行程开关应放在要获得信号的地方，操作元件放在便于操作的地方，一般电气元件应放在控制柜内。电气设备安装图是电气设备安装和维修时的必备资料，在绘制时均用粗实线画出简单轮廓，留出线槽和备用面积，图中不标尺寸。

### 4. 电气设备接线图

电气设备接线图是根据原理图，配合安装要求来绘制的，用来表示各电气元件之间的实际接线情况，它为电气元件的配线、检修和施工提供了方便，实际工作时与电气原理图配合使用。它可以是电器控制设备各单元之间的接线图，对于复杂的电气设备，还可画出安装板的接线图。

绘制电气设备接线图的规定主要有以下几条。

（1）同一电气元件的各个部件应画在一起。

（2）不在同一控制柜或配电屏上的电气元件必须通过端子板进行电气连接，端子板的编号应与原理图一致，并按原理图的接线进行连接。

（3）图中文字符号、元件连接顺序、线路号码编制都必须与电气原理图一致。

（4）走向相同的多根导线可用单线表示。绘制连接导线时，应标明导线的规格、型号、根数和穿线管的尺寸。

### 6.2.2　控制线路的常用基本回路

1. 点动控制

生产设备在正常加工时处于长期的工作状态，即长动状态。除了长动状态外，生产设备还有一种调整工作状态，如机床中做加工准备时的对刀，在这一工作状态下对电动机的控制要求是一点一动，即按一次按钮动一下，连续按则连续动，不按则不动，这种动作常称为“点动”或“点车”。图 6-19（a）是实现点动的最简单的控制线路，只要不用自锁回路便可得到点动的动作。

但在实际工作中，生产设备既要求点动，又要求能连续长期工作。图 6-19（b）～（d）是能同时满足上述两个要求的线路。其中，图 6-19（b）采用了选择开关 S 来选择工作状态，S 打开时为点动工作，S 闭合时为长动工作，但这个线路在操作时多了一个动作，不太方便。图 6-19（c）中采用两个按钮分别控制，当按动按钮 $SB_1$ 时长动工作，而按点动按钮 $SB_2$ 时，依靠其动断触点将自锁触点回路断开，使 KM 不能自锁而进行点动工作。但这条线路的可靠性不高，如果 KM 的释放动作缓慢，将因 $SB_2$ 的动断触点过早闭合，使 KM 继续自锁得电，导致电动机长动工作。为消除上述缺点，常采用图 6-19（d）所示线路，图中采用中间继电器 K 进行联锁控制。按动 $SB_1$ 时，通过 K 接通 KM，且 K 自锁，使电动机长动工作；若按动 $SB_2$ 时，由于没有接通 K，不能将 KM 自锁，仅能点动工作，且当电动机已经启动长动工作后，再按动 $SB_2$ 将不起作用。

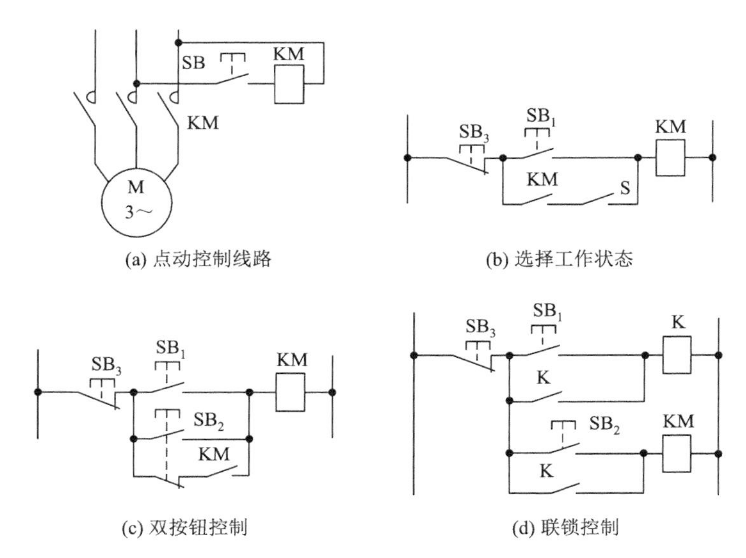


图 6-19　点动自动控制线路

2. 联锁或互锁控制

生产设备或自动生产线都由许多运动的部件组成，不同的运动部件之间既互相联系又互相制约。例如，车床的主轴电动机必须在油泵电动机启动使齿轮箱有充分的润滑之后才能启动。又如，龙门刨床的工作台运动时不允许刀架移动等，这种既互相联系又互相制约的控制称为联锁控制。

如图 6-20 所示，接触器 $KM_2$ 必须在接触器 $KM_1$ 工作后才能工作，即满足油泵电动机工作后主轴电动机才能工作的要求。互锁实际上也是一种联锁关系，之所以这样称呼，是为了强调触点之间的互锁作用。

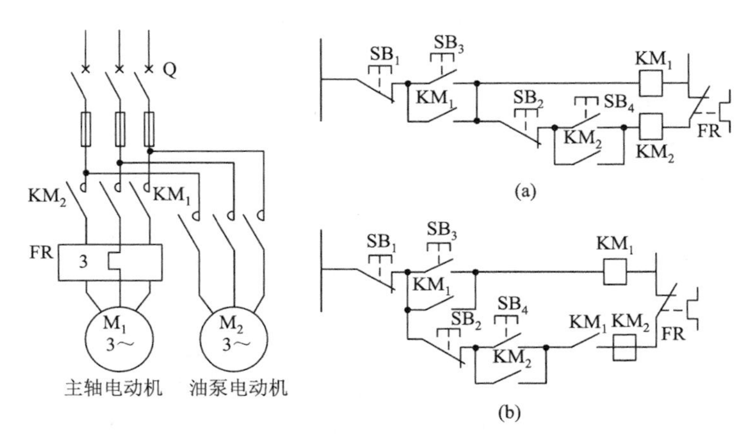


图 6-20　电动机的联锁

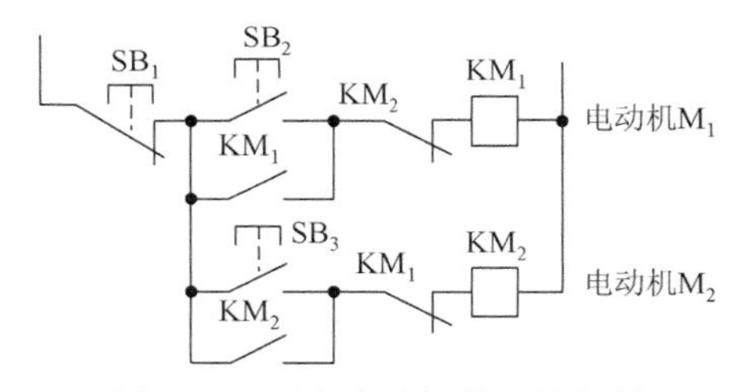


图 6-21　两台电动机的互锁控制

例如，常常有这样的要求：两台电动机 $M_1$ 和 $M_2$ 不能同时接通，如图 6-21 所示，$KM_1$ 动作后，其动断触点就将 $KM_2$ 接触器的线圈断开，这样就限制了 $KM_2$ 再动作，反之也一样。此时，$KM_1$ 和 $KM_2$ 的两对动断触点常称作互锁触点。在电动机正反转线路中，这种互锁关系可保证正反向接触器 $KM_1$ 和 $KM_2$ 无法同时闭合，以防止电源短路。

由上述分析可见，若要求甲接触器动作时，乙接触器不能动作，则需将甲接触器的动断触点串在乙接触器的线圈电路中；若要求甲接触器动作后乙接触器才能动作，则需将甲接触器的动合触点串在乙接触器的线圈电路中。

3. 多点控制

对于有些机械和生产设备，为了操作方便，常常要求在两个或两个以上的地点都能进行操作。例如，对于重型龙门刨床，有时需要在固定的操作台上控制，有时需要站在机床四周用悬挂按钮控制。对于自动电梯，人在电梯箱里时需要在里面控制，人进电梯箱前需要在楼道上控制等。如图 6-22（a）所示，将启动按钮并联起来，将停止按钮串联起来，分别装置在两个地方，就可实现两地操作。

在大型机床上，为了保证操作安全，要求几个操作者都发出操作指令（按启动按钮）时设备才能工作，如图 6-22（b）所示。

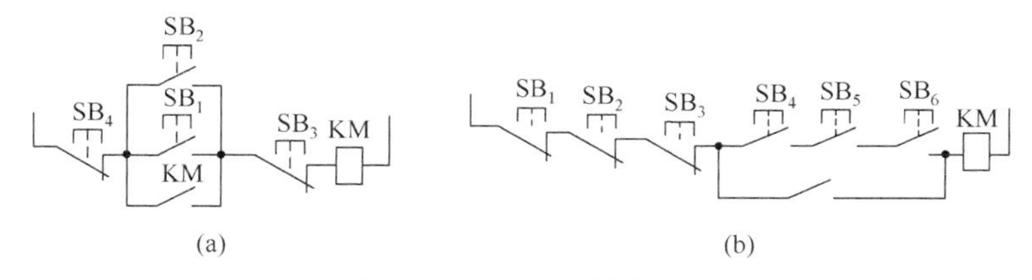


图 6-22 多点控制线路

4. 顺序控制

在自动化的生产中，根据加工工艺的要求，加工需按一定的程序进行，即工步要依次转换，一个工步完成后，能自动转换到下一个工步。在组合机床和专用机床中，常用继电器顺序控制线路来完成这类任务。如图 6-23 所示，按下启动按钮 $SB_1$ 后，继电器 $K_1$ 得电并自锁，进行第一个工作程序，并且 $K_1$ 的另一动合触点闭合，为 $K_2$ 得电做好了准备。当第一个工作程序完成后，行程开关 $ST_1$ 被按下，$K_2$ 得电并自锁，进行第二个工作程序。同时，由于 $K_2$ 的一个动断触点打开，$K_1$ 断电，其他工作程序的转换则依次类推。

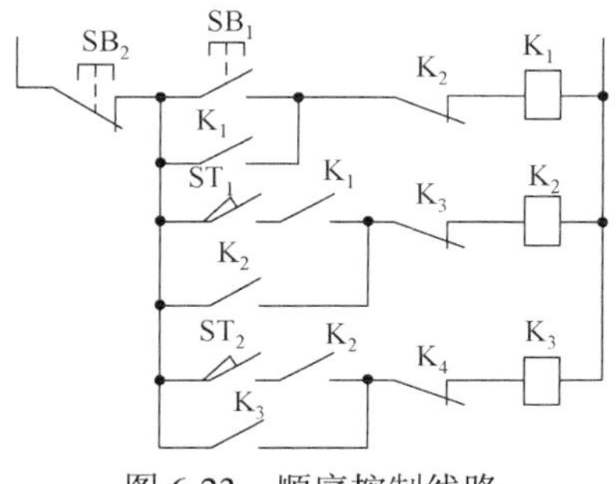


图 6-23 顺序控制线路

大多数生产设备的加工工艺是经常变动的，为了解决程序的可变性问题，简单的设备可用顺序控制器，复杂的设备则要采用可编程控制器等。

5. 工作循环自动控制

某些生产机械要求在一定范围内能自动往复运行，如机床的工作台、高炉的添加料设备等。这就需要利用行程开关来检测往返运动的相对位置，再控制电动机的正反转，来完成对往复运动的控制。

图 6-24 是机床工作台自动往复行程控制线路，行程开关 $ST_1$、$ST_2$ 分别装在机床床身的两侧需返回的位置，而挡铁要装在运动部件工作台上。线路工作过程如下：按下启动按钮 $SB_2$，$KM_1$ 得电，电动机正转，工作台前进，当到达预定行程后（可通过调整挡块的位置来调整行程），挡铁压下 $ST_1$，$ST_1$ 动断触点断开，切断接触器 $KM_1$，同时 $ST_1$ 动合触点闭合，反向接触器 $KM_2$ 得电，电动机反转，工作台后退。当后退到位时，挡铁压下 $ST_2$，工作台又转到正向运动，进行下一个工作循环，直至按下停止按钮 $SB_1$ 才会停止。图中，$ST_3$、$ST_4$ 分别为正向、反向终端保护行程开关，当 $ST_1$、$ST_2$ 失灵时，可避免工作台因超出极限位置而发生事故，因此行程开关除了起到行程控制作用外还可作为限位保护。

由于反复循环的行程控制，电动机在每经过一个自动往复行程控制时都要进行两次反接制动过程，会受到较大的制动电流和机械的冲击，这种电路只适用于对小容量电动机的控制。

上述这种利用行程开关按照机床运动部件的位置或机件的位置变化所进行的控制，称为按行程原则的自动控制，或称为行程控制，行程控制是机床和生产自动线中应用最为广泛的控制方式之一。

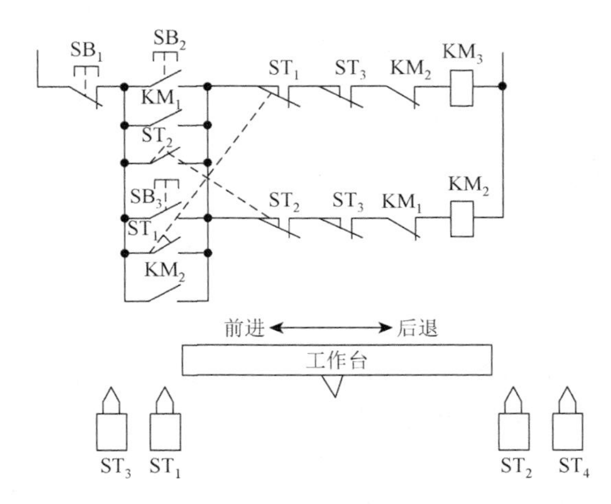


图 6-24　机床工作台自动往复行程控制线路

## 6.3　笼型异步电动机启动控制线路

对于电动机，启动就是施电于电动机，使电动机转子转动起来，达到所要求的转速后正常运行的过程。通常，对中小容量的异步电动机均采用直接启动方式，即启动时将笼型异步电动机的定子绕组直接接在交流电源上，电动机在额定电压下直接启动。对于额定功率超出允许直接启动范围的大容量笼型异步电动机，应采用降压启动的方式，即在启动时将电源电压适当降低后加在定子绕组上进行启动，待电动机转速升高到接近额定转速时，再将电压恢复到额定值，转入正常运行。

在降压启动时，虽然能使启动电流减小，但启动转矩也会随之减小。因此，一般应在电动机空载或轻载情况下启动，启动过程结束后，再加上机械负载。笼型异步电动机常用的降压启动的方法有串电阻或电抗降压启动、Y-△降压启动、自耦变压器降压启动等。

### 6.3.1　全压直接启动

全压直接启动，就是将电动机的定子绕组通过闸刀开关或接触器直接接入电源，在额定电压下进行启动。由于直接启动的启动电流很大，什么情况下允许直接启动主要取决于电动机的功率与供电变压器的容量的比值。

1. *采用刀开关直接启动控制*

图 6-25 为利用刀开关直接启动的控制线路，其工作过程如下：合上刀开关 Q，电动机 M 接通电源全电压直接启动；打开刀开关 Q，电动机 M 断电停转。这种线路适用于小容量、启动不频繁的笼型异步电动机，如小型台钻、冷却泵、砂轮机等，图中熔断器起短路保护作用。

2. *采用接触器直接启动控制*

图 6-26 是采用接触器直接启动的控制线路，许多中小型卧式车床的主电动机都采

用这种启动方式。主电路由刀开关 Q、熔断器 $FU_1$、接触器 KM 的主触头、热继电器 FR 的发热元件和电动机 M 组成；控制线路由熔断器 $FU_2$、停止按钮 $SB_2$、启动按钮 $SB_1$、接触器 KM 的常开辅助触头和线圈、热继电器 FR 的常闭触头组成。

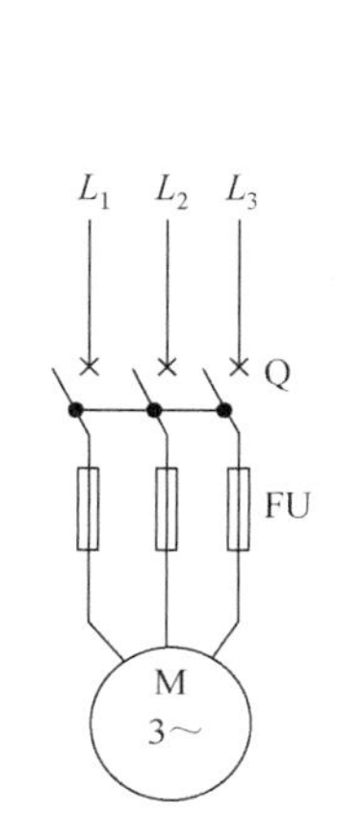


图 6-25　刀开关直接启动的控制线路

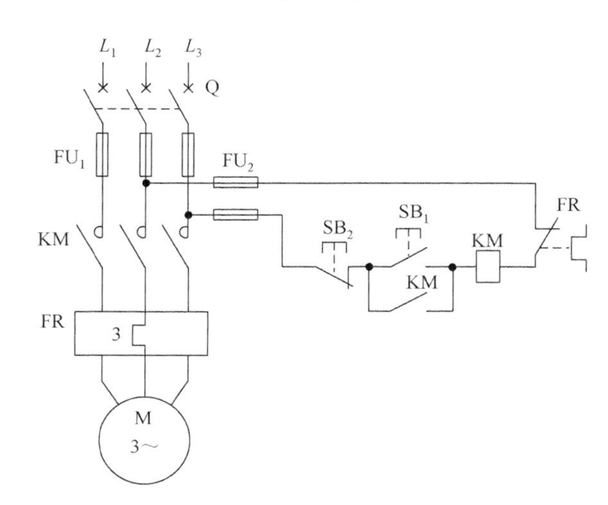


图 6-26　接触器直接启动的控制线路

其工作过程如下：合上刀闸开关 Q，按下启动按钮 $SB_1$，接触器 KM 的线圈通电，其主触点闭合，电动机启动。由于接触器 KM 的辅助触点并接于启动按钮，当松手断开启动按钮后，接触器 KM 的线圈通过其辅助触点可以继续保持通电状态，这个辅助触点通常称为自锁触点。按下停止按钮 $SB_2$，接触器 KM 的线圈失电，其主触点断开，电动机失电停转。

线路中的熔断器 $FU_1$ 和 $FU_2$ 起短路保护作用，热继电器 FR 起过载保护作用。当负载过大或电动机单相运行时，FR 动作，其常闭触点将控制线路切断，使接触器 KM 的线圈失电，切断电动机主电路。零压保护是通过接触器 KM 的自锁触点来实现的，当电网电压消失（如停电）而又重新恢复时，若不按启动按钮，由于自锁触点的存在，电动机就不能启动，从而确保操作人员和设备的安全。

在图 6-26 中，把接触器 KM、熔断器 $FU_2$、热继电器 FR 和按钮 $SB_1$、$SB_2$ 组设为一个控制装置，称为电磁启动器。电磁启动器有可逆与不可逆两种：不可逆电磁启动器可控制电动机单向直接启动、停止；可逆电磁启动器由两个接触器组成，可控制电动机的正反转。

### 6.3.2　降压启动

1. 串电阻启动的控制线路

图 6-27 为电动机定子串电阻降压启动控制线路。电动机启动时，在三相定子电路中串接入电阻，使电动机定子绕组电压降低，启动后再将电阻短路，电动机在正常电压下运行。

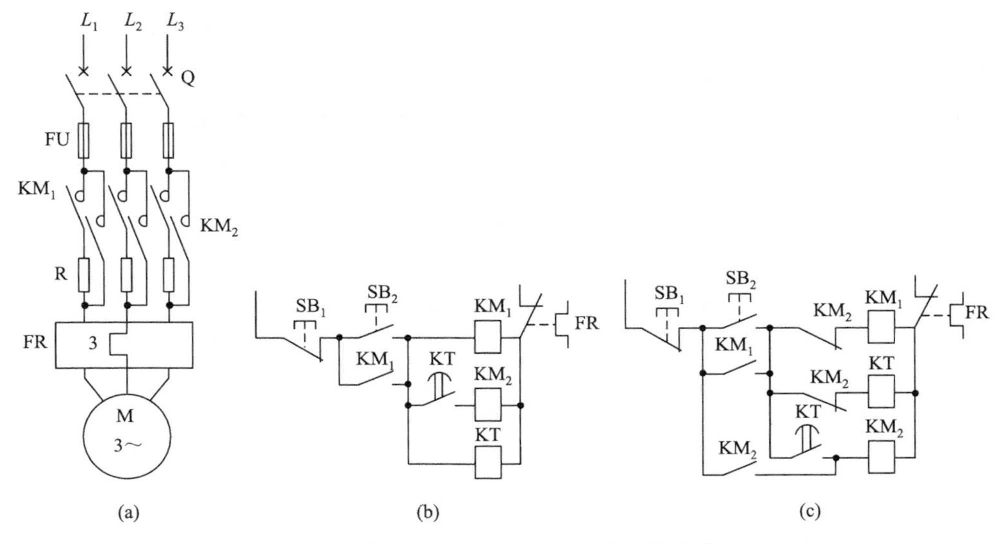


图 6-27　电动机定子串电阻降压启动控制线路

图 6-27（a）中控制线路的工作过程见图 6-28。

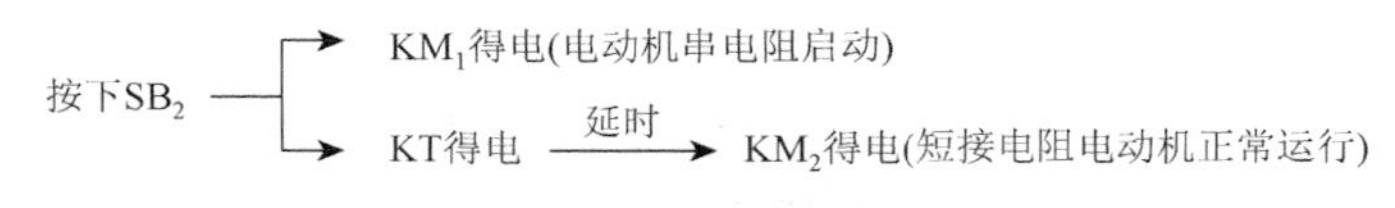


图 6-28　控制线路工作过程（串电阻）

只要 $KM_2$ 得电就能使电动机正常运行。但 6-27（b）中的线路图在电动机启动后，$KM_1$ 与 KT 一直得电动作，不但电能损耗大，也易出现故障。采用线路图 6-27（c）即可解决这个问题，接触器 $KM_2$ 得电后，其动断触点将 $KM_1$ 及 KT 断电，$KM_2$ 自锁。这样，在电动机启动后，只要 $KM_2$ 得电，电动机便能正常工作。

定子串电阻启动的方法不受定子绕组的接法限制，启动过程平滑，设备简单，成本低廉，但是电能损耗大，通常仅在中小容量电动机不经常启停时采用这种方式。若采用电抗器代替电阻器，则所需设备费较贵，且体积大。

### 2. Y-△降压启动控制线路

由于电动机定子绕组接成三角形时，每相绕组所承受的电压为电源的线电压（380V）；而采用星形连接时，每相绕组所承受的电压为电源的相电压（220V）。因此，对于正常运行时定子绕组接成三角形的笼型异步电动机，启动时改为星形连接，就可达到降压启动以限制启动电流的目的。当转速上升到一定数值后，再将定子绕组由星形恢复到三角形连接，电动机就可进入全压正常运行。目前，4kW 以上的 JO2、JO3 系列三相异步电动机定子绕组在正常运行时都是接成三角形的，所以这些电动机就可采用 Y-△降压启动。图 6-29 是一种 Y-△降压启动控制线路，从主回路可知，如果控制线路能使电动机接成星形（即 $KM_Y$ 主触点闭合），并且经过一段延时后再接成三角形（即 $KM_Y$ 主触点打开，$KM_△$ 主触点闭合），电动机就能实现降压启动，然后再自动转换到正常速度运行。

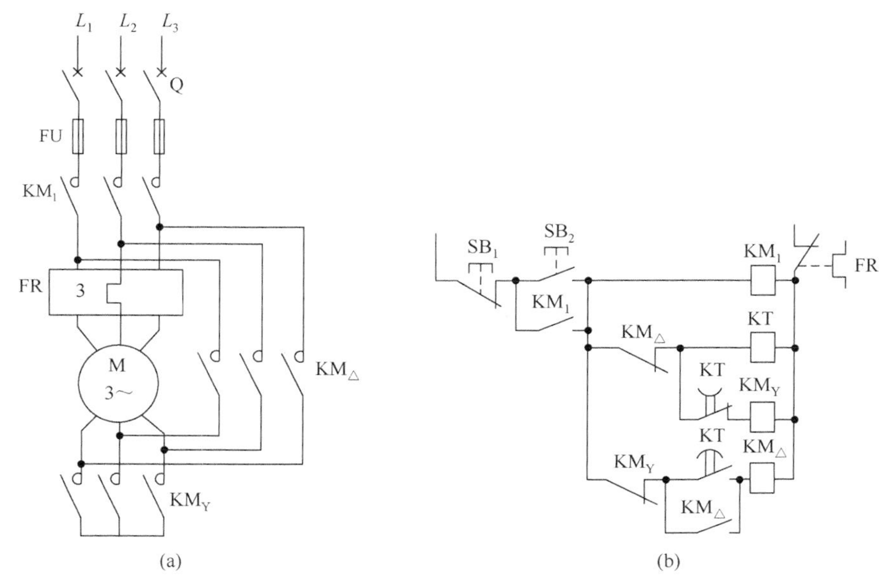


图 6-29　Y-△降压启动控制线路

控制线路的工作过程见图 6-30。

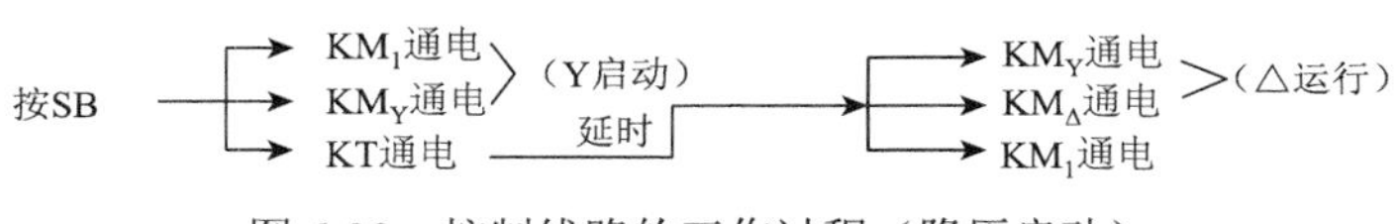


图 6-30　控制线路的工作过程（降压启动）

$KM_Y$与$KM_\triangle$的动断触点保证接触器$KM_Y$与$KM_\triangle$不会同时通电，以防电源短路。同时，$KM_\triangle$的动断触点也可使时间继电器 KT 断电（启动后不需要 KT 得电），Y-△的转换也是由时间继电器 KT 来控制的。

Y-△降压启动除了可用接触器控制外，还可采用一种专用的 Y-△启动器，其特点是体积小、质量轻、价格便宜、不易损坏、维修方便。Y-△降压启动控制线路简单、经济可靠，是应用十分广泛的启动方式，但是其启动转矩小，且启动电压不能按实际需要调节，只适用于空载或轻载启动的场合，并只适用于正常运行时定子绕组采用三角形接线的异步电动机。

## 6.4　异步电动机正反转控制线路

在实际应用中，往往要求生产机械改变运动方向，如工作台前进、后退，电梯的上升、下降等，这就要求电动机能实现正转、反转。对于三相异步电动机，只要把电动机定子三相绕组任意两相调换一下接到电源上去，即可改变电动机定子相序，从而改变电动机的运行方向。通过采用两个接触器来完成电动机定子绕组相序的改变。

### 6.4.1　电动机正反转线路

图 6-31 为异步电动机正反转控制线路，其中图 6-31（a）为主电路，由图 6-31（b）

可知，按下 $SB_2$，正向接触器 $KM_1$ 得电动作，主触点闭合，使电动机正转。按停止按钮 $SB_1$，电动机停止。按下 $SB_3$，反向接触器 $KM_2$ 得电动作，其主触点闭合，电动机定子绕组时序与正转时相反，则电动机反转。

从主回路来看，如果 $KM_1$、$KM_2$ 同时通电动作，就会造成主回路短路。在线路图 6-31（b）中，如果按了 $SB_2$ 又按了 $SB_3$，就会造成上述事故，为此要求线路中必须设置联锁环节。如图 6-31（c）所示，根据本章前面所述的互锁的内容，采用两个接触器的辅助常闭触头互相控制的方式将其中一个接触器的常闭触头串入另一个接触器的线圈电路中，则任何一个接触器先通电后，即使按下相反方向的启动按钮，另一个接触器也无法通电，这种方式称为电气联锁或电气互锁。在机电设备控制线路中，这种联锁关系应用极为广泛。凡是有相反动作的机器，都需要有类似的这种联锁控制。如果电动机正在正转，想要反转，则在线路图 6-31（c）中必须先按停止按钮 $SB_1$ 后，再按下复合按钮 $SB_3$ 才能实现，操作较不方便。线路图 6-31（d）中利用复合按钮就可实现正反转的直接转换，很显然，采用复合按钮，还可以起到联锁作用，这是由于按下复合按钮 $SB_2$ 时，只有 $KM_1$ 可得电动作，同时 $KM_2$ 回路被切断。同理，按下复合按钮 $SB_3$ 时，只有 $KM_2$ 得电，同时 $KM_1$ 回路被切断，这样的互锁叫机械互锁。图 6-31（d）中既有接触器常闭触头的电气互锁，也有复合按钮常闭触头的互锁，即具有双重互锁，该线路操作方便、安全可靠，故应用广泛。

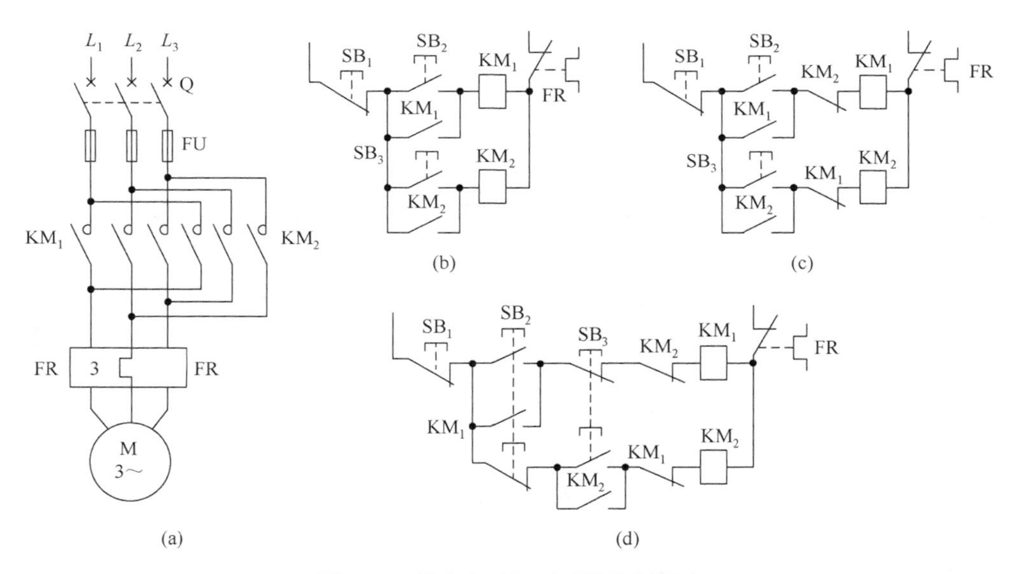


图 6-31　异步电动机正反转控制线路

## 6.4.2　电动机正反转自动循环线路

1. 工作台正反向自动循环控制

在 6.2.2 节中已经介绍了机床工作台自动往复行程控制的电路，其利用行程开关来完成控制要求，此处不作详细介绍。

2. 动力头的自动循环控制

图 6-32 是动力头的行程控制线路，它也是由行程开关按行程控制来实现动力头的往复运动的。

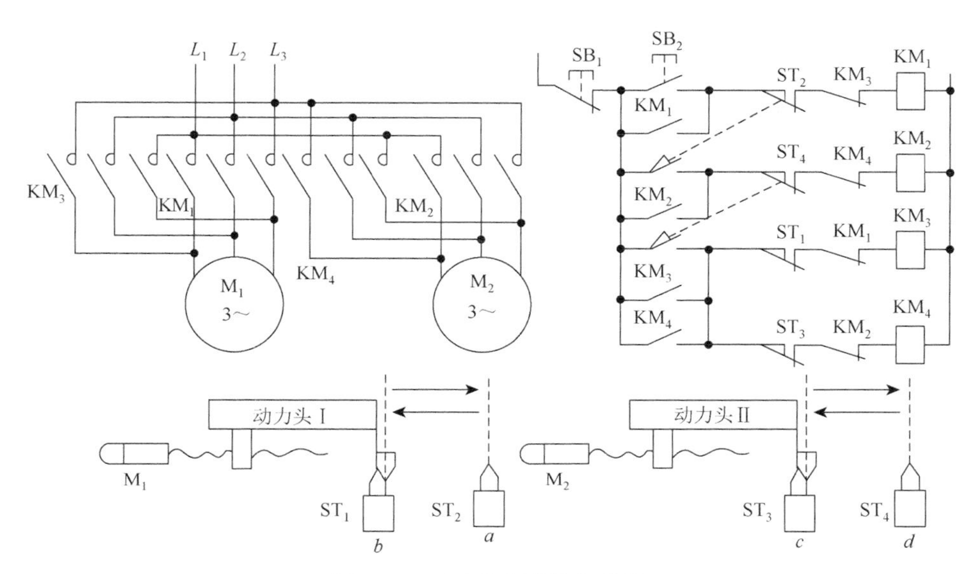


图 6-32 动力头行程控制线路

此控制线路完成了这样一个工作循环：首先使动力头 I 由位置 $b$ 移到位置 $a$ 停下；然后动力头 II 由位置 $c$ 移到位置 $d$ 停住；最后使动力头 I 和 II 同时退回到原位置停下。

行程开关 $ST_1$、$ST_2$、$ST_3$、$ST_4$ 分别装在床身 $b$ 、$a$ 、$c$ 、$d$ 处，电动机 $M_1$ 带动动力头 I，电动机 $M_2$ 带动动力头 II，动力头 I 和 II 在原位时分别压下 $ST_1$ 和 $ST_3$。线路的工作过程如下：按下启动按钮 $SB_2$，接触器 $KM_1$ 得电并自锁，使电动机 $M_1$ 正转，动力头 I 由原位 $b$ 向 $a$ 点前进；当动力头到 $a$ 点位置时，$ST_2$ 行程开关被压下，使 $KM_1$ 失电，动力头 I 停止；同时，$KM_2$ 得电动作，电动机 $M_2$ 正转，动力头 II 由原位 $c$ 点向 $d$ 点前进；当动力头 II 到达 $d$ 点时，$ST_4$ 被压下，结果使 $KM_2$ 失电，与此同时，$KM_3$ 与 $KM_4$ 得电动作并自锁，电动机 $M_1$ 与 $M_2$ 都反转。此时动力头 I 与 II 都向原位退回，当退回到原位时，行程开关 $ST_1$、$ST_3$ 分别被压下，使 $KM_3$ 和 $KM_4$ 失电，两个动力头都停在原位；$KM_3$ 和 $KM_4$ 接触器的辅助动合触点分别起自锁作用，这样能够保障动力头 I 和 II 都确实退到原位。如果只用一个接触器的触点自锁，那另一个动力头就可能出现没退回到原位接触器就已失电的情况。

## 6.5 异步电动机的调速控制线路

异步电动机的调速方法有三种，即改变频率 $f$ 、改变磁极对数 $p$ 和改变转差率 $S$ 。其中，改变转差率 $S$ 的方法，又可以通过调节定子电压、转子电阻、转子串级等来实现，从而派生出很多种调速方法。

我国电网频率是固定的 50Hz，改变电源频率需要专门的变频装置。变频装置虽可实现大范围的无级调速，但是其成本较高。目前，常用的调速方法是改变磁极对数及在转子电路串电阻。

转子电路串电阻的方法只适用于绕线式异步电动机，这种调速方法简单可靠，但它是有级调速，若在转子电路中串入一个调速变阻器，可以实现平滑地无级变速，但要消耗大量的电能，不经济，而且随着转速降低，特性变软。这种调速方法大多用在重复、短时运转的生产机械中，如在起重运输设备中的应用非常广泛。

在生产中有大量的生产机械，它们并不需要连续平滑调速，只需要几种特定的转速就可以了，而且对启动性能没有高的要求，一般只在空载或轻载下启动。在这种情况下，采用变极调速的方法是合理的。改变定子绕组的接线，可改变磁极对数。由于绕线式异步电动机改变定子磁极对数后，转子绕组也要重新组合，在生产中难以实现。而笼型异步电动机转子绕组本身无固定的磁极对数，它是随定子绕组磁极对数改变而变化的，因此变极调速方法只适用于笼型异步电动机。

双速笼型异步电动机定子绕组是由三相定子绕组接成三角形（每相绕组中的两个线圈串联）改接成双星形（每相绕组中的两个线圈并联），这样电动机由四极低速运行变为两极高速运行，磁极对数减少一半，转速增大一倍。

另外，磁极对数的改变，不仅使转速发生了改变，而且三相定子绕组中电流的相序也改变了。为了使改变磁极对数后的电动机仍维持原来的转向不变，就必须在改变磁极对数的同时，改变三相绕组接线的相序，如图 6-33 所示，这是设计变极调速电动机控制线路时应注意的一个问题。

双速电动机是通过改变定子绕组的磁极对数来改变其转速的。如图 6-33 所示，将出线端 $D_1$、$D_2$、$D_3$ 接电源，$D_4$、$D_5$、$D_6$ 悬空，则绕组为三角形接法，每相绕组中两个线圈串联，成四个极，电动机为低速；当出线端 $D_1$、$D_2$、$D_3$ 短接，而 $D_4$、$D_5$、$D_6$ 接电源时，则绕组为双星形，每相绕组中两个线圈并联，成两个极，电动机为高速。

图 6-33 为双速电动机高低速控制线路，图 6-33（a）主电路中的接触器 $KM_L$ 动作为低速，$KM_H$ 动作为高速。图 6-33（b）中用双投开关 S 实现高低速控制。图 6-33（c）中用复合按钮 $SB_2$ 和 $SB_3$ 来实现高低速控制。采用复合按钮联锁，可使高低速直接转换，而不必经过停止按钮。主电路使用了两个接触器。

图 6-33（d）中，主电路中采用了两个接触器。接触器 $KM_L$ 动作时，电动机为低速运行状态；接触器 $KM_H$ 动作时，电动机为高速运行状态。图 6-33（e）中用双投开关 S 转换高低速，当开关打到高速时，由时间继电器的两个触点首先接通低速，经延时后自动切换到高速，这种先低速后高速的控制方法的目的是限制启动电流。

双速电动机调速的优点是可以适应不同负载性质的要求，需要恒功率调速时可采用△/YY 电动机，需要恒转矩调速时用 Y/YY 电动机，线路简单、效率高、特性好，调速时所需附加设备少，维修方便。缺点是多速电动机体积大、价格稍高，只能有级调速。多速电动机调速主要用于机电联合调速的场合，特别是在中小型机床上应用较多。

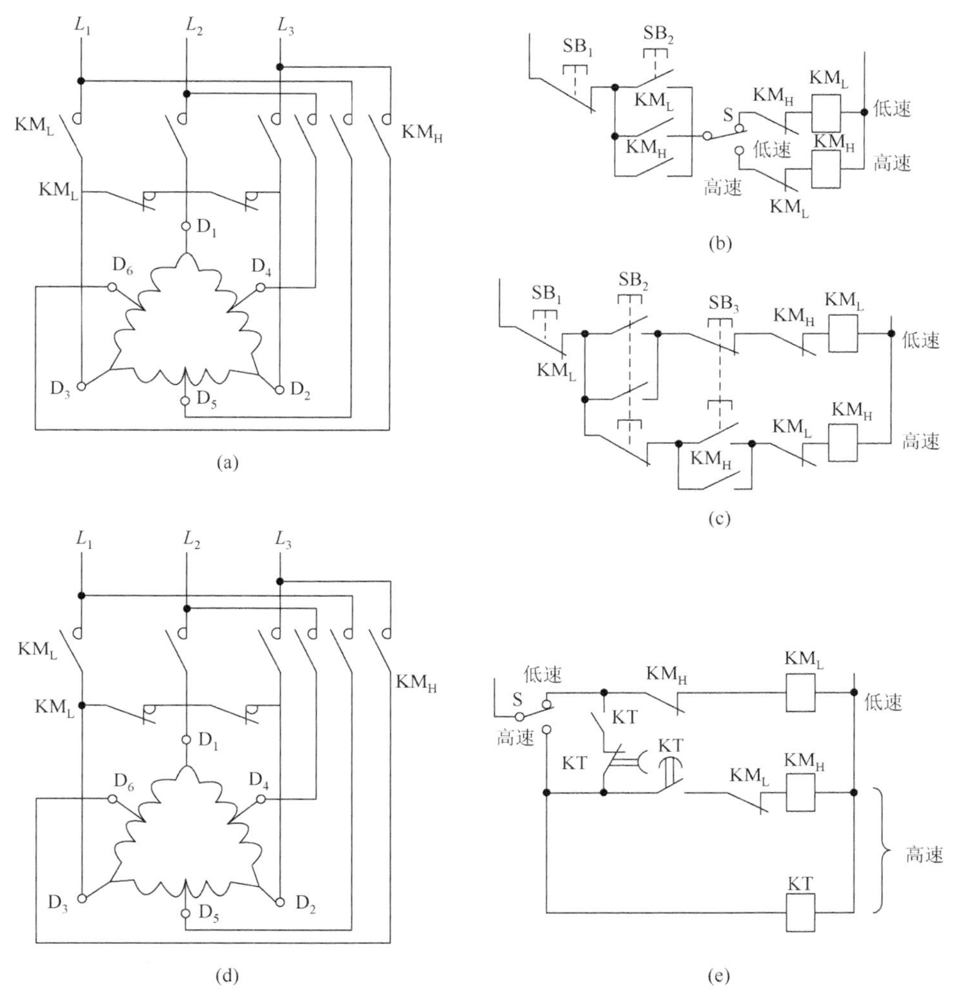


图 6-33　双速电动机高低速控制线路

# 6.6　异步电动机的制动控制线路

## 6.6.1　能耗制动控制线路

三相异步电动机进行能耗制动时，首先将定子绕组从三相交流电源断开，接着将一个低压直流电源通入定子绕组。直流电流通过定子绕组后，在电动机内部建立一个固定不变的磁场。转子在运动系统储存的机械能的维持下继续旋转，转子导体就产生感应电势和电流，该电流与恒定磁场相互作用，产生作用方向与转子实际旋转方向相反的制动转矩，在制动转矩的作用下，电动机转速迅速下降。此时运动系统储存的机械能被电动机转换成电能后消耗在转子电路的电阻中。当转子转速为零时，再将直流电源切除，如图 6-34 所示。

图 6-34（a）和（b）是分别为采用复合按钮与时间继电器实现能耗制动的控制线路。

图中整流装置由变压器和整流元件组成，$KM_2$为制动用接触器，KT 为时间继电器。其中，图 6-34（a）是一种简单的采用手动控制的能耗制动控制线路，停车时需按下 $SB_1$ 按钮，到制动结束时放开按钮。图 6-34（b）利用时间继电器可实现自动控制，简化了操作。异步电动机的控制线路工作过程见图 6-35。

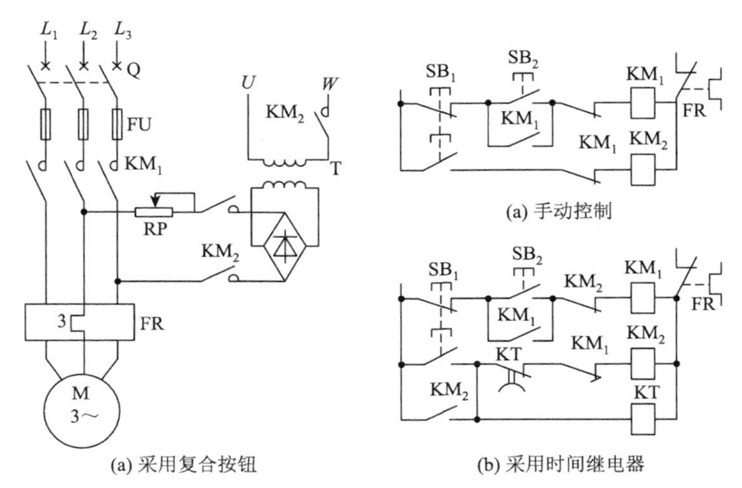


(a) 采用复合按钮　　(b) 采用时间继电器

图 6-34　异步电动机能耗制动控制线路

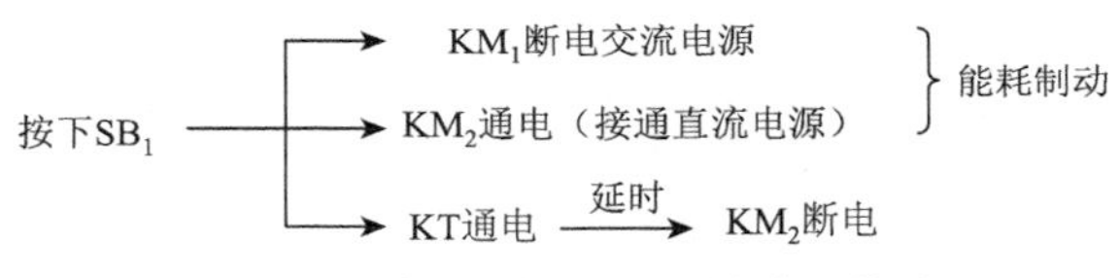


图 6-35　异步电动机的控制线路工作过程

控制线路工作过程如下：制动作用的强弱与通入直流电流的大小和制动开始时的电动机转速有关，在同样的转速下电流越大制动作用越强。该电流的大小可由可调电阻来调节，一般取电动机额定电流的 2～3 倍，如果电流过大将使电动机定子绕组过热。

### 6.6.2　反接制动控制线路

改变电动机三相电源的相序，使电动机的旋转磁场反转而产生制动转矩的方法称为反接制动，具体做法如下：停机时把电动机与电源相接的三根电源线中的任意两根对调，当转速接近于 0 时，再切断电源。

电动机正在正向运行时，如果把电源反接，电动机转速将由正转急剧下降到 0。如果反接电源不能及时切除，电动机又要从零速反向启动运行，所以必须在电动机制动到零速或接近零速时将反接电源切断，这样电动机才能真正停下来。

另外，反接制动时，由于旋转磁场与转子的相对速度很大，接近两倍的同步转速，转差率大于 1，电流很大，常在笼型异步电动机定子电路中串接电阻，而绕线式异步电动机则在转子电路中串接电阻，此电阻称为反接制动电阻，可三相均衡串接，也可两相串接，两相串接的电阻值应为三相串接的 1.5 倍。

1. 单向启动反接制动控制线路

图 6-36 为单向启动反接制动控制线路，此电路采用速度继电器来检测电动机转速的变化。在 120～3000r/min 范围内，速度继电器触头动作，当转速低于 100r/min 时，其触头复位。

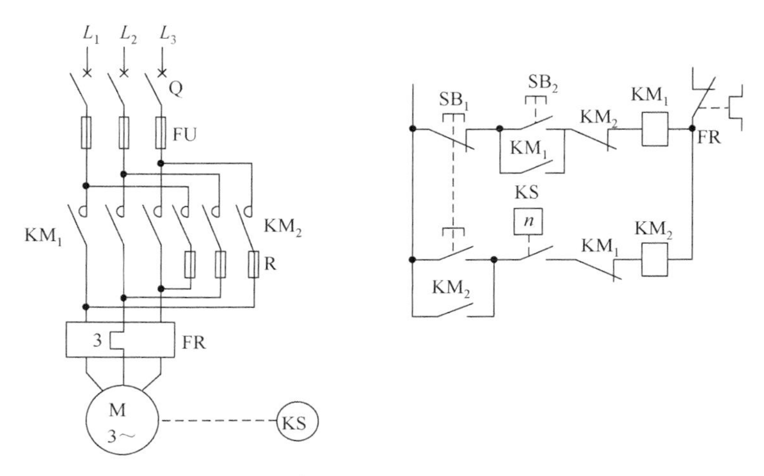


图 6-36 单向启动反接制动控制线路

图 6-36 中，$KM_1$ 为单向旋转接触器，$KM_2$ 为反接制动接触器，KS 为速度继电器，R 为反接电阻。启动时按下 $SB_2$，$KM_1$ 通电并自锁，电动机运转。当转速上升到 120r/min 以上时，速度继电器 KS 的动合触头闭合，为反接制动做准备。当按下停止复合按钮时，$SB_1$ 常闭触点先断开，$KM_1$ 断电，电动机脱离电源，靠惯性继续高速旋转，KS 动合触头仍闭合。当 $SB_1$ 动合触点闭合后，$KM_2$ 通电并自锁，电动机串接电阻接反相序电源。此时，电动机进入反接制动状态，转速迅速下降。当电动机转速降到低于 100r/min 时，速度继电器 KS 的动合触点复位，$KM_2$ 断电，反接制动结束，电动机脱离电源后自然停车。

2. 双向启动反接制动控制线路

图 6-37 为双向启动反接制动控制线路，$KM_1$、$KM_2$ 分别为正转、反转接触器，$KM_3$ 为短接电阻 R 接触器，$K_1$～$K_3$ 为中间继电器，KS 为速度继电器（其中 $KS_1$ 为正转闭合触头，$KS_2$ 为反转闭合触头），电阻 R 为启动限流电阻和反接制动电阻。

电路工作原理如下：当合上电源开关 Q 时，按下正转启动按钮 $SB_2$，$KM_1$ 通电并自锁，电动机串入电阻 R，接正序三相电源，开始降压启动。当转速上升到一定值（即大于 100r/min）时，$KS_1$ 正转触头闭合，$KM_3$ 通电，短接电阻 R，电动机进入全压启动并转入正常运行。

当停车时，按下停止按钮 $SB_1$（$SB_1$ 为复合按钮），$KM_1$、$KM_3$ 均断电。电动机脱离正序三相电源并串入电阻 R，同时 $K_3$ 得电，其动断触头保证了 $KM_3$ 断电，使电阻 R 串入定子电路。此时电动机的正向转速仍很高，在 $KS_1$ 仍闭合的状态下，$K_3$ 动合触头闭合，$K_1$ 通电，而 $K_1$ 动合触头的闭合又使 $KM_2$ 通电，电动机串电阻接反序电源，进行反接制动。

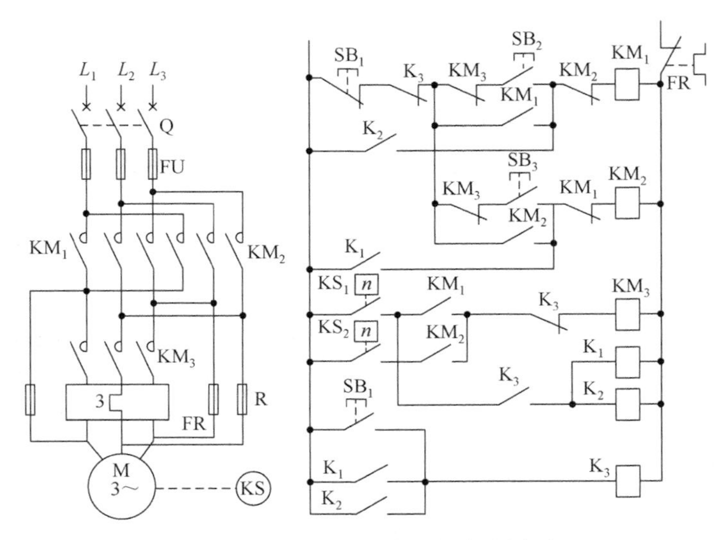


图 6-37　双向启动反接制动控制线路

同时，$K_1$的动合触头又保证了$K_3$继续得电，使反接制动得以实现。当电动机转速下降到小于 100r/min 时，$KS_1$正转动合触头复位，$K_1$断电，$K_3$、$K_2$同时断电，反接制动过程结束，电动机停转。

$SB_3$为反向降压启动按钮，电动机反向降压启动和反接制动停车过程与正转时相同，读者可自行分析。虽然反接制动的制动力大、制动效果显著，但其准确性差，冲击力大，易损坏部件，并且使电网供给的电磁功率与拖动系统的机械功率全部转变为电动机转子的热损耗，能量损耗很大，所以要限制反接制动次数，一般用于不经常启动和制动的场合。

与反接制动相比较，能耗制动具有制动准确、平稳、能量消耗小等优点，但需要直流电源，电路较复杂。另外，其制动力较小，尤其是在低速时更为突出，一般在重型机床中常与电磁抱闸配合使用，先进行能耗制动，待转速降至一定值时，再令抱闸动作，可以有效实现准确、快速停车。能耗制动适用于电动机容量大和制动频繁的场合，如磨床、立铣等金属切削机床中。

# 7 伺服电动机

伺服电动机一般指用于自动控制、自动调节、远距离测量、随动系统及计算装置中的微特电动机，是构成开环控制、闭环控制、同步连接等系统的基础元件。伺服电动机是在一般旋转电动机的基础上发展起来的小功率电动机，就电磁过程及其所遵循的基本规律而言，它与一般旋转电动机没有本质区别，只是所起的作用不同。传动生产机械用的传动电动机主要用来完成能量的变换，具有较高的力能指标（如功率和功率因数等）；而伺服电动机则主要用来完成控制信号的传递和变换，要求其技术性能稳定可靠、动作灵敏、精度高、体积小、质量轻。当然，传动电动机与伺服电动机没有严格的界线，第 8 章所介绍的步进电动机是一种伺服电动机，但也可用于传动电动机使用。

## 7.1 直流伺服电动机

伺服电动机也称为执行电动机，在控制系统中用作执行元件，将电信号转换为轴上的转角或转速，以带动控制对象。伺服电动机有交流和直流两种，它们的最大特点是可控。在有控制信号输入时，伺服电动机就会转动；若没有控制信号输入，则停止转动；改变控制电压的大小和相位（或极性）就可改变伺服电动机的转速和转向，因此它与普通电动机相比具有如下特点。

（1）调速范围广，伺服电动机的转速随着控制电压改变，能在宽广的范围内连续调节。

（2）转子的惯性小，即能实现迅速启动、停转。

（3）控制功率小，过载能力强，可靠性好。

直流伺服电动机通常用于功率稍大的系统中，其输出功率一般为 1～600W。它的基本结构和工作原理与普通他励直流电动机相同，不同点是较细长，以便满足快速响应的要求。

图 7-1（a）、（b）所示分别为传统型电磁式、永磁式直流伺服电动机。除传统型外，还有低惯量型直流伺服电动机，分为无槽电枢、空心杯型电枢、印刷绕组、无刷电枢几种，

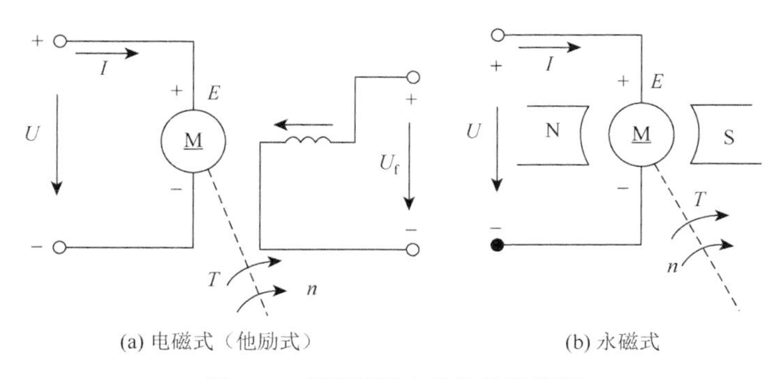


(a) 电磁式（他励式）　　(b) 永磁式

图 7-1　直流伺服电动机的接线图

其特点及应用范围见表 7-1。电磁式即他励式，故直流伺服电动机的机械特性公式与他励式直流电动机的机械特性公式相同，即

$$n = \frac{U}{K_e \Phi} - \frac{R}{K_e K_t \Phi^2} T \tag{7-1}$$

式中，$U$ 为电枢控制电压；$R$ 为电枢回路电阻；$\Phi$ 为每极磁通量；$K_e$、$K_t$ 为电动机结构常数。

**表 7-1　直流伺服电动机的特点及应用范围**

| 种类 | 励磁方式 | 产品型号 | 结构特点 | 性能特点 | 适用范围 |
| --- | --- | --- | --- | --- | --- |
| 一般直流伺服电动机 | 电磁或永磁 | SZ 或 SY | 与普通直流电动机相同，但电枢铁芯长度与直径之比大一些，气隙较小 | 具有下垂的机械特性和线性的调节特性，对控制信号响应快速 | 一般直流伺服系统 |
| 无槽电枢直流伺服电动机 | 电磁或永磁 | SWC | 电枢铁芯为光滑圆柱体，电枢绕组用环氧树脂粘在电枢铁芯表面，气隙较大 | 具有一般直流伺服电动机的特点，而且转动惯量和机电时间常数小，换向良好 | 需要快速动作、功率较大的直流伺服系统 |
| 空心杯型电枢直流伺服电动机 | 永磁 | SYK | 电枢绕组用环氧树脂浇铸成杯型，置于内、外定子之间，内、外定子分别用软磁材料和永磁材料做成 | 具有一般直流伺服电动机的特点，且转动惯量和机电时间常数小，低速运转平滑，换向好 | 需要快速动作的直流伺服系统 |
| 印刷绕组直流伺服电动机 | 永磁 | SN | 在圆盘形绝缘薄板上印制裸露的绕组构成电枢，磁极轴向安装 | 转动惯量小，机电时间常数小，低速运行性能好 | 低速和启动、反转频繁的控制系统 |
| 无刷电枢直流伺服电动机 | 永磁 | SW | 由晶体管开关电路和位置传感器代替电刷和换向器，转子用永久磁铁做成，电枢绕组在定子上，且做成多相式 | 既保持了一般直流伺服电动机的优点，又克服了换向器和电刷带来的缺点，寿命长，噪声小 | 要求噪声小，对无线电不产生干扰的控制系统 |

由式（7-1）看出，改变控制电压 $U$ 或改变磁通量 $\Phi$ 都可以控制直流伺服电动机的转速和转向，前者称为电枢控制，后者称为磁场控制。由于电枢控制具有响应迅速、机械特性硬、调速特性线性度好的优点，在实际生产中应用较广泛（永磁式伺服电动机只能采取电枢控制）。

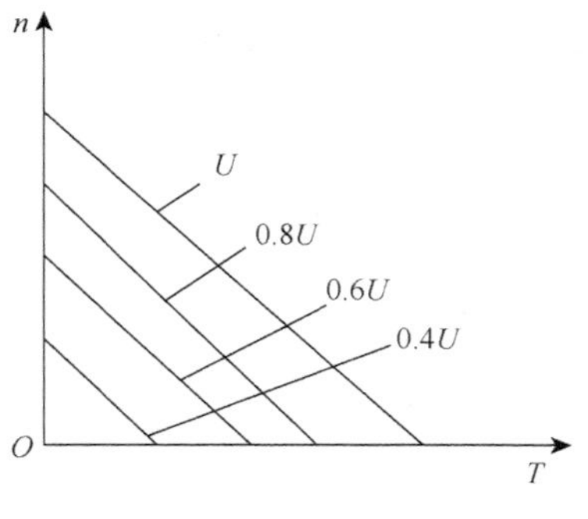

图 7-2　直流伺服电动机的机械特性曲线

图 7-2 所示为直流伺服电动机的机械特性曲线，从图中看出，在一定负载转矩下，当磁通量 $\Phi$ 不变时，如果升高 $U$，电动机的转速就会上升，反之，转速下降。当 $U=0$ 时，电动机立即停止，因此无自转现象。直流伺服电动机经常在峰值力矩下不断驱动负载，首先应根据系统的运行情况，确定负载的转矩和转速对应点，然后绘制电动机的固有机械特性曲线，并考虑电动机的效率对转矩的影响，使所有负载对应点均位于固有机械特性曲线的下方。

# 7.2 力矩电动机

在某些自动控制系统中，被控制对象的转速相对于伺服电动机的转速低得多，所以两者之间常常用减速机构连接。采用减速器，会使系统装置变得复杂，另外这是使闭环控制系统产生自激振荡的重要原因之一，影响了系统性能的提高。因此，希望有一种低转速、大转矩的伺服电动机。力矩电动机能与负载直接连接产生较大转矩，能带动负载在堵转或大大低于空载转速下运行。

力矩电动机分交流和直流两大类，其中交流力矩电动机可分为异步型和同步型两种类型。直流力矩电动机具有良好的低速平稳性和线性的机械特性及调节特性，在生产中的应用最广泛。

## 7.2.1 永磁式直流力矩电动机的结构特点

直流力矩电动机的工作原理和传统直流伺服电动机相同，只是在结构和外形尺寸上有所不同。为了减少其转动惯量，一般将永磁式直流伺服电动机做成细长圆柱形，而为了能在相同体积和电枢电压的前提下，产生较大的转矩及较低的转速，永磁式直流力矩电动机一般都做成扁平状，其结构示意图如图 7-3 所示。

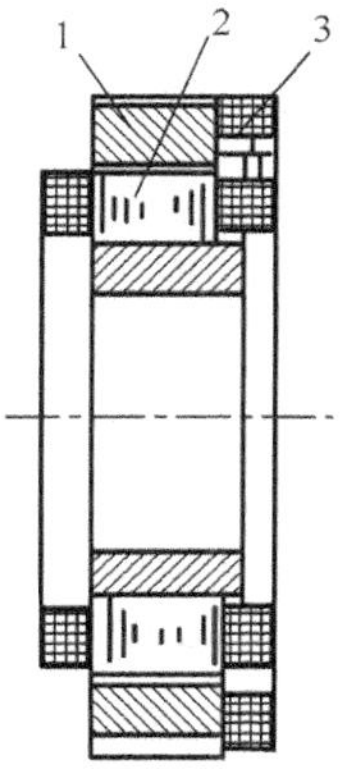

图 7-3 永磁式直流力矩电动机的结构示意图

1-定子；2-电枢；3-刷架

## 7.2.2 直流力矩电动机转矩大、转速低的原因

1. 转矩大的原因

从直流电动机基本工作原理可知，设直流电动机中每个磁极下的磁感应强度平均值为 $B$，电枢绕组导体上的电流为 $I_a$，导体的有效长度（即电枢铁芯厚度）为 $l$，则每根导体所受的电磁力为

$$F = BI_a l$$

电磁转矩为

$$T = NF\frac{D}{2} = NBI_a l\frac{D}{2} = \frac{BI_a Nl}{2}D \tag{7-2}$$

式中，$N$ 为电枢绕组总的导体数；$D$ 为电枢铁芯直径。

式（7-2）表明了电磁转矩与电动机结构参数 $l$、$D$ 的关系。电枢体积大小，在一定程度上反映了整个电动机的体积，因此在电枢体积相同的条件下，即保持 $\pi D^2 l$ 不变，当 $D$ 增大时，$l$ 就应减小。其次，在相同电流 $I_a$ 及用钢量相同的条件下，电枢绕组的导线粗细不变，则 $N$ 应随 $l$ 的减小而增加，以保持 $Nl$ 不变。满足上述条件，则式（7-2）中的 $\frac{BI_a Nl}{2}$ 近似为常数，故转矩 $T$ 与直径 $D$ 近似成正比例关系。

2. 转速低的原因

导体在磁场中运动切割磁力线所产生的感应电势为

$$e = Blv$$

式中，$v$ 为导体运动的线速度，$v = \dfrac{\pi Dn}{60}$。

设一对电刷之间的并联支路数为 2，则在一对电刷间，$N/2$ 根导体串联后总的感应电势为 $E$，且在理想空载条件下，外加电压 $U$ 应与 $E$ 相平衡，所以有

$$U = E = NBl\pi Dn_0 / 120$$

$$n_0 = \frac{120}{\pi}\frac{U}{NBlD} \tag{7-3}$$

式（7-3）说明，在仍保持 $Nl$ 不变的情况下，理想空载转速 $n_0$ 与电枢铁芯直径 $D$ 近似成反比，电枢铁芯直径 $D$ 越大，电动机理想空载转速 $n_0$ 就越低。

由以上分析可知，在其他条件相同的情况下，增大电动机直径，减小轴向长度，有利于增加电动机的转矩和降低空载转速，故力矩电动机都做成扁平圆盘状结构。

### 7.2.3　直流力矩电动机的主要参数

直流力矩电动机的主要参数如下。

（1）峰值堵转转矩：直流力矩电动机在永磁体不失磁的情况下，所能获得的最大有效转矩，一般表示为 $M_f$，单位为 N·m。

（2）峰值堵转电压：直流力矩电动机产生峰值堵转转矩时施加在电动机两端的电压，一般表示为 $U_f$，单位为 V。

（3）峰值堵转电流：直流力矩电动机产生峰值堵转转矩时的电枢电流，一般表示为 $I_f$，单位为 A。

（4）峰值堵转控制功率：直流力矩电动机产生峰值堵转转矩时的控制功率，一般表示为 $P_f$，单位为 W。

（5）连续堵转转矩：直流力矩电动机在某一堵转状态下，其稳定温升不超过允许值，并可以长期工作，此状态下产生的转矩称为连续堵转转矩，一般表示为 $M_n$，单位为 N·m。

（6）连续堵转电压：直流力矩电动机产生连续堵转转矩时施加在电动机两端的电压，一般表示为 $U_a$，单位为 V。

（7）连续堵转电流：直流力矩电动机产生连续堵转转矩时的电枢电流，一般表示为 $I_n$，单位为 A。

（8）连续堵转控制功率：直流力矩电动机产生连续堵转转矩时的控制功率，一般表示为 $P_n$，单位为 W。

（9）最大空载转速：直流力矩电动机被施加峰值堵转电压，并不连接负载时的空载转速，一般表示为 $n_{0max}$，单位为 r/min。

（10）转矩波动系数：直流力矩电动机转子转动一周范围内，输出堵转转矩的最大值和最小值之差与其最大值和最小值之和的比值，用%表示。

（11）转矩灵敏度：直流力矩电动机的峰值堵转转矩与峰值堵转电流之比，即每安培电流产生的转矩，一般表示为 $K_t$，单位为 N·m/A。

### 7.2.4 直流力矩电动机的选用

永磁式直流力矩电动机属于一种转速低、转矩大、可以堵转的伺服电动机，按堵转转矩和转速来选用。图 7-4 为永磁直流力矩电动机的机械特性曲线，根据电动机规格表中的峰值堵转转矩和最大空载转速作机械特性曲线，再根据连续堵转转矩指标画出连续工作区。被选电动机的峰值堵转转矩必须大于最大负载转矩，包括摩擦转矩和加速转矩，并留一定的安全系数，而对应连续工作区的转矩、转速又能满足负载工作点长期运行的要求，同时电动机的外形安装尺寸和重量也应符合要求。

图 7-5 为永磁直流力矩电动机的运行特性。每一条斜线代表某一电压下的速度-转矩曲线，这组曲线可以提供力矩电动机在任何速度、转矩或外加电压情况下的工作点情况（第四象限运行），标有 4 个双曲线以外的区域为不良换向区。

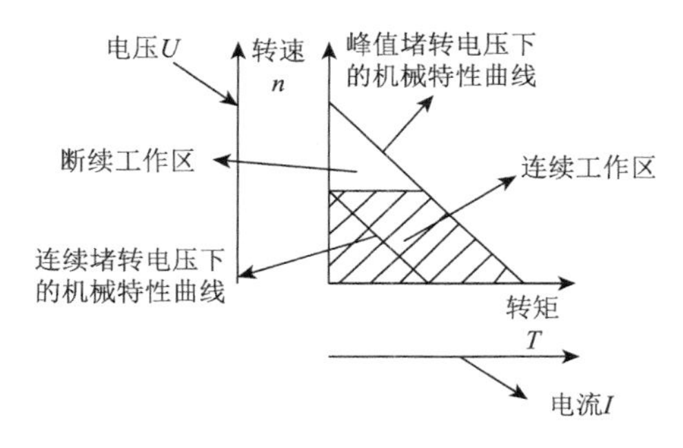


图 7-4 永磁直流力矩电动机的机械特性曲线

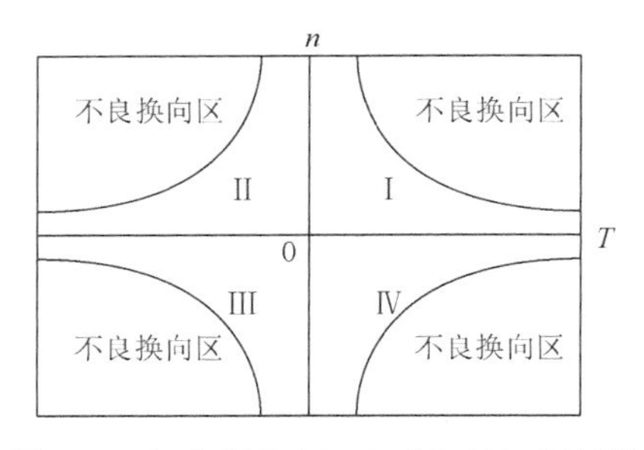


图 7-5 永磁直流力矩电动机的运行特性

（1）Ⅰ象限运行在正向转矩、正向转速，为电动状态。

（2）Ⅲ象限运行在负向转矩、负向转速，电压为负，也为电动状态。

（3）Ⅱ象限运行在负向转矩、正向转速，为发电状态或制动状态，相当于电动机被外机械拖动超过给定控制电压方向的转速，或大于电动机负向转矩而拖动电动机正向旋转。

（4）Ⅳ象限运行在正向转矩、负向转速，为制动状态或发电状态，相当于负载大于电动机堵转转矩而拖动电动机反向旋转，或在负向电压下拖动电动机超过给定控制电压方向的转速。根据以上力矩电动机的四象限运行特性就可以灵活地选用电动机，以适应各种系统运行状态。

## 7.3 无刷直流电动机

直流电动机具有调速范围宽广、机械特性为线性、控制线路简单、启动性能好、堵转转矩大等优点，因而广泛应用于各种驱动装置和伺服系统中。但传统的直流电动机均为有刷结构，以机械方法进行换向时存在相对的机械摩擦，由此带来了噪声、火花、无线电干扰及寿命短等致命弱点（高速下尤其明显），再加上制造成本高及维护困难等缺点，极大地限制了其应用范围。针对上述传统直流电动机的弊端，长期以来人们都在寻求可以不用电刷和换向器装置的直流电动机。随着电力电子工业的迅速发展，许多新型的电力电子器件及高性能永磁材料逐渐问世，为无刷直流电动机的广泛应用奠定了坚实的基础。

无刷直流电动机（brushless direct current motor，BDCM）以电子换向装置代替了一般直流电动机的机械换向装置，因此保持了有刷直流电动机的优良控制特性，克服了某些局限性，可适用于一般直流电动机不能胜任的工作环境。

无刷直流电动机在换向时需要提供一个转子位置检测信号，该信号可通过安装位置传感器获得，称为有位置传感器无刷直流电动机；也可利用检测电枢绕组内的反电势获得，称为无位置传感器无刷直流电动机。以有位置传感器无刷直流电动机为例，其结构主要由电动机本体、位置传感器和驱动控制线路三部分组成，如图 7-6 所示。

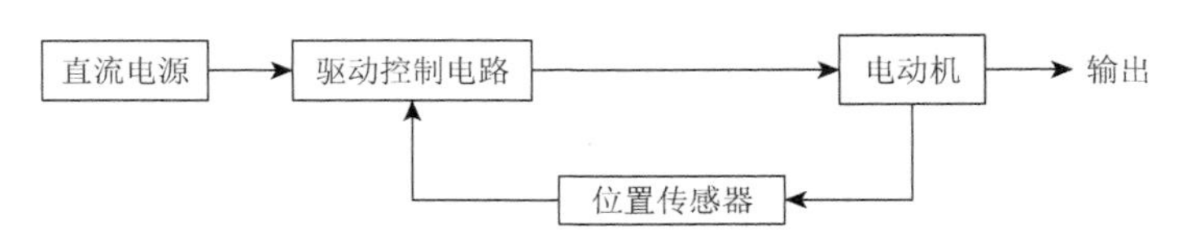


图 7-6　无刷直流电动机的结构框图

## 7.3.1　无刷直流电动机的工作原理

图 7-7 为稀土永磁无刷直流电动机的系统图，图中 VF 为逆变器（和整流器的作用相反，变直流为交流的装置），BDCM 为无刷直流电动机本体，PS 为与电动机本体同轴连接的位置传感器。控制线路对转子位置传感器检测的信号进行逻辑变换后产生脉冲宽度调制（pulse width modulation，PWM）信号，经过前级驱动电路放大后送至逆变器的各功率开关管，从而控制电动机各相绕组按一定顺序工作，在电动机气隙中产生跳跃式旋转磁场。下面以常用的二相导通星形三相六状态无刷直流电动机为例来说明其工作原理。

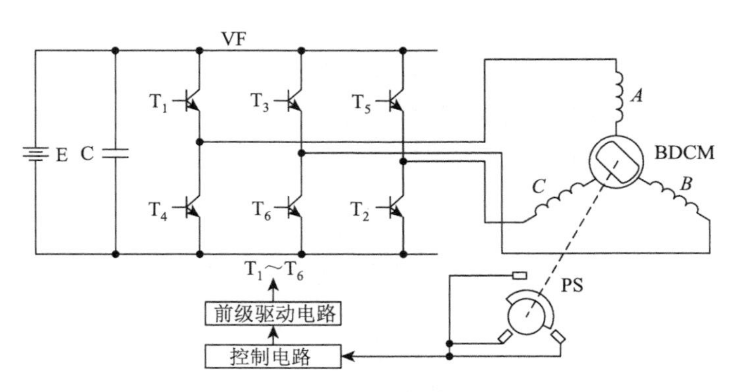


图 7-7　稀土永磁无刷直流电动机系统图

当稀土永磁体位于图 7-8（a）所示位置时，转子位置传感器输出磁极位置信号，经过控制线路逻辑变换后驱动逆变器，使功率开关管 $T_1$ 和 $T_6$ 导通，即绕组 $A$、$B$ 通电，$A$ 进 $B$ 出，电枢绕组在空间的合成磁场 $F_1$ 如图 7-8（a）所示。此时，定转子磁场相互作用，拖动转子沿顺时针方向转动。电流流通路径如下：电源正极→$T_1$ 管→$A$ 相绕组→$B$ 相绕组→$T_6$ 管→电源负极。当转子转过 60°电角度，到达图 7-8（b）所示位置时，位置传感器输出信号，经逻辑变换后使开关管 $T_6$ 截止，$T_2$ 导通，此时 $T_1$ 仍导通，则绕组 $A$、$C$ 通电，$A$ 进 $C$ 出，电枢绕组在空间的合成磁场如图 7-8（b）中的 $F_1$ 所示。此时，定转子磁场相互作用，使转子继续沿顺时针方向转动。电流流通路径为：电源正极 $T_1$ 管→$A$ 相绕组→$C$ 相绕组→$T_2$ 管→电源负极，依此类推。当转子继续沿顺时针方向转动时，功率开关管的导通逻辑为 $T_3T_2$→$T_3T_4$→$T_5T_4$→$T_5T_6$→$T_1T_6$→…，则转子磁场始终受到定子合成磁场的作用并沿顺时针方向连续转动。

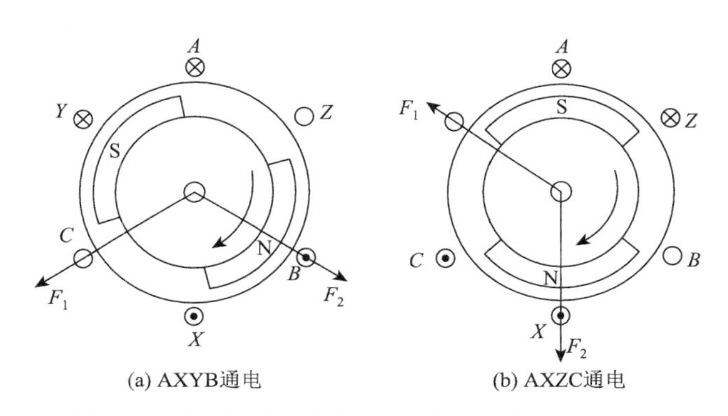


图 7-8　稀土永磁无刷直流电动机的工作原理示意图

在图 7-8（a）～（b）的 60°电角度范围内，转子磁场顺时针连续转动，而定子合成磁场在空间保持图 7-8（a）中 $F_1$ 的位置不动。只有当转子磁场转移 60°到达图 7-8（b）中的位置时，定子合成磁场才从图 7-8（a）中的 $F_1$ 位置顺时针跃变至图 7-8（b）中 $F_1$ 的位置。可见，定子合成磁场在空间不是连续旋转的，而是一种跳跃式旋转磁场，每个跳跃角是 60°电角度。

转子每转过 60°电角度，逆变器开关管之间就进行一次换流，定子磁场状态就改变一次。可见，电动机有 6 个状态，每个状态都是两相导通，每相绕组中流过电流的时间相当于转子旋转 120°电角度（因为持续 2 个状态）。每个开关管的导通角为 120°，故该逆变器为 120°导通型。两相导通星形三相六状态无刷直流电动机的相电压波形如图 7-9 所示。

### 7.3.2 位置传感器

位置传感器用来检测无刷直流电动机的转子磁极和定子旋转磁场间的相对位置，并由它发出控制信号，控制逆变器触发换相。根据结构和工作原理，位置传感器可分为很多不同的形式，其中应用较为广泛的有以下几种。

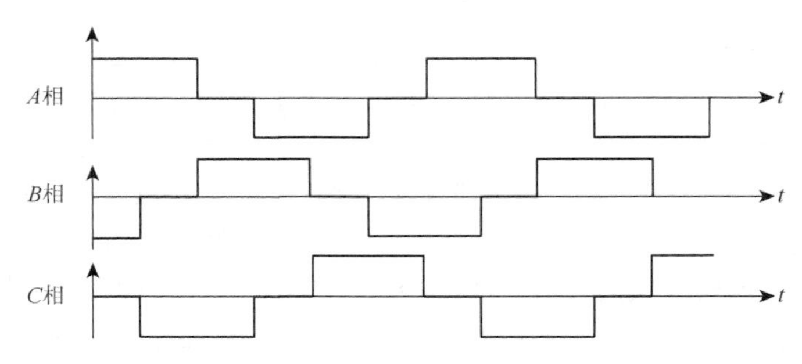


图 7-9　两相导通星形三相六状态无刷直流电动机的相电压波形

1. 电磁式位置传感器

电磁式位置传感器是利用电磁效应来实现位置测量作用的，有开口变压器、铁磁谐振电路、接近开关等多种类型。在无刷直流电动机中，用得较多的是开口变压器。电磁式位置传感器具有输出信号大、工作可靠、寿命长、使用环境要求不高、适应性强、结构简单、紧凑等优点；但这种传感器的信噪比较低，体积较大，同时其输出波形为交流，一般须经整流滤波后方可使用。

2. 光电式位置传感器

光电式位置传感器是利用光电效应制成的，由跟随电动机转子一起旋转的遮光板、固定不动的光源及光电管等部件组成。这类位置传感器性能较稳定，但存在输出信噪比较大、光源灯泡寿命短、使用环境要求高等弊端。若采用新型光电元件，则可以克服上述不足之处。

3. 磁敏式位置传感器

磁敏式位置传感器是指其某些电参数按一定规律随周围磁场变化的半导体敏感元件，其基本原理为霍尔效应和磁阻效应。目前，常见的磁敏式位置传感器有霍尔元件或霍尔集成电路、磁敏电阻器及磁敏二极管等。

有位置传感器无刷直流电动机中对位置传感器的放置位置有一定的要求，因为它将影响电动机的运行性能。

无位置传感器的无刷直流电动机利用电动势作为转子位置信号，以控制电动机驱动电路换向并产生电磁转矩，故也称为电动势换向的无刷直流电动机。但电动机在开始启动时的电动势为零，没有位置信号，也无法检测反电势的过零点，即没有换向信号，则电动机不能自启动，必须外加启动信号使电动机向某一方向（具有一定的初始速度）以步进方式启动，则绕组内产生反电势。在检测到反电势后，再用模拟开关切换到无刷电动机控制方式，从而完成启动。电动势换向的无刷直流电动机启动有外同步驱动方式和预定位方式两种。

## 7.4　交流伺服电动机

### 7.4.1　两相交流伺服电动机的结构

两相交流伺服电动机的结构与普通异步电动机的结构类似，其定子绕组则与单相电容式异步电动机的结构相类似。定子用硅钢片叠成，在定子铁芯的内圆表面上嵌入两个相交呈 90°电角度（即 90°/$p$ 空间角）的绕组，一个为励磁绕组 WF，另一个为控制绕组 WC，如图 7-10 所示，这两个绕组通常分别接在两个不同的交流电源（两者频率相同）上，这一点与单相电容式异步电动机不同。

两相交流伺服电动机转子一般分为鼠笼转子和杯型转子两种，鼠笼转子和三相鼠笼型电动机的转子结构相似，杯型转子伺服电动机的结构如图 7-11 所示。杯型转子通常采用铝合金或钢合金制成空心薄壁圆筒，为了减小磁阻，在空心杯型转子内放置固定的内定子，不同结构形式的转子都制成具有较小惯量的细长形。目前用得最多的是鼠笼转子的交流伺服电动机，交流伺服电动机的特点和应用范围见表 7-2。

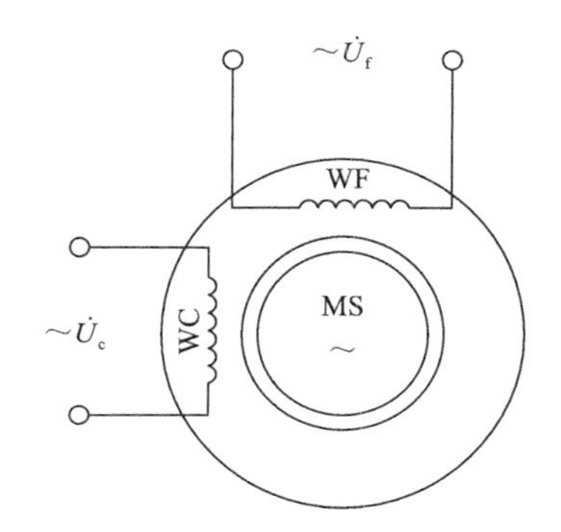


图 7-10 两相交流伺服电动机的接线圈

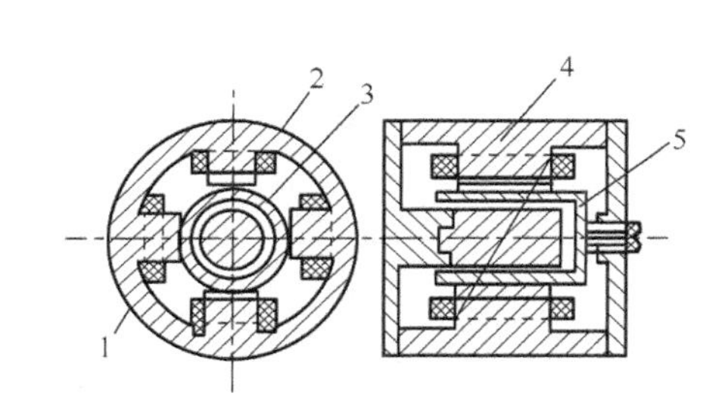


图 7-11 杯型转子伺服电动机的结构

1-励磁绕组；2-控制绕组；3-内定子；4-外定子；5-转子

**表 7-2 交流伺服电动机的特点和应用范围**

| 类型 | 产品型号 | 结构特点 | 性能特点 | 适用范围 |
|---|---|---|---|---|
| 鼠笼转子 | SL | 与一般鼠笼型电动机结构相同，但转子做得细而长，转子导体用高电阻率的材料 | 磁励电流较小，体积较小，机械强度高，但是低速运行不够平稳，存在时快时慢的抖动现象 | 小功率的自动控制系统 |
| 空心杯型转子 | SK | 转子做成薄壁圆筒形，故在内、外定子之间 | 转动惯量小，运行平滑，无抖动现象，但是励磁电流较大，体积也较大 | 要求运行平滑的系统 |

## 7.4.2 基本工作原理

两相交流伺服电动机以单相异步电动机原理为基础，从图 7-10 看出，励磁绕组接到电压一定的交流电网上，控制绕组接到控制电压 $U_c$ 上，当有控制信号输入时，两相绕组便产生旋转磁场。该磁场与转子中的感应电流相互作用产生转矩，使转子跟着旋转磁场以一定的转差率转动起来，其同步转速为

$$n_0 = 60f / p$$

转向与旋转磁场的方向相同，把控制电压的相位改变 180°，则可改变伺服电动机的旋转方向。

对伺服电动机的要求是控制电压一旦取消，电动机必须立即停转。但根据单相异步电动机的原理，电动机转子一旦转动，再取消控制电压，仅剩励磁电压单相供电，它将继续转动，即存在自转现象，这意味着失去控制作用，这是不允许的，如何解决这个矛盾呢？

### 7.4.3　消除自转现象的措施

消除自转现象的方法就是保证转子导条具有较大电阻，从三相异步电动机的机械特性可知，转子电阻对电动机转速和转矩特性的影响很大（图 7-12），转子电阻增大到一定程度时，如图中的 $R_{23}$，最大转矩可出现在 $S=1$ 附近。为此，应把伺服电动机的转子电阻 $R_2$ 设计得很大，使电动机在失去控制信号，即单相运行时，正转矩或负转矩的最大值均出现在 $S_m>1$ 的地方，这样可得出图 7-13 所示的机械特性曲线。

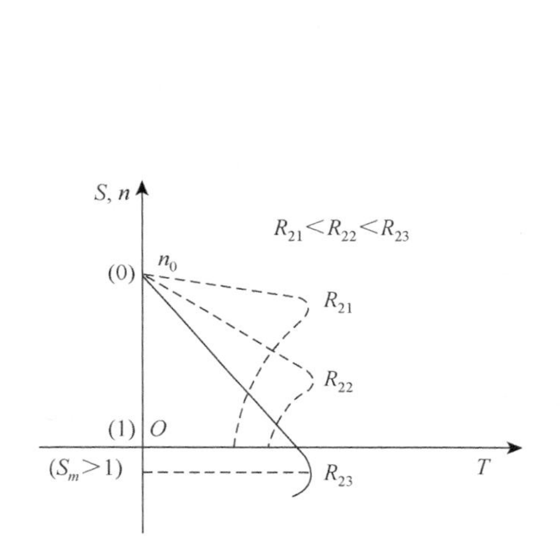


图 7-12　对应于不同转子电阻 $R_2$ 的 $n=f(T)$曲线

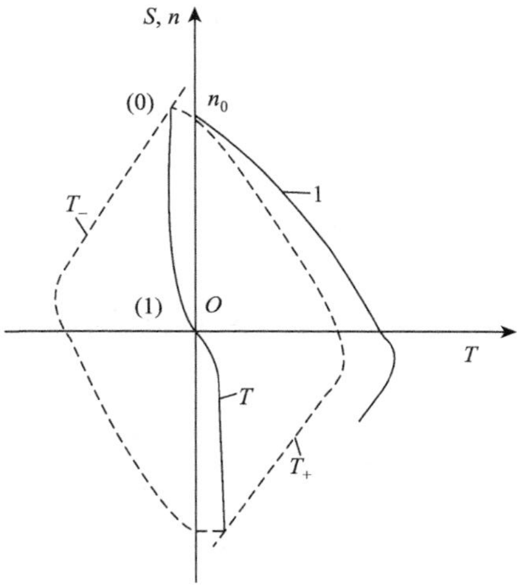

图 7-13　交流伺服电动机的 $n=f(T)$曲线

图 7-13 中的曲线 1 为有控制电压时伺服电动机的机械特性曲线，曲线 $T_+$和 $T_-$分别为去掉控制电压后，脉动磁场分解为正、反两个旋转磁场时对应产生的转矩曲线，曲线 $T$ 为去掉控制电压后单相供电时的合成转矩曲线。从图 7-13 可以看出，它与异步电动机的机械特性曲线不同，其位于第Ⅱ和第Ⅳ象限内。当转速 $n$ 为正时，电磁转矩 $T$ 为负；当 $n$ 为负时，$T$ 为正，即去掉控制电压后，单相供电时的电磁转矩的方向总是与转子转向相反，所以是一个制动转矩。由于制动转矩的存在，转子可迅速停止转动，不会存在自转现象，停转所需要的时间，比两相电压 $U_c$ 和 $U_f$ 同时取消，单靠摩擦等控制方法所需的时间要少得多。这正是两相交流伺服电动机在工作时，励磁绕组始终接在电源上的原因。

综上所述，增大转子电阻 $R_2$，可使单相供电时合成电磁转矩在第Ⅱ和第Ⅳ象限，成为制动转矩，有利于消除自转现象。同时，增大 $R_2$，还可使稳定运行段加宽、启动转矩增大，有利于调速和启动。因此，两相交流伺服电动机的鼠笼导条通常都是由高电阻材料（如黄铜、青铜）制成，杯型转子壁很薄，一般只有 0.2～0.8mm，因而转子电阻较大，且惯量很小。

两相交流伺服电动机的控制方法有三种：①幅值控制；②相位控制；③幅值-相位控制，生产中应用最多的是幅值控制，下面只讨论幅值控制法。

图 7-14 所示为幅值控制的一种接线图，从图中可看出，两相绕组接于同一单相电源，适当选择电容 $C$，使 $U_c$ 和 $U_f$ 的相位差为 90°，改变 $R$ 的大小，即改变控制电压 $U_c$ 的大小，可以得到图 7-15 所示的不同控制电压下的机械特性曲线。由图 7-15 可见，在一定负载转矩下，控制电压越高，转差率越小，电动机的转速就越高，不同的控制电压对应着不同的转速。这种维持 $U_c$ 和 $U_f$ 相位差为 90°，通过改变控制电压幅值大小来改变转速的方法，称为幅值控制法。

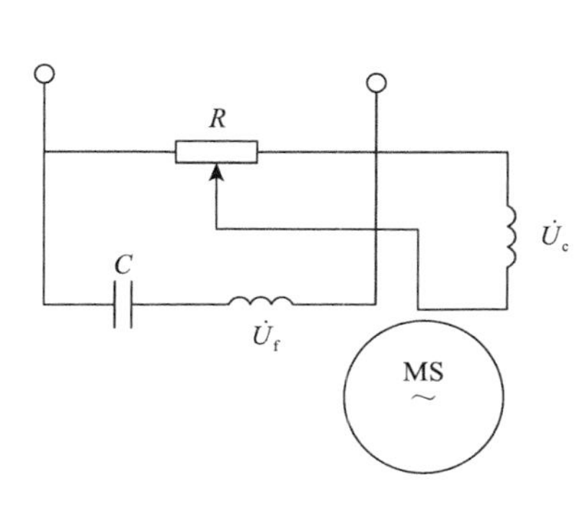

图 7-14 幅值控制接线图

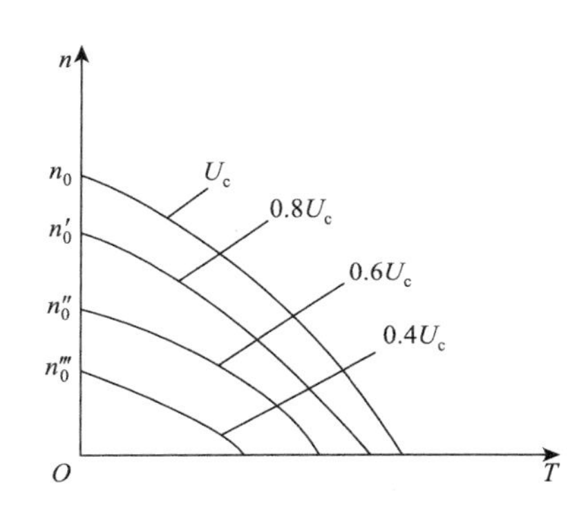

图 7-15 不同控制电压下的机械特性曲线

# 7.5 直线电动机

直线电动机是一种不经过任何中间转换机构，而将电能直接转换成直线运动的伺服驱动元件。过去，在各种工程技术中需要直线运动时，一般都采用旋转电动机通过中间转换机构（如链条、钢丝绳、传送带、齿条或丝杠等）来实现。中间转换机构的存在，使整机的体积增加、效率下降、精度降低，直线电动机的出现，解决了此类问题。目前，在交通运输、工业领域以及精密仪器设备中，直线电动机已得到了广泛的应用。

## 7.5.1 直线电动机的优缺点

在实现直线运动时，与旋转电动机传动相比较，直线电动机传动具有以下优点。

（1）直线电动机不需要中间传动机构，简化了装置的结构，提高了精度，减少了振动和噪声，保证了运行的可靠性，提高了传动效率，易于维护。

（2）快速响应。直线电动机运行时，它的零部件和传动装置不像旋转电动机一样会受到离心力的作用，因而其直线速度可以不受限制。用直线电动机驱动负载时，由于不存在中间传动机构，其动态性能好，可实现快速启动和正反向运行。

（3）机械损耗小，可靠性高，寿命长。

（4）由于直线电动机结构简单，且其初级铁芯在嵌线后可以用环氧树脂等密封成整体，可以在一些特殊场合中应用。例如，可在潮湿的环境甚至水中使用，也可以在有腐蚀性气体或有毒、有害气体的环境中应用，也可在几千摄氏度的高温或零下几百摄氏度的低温下使用。

（5）装配灵活性大，可将电动机和其他机件合成一体。

直线电动机的缺点主要表现在以下两方面。

（1）与同容量的旋转电动机相比较，直线电动机的效率较低，功率因数较小，尤其在低速时比较明显。

（2）直线电动机，特别是直线感应电动机的启动推力受电源电压的影响较大，故需采取有关措施保证电源的稳定或改变电动机的有关特性来减少或消除这种影响。

### 7.5.2　直线电动机的类型

按工作原理来划分，直线电动机一般包括直线异步电动机、直线同步电动机和直线直流电动机三种。直线电动机与旋转电动机在原理上基本相同，因此以直线异步电动机为例，对该类型电动机加以简单介绍。

### 7.5.3　直线异步电动机的结构

直线异步电动机与笼型异步电动机的工作原理完全相同，二者只是在结构形式上有所差别。图 7-16 所示为直线异步电动机的结构示意图，(a) 为旋转式，(b) 为直线式。直线异步电动机相当于把旋转异步电动机沿径向剖开，并将定子和转子圆周展开成平面。直线异步电动机的定子一般是初级，转子是次级。实际应用中，初级和次级不能做成相等长度，而应该做成初级和次级长度不等的结构。由于短初级结构比较简单，一般常采用短初级。

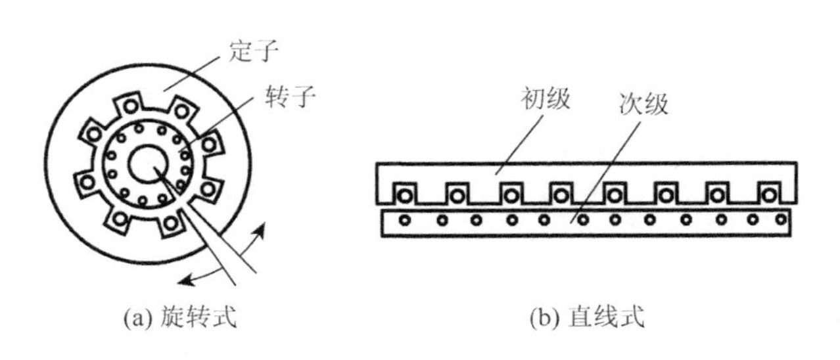


图 7-16　直线异步电动机的结构示意图

### 7.5.4　直线异步电动机的工作原理

直线电动机是由旋转电动机演变而来的，因而当初级的多相绕组通入多相电流后，也会产生一个气隙磁场，这个磁场的磁感应强度 $B_\delta$ 按通电的相序顺序产生直线移动（图 7-17），该磁场称为行波磁场。显然行波磁场的运动速度与旋转磁场在定子内圆表面的线速度是一样的，这个速度称为同步线速度，用 $v_s$ 表示：

$$v_s = 2f\tau \tag{7-4}$$

式中，$\tau$ 为极距（cm）；$f$ 为电源频率（Hz）。

在行波磁场切割下，次级导条将产生感应电势和电流，所有导条的电流和气隙磁场相互作用，产生切向电磁力 $F$。如果初级是固定不动的，那么次级就顺着行波磁场运动的方向做直线运动。

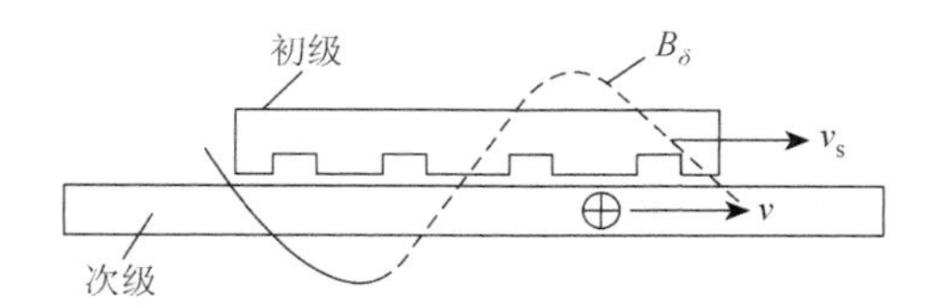


图 7-17 直线电动机的工作原理

在 $F$ 推力作用下，次级运动速度 $v$ 应小于同步线速度 $v_s$，则滑差率 $S$ 为

$$S = \frac{v_s - v}{v_s}$$

次级运动速度为

$$v = (1-S)v_s = 2f\tau(1-S)$$

与旋转电动机一样，改变直线异步电动机初级绕组的通电相序，就可改变电动机运动的方向，从而使直线电动机做往复运动。直线异步电动机的机械特性、调速特性等都与交流伺服电动机相似，因此直线异步电动机的启动和调速，以及制动方法也与旋转电动机相同。

# 8 步进电动机

## 8.1 步进电动机的特点

步进电动机（stepping motor）是一种电磁式增量运动执行元件，它可以将输入的电脉冲信号转换成相应的角位移或直线位移。因输入的是脉冲信号，运动是断续的，所以又称脉冲电动机或阶跃电动机。由于其具有控制方便、体积小等特点，在智能仪表和位置控制中得到了广泛的应用，如办公设备打字机、电传机、复印机和绘图仪等的驱动及数控机床和机器人。近年来，大规模集成电路的发展及微处理器在数控技术中的推广应用，为步进电动机开拓了广阔的发展前景。

步进电动机是较早使用的典型的机电一体化元件，它的运行方式和直流电动机是完全不同的。步进电动机的运动受输入脉冲控制，每当输入一个电脉冲时，它便转过一个固定的角度，这个角度称为步距角（简称步距）。因此，步进电动机的位移是断续的，位移量取决于输入脉冲的个数。步进电动机的运行速度取决于它的步距和所加脉冲的频率。步进电动机不能直接接在交流或直流电源上工作，必须使用专用设备——步进电动机驱动器（含功率放大器）。典型的步进电动机控制系统框图如图 8-1 所示。

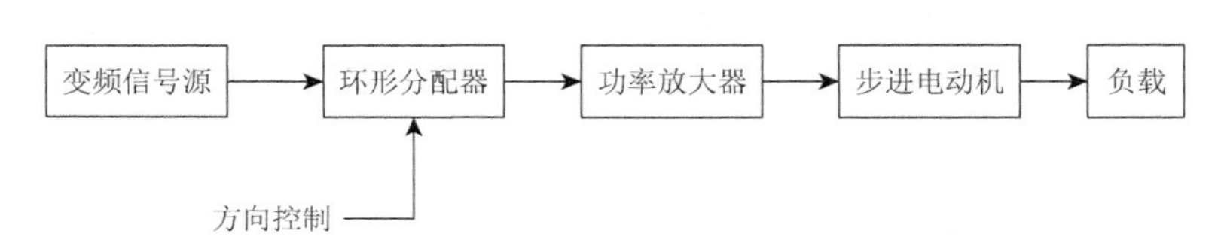


图 8-1 典型步进电动机控制系统框图

变频信号源是一个脉冲频率可以从几赫到几十千赫连续变化的信号发生器，为环形分配器提供脉冲序列。环形分配器的主要功能是把来自变频信号源的脉冲序列按一定的规律分配后，经过功率放大器的放大加到步进电动机驱动电源的各项输入端，以驱动步进电动机的转动。功率放大器主要对环形分配器的较小输出信号进行放大，以达到驱动步进电动机的目的。

上述控制系统采用的是开环系统，不需要反馈元件，结构比较简单，成本低廉。对于高精度的控制系统，采用开环结构精度往往不能满足要求，因此必须在控制回路中增加反馈环节，构成闭环系统。

步进电动机具有自身的特点，归纳起来有如下几点。

（1）电动机本体部件少，无刷，价格便宜，可靠性高。

（2）位移与输入脉冲数成正比，速度与输入脉冲频率成正比。

（3）步距值不受各种干扰因素的影响，如电压的大小、电流的大小和波形、温度的变化等。

（4）步距误差不会长期积累。步进电动机每走一步所转过的角度与理论步距值之间总有一定的误差，走任意的步数以后，也总是有一定的累积误差，但是每转一圈的累积误差为零。

（5）控制性能好。易于启动、停止、正反转及变速，在一定的频率及负载范围内运行时，采用任何运行方式都不会丢步。

（6）停止时（保持通电状态），具有自锁能力，这对于位置控制很重要。

（7）步距角选择范围大，可在几十角分到 170°的大范围内选择。

（8）可以达到较高的调速范围。

（9）带惯性负载的能力较差。

（10）步进电动机的驱动电源直接关系到运行性能的优劣，所以一般都比较复杂，在价格上高出普通电动机所用电源数倍。

## 8.2　步进电动机的工作特性

### 8.2.1　步进电动机的结构

步进电动机的结构与普通的旋转电动机一样，也是由定子和转子两大部分组成。定子由硅钢片叠成，上面装了一定相数的控制绕组。环形分配器送来的电脉冲依次对多相定子绕组进行励磁，转子用硅钢片叠成或用软磁性材料设计为凸极结构。若转子本身没有励磁绕组，则称为反应式步进电动机或磁阻式（VR 型）步进电动机。转子由永久磁铁制成，则称为永磁式（PM 型）步进电动机，另外还有混合式（HB 型）步进电动机等。步进电动机的结构形式虽然多种多样，但工作原理都相同。图 8-2 为一台三相反应式步进电动机的结构示意图，定子有 6 个磁极，每两个相对的磁极上绕有一相控制绕组；转子上装有 4 个凸齿。

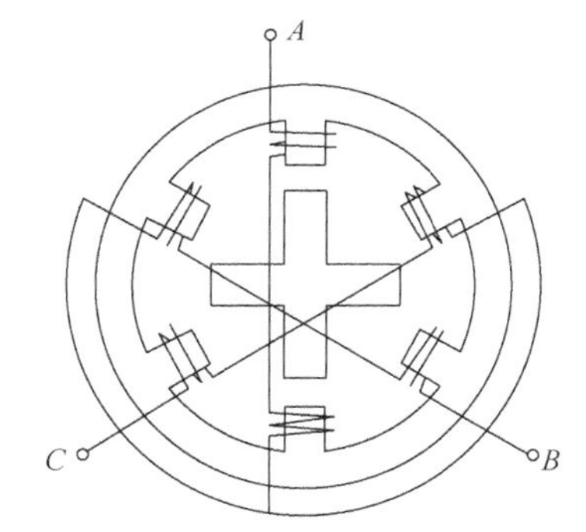


图 8-2　三相反应式步进电动机的结构示意图

### 8.2.2　步进电动机的基本工作原理

步进电动机的工作原理其实就是电磁铁的工作原理，如图 8-3 所示，由环形分配器送来的电脉冲对定子绕组轮流通电。设先对 *A* 相绕组通电，*B* 相和 *C* 相都不通电。由于磁通量具有力图沿磁阻最小路径通过的特点，对于图 8-3（a），当转子齿 1 和 3 的轴线与定子 *A* 相的轴线重合时磁阻最小，即在电磁力的作用下，转子齿 1 和 3 被吸引到 *A* 相下。此时，转子只受径向力而无切线方向力，故转矩为零，转子稳定在这个位置上。此时，*B*、*C* 两相的定子齿和转子在不同方向上各错开 30°。图 8-3（b）是 *A* 相断电、*B* 相通电瞬间的转子的受力情况，转子齿 2 和 4 受到 *B* 相绕组顺时针方向的力矩作用。图 8-3（c）是 *B* 相通电时转子稳定之后的位置，从图 8-3（a）到图 8-3（c），转子顺时针转过了 30°。同理，*B* 相断电、*C* 相通电，则转子又顺时针转过 30°。如果通电顺序为 $C \rightarrow B \rightarrow A$，则转子逆时针方向一步一步转动，定子通电每换接一次，则转子转过一个步距角。

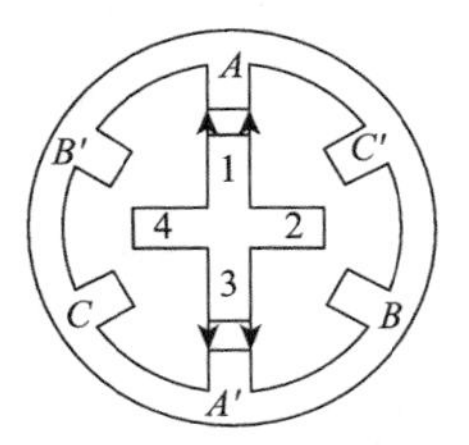


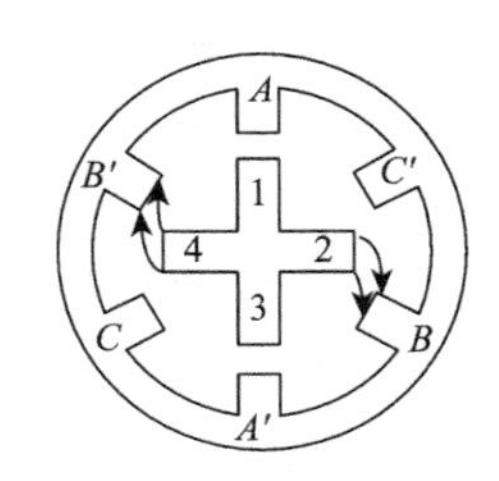


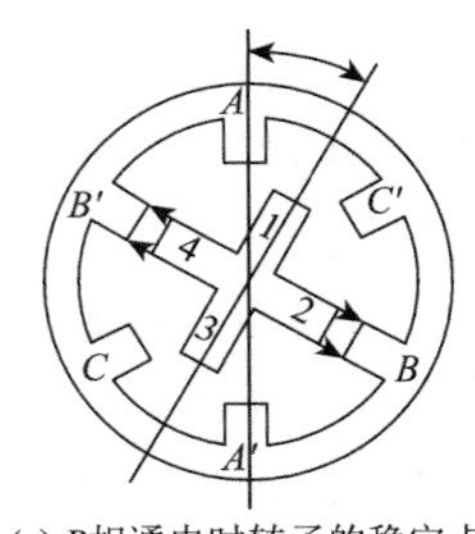


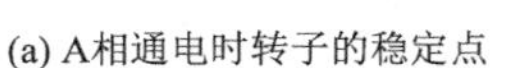

(a) A相通电时转子的稳定点　(b) $A$相断电、$B$相通电瞬间转子的受力情况　(c) $B$相通电时转子的稳定点

图 8-3　步进电动机转过一个步距角的动作示意图

## 8.2.3　步进电动机的工作方式

三相步进电动机一般有单三拍、六拍及双三拍等工作方式。“单”“双”“拍”的含义如下：“单”指定子绕组每次切换前后只有一相通电；“双”指每次有两相定子绕组通电；“拍”指从一种通电状态转到另一种通电状态。

1. 三相单三拍

步进电动机的驱动电源依次对步进电动机的定子三相绕组轮流通电，其顺序为 $A \to B \to C \to A \to \cdots$，步进电动机需要三拍完成一次循环，每拍又只有一相定子绕组通电，所以称为单三拍工作方式，其特点是每拍使电动机前进一个步距角，只需将定子各相的通电顺序倒过来，即可变换前进的方向。由于单三拍工作方式在运行中容易出现振动，稳定性较差，一般很少采用。

2. 三相六拍

该工作方式需要六拍完成一次循环，常见的通电顺序为 $A \to AB \to B \to BC \to C \to CA \to A \to \cdots$，其特点是每隔一拍有相邻两相同时通电，每拍的步距角为三拍工作方式的一半。三相六拍工作方式的运行性能很稳定，转矩也比较大，所以常被选用。

3. 三相双三拍

三相双三拍的通电顺序为 $AB \to BC \to CA \to AB \to \cdots$，其特点是每拍均有相邻的两相同时通电，所以运行比较平稳，其步距角与单三拍方式相同。

四相或五相步进电动机的工作方式与三相类似，如四相步进电动机的工作方式有单四拍（$A \to B \to C \to D \to A \to \cdots$）、双四拍（$AB \to BC \to CD \to DA \to AB \to \cdots$）和八拍（$A \to AB \to B \to BC \to C \to CD \to D \to DA \to A \to \cdots$）等。

## 8.2.4　步进电动机的主要技术性能指标

1. 步距角 $\beta$

步距角指输入一个电脉冲信号，步进电动机转子的相应角位移，通常按式（8-1）计算：

$$\beta = 360° / (ZmK) \tag{8-1}$$

式中，$\beta$ 为步进电动机的步距角（°）；$Z$ 为转子齿数；$m$ 为步进电动机的相数；$K$ 为控制系数，是拍数与相数的比例系数。

2. 最大静转矩 $T_{max}$

定子绕组通入电脉冲，步进电动机的转子静止时，转子因外力离开平衡位置的极限转矩称为最大静转矩，它反映了步进电动机的负载能力和工作的快速性。步进电动机可驱动的负载转矩应比最大静转矩小得多，一般为（0.3～0.5）$T_{max}$。

3. 启动转矩 $T_a$

在一定的电源和负载转动惯量的条件下，步进电动机从静止状态突然启动而不失步的最大输出转矩，称为启动转矩，步进电动机的启动转矩与最大静转矩密切相关。

4. 运行频率

步进电动机在一定负载条件下能不失步运行的最高频率称为运行频率。

5. 启动频率

在不失步的条件下，步进电动机可施加的最高突跳脉冲频率称为启动频率，它是衡量步进电动机快速性能的一个重要指标。

启动频率要比连续运行频率低得多，这是因为在电动机启动过程中，电动机产生的电磁转矩除克服负载转矩外，还要克服转动部分的惯性转矩。厂家提供的步进电动机的启动频率一般指空载时的最大值，当电动机接上负载后，启动频率比空载时的启动频率要低。

6. 精度

步进电动机的精度通常是指静态步距角单步误差和静态步距角积累误差。

## 8.3 步进电动机的选用

应首先结合不同类型机器的特点及所驱动负载的要求选择步进电动机。反应式步进电动机的步距角较小，启动和运行频率较高，但断电时无定位力矩，需带电定位。永磁式步进电动机的步距角较大，启动和运行频率较低，断电后有一定的定位力矩，但需要双极性脉冲励磁。混合式步进电动机结构较复杂，需双极性脉冲供电，兼有反应式和永磁式步进电动机的优点。

确定所选用的步进电动机类型后需要确定以下项目。

（1）步距角：结合每脉冲负载需要的转角或直线位移及传动比加以考虑。

（2）最大静转矩：考虑步进电动机的负载运行能力和运行的稳定性，一般选择电动机的最大静转矩不小于负载转矩的 2～3 倍。

（3）结合负载启动与运行条件选择步进电动机的启动与运行频率。

（4）确定电动机电压、电流、机座号与安装方式。

（5）根据所选步进电动机产品选择驱动电源。

步进电动机使用中需注意的事项如下。

（1）电动机启动与运行频率均不能超出对应的极限频率，启动与停车时需要渐进的频率升降过程，防止失步或滑动制动。

（2）负载应在电动机的负载能力范围之内，电动机运行中尽量使负载均衡，避免由于突变而引起动态误差。

（3）注意电动机静态工作情况。步进电动机静态工作时的电流较大，发热比较严重，应注意避免电动机过热。

（4）步进电动机运行中出现失步现象时，应注意仔细检查具体故障原因。负载过大或负载波动、驱动电源不正常、步进电动机自身产生故障、工作方式不当及工作频率偏高或偏低均有可能导致失步。

# 9 液压泵和液压马达

## 9.1 液压泵和液压马达概述

液压泵与液压马达是液压系统中两种主要的能量转换元件。液压泵是将输入的机械能($M$, $n$)转换成液压能($p$, $Q$)输出，一般由电动机驱动；液压马达则是将输入的液压能($p$, $Q$)转换成机械能($M$, $n$)输出。从液压泵和液压马达在液压系统中的作用来说，液压泵是为系统提供压力、流量的能源元件，而液压马达是直接拖动外界旋转负载的执行元件。

### 9.1.1 液压泵和液压马达的工作原理

容积式泵是液压传动和液压伺服系统中经常采用的一种泵。如图 9-1 所示，柱塞 2 靠弹簧 3 压在凸轮 1 上，当凸轮旋转时，柱塞在缸体内做往复运动。当柱塞向外伸出时，由柱塞端面、缸体内表面所形成的封闭容积将由小变大，在此容积中，形成一定的真空度。油箱中的油液在大气压力作用下，经吸油管顶开单向阀（吸油阀）5，进入增大的容积中，实现了吸油。当柱塞向里缩回时，封闭容积将由大变小，油液受到挤压，顶开单向阀（压油阀）6，流入系统，实现了压油。凸轮不断旋转，泵就不断吸油压油。显然，这种泵之所以能吸油压油是因为封闭容积可以变化，这种泵称为容积式泵。

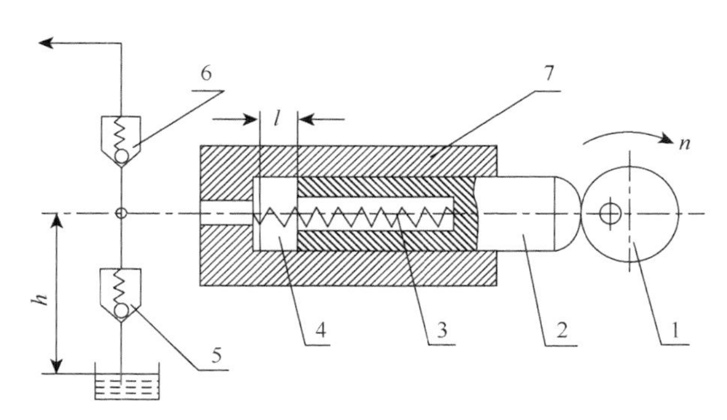


图 9-1 容积式泵的工作原理

1-凸轮；2-柱塞；3-弹簧；4-密封腔；5-吸油阀；6-压油阀；7-柱塞缸体

液压马达是液压系统的执行元件，从工作原理上讲，是将液压泵倒过来，即向液压泵输入压力油，使液压泵的输出轴输出转矩和角速度，这时液压泵就成了液压马达。因此，从原理上讲，泵和马达是可逆的，相当于发电机和电动机。由于功能不同，不同类型的液压泵和液压马达的实际结构不同，有的液压泵可直接作为液压马达使用，但有的液压泵则不能作为液压马达使用。

液压泵和液压马达按结构形式主要分为柱塞式、叶片式、齿轮式三大类；按输出流量是否可以改变又分为定量式和变量式；根据方向可分为单向和双向。

### 9.1.2　液压泵和液压马达的性能参数

1. 压力

液压泵、液压马达工作时的实际输出压力取决于外界负载。通常在液压泵的铭牌上均标有液压泵的额定压力，是液压泵工作中允许达到的最大工作压力，超过此值就是过载，过载会使液压泵的效率降低、寿命缩短。对于液压马达，压力指输入额定压力。通常情况下，液压泵、液压马达具有一定的过载能力。

2. 排量与流量

液压泵（液压马达）每转所能输出（输入）的液体体积称为排量，常用 $q$（L/rad）表示。液压泵（液压马达）在单位时间内输出（输入）的液体体积称为流量，常用 $Q$（L/min）表示。当无泄漏时，液压泵（液压马达）的输出（输入）流量称为理论流量，常用 $Q_T$ 表示。

3. 功率与效率

在能量转换过程中，如果不考虑能量损失，则其输出功率等于输入功率，即理论功率：

$$P_T = M_T \omega = p_p Q_T \tag{9-1}$$

式中，$\omega$ 为液压泵（液压马达）的角速度：$M_T$ 为液压泵（液压马达）的理论转矩；$p_p$ 为液压泵（液压马达）的出口（入口）压力。

实际上，在能量转换过程中，存在着能量损失。通常，液压泵（液压马达）损失包含两部分：容积损失和机械损失，其中容积损失是内泄漏引起的。针对液压泵，实际流量小于理论流量，即

$$Q = Q_T - \Delta Q$$

式中，$Q$ 为液压泵实际流量；$\Delta Q$ 为液压泵的泄漏量。

液压泵的实际流量与理论流量的比值称为容积效率 $\eta_V$，即

$$\eta_V = \frac{Q}{Q_T} = \frac{Q_T - \Delta Q}{Q_T} = 1 - \frac{\Delta Q}{Q_T} \tag{9-2}$$

$\eta_V$ 是小于 1 的数，它表示液压泵的性能好坏，$\eta_V$ 越大表明液压泵的性能越好。通常，液压泵内机件间的间隙很小，泄漏油液呈现层流流态，故泄漏量与输出压力成正比。

另一部分是由于机械摩擦产生的能量损失，即液压泵的实际输入转矩 $M_P$ 要大于理论转矩 $M_T$，即

$$M_P = M_T + \Delta M$$

式中，$\Delta M$ 为损失转矩。

$\eta_{pm}$ 为液压泵的机械效率：

$$\eta_{pm}=\frac{M_T}{M_P} \tag{9-3}$$

1）液压马达的转速

针对液压马达，每转一转时，所需的液体体积为 $q$，则液压马达的转速为 $n$ 时，理论上的流量为 $Q_T$，考虑到泄漏，实际需要的流量 $Q$ 等于理论流量加上泄漏流量 $\Delta Q$，即 $Q=qn+\Delta Q$。

因此，液压马达的容积效率 $\eta_{MV}$ 为

$$\eta_{MV}=\frac{Q_T}{Q_P}=\frac{qn}{qn+\Delta Q} \tag{9-4}$$

液压马达的实际转速即可求得

$$n=\frac{Q_T}{q}=\frac{Q\eta_{MV}}{q}$$

2）液压马达的转矩

在不考虑任何损失的情况下，根据能量守恒定律有

$$p_M qn=M_T\omega$$

式中，$p_M$ 为液压马达入口的压力（设液压马达出口的压力为零）；$M_T$ 为液压马达的理论转矩；$\omega$ 为液压马达的角速度。

液压马达也存在机械摩擦损失，液压马达实际输出的转矩要比理论转矩 $M_T$ 小，设由机械摩擦引起的转矩损失为 $\Delta M$，则其机械效率 $\eta_{Mm}$ 为

$$\eta_{Mm}=\frac{M}{M_T}=\frac{M_T-\Delta M}{M_T} \tag{9-5}$$

液压马达的实际输出的转矩即可求得

$$M=M_T\eta_{Mm}=\frac{p_M q}{2\pi}\eta_{Mm}$$

## 9.2 柱塞泵和轴向柱塞式液压马达

### 9.2.1 柱塞泵

柱塞泵依靠柱塞在缸体孔内做往复运动产生容积变化而实现吸油和压油。柱塞与缸体孔均为圆柱表面，容易实现较高加工精度，密封性好，在高压下，泄漏少，容积效率高，是常用的高压泵。

根据柱塞在缸体孔内的排列方式，柱塞泵分为轴向柱塞泵和径向柱塞泵两类。

1. 轴向柱塞泵

轴向柱塞泵的柱塞中心线与缸体轴线平行，即柱塞沿轴向运动，故称为轴向柱塞泵。

1）工作原理

图 9-2 所示为轴向柱塞泵的工作原理图，它主要由斜盘 1、柱塞 2、缸体 3、配油盘 4 及输入轴 5 等组成。

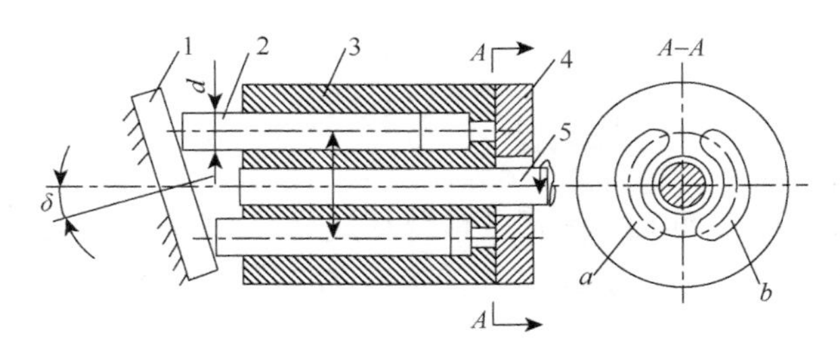


图 9-2　轴向柱塞泵的工作原理

1-斜盘；2-柱塞；3-缸体；4-配油盘；5-输入轴

缸体上均匀分布数个缸体孔，内装柱塞，柱塞头部由弹簧或低压油作用顶紧在斜盘上，斜盘中心线与输入轴线呈 $\delta$ 角。工作中，斜盘和配油盘固定不动，配油盘上开有吸油、压油窗口。缸体转一周，每个柱塞往复运动一次，完成一次吸油、压油过程。改变斜盘倾角 $\delta$，即可改变柱塞行程和泵的排量。

2）流量

轴向柱塞泵的流量计算公式为

$$Q_T = \frac{\pi}{4} d^2 DZn\tan\delta \tag{9-6}$$

式中，$d$ 为柱塞直径；$D$ 为柱塞的分布圆直径；$Z$ 为柱塞数；$\delta$ 为斜盘倾角；$n$ 为转速。

由于缸体孔与柱塞间及缸体与配油盘间有间隙存在泄漏，此种液压泵的实际流量为

$$Q = \frac{\pi}{4} d^2 DZn\tan\delta\eta_V \tag{9-7}$$

式中，$\eta_V$ 为容积效率。

2. 径向柱塞泵

1）工作原理

图 9-3 为径向柱塞泵的工作原理图，它主要由定子 1、缸体（转子）2、柱塞 3、配油轴 4 等组成。柱塞按径向均匀分布于缸体中，缸体与定子之间有一偏心距 $e$。工作中缸体带柱塞旋转，而配油轴固定，配油轴上开有与液压泵的吸油、压油口相通的通道。当缸体顺时针旋转时，处于上半周的柱塞在离心力（或低压油）作用下向外伸出，由柱塞与缸体孔形成的密封容积逐渐增大，通过配油轴上的吸油通道吸油；由于定子

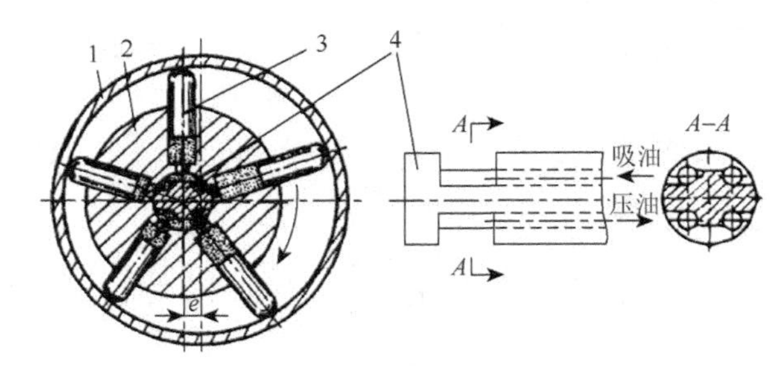


图 9-3　径向柱塞泵的工作原理

1-定子；2-转子；3-柱塞；4-配油轴

内表面的推压作用，处于下半周的柱塞逐渐向回缩，通过配油轴实现压油。移动定子可以改变偏心距，从而改变流量。若改变偏心距方向，则可改变吸油、压油方向，因此径向柱塞泵可以做成单向或双向变量泵。

2）流量

径向柱塞泵的流量计算公式为

$$Q=\frac{\pi}{2}d^2eZn\eta_V \tag{9-8}$$

3）特点

径向柱塞泵的优点是压力和流量较大、轴向尺寸小、工作可靠，其缺点是径向尺寸大、自吸能力差、配油轴受到不平衡的径向液压力作用、易磨损。

### 9.2.2 轴向柱塞式液压马达

图 9-4 所示为轴向柱塞式液压马达的工作原理。斜盘 1 与配油盘 4 固定不动，柱塞 3 可在缸体 2 内往复运动，斜盘与缸体轴线形成一个倾角 $\delta$。当高压油通过配油盘的窗口进入缸体内时，处于高压腔中的柱塞被推出，顶在斜盘表面上。斜盘对柱塞的反作用力为 $F$，此力可分解为沿轴向的分力 $F_x$ 及垂直于轴线的分力 $F_y$，其中 $F_x$ 与柱塞上的液压力相平衡，而 $F_y$ 使缸体产生转矩，带动马达轴旋转。

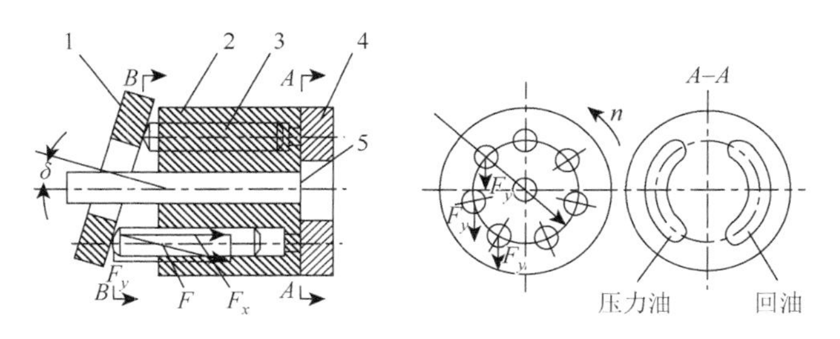


图 9-4 轴向柱塞式液压马达的工作原理

1-斜盘；2-缸体；3-柱塞；4-配油盘；5-马达轴

## 9.3 叶 片 泵

根据叶片泵转子每转一转的吸油压油次数，可以将叶片泵分为单作用叶片泵（变量泵）和双作用叶片泵（定量泵）两种。由于叶片泵具有流量均匀、运转平稳、噪声较小等优点，在机床、工程机械、船舶、冶金设备中得到了广泛应用，其工作压力一般为 6.3MPa，高压叶片泵的工作压力可达 20MPa 以上，叶片泵对油液的要求较高。

### 9.3.1 单作用叶片泵

1. 单作用叶片泵的工作原理

图 9-5 所示为单作用叶片泵的工作原理，该泵由定子、转子、叶片及配油盘等组成。

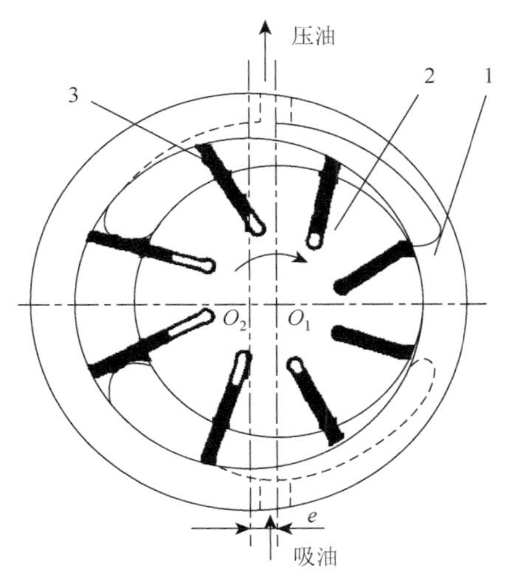


图 9-5　单作用叶片泵的工作原理

1-定子；2-转子；3-叶片

定子内表面是圆形孔，定子与转子中心线不重合，存在偏心距 $e$。叶片装在转子槽中，且能在槽中滑动。当转子顺时针转动时，由于离心力作用，将叶片从转子槽中甩出，使叶片头紧紧顶在定子内表面上，这样由相邻两叶片、定子内表面、转子外表面及前后配油盘形成了数个密封的容积。在下半周，叶片逐渐外伸，密封容积增大，形成真空，通过配油盘上的吸油窗口吸油。在上半周，叶片逐渐缩回，密封容积减小，将油液经配油盘上的压油窗口排向系统，实现了压油。转子每转一周，完成一次吸油和压油，故将这种泵称为单作用叶片泵。

2. 单作用叶片泵的流量计算

单作用叶片泵的实际流量可按式（9-9）计算，即

$$Q = 2\pi Debn\eta_V \tag{9-9}$$

式中，$D$ 为定子内直径；$e$ 为转子与定子间的偏心距；$b$ 为转子宽度；$n$ 为转速；$\eta_V$ 为容积效率。

3. 特点

由于这种泵上半周（压油区）是高压，下半周（吸油区）是低压，转子上受到不平衡的液压作用力，泵压越高，不平衡作用力越大，会出现流量脉动、压力脉动现象。改变偏心可以改变泵的流量。

## 9.3.2　限压式变量叶片泵

限压式变量叶片泵具有输出流量随泵工作压力变化而改变的特性，有内反馈、外反馈两种结构形式。该泵的特点是当泵工作压力小于某调定压力时，泵的输出流量最大，相当于定量泵。

1. 结构与工作原理

当泵的工作压力大于限压力时，其流量自动减少；而当泵的工作压力达到最大时，泵的输出流量为零，泵的压力将不再升高，故将其称为限压式变量叶片泵。图 9-6 为外反馈限压式变量叶片泵的工作原理图，图中泵的转子 1 固定不动，定子 3 可以左右移动，$F_f$ 表示定子移动情况下的摩擦力。在定子左端有一个弹簧，右端是一个反馈柱塞 5，其油腔通泵出口。若弹簧刚度为 $K$，反馈柱塞面积为 $A_x$，当不计定子移动情况下的摩擦力时，弹簧力 $F_s = Kx$；而反馈柱塞上的液压作用力 $F = pA_x$，其中 $p$ 是泵出口的压力。当 $F < F_s$ 时，弹簧力将定子推至最右端，此时偏心 $e = e_{max}$，根据变量泵的流量公式可知，此时泵的输出流量最大。当泵出口的压力随负载增加而变大时，会使 $F > F_s$，反馈柱塞将推动定

子左移，减小偏心距，则 $e = e_{max}-x$，泵的输出流量减小，且泵工作压力越高，泵的输出流量越小。

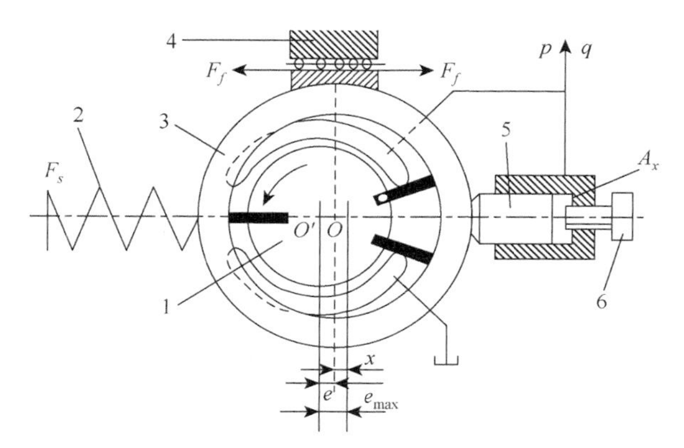


图 9-6　外反馈限压式变量叶片泵的工作原理

1-转子；2-弹簧；3-定子；4-支撑滑块；5-反馈柱塞；6-流量调节螺钉

2. 特性曲线

列出定子上的力平衡方程，可推出外反馈限压式变量叶片泵的流量-压力特性方程。根据特性方程，可画出该泵的流量-压力曲线，如图 9-7 所示。

（1）从图 9-7 中可知，该曲线可分为两部分，其中 $AB$ 段为非变量段，在此段内，泵的工作压力小于 $p_b$，即反馈作用力小于弹簧力，泵的最大偏心输出流量最大，相当于定量泵。

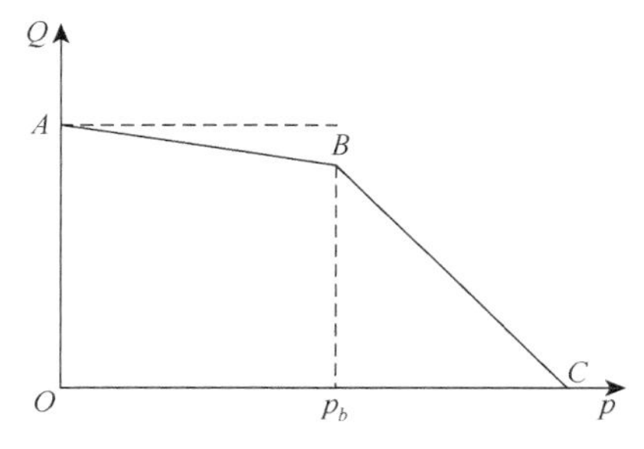


图 9-7　外反馈限压式变量叶片泵的流量-压力曲线

当泵的工作压力大于 $p_b$ 时，泵将工作在 $BC$ 段，此段为变量段，泵的输出流量随压力升高而减小。当泵的压力达到 $C$ 点时，泵的输出流量为 0。

（2）曲线的调整。根据系统的要求，可以对曲线进行调整。改变反馈柱塞的初始位置，可以改变初始偏心距，从而改变泵的最大输出流量，使曲线 $AB$ 段上下平移；改变弹簧的预紧力，即改变 $F_s$，可以改变 $p_b$ 的位置，使（变量段）曲线 $BC$ 段左右平移；更换不同刚度的弹簧，可以改变曲线 $BC$ 段的斜率。

3. 特点

该泵的结构较复杂，外形尺寸稍大，泵中的可移动部件较多，为保证定子移动灵活，其配合间隙不可太小，故泄漏较大，容积效率稍低。同时，轴上承受不平衡的径向作用力，工作压力不能过高。外反馈限压式变量叶片泵的优点是可以自动调节流量，功率使用较合理。

### 9.3.3 双作用叶片泵

双作用叶片泵的工作原理与单作用叶片泵相似，其结构上与单作用叶片泵略有区别。

1. 双作用叶片泵的工作原理

图 9-8 所示为双作用叶片泵的工作原理，它由转子、叶片、定子、前配油盘和后配油盘等组成，双作用叶片泵与单作用叶片泵的主要区别是转子与定子是同心的，定子内表面不是圆形，而是由两段大圆弧、两段小圆弧和四段过渡曲线组成。当转子按顺时针方向转动时，在左上、右下的对称方向上的叶片逐渐向外伸出，密封容积增大，通过配油盘的吸油窗口实现吸油。在左下、右上的对称方向上，叶片逐渐回缩，密封容积减小，将油液通过配油盘上的压油窗口排出。吸油与压油之间有一段封油区，将吸油、压油隔开。该泵每转一转，吸油、压油各两次，故称为双作用叶片泵。另外，吸油区和压油区是对称布置的，因此转子上的径向力自相平衡。

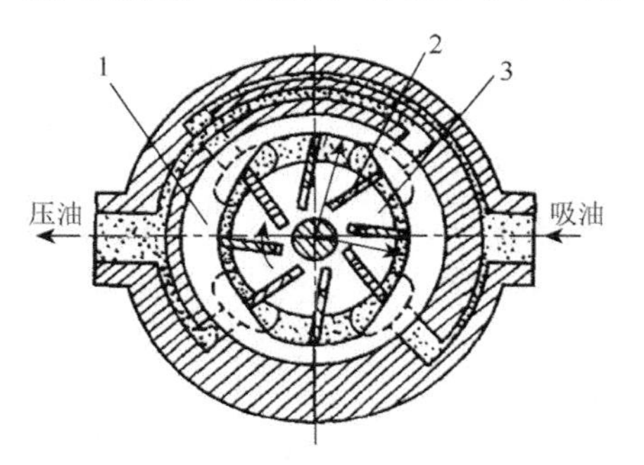


图 9-8 双作用叶片泵的工作原理
1-定子；2-弹簧；3-转子

2. 流量计算

双作用叶片泵的流量可按式（9-10）计算，即

$$Q = 2b\left[\pi(R^2 - r^2) - \frac{R-r}{\cos\theta}SZ\right]n\eta_V \tag{9-10}$$

式中，$b$ 为转子宽度；$R$、$r$ 分别为定子内表面大、小圆弧半径；$S$ 为叶片厚度；$Z$ 为叶片数；$\theta$ 为叶片倾角；$n$ 为转速；$\eta_V$ 为容积效率。

3. 特点

1）定子曲线

双作用叶片泵的定子内表面有四段过渡曲线，过渡曲线应能保证叶片在工作过程中顶紧在定子内表面上，同时叶片在过渡曲线上滑动时，其径向速度、加速度应均匀，以减少对定子内表面的磨损。等加速-等减速曲线、余弦曲线和某些高次曲线是广泛应用的几种过渡曲线。

2）叶片倾角

为改善叶片在转子槽内的运动，防止叶片被卡住，叶片有一个前倾安装角，这样可以改善叶片的运动，减小磨损。双作用叶片泵具有输出流量均匀、工作平稳、噪声小、寿命长、结构体积小等优点，在各种机床液压传动系统中广泛应用。

# 9.4 齿轮泵和齿轮马达

在各种容积式液压泵中，齿轮泵具有结构简单、容易制造、价格较低、体积小、自吸能力强、对油液污染不敏感等优点，但其容积效率低，流量、压力脉动大，噪声大。

## 9.4.1 齿轮泵

齿轮泵有两种主要的结构形式，即外啮合齿轮泵和内啮合齿轮泵。在中低压液压系统中，常用外啮合齿轮泵；内啮合齿轮泵结构较复杂，加工制造不方便，故应用较少。

1. 外啮合齿轮泵

1）外啮合齿轮泵的工作原理及典型结构

如图 9-9 所示，外啮合齿轮泵由一对齿数相同的渐开线形齿轮互相啮合，齿轮的两端面靠前、后端盖密封。这样，泵体的内表面，前、后端盖和齿轮表面将泵体分成两个密封空间。当齿轮按图示箭头方向旋转时，右侧的轮齿脱开啮合，露出齿间，使该部分容积增大，形成局部真空，油箱中的油液在大气压作用下经吸油通道进入，这就是吸油过程。随着齿轮转动，充满油液的齿间槽运动到左侧，由于左侧轮齿进入啮合，齿间被轮齿填塞，容积减小，油液被挤出，经压油口排到系统中，这就是压油过程。随着齿轮的不断旋转，泵的吸油口、压油口就不断地吸油和压油。除图 9-9 所示的外啮合齿轮泵外，还有一种螺杆泵，其属于外啮合摆线齿轮泵。与容积式液压泵相比，这种泵具有结构紧凑、体积小、重量轻、自吸能力强、运转平稳、流量无脉动、噪声小、对污染不敏感、寿命长等优点。

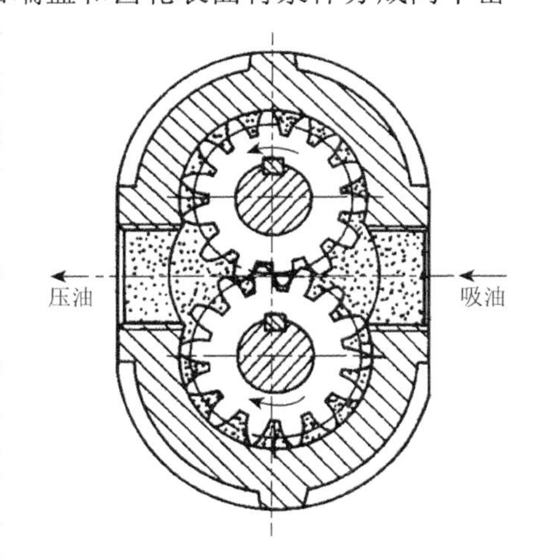

图 9-9 外啮合齿轮泵的工作原理

2）排量和流量

外啮合齿轮泵的排量可用相同模数和齿数的直齿齿条的齿间槽容积大小近似计算：

$$q = 2\pi m^2 ZB \tag{9-11}$$

式中，$m$ 为齿轮模数；$Z$ 为齿轮齿数；$B$ 为齿轮宽度。

考虑到齿数少时的误差较大，故对式（9-11）进行修正，则排量为

$$q = 6.66 m^2 ZB \tag{9-12}$$

泵的实际输出流量为

$$Q = 6.66 m^2 ZBn\eta_V \tag{9-13}$$

式中，$n$ 为轴转速；$\eta_V$ 为容积效率。

3）外啮合齿轮泵存在的问题

（1）泄漏。

外啮合齿轮泵有三条泄漏途径，即齿顶与泵体内表面的径向间隙泄漏、两齿轮啮合线处的泄漏、齿轮端面与前后端盖间的轴向间隙泄漏。在这三条泄漏途径中，以轴向间隙泄漏最为严重，占总泄漏量的 75%～80%，这是外啮合齿轮泵容积效率低的主要原因。高压齿轮泵常采用间隙自动补偿装置来减小轴向间隙泄漏，提高工作压力和容积效率。

（2）径向力不平衡。

齿轮泵的一侧吸油，一侧压油。由于压油沿齿轮外圆周分级逐渐减小，齿轮轴和轴承上存在不平衡的径向力，油压越高，径向力越大。外啮合齿轮泵的轴由滚针轴承支承，当压力较高时，轴承寿命成为限制压力提高的制约因素。目前，常用缩小压油口直径的办法来减小不平衡的径向力。

（3）困油现象。

根据啮合原理，齿轮的啮合系数必须大于 1，即一对轮齿脱开啮合前，另一对轮齿进入啮合，存在两对轮齿同时处于啮合状态的情况。这时，在两对轮齿间就形成一个密封容积，如图 9-10 所示。随着齿轮的转动，密封容积将发生变化。当密封容积由大变小时，油液受到挤压，压力增大，使泄漏量增大；当密封容积由小变大时，产生气穴，这就是齿轮泵的困油现象。解决的办法是在前后端盖开卸荷槽，当密封容积变小时，通过卸荷槽与压油口相通；当密封容积变大时，通过卸荷槽和吸油口相通，可以减小困油产生的不利影响。

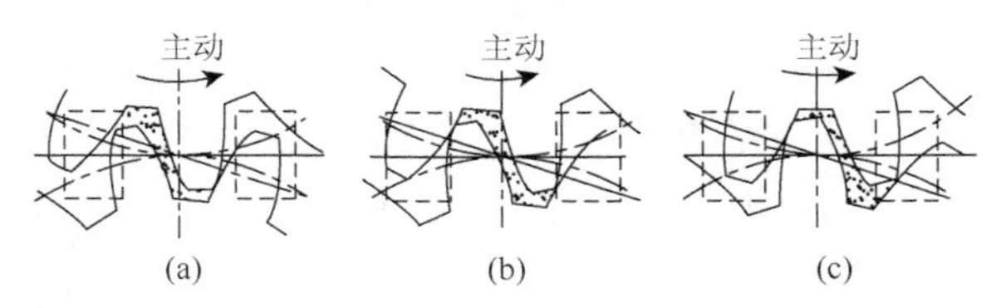


图 9-10　齿轮泵的困油现象

2. 内啮合齿轮泵

内啮合齿轮泵分为渐开线齿轮泵和摆线转子齿轮泵两种，其工作原理与外啮合齿轮泵相同，见图 9-11。内啮合齿轮泵结构紧凑，外形尺寸小、质量小、转向相同、磨损小、寿命长，其缺点是齿形复杂、难于加工、价格较贵。

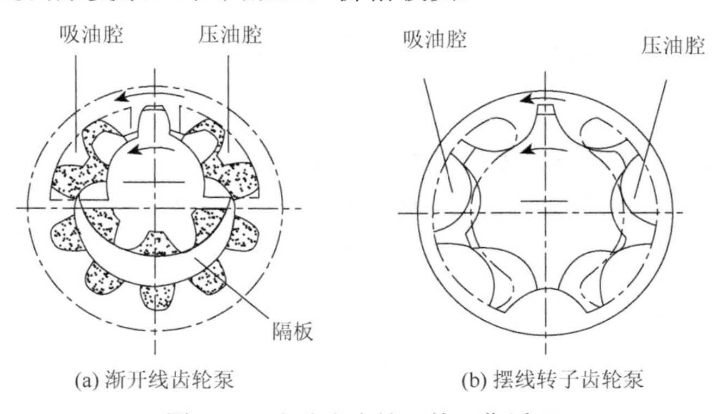


图 9-11　内啮合齿轮泵的工作原理

### 9.4.2 齿轮马达

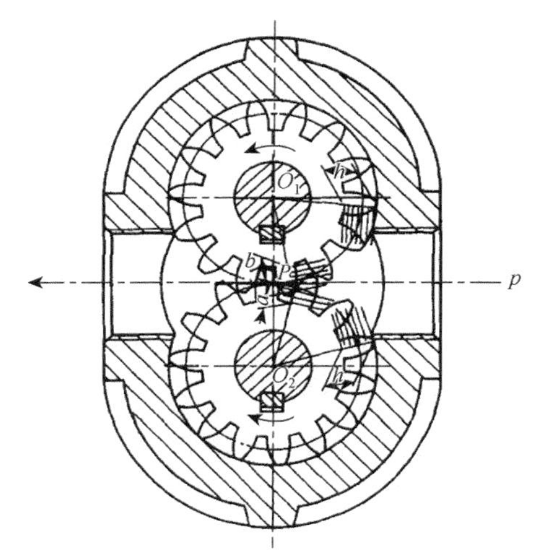

图 9-12 齿轮马达的工作原理

齿轮马达是将齿轮泵倒过来使用，即向齿轮泵中输入压力油，使泵轴上输出转矩和角速度。这时，齿轮泵就变成了齿轮马达，其工作原理如图 9-12 所示，图中 $P$ 点为两个齿轮的啮合点，设齿轮齿高为 $h$，啮合点 $P$ 到两个齿根的距离分别为 $a$ 和 $b$。由于 $a$ 和 $b$ 均小于 $h$，当压力油作用于齿面上时，两齿轮就各有一个使其产生转矩的作用力 $p(h-a)B$ 和 $p(h-b)B$，其中 $p$ 是输入压力，$B$ 是齿宽。不断地输入压力油，齿轮连续回转，并将油液带到排油侧排出。齿轮马达与齿轮泵一样，因其容积效率低，输入压力不能过高，产生转矩不大，所以多用于高转速、低转矩的场合。

## 9.5 液压泵和液压马达的选用

液压泵与液压马达在结构上类似，它们的选用原则基本相同。在各种液压泵中，柱塞泵的性能最好，且当压力较高时，只能选用柱塞泵。叶片泵噪声小、流量脉动小。齿轮泵抗污染能力强、价格便宜。各种液压泵的性能参数见表 9-1。

**表 9-1 各类液压泵的性能参数**

| 性能 | 齿轮泵（外啮合） | 叶片泵 | | 柱塞泵 | |
|---|---|---|---|---|---|
| | | 限压式变量叶片泵 | 双作用叶片泵 | 径向 | 轴向 |
| 压力范围/MPa | 低压<2.5<br>中高压 16～21 | <6.3 | 6.3～21 | 10～20 | <40 |
| 排量调节 | 不能 | 能 | 不能 | 能 | 能 |
| 容积效率/% | 63～87 | 58～92 | 80～94 | 80～90 | 88～93 |
| 总效率/% | 63～87 | 54～81 | 65～82 | 81～83 | 81～88 |
| 流量脉动 | 较大 | 一般 | 很小 | 一般 | 一般 |
| 噪声 | 大 | 中等 | 小 | 中等 | 中等 |
| 价格 | 最低 | 中 | 中低 | 高 | 高 |
| 污染灵敏度 | 不敏感 | 较敏感 | 较敏感 | 很敏感 | 很敏感 |

# 10 液 压 缸

## 10.1 液压缸的工作原理和特点

液压缸是将输入的液压能转换为机械能输出的能量转换元件，液压马达输出旋转运动，而液压缸输出的多是直线运动。液压缸结构简单，工作可靠，可以实现直线往复（或摆动）运动，在各类机械的液压系统中广泛应用。根据其结构形式，液压缸可分为活塞式、柱塞式、摆动式和伸缩式套筒缸几种；按供油方式，可分为单作用缸和双作用缸；按活塞杆的形式，可分为单活塞杆缸和双活塞杆缸；按特殊用途，可分为串联缸、增压缸、增速缸、步进缸等，这类缸又称为组合缸。

### 10.1.1 活塞式液压缸

1. 单杆活塞式液压缸

图 10-1 是工程机械中通用的一种单杆活塞式液压缸结构示意图，其主要由缸筒 10、活塞 5、活塞杆 15、缸底 1 及端盖 13 等组成。在缸筒上，开有进油口、出油口，可以实现双向往复运动。这是一种双作用单杆活塞式液压缸，在工作中，可以有三种不同的进油、出油方式。

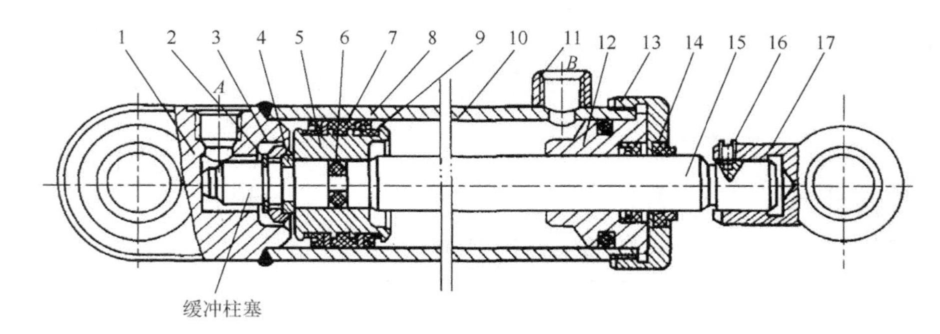


图 10-1 单杆活塞式液压缸结构示意图

1-缸底；2-挡圈；3-套环；4-卡环；5-活塞；6-O 形密封圈；7-支撑环；8-挡圈；9-密封圈；10-缸筒；11-管接头；12-导向套；13-端盖；14-防尘圈；15-活塞杆；16-螺钉；17-耳环

1）无杆腔通压力油，有杆腔通油箱

此情况如图 10-2 所示，对应的速度和推力分别为

$$v_1 = \frac{Q}{A_1} = \frac{4Q}{\pi D^2} \tag{10-1}$$

$$F_1 = pA_1 = \frac{\pi}{4} D^2 p \tag{10-2}$$

2）有杆腔通压力油，无杆腔通油箱

此情况如图 10-3 所示，对应的速度和推力分别为

$$v_2 = \frac{Q}{A_2} = \frac{4Q}{\pi(D^2 - d^2)} \tag{10-3}$$

$$F_2 = pA_2 = p\frac{\pi}{4}(D^2 - d^2) \tag{10-4}$$

若在两种连接情况下，供油流量均为 $Q$、压力均为 $p$ 时，因 $A_1 > A_2$，所以 $v_1 < v_2$、$F_1 > F_2$，即无杆腔通压力油时，输出力大、速度慢；有杆腔通压力油时，输出力小、速度快。

3）有杆腔、无杆腔同时通压力油

当有杆腔、无杆腔同时与压力油相通时，由于无杆腔作用面积大，将推动活塞向右运动，这种连接称为差动连接。此情况如图 10-4 所示，对应的速度和推力分别为

$$v_3 = \frac{Q_1}{A_1} = \frac{Q+Q_2}{A_1} = \frac{Q+v_3 A_2}{A_1}$$

即

$$v_3 = \frac{Q}{A_1 - A_2} = \frac{Q}{A_{杆}} = \frac{4Q}{\pi d^2} \tag{10-5}$$

$$F_3 = p(A_1 - A_2) = pA_{杆} = p\frac{\pi d^2}{4} \tag{10-6}$$

与前述两种情况相比较可知，差动连接可以提高活塞的运动速度，但其输出推力减小。对于差动连接的液压缸，设计时常使 $A_1 = 2A_2$，因此可得到 $v_3 = v_2$、$F_3 = F_2$，即两个方向上的速度和推力相等。

单杆活塞式液压缸可以使缸体固定，活塞运动；也可以使活塞杆固定，缸体运动。

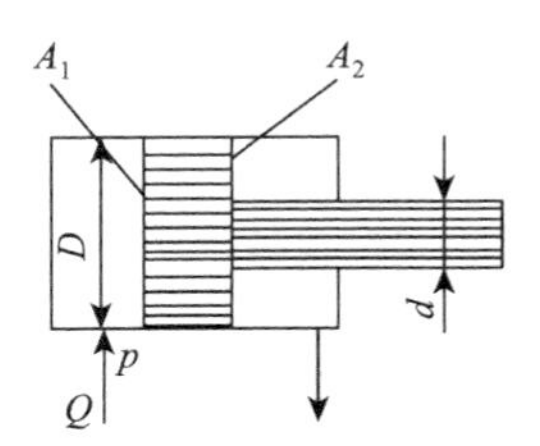


图 10-2 无杆腔通压力油，有杆腔通油箱

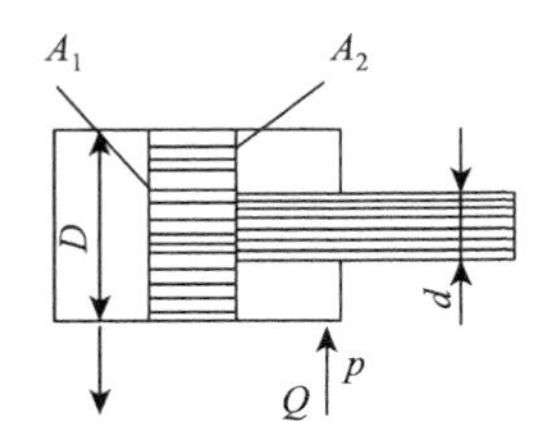


图 10-3 有杆腔通压力油，无杆腔通油箱

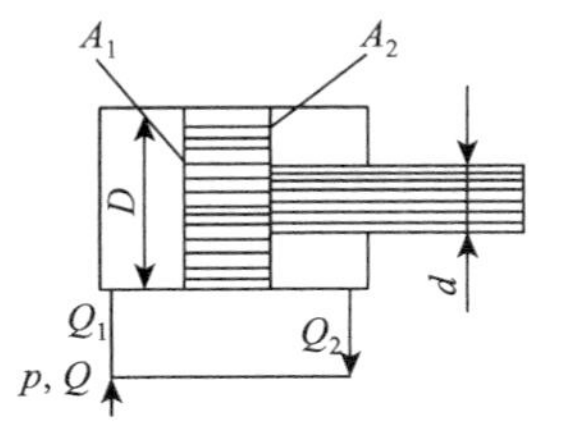


图 10-4 有杆腔、无杆腔同时通压力油

2. 双杆活塞式液压缸

双杆活塞式液压缸在活塞两侧均有活塞杆，且两活塞杆直径相等，活塞两端的作用面积相等。当供油压力和流量不变时，活塞在做往复运动时，在两个方向上的作用力和速度均相等。

$$v = \frac{Q}{A} = \frac{4Q}{\pi(D^2 - d^2)} \tag{10-7}$$

$$F = pA = p\frac{\pi(D^2 - d^2)}{4} \tag{10-8}$$

式中，$v$ 为活塞运动速度；$Q$ 为供油流量；$A$ 为活塞有效面积；$p$ 为供油压力；$F$ 为活塞上的作用力；$D$、$d$ 分别为活塞、活塞杆直径。

双杆活塞式液压缸的两侧都有活塞杆，所以在运动中所占的空间范围较大，常用于中大型机床。

## 10.1.2　柱塞式液压缸

图 10-5 为柱塞式液压缸结构示意图，它具有以下特点。

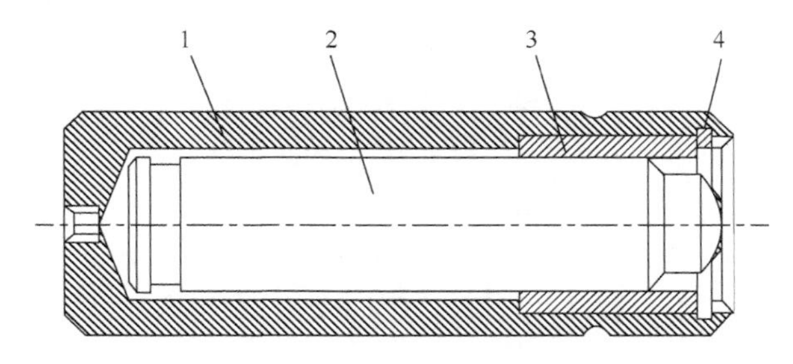


图 10-5　柱塞式液压缸结构示意图

1-缸筒；2-柱塞；3-导向套；4-弹簧圈

（1）柱塞表面与缸筒内壁不接触，只与导向套接触，因此缸筒内壁仅需粗加工，工艺性好，特别适用于工作行程较长的场合。

（2）缸筒上只有一个进油口、出油口，是单作用液压缸。油压力仅能使其向一个方向运动，回程靠其他外力。

（3）工作时，柱塞受压，应具有足够刚度。柱塞上的作用力 $F$ 和运动速度 $v$ 分别为

$$F = pA = p\frac{\pi}{4}d^2 \tag{10-9}$$

$$v = \frac{Q}{A} = \frac{4Q}{\pi d^2} \tag{10-10}$$

式中，$d$ 为柱塞直径，其余符号意义同前。

## 10.1.3　其他结构形式的液压缸

### 1. 摆动式液压缸

摆动式液压缸是能输出转矩并实现往复摆动的执行元件，又称为摆动液压马达，它有单叶片式和双叶片式（图 10-6）两种。在图 10-6 中，分隔片固定在缸筒上，压力油从进油口输入缸筒内，推动叶片带轴一起转动，回油经出油口排出。

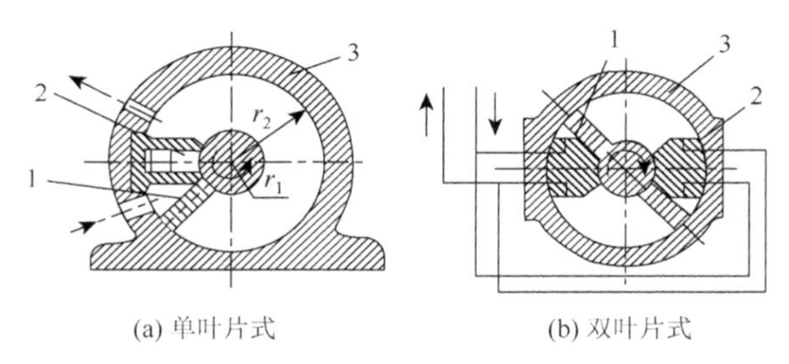


(a) 单叶片式　　(b) 双叶片式

图 10-6　摆动式液压缸结构示意图

1-叶片；2-分隔片；3-缸筒

当输入流量为 $Q$ 时，其输出角速度 $\omega$ 为

$$\omega=\frac{2Q}{b\left(r_2^2-r_1^2\right)} \tag{10-11}$$

当其工作压力为 $p$ 时，$p=p_1-p_2$，其输出转矩 $M$ 为

$$M=\frac{b}{2}\left(r_2^{\ 2}-r_1^2\right)p \tag{10-12}$$

式中，$r_1$、$r_2$ 分别为叶片底端、顶端半径；$B$ 为叶片宽度；$p_1$、$p_2$ 分别为进油口、回油口的压力。

对于双叶片式摆动缸，在输入流量、压力与上述相同时，其输出转矩比单叶片式大一倍，角速度则为单叶片式的一半。通常单叶片摆动缸的摆角不超过 300°，双叶片摆动缸的摆角不超过 150°。

2. 伸缩式液压缸

伸缩式液压缸又称为套筒式液压缸，它由二级或多级活塞缸套装而成，图 10-7 为其结构示意图。伸缩缸前一级的活塞是后一级的缸筒，当逐个伸出时，有效作用面积逐次减小，若输入相同流量，外伸速度逐次增大；当负载恒定时，缸内工作压力逐次升高。由于这种缸全部伸出时，可以有很长行程，缩回后总长度较短，它适用于安装空间受限制而行程要求很长的场合，如自卸汽车举升液压缸和起重机伸缩臂液压缸等。

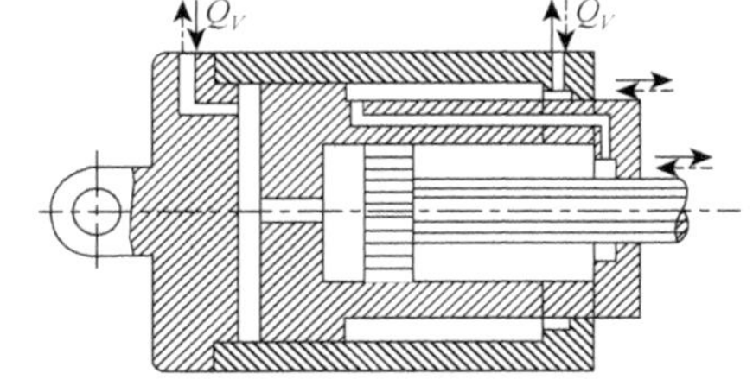


图 10-7　伸缩式液压缸结构示意图

## 10.2　液压缸结构

图 10-8 所示是一种双杆活塞式液压缸的典型结构示意图，它由端盖、缸筒、活塞、活塞杆等主要部分组成。为防止液压油的内、外泄漏，在缸筒与端盖、活塞与活塞杆、活塞与缸筒等之间均装有密封圈。在前、后端盖外侧还装有防尘圈，防止外界污物进入液压缸内部。为防止活塞快速退回到行程终端时撞击端盖，液压缸端部还设有缓冲装置。这种液压缸缸筒固定，活塞杆带动工作台运动。

归结起来，液压缸由缸体组件（缸筒与端盖）、活塞组件（活塞与活塞杆）、密封圈和连接件等基本部分组成。此外，液压缸还设有缓冲装置和排气装置。

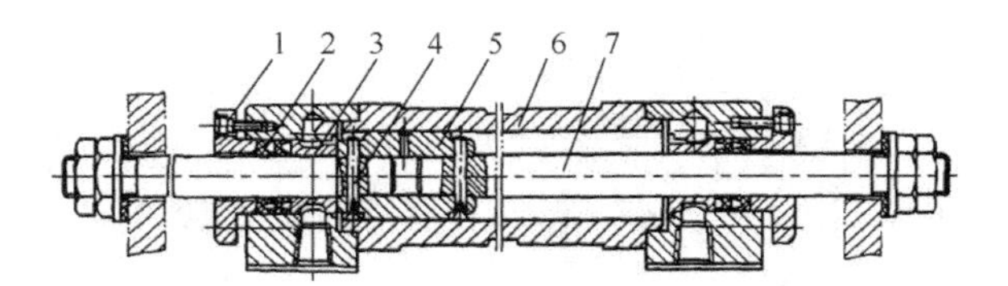


图 10-8　双杆活塞式液压缸结构示意图

1-端盖；2-密封圈；3-套；4-销；5-活塞；6-缸筒；7-活塞杆

## 10.2.1　缸体组件

缸体组件包括缸筒、端盖等。常见的缸体组件连接形式如图 10-9 所示。

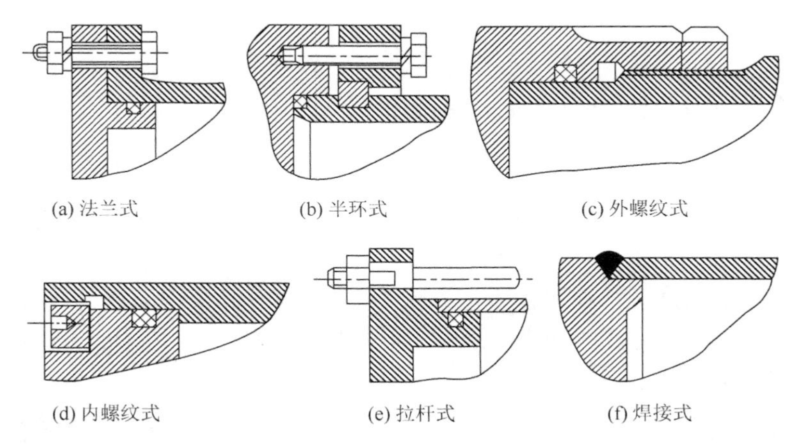

(a) 法兰式　(b) 半环式　(c) 外螺纹式

(d) 内螺纹式　(e) 拉杆式　(f) 焊接式

图 10-9　缸体组件的连接形式

（1）法兰式连接结构简单，加工和装拆方便，连接可靠，其径向尺寸和质量均较大，适用于大型液压缸。

（2）半环式连接分内半环连接和外半环连接两种。半环连接工艺性好，连接可靠，结构紧凑，装拆方便。开半环槽对缸筒的强度有影响，常用于无缝钢管与端盖的连接。

（3）螺纹式连接分外螺纹式和内螺纹式两种，其特点是外径小，质量小，结构紧凑；但端部结构复杂，装拆需专用工具，旋端盖时易损伤密封圈，常用于小型液压缸。

（4）拉杆式连接通用性好，缸筒加工简单，装拆方便；但端盖的体积大，质量较大，且拉杆受力会产生拉伸变形，常用于短行程液压缸。

（5）焊接式连接外形尺寸小，结构简单；但易引起焊接变形，且不可拆，其主要用于柱塞式液压缸。

## 10.2.2　活塞组件

根据工作压力、安装方式和工作条件，活塞组件有多种结构形式，常见的活塞与活塞杆的连接形式如图 10-10 所示。

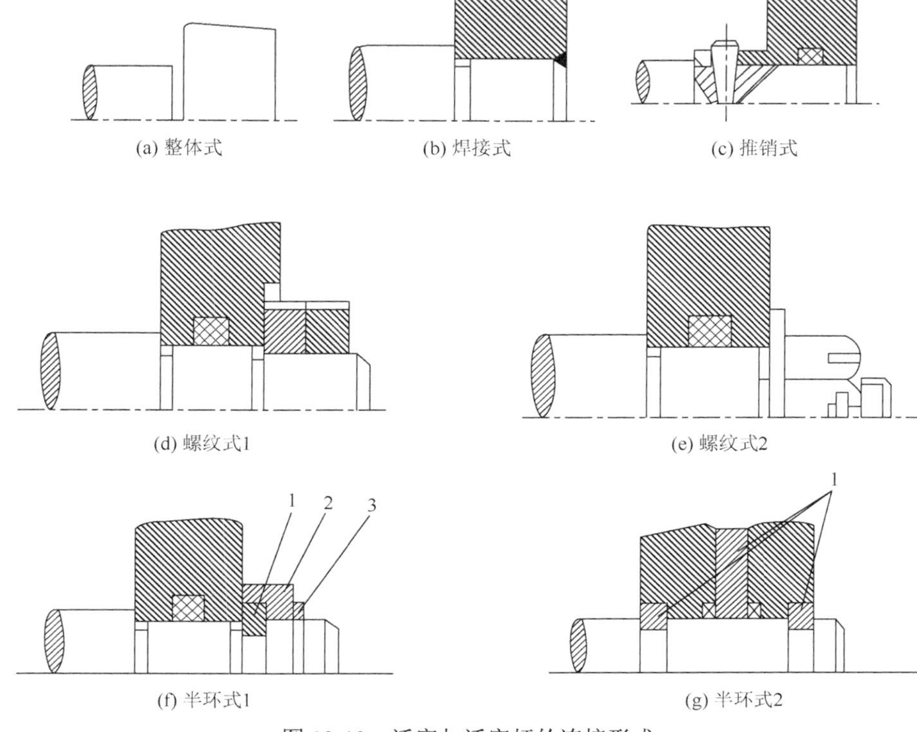


图 10-10 活塞与活塞杆的连接形式

1-半环；2-轴套；3-密封圈

（1）整体式［图 10-10（a）］和焊接式连接［图 10-10（b）］的结构简单，轴向尺寸紧凑；但损坏后需整体更换，适用于小型液压缸。

（2）推销式连接［图 10-10（c）］易加工、易装配；但其承载能力小，应采取防脱落措施，适用于低压液压缸。

（3）螺纹式连接［图 10-10（d）、（e）］的结构简单，装拆方便；但需采取螺母防松措施，如双螺母、防松垫圈等，是一种常用的连接形式。

（4）半环式连接［图 10-10（f）、（g）］的强度高，但其结构复杂，常用于高压和振动较大的液压缸中。

### 10.2.3 缓冲与排气装置

活塞或缸筒移动到接近两侧端盖时，缓冲装置将活塞与端盖间的部分油液封住，迫使油液从缝隙或小孔中流出，从而造成回油阻力，这个阻力使移动部件减速制动，防止与端盖相撞。常见的缓冲装置分为节流口可调式和节流口变化式，其结构原理如图 10-11 所示。当活塞上的凸台进入端盖凹腔后，环形回油腔中的油液只能通过针形节流阀流出，调节节流阀开口，可以改变回油阻力大小，使活塞制动，如图 10-11（a）所示。而图 10-11（b）所示为节流口变化时的缓冲装置，当活塞接近端盖时，回油需经活塞上所开的变截面轴向三角沟流出，产生回油阻力，因而使活塞制动。

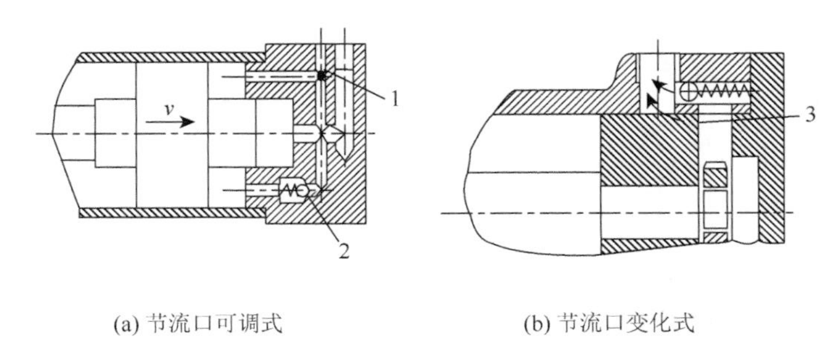


(a) 节流口可调式　　(b) 节流口变化式

图 10-11　缓冲装置

1-针形节流阀；2-单向阀；3-轴向节流槽

排气装置是为排除液压缸中的空气而设置的，通常是在液压缸的最高处设置排气阀或排气塞，其结构如图 10-12 所示。

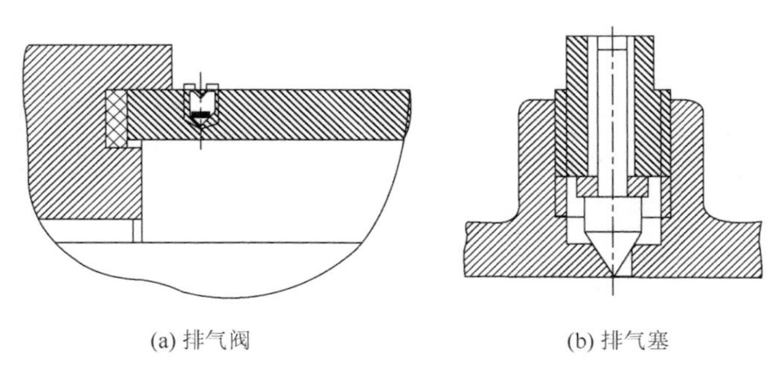

(a) 排气阀　　(b) 排气塞

图 10-12　排气装置

# 10.3　液压缸设计

通常根据液压缸的工作压力、运动速度及所需产生的输出作用力，按液压手册选择标准液压缸。当需自行设计液压缸时，可参照本节的内容，设计液压缸的主要结构尺寸并校验强度。

## 10.3.1　液压缸的主要尺寸计算

液压缸的主要尺寸包括缸筒内径、活塞杆直径及缸筒长度。

1. 缸筒内径 $D$

当已知液压缸承受的最大负载力 $F$（最大输出作用力）时，选取工作压力 $p$，可求出缸筒内径 $D$，取回油压力为零。

对于单杆活塞式缸，无杆腔为进油腔时，缸筒内径可采用如下计算公式：

$$D=\sqrt{\frac{4F}{\pi p}} \tag{10-13}$$

有杆腔为进油腔时，可得

$$D=\sqrt{\frac{4F}{\pi p}+d^2} \tag{10-14}$$

当已知液压缸的运动速度选定液压泵的流量，也可求出 $D$。

无杆腔为进油腔时：

$$D=\sqrt{\frac{4Q}{\pi v}} \tag{10-15}$$

有杆腔为进油腔时：

$$D=\sqrt{\frac{4Q}{\pi v}+d^2} \tag{10-16}$$

式中，$v$ 表示进油流速。

2. 活塞杆直径 $d$

常根据液压缸工作压力或设备类型，依据经验选取活塞杆直径 $d$，见表 10-1 和表 10-2。

**表 10-1 液压缸工作压力与活塞杆直径**

| 液压缸工作压力/MPa | 活塞杆直径 $d$ |
|---|---|
| ≤5 | (0.5～0.55)$D$ |
| 5～7 | (0.6～0.7)$D$ |
| ＞7 | 0.7$D$ |

**表 10-2 设备类型与活塞杆直径**

| 设备类型 | 活塞杆直径 $d$ |
|---|---|
| 磨床、珩磨及研磨机 | (0.2～0.3)$D$ |
| 插、拉、刨床 | 0.5$D$ |
| 钻、镗、车、铣床 | 0.7$D$ |

上述计算或选取的 $D$ 和 $d$，需向上圆整为标准值。

3. 缸筒长度

缸筒长度由所需的工作行程及结构的需要来确定，即缸筒长度 = 活塞行程+活塞长度+活塞杆导向长度+活塞杆密封长度+其他。其中，活塞长度 = (0.6～1)$D$，活塞杆导向长度 = (0.6～1.5)$d$，其他由结构确定。

### 10.3.2 液压缸的校核

1. 缸筒壁厚的校核

对于高压液压缸，经常采用无缝钢管做缸筒，多属薄壁筒。

当 $\delta/D \leqslant 0.08$ 时，可按式（10-17）校核，即

$$\delta = \frac{p_{\max} D}{2[\sigma]} \tag{10-17}$$

采用铸造缸筒时，应按厚壁筒公式校核。

当 $\delta/D = 0.08 \sim 0.3$ 时，按式（10-18）校核，即

$$\delta \geqslant \frac{p_{\max}}{2.3[\sigma] - 3p_{\max}} \tag{10-18}$$

当 $\delta/D \geqslant 0.3$ 时，按式（10-19）校核，即

$$\delta \geqslant \frac{D}{2}\left(\sqrt{\frac{[\sigma] + 0.4p_{\max}}{[\sigma] - 1.3p_{\max}}} - 1\right) \tag{10-19}$$

式中，$D$ 为缸筒内径；$p_{\max}$ 为缸内最高工作压力；$\delta$ 为缸筒壁厚；$[\sigma]$ 为材料许用应力。

$$[\sigma] = \frac{\sigma_{\mathrm{b}}}{n}$$

式中，$\sigma_{\mathrm{b}}$ 为材料抗拉强度；$n$ 为安全系数，取 $n = 3.5 \sim 5$。

2. 端盖连接螺钉直径 $d_1$ 的校核

$d_1$ 的校核，可按式（10-20）进行，即

$$d_1 \geqslant \sqrt{\frac{5.2KF}{[\sigma]}} \tag{10-20}$$

式中，$d_1$ 为螺柱底径；$K$ 为拧紧系数，取 $K = 1.25 \sim 1.5$；$F$ 为端盖承受的最大作用力；$[\sigma]$ 为材料许用应力。

$$[\sigma] = \frac{\sigma_{\mathrm{s}}}{n}$$

式中，$\sigma_{\mathrm{s}}$ 为螺栓材料的屈服极限；$n$ 为安全系数，取 $n = 1.2 \sim 2.5$。

若液压缸的活塞杆受压时，还需验算其纵向稳定性，其可按材料力学的有关公式计算。

# 11 液 压 阀

在液压系统中，液压阀是控制和调节液流的压力、流量和流向的元件，是液压系统的核心内容。由于阀类元件种类繁多，结构复杂，新型阀不断涌现，不可能一一列举，本章分析和研究工程设备中常用液压阀的工作原理、工作特性和应用场合。

## 11.1 液压阀概述

液压系统借助于液压阀便能对执行元件的启停、运动方向、速度、动作顺序和克服负载的能力等进行调节与控制。

### 11.1.1 液压阀的特点及要求

液压阀属于控制调节元件，本身有一定的能量损耗。所有的阀都是由阀芯、阀体和驱动阀芯动作的操控元件组成，密封必不可少，不可避免地存在内泄漏。所有阀的开口大小，进油口、出油口间的压差及阀的流量均符合孔口流量公式，但各种阀的控制参数不尽相同，这些特点要求阀的制造精度较高，对其的基本要求如下。

（1）动作灵敏，可靠性高，工作时冲击和振动小，寿命长。

（2）油液流过阀口时，造成的压力损失小。

（3）密封性能好。

（4）结构紧凑，安装、使用、调整方便，通用性强。

### 11.1.2 液压阀的分类

液压阀的分类方法很多，通常可按不同的特征进行分类，如表 11-1 所示。

**表 11-1 液压阀的分类**

| 分类方法 | 种类 | 详细分类 |
|---|---|---|
| 按机能分类 | 压力控制阀 | 溢流阀、顺序阀、卸荷阀、平衡阀、减压阀、比例压力控制阀、缓冲阀、仪表截止阀、限压切断阀、压力继电器等 |
| | 流量控制阀 | 节流阀、单向节流阀、调速阀、分流阀、集流阀、比例流量控制阀等 |
| | 方向控制阀 | 单向阀、液控单向阀、换向阀、行程减速阀、充液阀、梭阀、比例方向控制阀等 |
| 按结构分类 | 滑阀 | 圆柱滑阀旋转阀、平板滑阀 |
| | 座阀 | 锥阀、球阀、喷嘴挡板阀 |
| | 射流管阀 | — |
| 按操纵方法分类 | 手动阀 | 手把及手轮、踏板、杠杆 |
| | 机动阀 | 挡块及碰块、弹簧、液压、气动 |
| | 电动阀 | 电磁铁控制、伺服电动机和步进电动机控制 |

续表

| 分类方法 | 种类 | 详细分类 |
| --- | --- | --- |
| 按连接方式分类 | 管式连接 | 螺纹式连接、法兰式连接 |
| | 板式及叠加式连接 | 单层连接板式、双层连接板式、整体连接板式、叠加阀、多路阀 |
| | 插装式连接 | 螺纹式插装（二、三、四通插装阀）、法兰式插装（二通插装阀） |
| 按控制方式分类 | 电液比例阀 | 电液比例压力阀、电液比例流量阀、电液比例换向阀、电液比例复合阀、电液比例多路阀 |
| | 伺服阀 | 单级、两级（喷嘴挡板式、动圈式）电液流量伺服阀，三级电液流量伺服阀，电液压力伺服阀，气液伺服阀，机液伺服阀 |
| | 数字控制阀 | 数字控制压力阀、数字控制流量阀与方向阀 |
| 按输出参数可调节性分类 | 开关控制阀 | 方向控制阀、顺序阀、限速切断阀 |
| | 输出参数连续可调的阀 | 溢流阀、减压阀、节流阀、调整阀、各类电液控制阀（比例阀、伺服阀） |

### 11.1.3　液压阀的基本参数

液压阀的工作能力由阀的性能参数决定，不同阀的共性参数与压力和流量相关。

1. 公称压力

公称压力是液压阀承载能力大小的参数，它是额定工作状态下的名义压力，其单位通常为 MPa。

2. 流量

流量是液压阀通流性能的参数，具体参数有公称流量和公称通径。对于流量阀，还有最小稳定流量等。

## 11.2　方　向　阀

方向阀用来控制液压系统中油液的流动方向或油流的通与断，主要分单向阀和换向阀两类。

### 11.2.1　单向阀

根据控制方式，单向阀分为普通单向阀和液控单向阀两类。

1. 普通单向阀

普通单向阀的作用是允许油液沿一个方向流动，不允许反向倒流，故又称为逆止阀或止回阀。图 11-1 所示为一种管式普通单向阀，压力油从阀体 1 左端的油口 $P_1$ 流入时，克服弹簧 3 作用于阀芯 2 上的力，使阀芯右移，打开阀口，通过阀芯上的径向孔 a、轴向孔 b 从阀体右端的油口 $P_2$ 流出。当油流反向时，油压力与弹簧力一起使阀芯锥面压紧在阀孔上，使阀口关闭，故不能倒流。

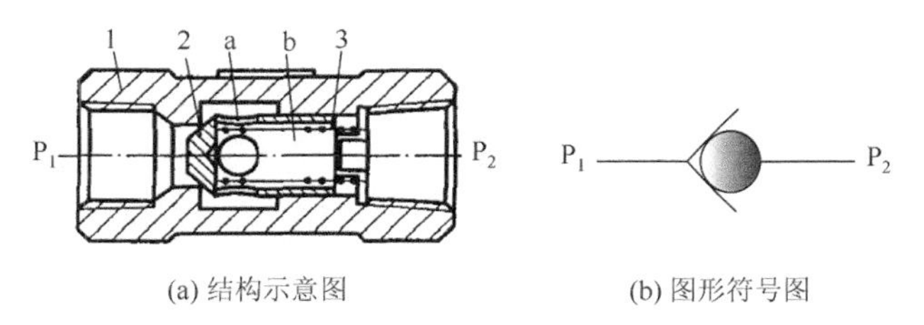

(a) 结构示意图 (b) 图形符号图

图 11-1 管式普通单向阀

1-阀体；2-阀芯；3-弹簧

单向阀工作时，通流方向的阻力应尽可能小，而不通油的方向应有良好的密封。另外，单向阀的动作应灵敏、噪声小。单向阀中的弹簧用于阀芯在阀孔上定位，刚度较小，故单向阀的开启压力仅为 0.03～0.05MPa。更换刚度较大的弹簧后，使其开启压力达到 0.2～0.6MPa 时，单向阀便可用作背压阀，背压阀的目的是提高液压系统刚度，使活塞平稳运行，避免冲击。

2. *液控单向阀*

通入控制压力油后，液控单向阀允许油液双向流动，其由单向阀和液控装置两部分组成。

图 11-2 所示为普通型液控单向阀。当控制口 K 无法控制压力油时，其作用同普通单向阀，压力油只能从 $P_1$ 口流向 $P_2$ 口，反向截止。但当 K 可以控制压力油时，油压力作用于控制活塞 1 上，所产生的推力大于阀芯上的反向作用力与弹簧力之和时，控制活塞 1 推动推杆 2，使阀口开启，油口 $P_1$ 与 $P_2$ 互通，油液即可以从 $P_2$ 流向 $P_1$。因此，当液控单向阀可以控制油压时，可以反向流动，这是与普通单向阀的重要区别。根据泄流方式，液控单向阀可分为内泄式和外泄式，前者的 $P_2$ 比较低。液控单向阀与普通单向阀的一般性能相同，但有反向开启最小压力的要求，使用中应注意。

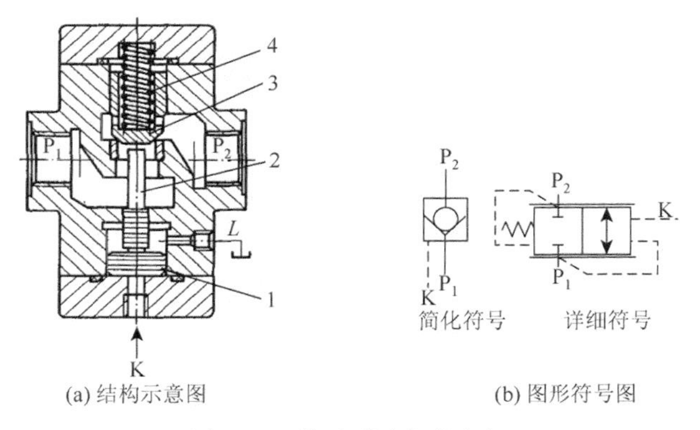

(a) 结构示意图 (b) 图形符号图

图 11-2 普通型液控单向阀

1-控制活塞；2-推杆；3-阀芯；4-弹簧

液控单向阀具有良好的反向密封性能，常用于保压、锁紧和平衡回路。

### 11.2.2　换向阀

换向阀利用阀芯与阀体相对位置的改变，使油路接通、关闭或改变油液的流动方向，从而控制执行元件的启动、停止，以及改变其运动方向。按阀体的运动方式，换向阀可分为转阀和滑阀两类；按操纵方式，有手动、机动、电磁、液动、电液动换向阀等；按阀芯在阀体内占据的工作位置，可分为二位、三位、多位等换向阀；按阀体上主油路的数量可分为二通、三通、四通、五通、多通换向阀等；按阀的安装方式，可分为管式、板式、法兰式换向阀。

1. 对换向阀的主要要求

换向阀应满足如下要求：①油液通过阀口时的压力损失要小；②阀口关闭后应有良好的密封性能，泄漏少；③换向迅速，平稳可靠。

2. 换向阀的工作原理

以图 11-3 所示的滑阀式换向阀为例，当阀芯在中间位置时，四个油口（P、A、B、T）全部封闭，油缸活塞不动。当阀芯移至左端时，泵输出的油液经 P 口与 A 口相通，缸活塞向右运动，油缸有杆腔的油液经 B 口与 T 口相通，流回油箱；反之，当阀芯移至右端时，活塞向左运动。可见，通过阀芯的移动，可实现油缸正、反向运动和停止。

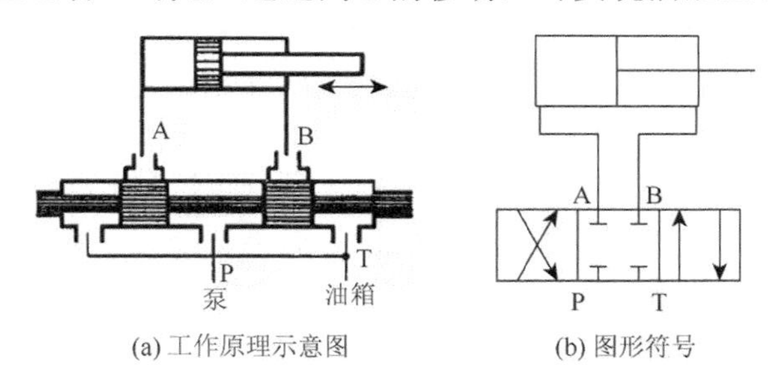

(a) 工作原理示意图　　(b) 图形符号

图 11-3　滑阀式换向阀工作原理示意图和图形符号

3. 换向阀的图形符号

换向阀的种类较多，常用滑阀式换向阀的结构原理及图形符号如表 11-2 所示。

**表 11-2　常用滑阀式换向阀的结构原理及图形符号**

| 名称 | 结构原理示意图 | 符号 |
| --- | --- | --- |
| 两位两通 | A　P | A　P |
| 两位三通 | A　P　B | A　B　P |

续表

| 名称 | 结构原理示意图 | 符号 |
| --- | --- | --- |
| 两位四通 | 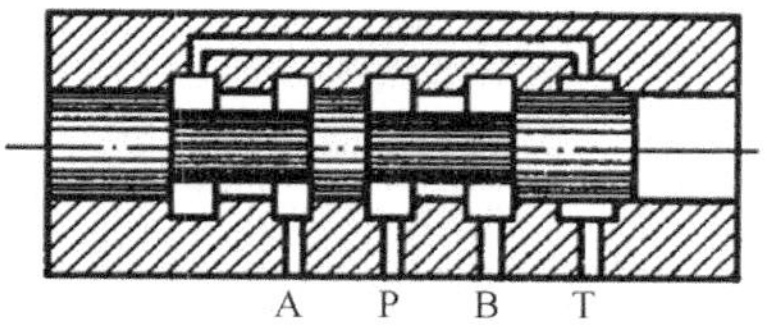 A P B T | 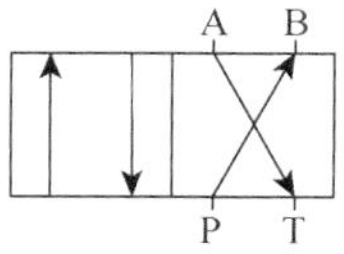 A B P T |
| 三位四通 | 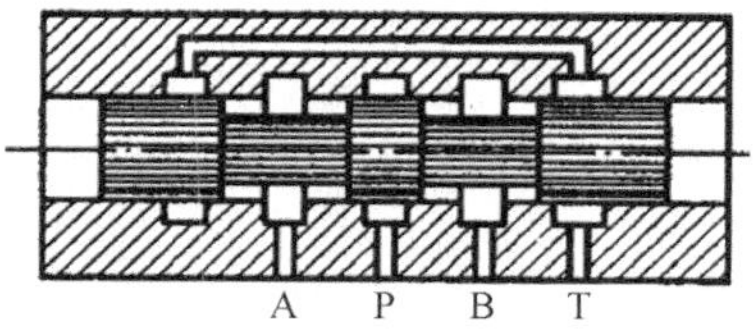 A P B T | 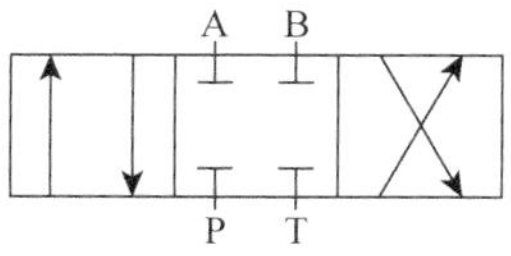 A B P T |
| 两位五通 | 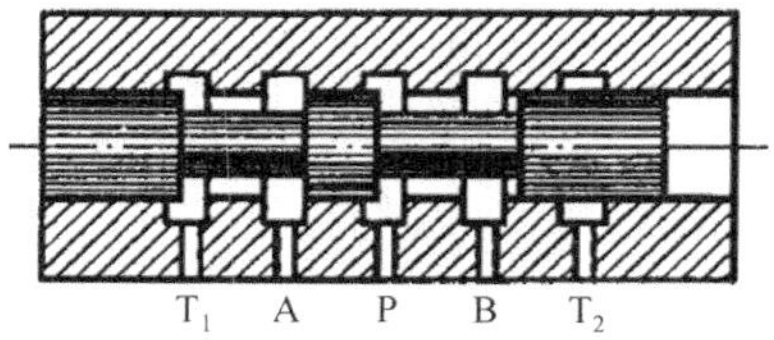 $T_1$ A P B $T_2$ | 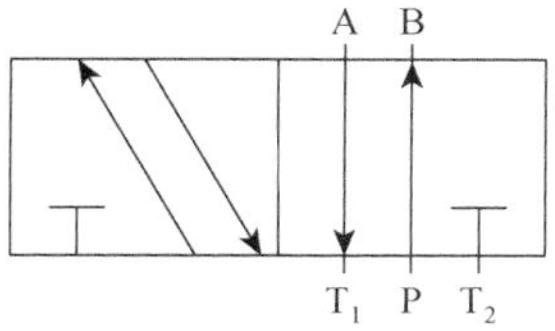 A B $T_1$ P $T_2$ |
| 三位五通 | 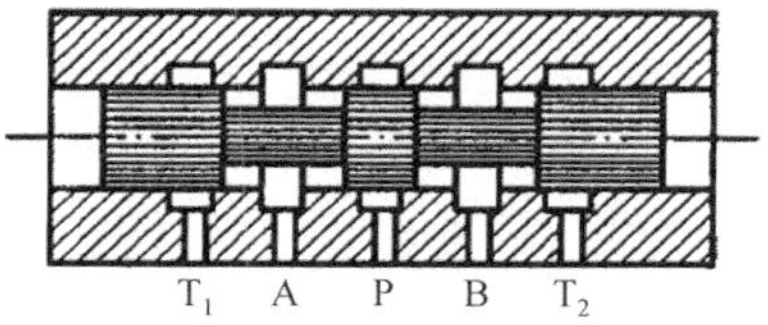 $T_1$ A P B $T_2$ | 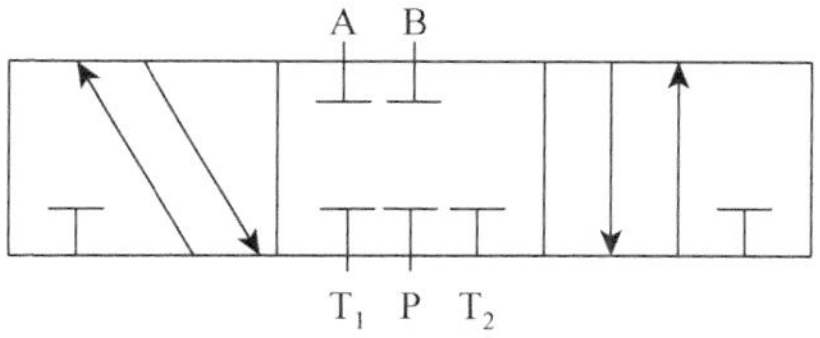 A B $T_1$ P $T_2$ |

其图形符号的含义如下。

（1）用方框表示阀的位置，有几个方框就是几“位”。图 11-3 中有三个方框，称为三位。

（2）一个方框上边、下边与外部的接口数有几个，就表示几“通”。如图 11-3 所示，一个方框上边、下边处有 P、A、B、T 四个接口，称为四通。

（3）方框内“⊥”和“⊤”表示油路被封闭，不通。

（4）方框内的箭头表示油路的连通情况，但箭头方向不一定是油液的实际流向。

（5）通常与泵的供油相连的油口用 P 表示，出油口用 T 表示，A、B 表示与执行元件连接的油口。

（6）图形符号两端表示操控方式，常见换向阀的操纵方式见表 11-3。

**表 11-3 常见换向阀的操纵方式**

| 操纵方式 | 符号 | 简要说明 |
| --- | --- | --- |
| 手动 | 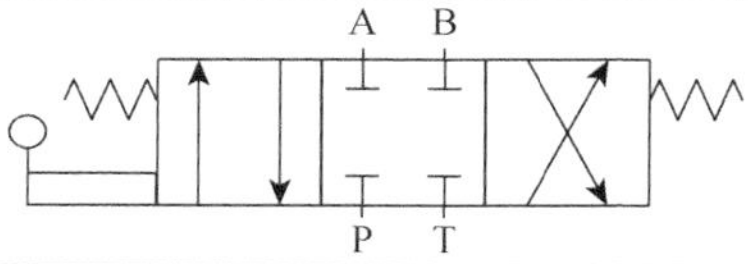 A B P T | 手动操纵，弹簧复位，在中间位置时阀口互不相通 |

续表

| 操纵方式 | 符号 | 简要说明 |
| --- | --- | --- |
| 机动 | 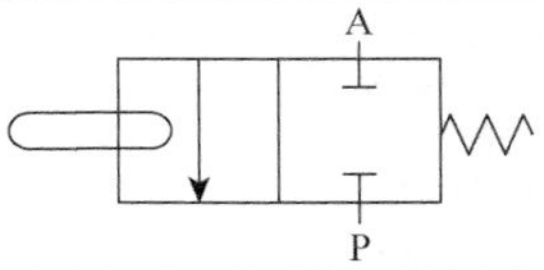  | 挡块操纵，弹簧复位，通口常闭 |
| 电磁 | 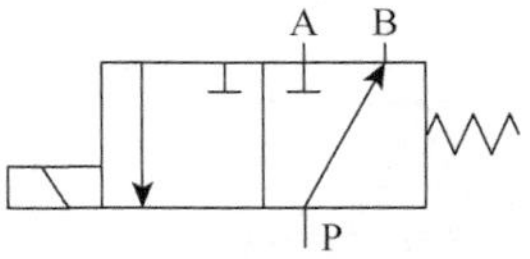  | 电磁铁操纵，弹簧复位 |
| 液动 | 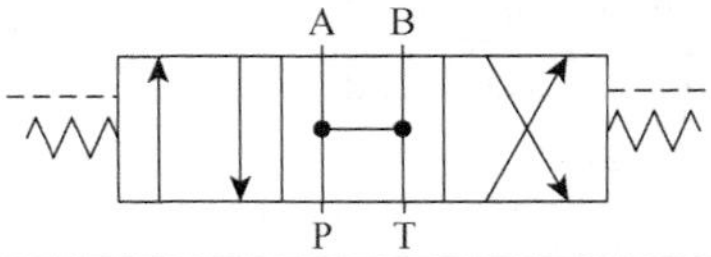  | 液压操纵，弹簧复位，在中间位置时四口（P、A、B、T）互通 |
| 电液动 | 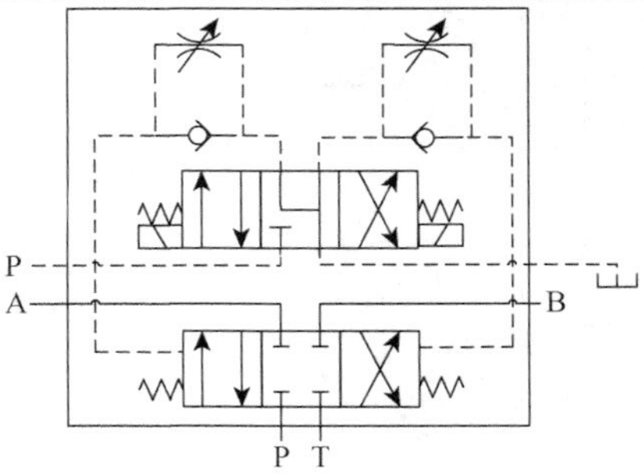 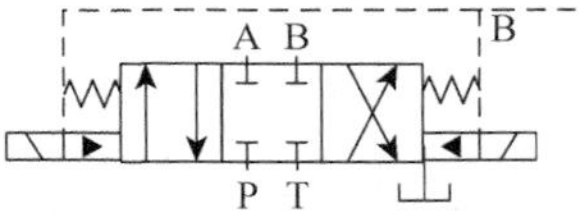  | 电磁铁先导控制，液压驱动，阀芯移动速度可分别由两端的节流阀调节，使系统中的执行元件平稳换向 |

4. 三位阀的中位机能

多位换向阀阀芯处于不同工作位置时，主油路的连通方式不同，其控制机能也不一样，通常把滑阀主油路的这种连通方式称为滑阀机能。在三位滑阀中，将阀芯处于中间位置时的主油路连通方式称为滑阀的中位机能；把阀芯处于左位（右位）时的主油路连通方式称为滑阀的左位（右位）机能。常用三位换向阀的中位机能、中位符号及其特点如表 11-4 所示。

分析和选择中位机能时，应考虑以下因素。

（1）系统保压。当油口 P 封闭时，系统保压，可实现一个泵带多个执行机构。当 P 口与 T 口半开启接通时，系统能保持一定压力，可为控制油路提供压力油。

（2）系统卸荷。当 P 口与 T 口完全接通时，泵输出的油以极低的压力经 T 口流回油箱，系统卸荷。泵消耗的功率小，可以防止油液发热。

（3）油缸浮动。当阀在中位时，A、B 两油口互通，水平放置的油缸呈浮动状态，即缸不能定位，可以利用其他机构调整油缸活塞的位置。

（4）启动平稳性。当阀在中位时，若油缸的油腔通油箱，启动时，油腔油液起缓冲作用，启动不平稳。

除上述各点外，还应考虑换向精度、换向平稳性等性能。

**表 11-4 常用三位换向阀的中位机能、中位符号及其特点**

| 中位机能 | 滑阀状态 | 中位符号 | | 特点 |
|---|---|---|---|---|
| | | 四通 | 五通 | |
| O | 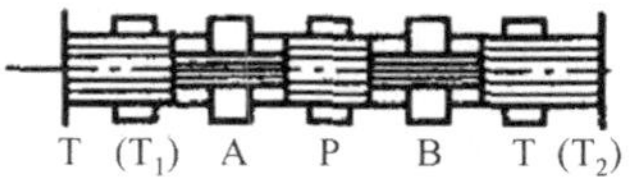 T ($T_1$) A P B T ($T_2$) | 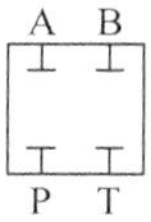 A B<br>P T | 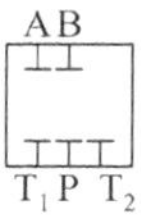 AB<br>$T_1$ P $T_2$ | 各油口全封闭，系统不卸载，缸封闭 |
| H | 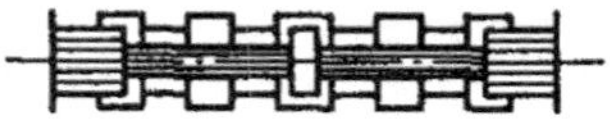 | 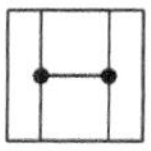 | 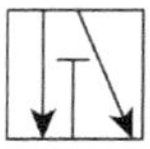 | 各油口全连通，系统卸载 |
| Y | 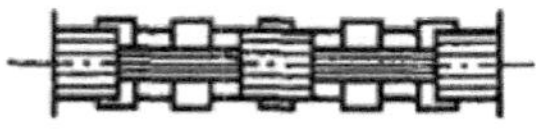 | 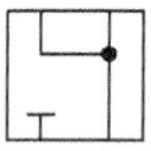 | 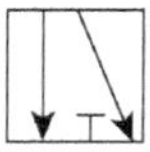 | 系统不卸载，缸两腔与回油连通 |
| J | 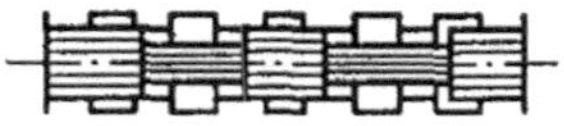 | 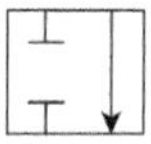 | 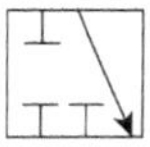 | 系统不卸载，缸一腔封闭，另一腔与回油连通 |
| C | 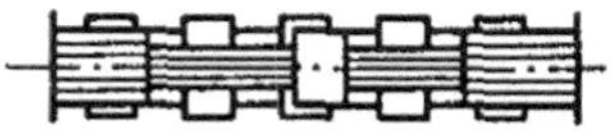 | 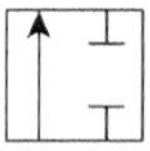 | 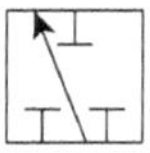 | 压力油与缸一腔连通，另一腔及回油皆封闭 |
| P |  | 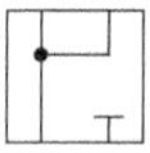 | 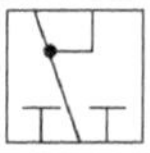 | 压力油与缸两腔连通，回油封闭 |
| K |  | 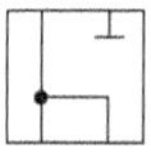 | 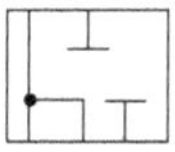 | 压力油与缸的一腔及回油连通，另一腔封闭，系统可卸载 |
| X | 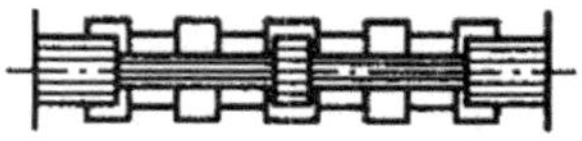 |  | 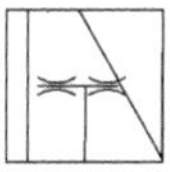 | 压力油与各油口半开启连通，系统保持一定压力 |
| M | 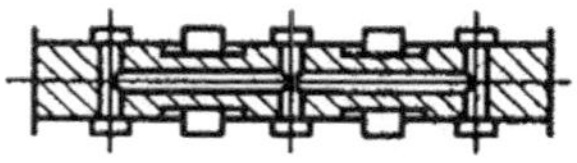 | 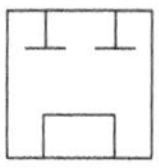 | 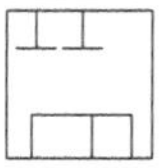 | 系统卸载，缸两腔封闭 |
| U | 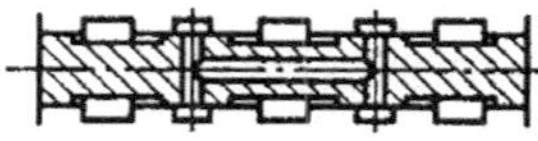 | 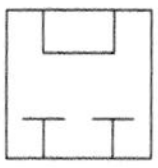 | 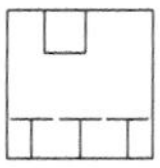 | 系统不卸载，缸两腔连通，回油封闭 |
| N | 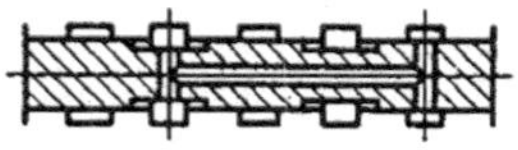 | 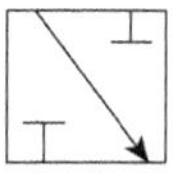 | 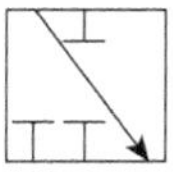 | 系统不卸载，缸一腔与回油连通，另一腔封闭 |

5. 几种常用的换向阀

1）机动换向阀

机动换向阀也称为行程换向阀，这种阀必须安装在油缸附近，当油缸运动时，装在运动部件上的挡块或凸轮移动到机动阀时，压下机动阀阀芯，使阀换向。图 11-4 为一种二位四通机动换向阀结构。

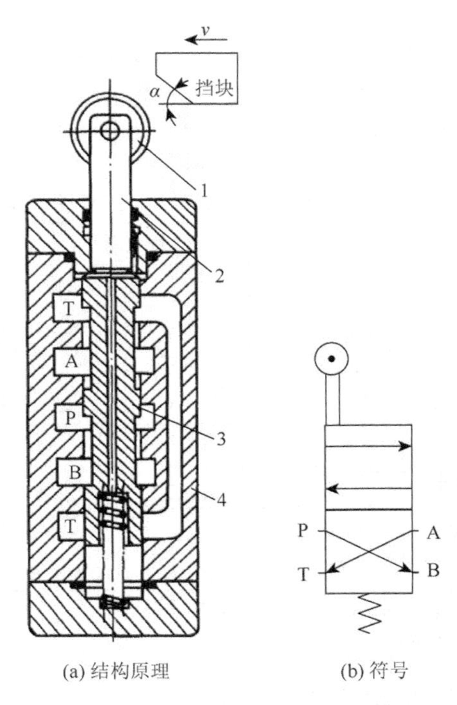


(a) 结构原理　　　　　　　　(b) 符号

图 11-4　二位四通机动换向阀结构

1-滚轮；2-顶杆；3-阀芯；4-阀体

机动换向阀多采用弹簧复位式，其结构简单，动作可靠，换向位置精度高，选择适当的挡块迎角 $\alpha$ 或凸轮外形，可获得合适的换向速度 $v$，减小换向冲击。主要缺点是该阀必须安装在油缸附近，连接管路较长。

2）电磁换向阀

电磁换向阀利用电磁铁吸力来控制阀芯换位，图 11-5 所示为三位四通电磁换向阀的结构原理和图形符号。阀的两端各有一个电磁铁和对中弹簧，当左、右两块电磁铁均不通电时，阀芯靠对中弹簧使之处于中位，即图 11-5（b）的中位，此时，P、A、B、T 均封闭。当左端电磁铁通电时，衔铁通过推杆将阀芯移至右端，此时，P 与 A 接通，B 与 T 接通；反之，可实现 P 与 B 接通，A 与 T 接通，实现了换向。

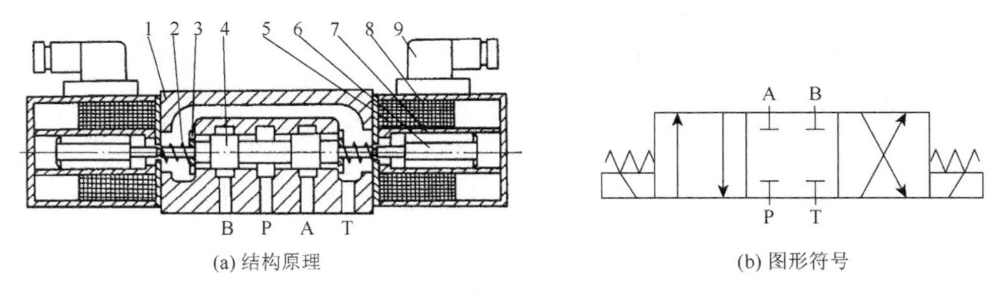


(a) 结构原理　　　　　　　　　　　　(b) 图形符号

图 11-5　三位四通电磁换向阀的结构原理和图形符号

1-阀体；2-弹簧；3-弹簧座；4-阀芯；5-线圈；6-衔铁；7-隔套；8-壳体；9-插头组件

电磁换向阀中的电磁铁有交流与直流两种。交流电磁铁使用方便，启动力大，换向迅速，但换向冲击大，有噪声，换向频率较低。当阀芯卡住电磁铁，吸合不上时，线圈易被烧坏，工作可靠性差。直流电磁铁换向时间长，换向平稳，允许换向频率高，具有恒电流特性，当电磁铁吸合不上时，不会烧电磁铁线圈，故工作可靠，但需要采用直流电源或整流设备。电磁换向阀采用电信号控制，方便灵活，易于实现动作转换的自动化，应用广泛。

3）液动换向阀

当通过阀口的流量较大时，阀的结构尺寸将增大。由于阀芯较重，电磁铁吸力有限，难以推动阀芯移动。在大流量的换向阀中，多采用压力油操纵阀芯移动换位，这就是液动换向阀，其图形符号如图 11-6 所示。

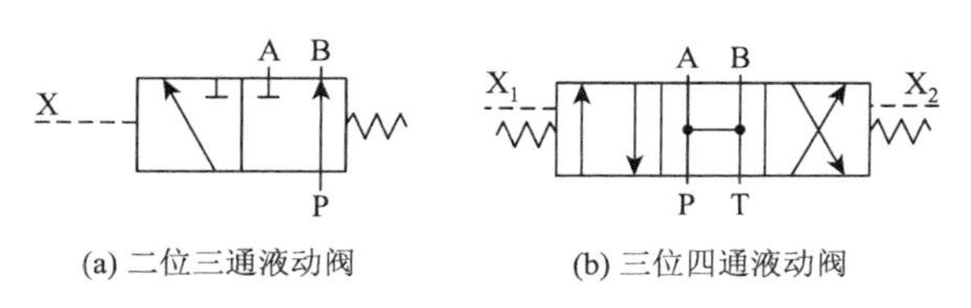


(a) 二位三通液动阀　(b) 三位四通液动阀

图 11-6　液动换向阀的图形符号

4）电液动换向阀

电液动换向阀是电磁阀与液动阀结合构成的一种组合阀。在电液动换向阀中，电磁阀起先导阀作用（给控制油路换向），而液动阀控制主油路换向。图 11-7 所示为电液动换向阀的结构。由图可知，当电磁阀的两个电磁铁都不通电时，电磁阀（先导阀）的阀芯处于中位，液动阀芯两端均与油箱相通，也处于中位。当电磁铁 3 通电时，先导阀芯右移，压力油经单向阀 1 与主阀芯左端相通，主阀芯右端的回油经节流阀 6 与电磁阀和油箱相通，主阀芯两端存在压力差，推动主阀芯右移，其移动速度由节流阀 6 的开口控制，实现主阀芯换向。同理，当电磁铁 5 通电时，先导阀移至左位，主阀芯也移至左位，其移动速度由节流阀 2 的开口控制。

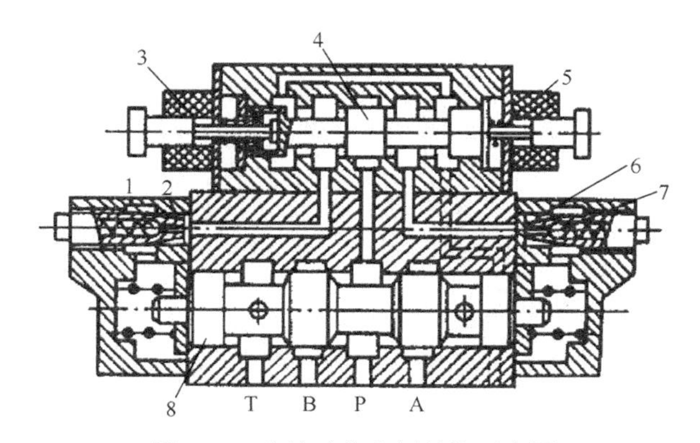


图 11-7　电液动换向阀结构示意图

1、7-单向阀；2、6-节流阀；3、5-电磁铁；4-电磁阀阀芯；8-液动阀阀芯（主阀芯）

电液动换向阀兼有电磁阀和液动阀的优点，换向平稳，易于控制，适用于高压、大流量的液压系统。

5）手动换向阀

手动换向阀是指控制手柄直接操纵阀芯的移动，从而实现油路切换。

# 11.3　压　力　阀

控制油液压力高低，或利用压力变化实现某些动作的阀通称为压力阀，按功能可将其分为溢流阀、减压阀、顺序阀、压力继电器等。

## 11.3.1　溢流阀

溢流阀按结构可分为直动式和先导式两种，其工作原理是溢出多余的油液，使系统或回路的压力维持恒定，实现稳压、调压和限压的作用。

### 1. 直动式溢流阀

图 11-8 所示为直动式溢流阀的结构及图形符号。压力油由 P 口进入阀后，经阀芯上的径向孔 f 和轴向孔 g 作用于阀芯 4 的底面上。当进油压力较低时，阀芯在弹簧 2 的预紧力作用下处于最下端，此时 P 与 T 封闭，阀处于非工作状态。当阀入口 P 处压力的升高，使作用于阀芯底面上的液压力大于弹簧预紧力时，阀芯开始向上运动，打开阀口，此时 P 与 T 相通，部分油液溢流回油箱，进口处的油压力不会继续升高，能保持入口压力基本恒定。旋紧或放松调节螺母，可以改变弹簧的预压缩量（预紧力），便可调整溢流阀的溢流压力。这种溢流阀是由油压力直接作用于阀芯，与弹簧力相平衡，故称为直动式溢流

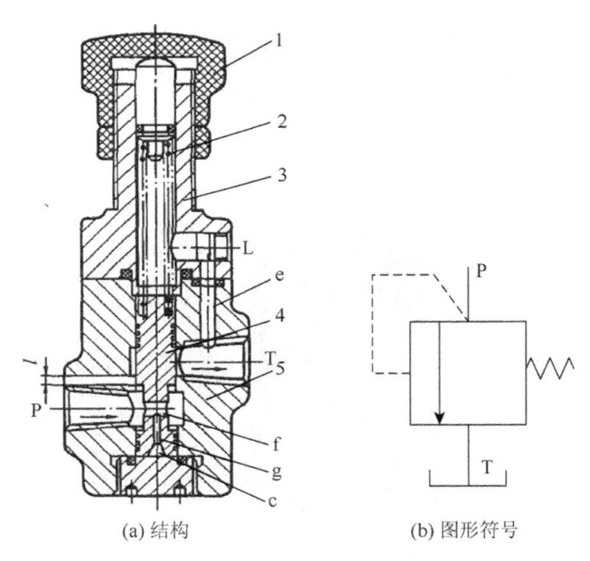


(a) 结构　　(b) 图形符号

图 11-8　直动式溢流阀

1-调节螺母；2-弹簧；3-上盖；4-阀芯；5-阀体

阀，只能用于低压、小流量处。当控制流量较大或压力较高时，需换上刚度大的硬弹簧。直动式溢流阀手动调节困难，且阀口开度变化会引起较大的压力被动。

2. 先导式溢流阀

先导式溢流阀如图 11-9 所示，它由主阀和先导阀两部分组成，其中先导阀是一个直动式溢流阀。进入主阀入口 P 处的压力油经主阀芯上的阻尼孔 2、主阀芯上腔、孔道 a、阻尼孔 8 作用于导阀的阀芯上。当 P 处的压力较低，不足以克服导阀的弹簧预紧力时，导阀关闭，主阀芯上、下两腔的油压力相等，主阀芯 1 在主阀弹簧 3 的作用下关闭，此时没有溢流，处于非工作状态。当 P 口处的压力增加时，导阀前的压力随之增加，当导阀打开时，就有油液经阻尼孔 2、通道 a、阻尼孔 8、打开的导阀口和通道 b 流至 T 口回油箱。油液流经阻尼孔 2 时，在其两端产生压力差，当该压力差作用于主阀芯上产生的合力大于主阀弹簧力时，主阀打开，油液经 T 口流回油箱实现溢流。由于主阀芯上腔的压力是由先导阀的弹簧预紧力所确定的，阻尼孔 2 所造成的压差极小（主阀芯的弹簧刚度小）。主阀芯下腔，即入口 P 处的压力也是由先导阀弹簧调定的，所以当主阀开始溢流时，主阀入口 P 处的压力是由导阀弹簧所调节的定值，调节先导阀的弹簧力就可以调节溢流阀入口的压力。

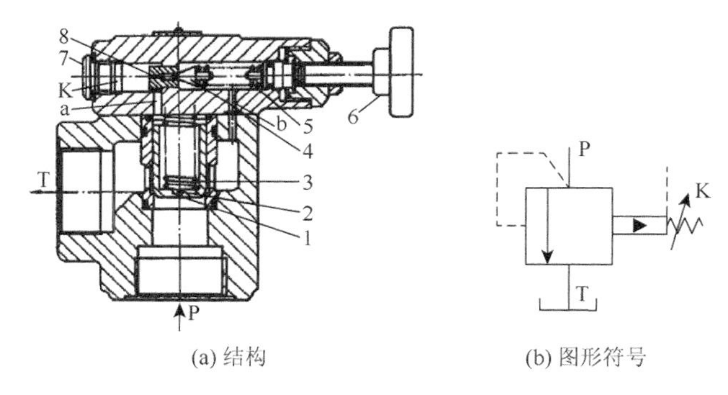


(a) 结构　　(b) 图形符号

图 11-9 先导式溢流阀

1-主阀芯；2、8-阻尼孔；3-主阀弹簧；4-先导阀芯；5-先导阀弹簧；6-调压手轮；7-螺堵

先导式溢流阀的阀体上有一个远程控制口 K，当将 K 口经二位二通阀接通油箱时，主阀芯上腔的压力近似零压，主阀芯在进口 P 的极小压力作用下，就可将主阀芯上移，且开口最大，泵输出的油液在很低的压力下经过阀口流回油箱，实现卸荷作用。如果将 K 口接通另一个直动式溢流阀，则可由该阀调节溢流阀的压力。可将这个阀安装于控制台上，实现远程调压。

3. 溢流阀的特性

溢流阀的性能主要有静态性能和动态性能。静态特性是指阀在系统压力没有突变的稳态情况下，所控制流体的压力、流量的变化情况，特性指标主要指压力-流量特性、启闭特性、压力调节范围、许用流量范围、卸荷压力等。

当溢流阀稳定工作时，作用在阀芯上的力是相互平衡的。当溢流阀阀口流量变化，即阀口开度发生变化时，入口压力将会发生微小变化。当溢流阀将开未开，处于临界状态时，此时进口处的压力称为开启压力，随着溢流量增大，阀口开度加大，压力值将增大。当溢流阀通过额定流量时，阀芯上升至相应位置，此时入口处的压力 $p_T$ 称为全流压力或调定压力。全流压力与开启压力之差称为静态调压偏差，而开启压力与全流压力之比称为开启比。溢流阀的开启比越大，其静态调压偏差越小，控制的系统压力越稳定。

溢流阀的流量-压力特性曲线如图 11-10 所示，由图可知，对于直动式溢流阀，当阀入口压力 $p<p_K$ 时，溢流阀口关闭不溢流。当入口压力 $p>p_K$ 时，阀口打开溢流，随着流量的增大，阀口开度增大，阀入口压力增大，当流量达到 $Q_N$，即阀的额定流量时，阀入口处有最大压力 $p_T$，则 $p_T-p_K$ 为直动式溢流阀的调压偏差。对于先导式溢流阀，当阀入口压力为 $p''_K>p>p'_K$ 时，导阀打开，此时仅有少量油液经导阀流回油箱。当阀入口压力为 $p>p''_K$ 时，主阀打开溢流，阀便进入工作状态。但由图 11-10 可知，先导式溢流阀的特性曲线比直动式溢流阀陡，故在相同流量变化下，先导式溢流阀的入口压力变动不大，其稳压精度比直动式溢流阀高。

溢流阀动态特性是指在系统压力突变的情况下，阀的压力在响应过程中所表现出的性能指标。溢流阀的动态特性曲线如图 11-11 所示。

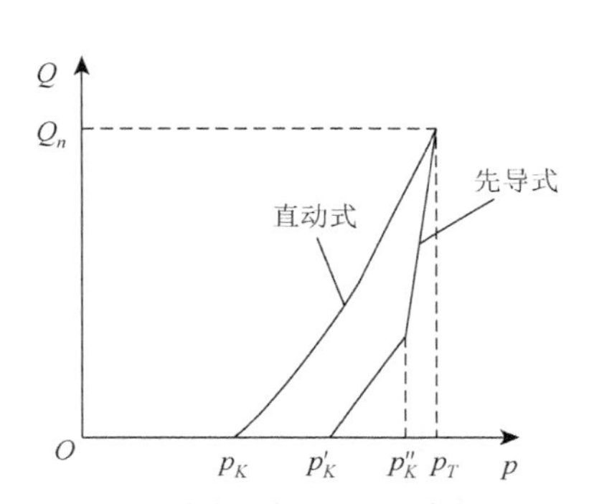


图 11-10　溢流阀的流量-压力特性曲线

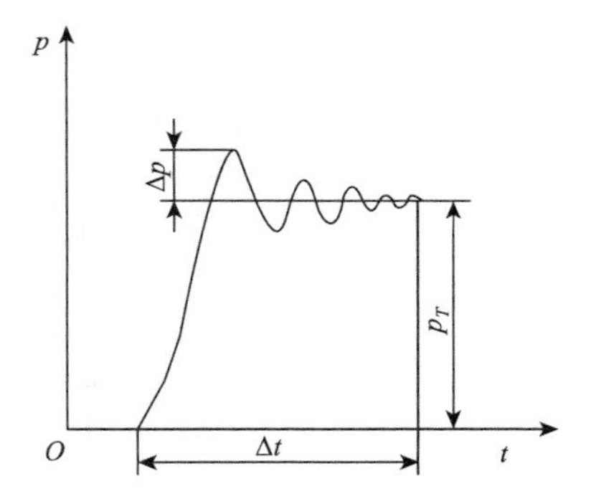


图 11-11　溢流阀的动态特性曲线

4. 溢流阀的应用

在液压系统中，溢流阀的主要用途如下。

（1）以定量泵为油源时，泵出口并联溢流阀，可调节泵出口压力，即起到溢流定压作用。

（2）以变量泵为油源时，泵出口并联溢流阀，系统过载时，溢流阀打开，起保护作用。系统正常工作时，溢流阀关闭，此时的溢流阀起安全阀作用。

（3）将直动式溢流阀放在回油路上，产生一定的回油阻力，以改善执行元件的运动平稳性，可当背压阀用。

（4）利用先导式溢流阀的遥控口，可以使系统实现远程调压或使系统卸荷。

## 11.3.2　减压阀

减压阀的主要作用是降低系统中某一支路的油液压力，能在同一系统中得到两个或多个不同压力的回路。例如，在润滑支路或夹紧支路需要低压时，只要在支路上串联一个减压阀即可。

按工作原理，减压阀也有直动式和先导式之分。在液压系统中，先导式减压阀的应用较多。图 11-12（a）所示为先导式减压阀的结构原理及符号，它能使阀出口压力保持恒定，故称为定值减压阀。图 11-12 中，压力为 $p_1$ 的油液由 A 口流入，经减压口 f 减压后，压力降为 $p_2$，由 B 口流出。同时，油液经主阀芯上的径向孔和轴向孔引入主阀芯左、右腔，并作用于导阀前。当出口压力小于导阀调定值时，导阀关闭，主阀芯左、右两腔压力相等，主阀芯被弹簧推至左端，减压阀阀口开度 $x$ 最大，压降最小，此时为减压阀的非工作状态。当出口压力 $p_2$ 升高并超过导阀的调定值时，导阀打开，主阀弹簧腔的油液经导阀及泄油口 Y 流回油箱。由于通向主阀芯弹簧腔的轴向孔 e 是细小的阻尼孔，油液流过时，主阀芯左、右两端产生压力差，在此压力差作用下，主阀芯克服弹簧力右移，减压口开度变小，压降增大，使出口压力降低，直到等于先导阀调定的数值为止。反之，若出口压力减小，主阀芯左移，减压口开大，压降减小，使出口压力回升至调定值。由此可知，当出口压力发生变化时，可以通过主阀芯左右移动的方式，改变减压口开度大小，自动地保持出口压力基本恒定。

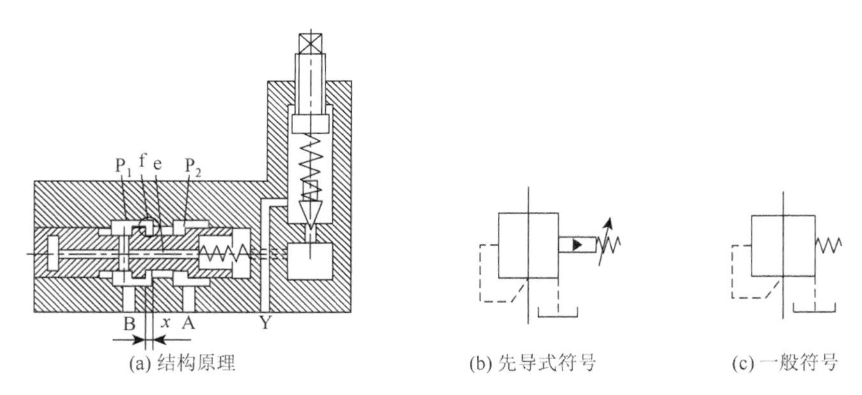


图 11-12　先导式减压阀

即使减压阀出口油路的油液不再流动（如夹紧缸运动至终点后），由于先导阀泄油仍流回油箱，阀处于工作状态，出口压力仍能保持恒定。

可以看出，与溢流阀相比，减压阀的阀口常开，用出口压力控制阀口开度，并能使出口压力恒定，其泄漏油用独立通道引回油箱，上述特点在图形符号中也有所反映。

### 11.3.3 顺序阀

顺序阀利用液压系统中的压力变化，控制油路通断来控制多个执行元件的顺序动作。改变其操控方式，顺序阀还具有背压阀、卸荷阀等功能。顺序阀有直动式和先导式两种，按照控制油路，又可分为内控式和外控式，泄油也有内泄和外泄之分。

图 11-13 所示为直动式顺序阀的工作原理。这种顺序阀直接利用进口压力进行控制，它是一种内控式顺序阀，有外泄通道。当进油口 A 处压力为 $p_1$ 的油液经阀体 4 和下盖 7

的孔道流至控制活塞 6 的下方时，使阀芯 5 受到向上的作用力，若进口压力较低，其产生的向上推力小于上端的弹簧力时，阀芯处于最下端，此时油口 A 与 B 不通。当进油口压力升高达到预定值时，阀芯底部受到的推力大于上腔弹簧力，阀芯上移，油口 A 与 B 接通，油液经 B 口流至执行机构，使该执行机构产生动作。顺序阀的开启压力，可由调压螺钉 1 调节。

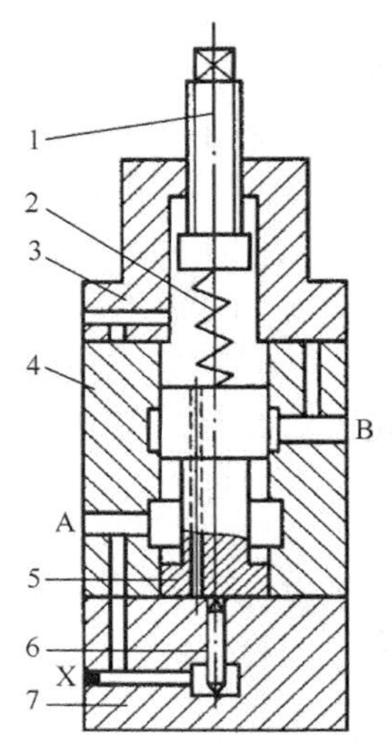


图 11-13　直动式顺序阀的工作原理

1-调压螺钉；2-弹簧；3-上盖；4-阀体；5-阀芯；6-控制活塞；7-下盖

图 11-13 所示的控制油路直接引自进油口，这种控制方式称为内控式。若控制油从其他外部引入，则称为外控式。例如，将图 11-13 中的下盖 7 旋转 90°安装，打开外控口 X，就变成外控式。直动式顺序阀的图形符号如图 11-14 所示。

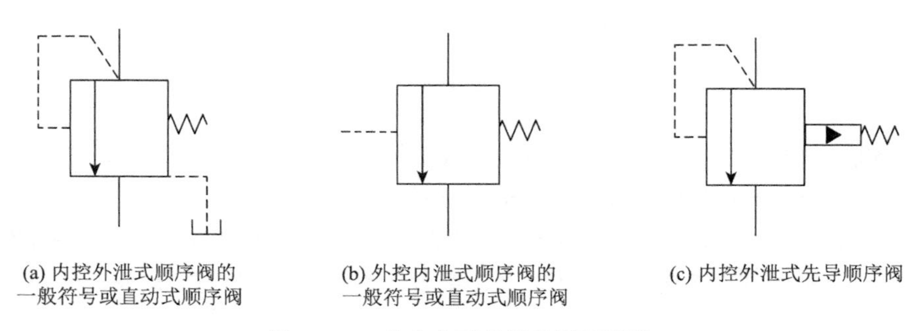

(a) 内控外泄式顺序阀的一般符号或直动式顺序阀　　(b) 外控内泄式顺序阀的一般符号或直动式顺序阀　　(c) 内控外泄式先导顺序阀

图 11-14　直动式顺序阀的图形符号

## 11.3.4　压力继电器

压力继电器是将液压信号转换为电信号的转换元件，由压力-位移转换装置和微动开关组成。当控制油液压力达到调定值时，能使电气微动开关发出电信号，控制系统中的电气元件（如油泵电动机、电磁铁、电磁离合器等）动作，实现泵的卸荷、执行元件顺序动作、保护系统及动作互锁等。

# 11.4 流 量 阀

流量阀通过改变节流口面积大小来控制经过阀口的流量，以控制调节执行元件的运动速度。流量阀应具有足够的调节范围，具有稳定的最小流量，当温度或压力变化时，对流量的影响应较小。

## 11.4.1 流量控制原理

由流体力学基础可知，薄壁孔流量公式中，流量 $Q$ 与压差 $\Delta p$ 为平方根关系，而细长孔的流量 $Q$ 与压差 $\Delta p$ 为线性关系。实际的节流口都介于薄壁孔与细长孔之间，其特性可由式（11-1）描述：

$$Q = KA\Delta p^{\varphi} \tag{11-1}$$

式中，$K$ 为系数；$A$ 为节流口面积；$\varphi$ 为指数，$0.5 \leqslant \varphi \leqslant 1$。

由式（11-1）可知，改变节流口面积 $A$ 可改变流量，根据此原理可以调节流量。

（1）液压系统中，由于负载变化造成压力变化，即压差 $\Delta p$ 变化，将引起节流口流量变化，且当 $\varphi$ 越大时，$\Delta p$ 的变化对流量的影响越大，因此阀口为薄壁孔（$\varphi = 0.5$）时比细长孔（$\varphi = 1$）好。

（2）当系统中的油液温度变化时将引起黏度变化，对于薄壁孔口，其流量公式中无黏性项参数，故对流量变化的影响小；而细长孔流量公式中包含黏性项参数，故对流量的影响大。

（3）实验表明，当压差、节流口面积、温度均不变时，若节流口很小，流量会不稳定，或时断时续，甚至断流，这种现象称为节流口的阻塞。产生阻塞的原因主要是油液在高温氧化作用下劣化变质，产生胶质物，与油中杂质结合，附着于节流口处。因此，有一个能正常工作的最小稳定流量，其值在 0.03～0.05L/min 范围内。

节流口的形式对性能的影响很大，通常有针阀式节流口、周向三角槽式节流口、轴向三角槽式节流口、周向缝隙式节流口、轴向缝隙式节流口等。

## 11.4.2 节流阀

图 11-15 所示为一种节流阀的结构原理及图形符号。压力油由油口 A 流入，经节流口从油口 B 流出。在阀芯上开有多个轴向三角槽。当用手轮调节使阀芯 1 上下移动时，可以改变节流口的通流面积，即调节流量。这种节流阀的结构简单，调节范围较大，流量稳定性较好。

## 11.4.3 调速阀

通过节流阀的流量受进油口、出油口两端压差变化的影响。在液压系统中，执行元件的负载变化会引起系统压力变化，进而使节流阀两端的压差也发生变化，而执行元件的运

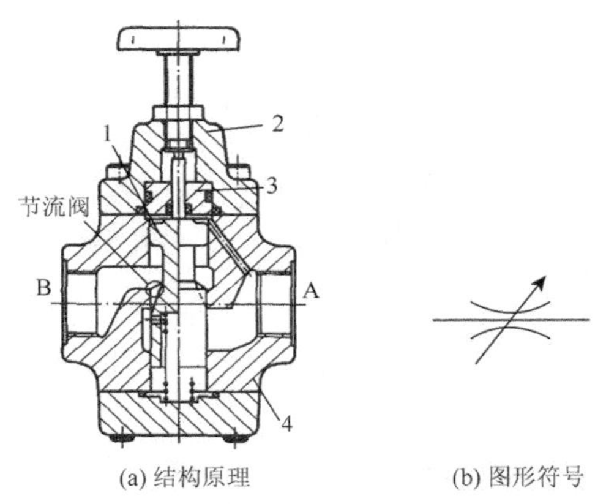


(a) 结构原理　　　　(b) 图形符号

图 11-15　节流阀结构原理及图形符号

1-阀芯；2-上盖；3-封头；4-阀体

行速度由节流阀控制的流量确定，因此负载的运动速度也会相应发生变化。为了使流经节流阀的流量不受负载变化的影响，必须对节流阀前后的压差进行压力补偿，使其保持为一个稳定的值，这种带压力补偿的流量控制阀称为调速阀。根据补偿方式，由差压式减压阀与节流阀串联构成的阀称为调速阀；由定压溢流阀与节流阀并联构成的阀称为溢流节流阀，且前者应用较广。

1. 调速阀的工作原理

图 11-16 所示为调速阀的结构原理及图形符号。泵的出口压力 $p_1$ 由溢流阀调定为恒定值，调速阀出口处的压力 $p_2$ 由负载 $F$ 决定。如果系统中装的是节流阀，当 $F$ 增大时，$p_2$ 增大，而 $p_1$ 不变，则节流阀压差 $\Delta p = p_1 - p_2$ 将减小，引起流量的变化。调速阀是在节流阀前串接一个差压式减压阀，从泵输出的油液先经减压，将压力 $p_1$ 降为 $p_m$，并通过减压阀芯的自动调节使作用于节流阀口两端的压差 $\Delta p = p_m - p_2$。调节过程是，若负载 $F$ 增大，则 $p_2$ 增大，与之相通的减压阀芯上腔口处的压力增大，而减压阀芯的 c 腔与 d 腔均

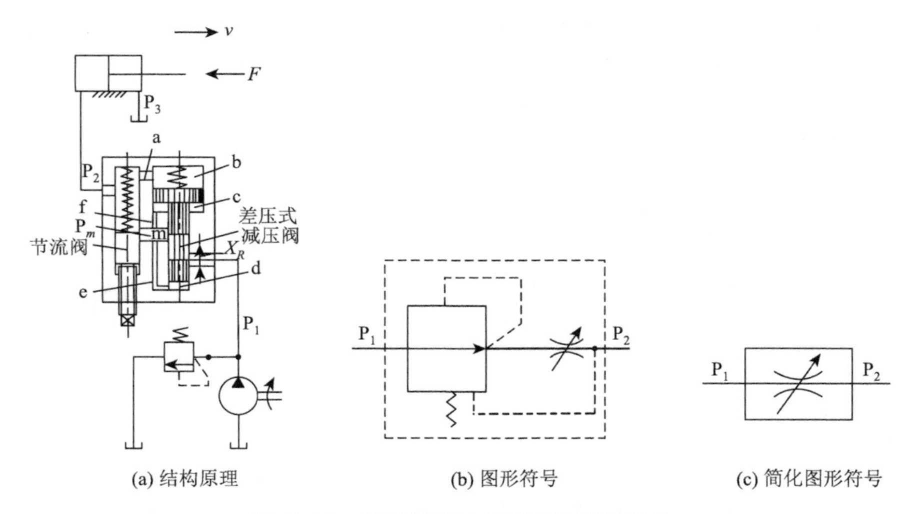


(a) 结构原理　　　　(b) 图形符号　　　　(c) 简化图形符号

图 11-16　调速阀的结构原理及图形符号

与 m 腔相通，由于负载增大，$p_2$增大，破坏了原来减压阀芯上的力平衡，使减压阀芯向下移动，减压阀开度 $X_R$ 增大，压降减小，使 $p_m$ 上升，结果使 $\Delta p = p_m - p_2$ 不变；反之亦然。调速阀通过的流量不会受负载变动的影响，流量稳定不变。

2. 调速阀的静态特性

调速阀的静态特性可由减压阀芯的受力平衡方程及减压阀、节流阀的流量公式推导得出，公式中的 $R$ 下标表示减压阀参数，$T$ 下标表示节流阀参数。

忽略减压阀芯自重及摩擦力，减压阀芯的力平衡方程为

$$K_s\left(X_c - X_R\right) = 2C_{dR}\omega_R X_R\left(p_1 - p_m\right)\cos\theta + \left(p_m - p_2\right)A_R \tag{11-2}$$

式中，$X_c$ 为弹簧预压缩量；$K_s$ 为弹簧刚度；$X_R$ 为减压阀阀口开度；$\omega_R$ 为减压阀面积梯度；$\theta$ 为阀口外流速方向与阀芯轴线的夹角。

减压阀口和节流阀口的流量公式分别为

$$Q_R = C_{dR}\omega_R X_R\sqrt{\frac{2}{\rho}\left(p_1 - p_m\right)} \tag{11-3}$$

$$Q_T = C_{dT}\omega_T X_T\sqrt{\frac{2}{\rho}\left(p_m - p_2\right)} \tag{11-4}$$

当 $Q_R = Q_T$ 时，有

$$Q_T = C_{dT}\omega_T X_T\sqrt{\frac{2K_s X_c}{\rho A_R}}\left[\frac{1-\dfrac{X_R}{X_c}}{1+\dfrac{2C_{dT}^2\omega_T^2 X_T^2}{A_R C_{dR}\omega_R X_R}\cos\theta}\right]^{\frac{1}{2}} \tag{11-5}$$

当略去中括号内的各项，$\dfrac{X_R}{X_c} \ll 1$，$\dfrac{2C_{dT}^2\omega_T^2 X_T^2}{A_R C_{dR}\omega_R X_R}\cos\theta \ll 1$，则

$$Q_T = C_{dT}\omega_T X_T\sqrt{\frac{2K_s X_c}{\rho A_R}} \tag{11-6}$$

由式（11-6）可知，调速阀的流量基本可以保持恒定。

调速阀和节流阀的流量特性曲线如图 11-17 所示。由图可知，调速阀有最小压差的限制，这是因为调速阀中有减压阀、节流阀两个液阻，若压差太小，将使减压阀阀口开度 $X_R$ 过大，无法起到减压作用，为使调速阀正常工作，至少需 0.4～0.5MPa 的压差。

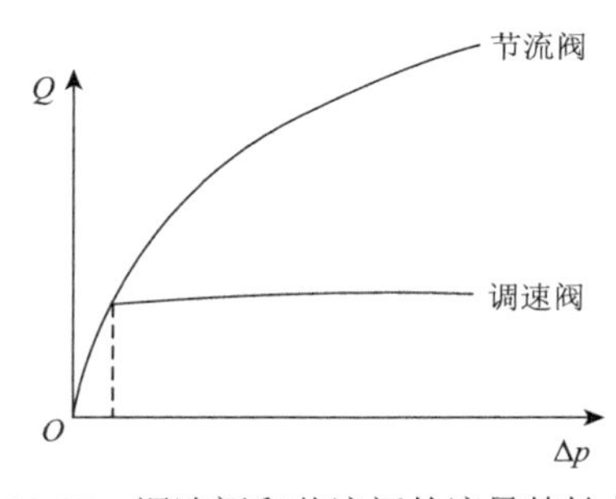


图 11-17 调速阀和节流阀的流量特性曲线

# 11.5　其他类型的控制阀

## 11.5.1　比例阀

比例阀是一种能使所输出油液参数随输入电信号参数变化而变化的液压控制阀，它主要采用比例电磁铁取代传统阀的手动调节装置，又称为电液比例阀，其分类和普通液压元件分类一样，如比例压力阀、比例流量阀等。比例阀由比例调节机构和液压阀两部分组成，前者多采用比例电磁铁，其性能不同于电磁阀；后者与普通液压阀十分相似。

比例电磁铁的结构原理和特性曲线如图 11-18 所示，它是一种电气机械转换器，将输入的电信号转换为阀芯位移。控制输入电流的大小和极性，就可得到不同大小和方向的电磁力，即作用于阀芯上的力 $F_M$ 与输入电流的大小成比例。

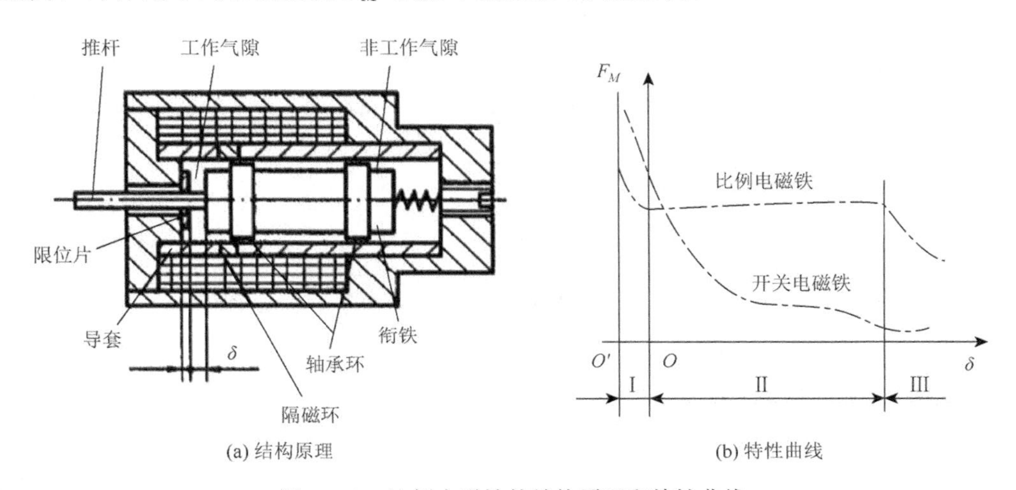


图 11-18　比例电磁铁的结构原理和特性曲线

Ⅰ-吸和区；Ⅱ-工程行程区；Ⅲ-空行程区

图 11-19 所示为采用比例阀控制的电-液控制系统方框图。由图可知，比例阀输入电气信号，输出液压参数，它能够连续地按比例改变输出参数，多用于开环控制，尤其适宜用在要求连续的比例控制，但对控制精度和响应速度要求不高，并能在一般的污染程度下保证工作可靠，使用简单、方便的液压系统。为了提高控制精度和响应速度，系统采用闭环控制。

以电液比例方向阀为对象，说明比例阀的原理和特点。图 11-20 所示为先导式开环控制的比例方向（节流）阀，其先导阀及主阀均为滑阀。此先导阀是双向控制的直动式比例减压阀，其进油口为 X，回油口为 Y。比例电磁铁未通电时，先导阀芯 4 在对中弹簧作用下处于中位，四个阀口关闭。当比例电磁铁 A 通电时，先导阀芯左移，导阀打开，压力油经导阀口、固定阻尼孔 5，流至主阀芯 8 右端面，压缩主阀对中弹簧 10，使主阀芯左移，主阀口打开，使 P-A 和 B-T 通，主阀芯左端面的油液经左固定阻尼孔、先导阀

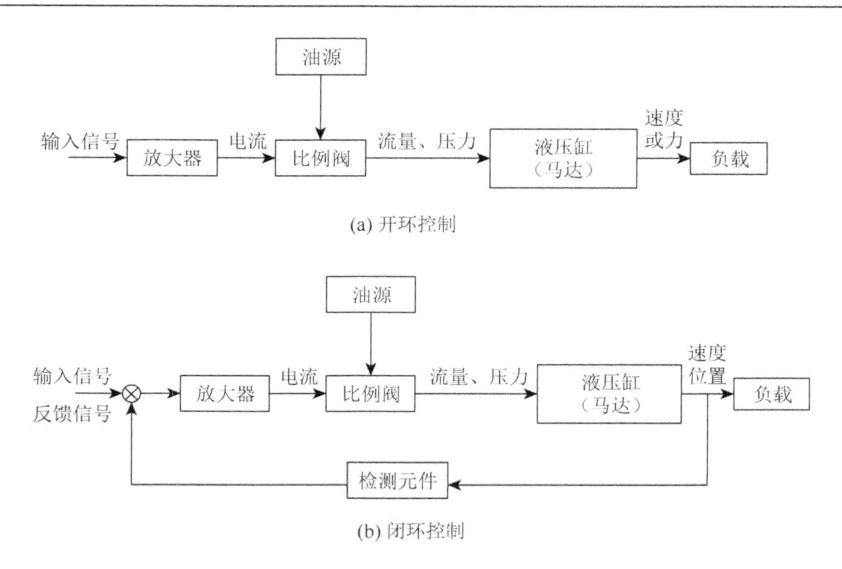


图 11-19 采用比例阀控制的电-液控制系统方框图

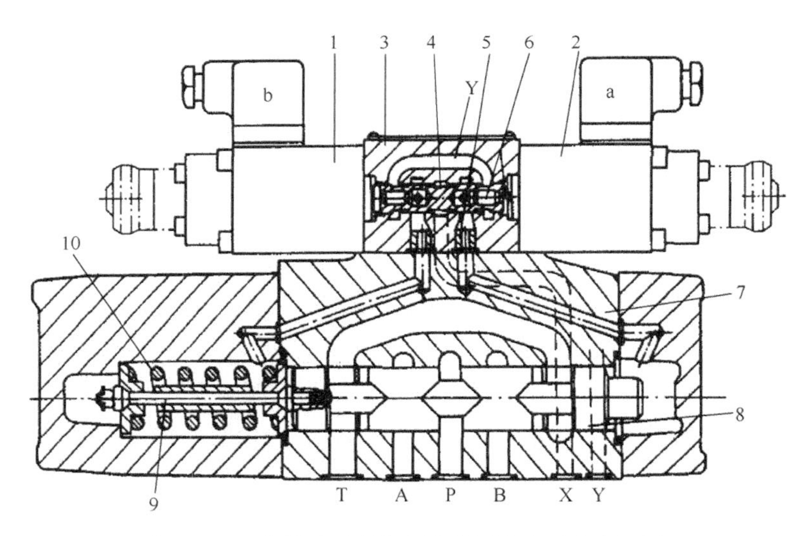


图 11-20 先导式开环控制的比例方向（节流）阀

1、2-比例电磁铁；3-先导阀体；4-先导阀芯；5-固定阻尼孔；6-反馈活塞；7-主阀体；8-主阀芯；9-弹簧座；10-主阀对中弹簧

左油口，流至回油口 Y（同时进入先导阀芯右凸肩的压力油，经导阀芯左边的径向孔作用于阀芯左边轴向孔的底面和左反馈活塞 6 的右端面，左反馈活塞 6 的左端面圆盘由比例电磁铁 B 限位，而作用于先导阀芯左轴向孔底面的压力油则形成减压阀的控制输出压力的反馈闭环）。若忽略主阀芯上的液动力、阀芯自重和摩擦力等的影响，则输入的控制电流与主阀的位移和开度成比例，故这种比例方向阀又称为比例方向节流阀，它不仅可控制油液方向，而且可控制流量。

比例阀和电液伺服阀的特点比较如表 11-5 所示。

**表 11-5　比例阀和电液伺服阀的特点比较**

| 项目 | 比例阀 | 电液伺服阀 |
| --- | --- | --- |
| 功能 | 压力控制、流量控制、方向控制 | 多为四通阀，同时控制方向和流量 |
| 电位移转换器 | 功率较大（约 50W）的比例电磁铁，用来直接驱动阀芯或压缩弹簧 | 功率较小（约 0.1～0.3W）的力矩马达，用来带动喷嘴挡板或射流管放大器，其先导级的输出功率约为 100W |
| 过滤要求 | 约 25μm；<br>由普通阀发展起来的，没有特殊要求 | 1～5μm；<br>为了保护滑阀或喷嘴-挡板的精密通流截面，要求进口过滤 |
| 线性度 | 在低压降（0.8MPa）下工作，通过较大流量时，阀体内部的阻力对线性度有影响（饱和） | 在低高压降（7MPa）下工作，阀体内部的阻力对线性度的影响不大 |
| 滞环 | 约 1% | 约 0.1% |

比例阀最适合应用于某液压参数设定值较多的场合，如压力机。若采用普通溢流阀，不但元件数量多、管路复杂，安装调试也不方便。若采用比例溢流阀，既可以克服上述不足，又可以对系统压力进行连续的多级压力控制，减小了压力波动，提高了性能。

### 11.5.2　电液伺服阀

电液伺服阀既是电液转换元件，也是功率放大元件，它能够将小功率的输入电信号转换为大功率的液压能输出，在电液伺服控制系统中，将电气部分与液压部分连接起来，实现电液信号的转换与放大，是电液伺服系统的核心元件。

电液伺服阀具有体积小、结构紧凑、功率放大系数高、直线性好、死区小、灵敏度高、动态性能好、响应速度快等优点。与普通电磁阀不同，其输入信号功率很小，一般仅为几十毫瓦，能够对输出流量和压力进行连续的双向控制，具有极快的响应速度和较高的控制精度，可以用它构成快速高精度的闭环控制系统。

电液伺服阀的类型和结构形式很多，但都是由电气机械转换器和液压放大器所构成。电气机械转换器俗称“力马达”或“力矩马达”，它将输入的电信号（电流或电压）转换为力或力矩输出，由操纵阀动作，推动阀芯产生一个位移，是电液伺服阀的驱动装置。液压放大器以输入的机械运动连续地控制输出的流量和压力，最常用的是一种类似换向阀阀芯的圆柱形滑阀，这种滑阀的加工装配精度要求高，价格较贵，对油液的污染敏感，经常用于要求控制精度高、稳定性好的控制系统中。

电液伺服阀在工业设备、航空航天、机器人及军事装备中得到了广泛的应用，常用来实现电液位置、速度、加速度和力的控制，在大功率控制系统中，其优势更明显。

### 11.5.3　插装式锥阀

插装式锥阀的主要元件均采用插入式的连接方式，故称为插装阀，由于其主要元件靠锥面实现密封，又称为插装式锥阀（也称为二通插装阀、逻辑阀）。插装式锥阀不但能够实现普通阀的各种要求，而且与普通阀相比较，在控制同等功率的情况下，其具有质量小、体积小、功率损失小、动作迅速和便于集成等优点，特别适合用于大流量液压系统中。

图 11-21 所示为插装式锥阀，从工作原理来说，插装式锥阀是一个液控单向阀，它主要由阀套 1、阀芯 2 和弹簧 3 等组成。图 11-21 中，A、B 为主油路接口，C 为控制油路接口。$p_A$、$p_B$、$p_C$ 分别是 A、B、C 口的压力，其作用面积分别用 $A_A$、$A_B$、$A_C$ 表示，且 $A_C = A_A + A_B$。当不计阀芯自重和阀口液动力时，阀芯上的力平衡方程 $p_C A_C + F_s = p_A A_A + p_B A_B$，$F_s$ 为弹簧力。当 $p_A A_A + p_B A_B > p_C A_C + F_s$ 时，阀芯向上抬起，油路 A、B 接通。若阀口 A 通压力油，B 为输出口，改变 C 口的压力便可控制 B 口输出。当 C 口接油箱时，$p_C = 0$，则 A 与 B 接通。若 C 口接控制油，且 $p_C A_C + F_s > p_A A_A + p_B A_B$ 时，阀芯关闭，A、B 不通。插装式锥阀与不同的先导阀组合，可以构成方向阀、压力阀和流量阀。

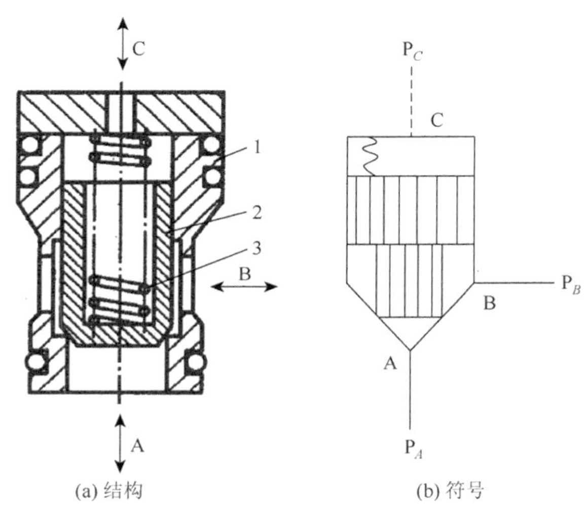


图 11-21 插装式锥阀

1-阀套；2-阀芯；3-弹簧

## 11.5.4 叠加阀

叠加阀是叠加式液压阀的简称，它是在集成块的基础上发展起来的一种新型液压元件。叠加阀的结构特点是阀体本身既是液压阀的机体，又具有通道体和连接体的功能。采用叠加阀可使系统结构紧凑、功耗减小，并缩短设计安装周期。根据工作性能，叠加阀可分为单功能阀和复合功能阀两类。

# 12　液压辅助元件

液压系统中，滤油器、蓄能器、密封件、油管及接头、热交换器、油箱、压力表及开关等元件属于辅助元件。可根据需要自行设计除油箱，其余一般均为标准元件。这些元件结构简单、功能单一，但对系统的工作性能、噪声、温升、可靠性等有直接影响。若使用不当，会严重影响液压系统的工作性能，甚至导致液压系统不能正常工作，因此必须对液压辅助元件的正确使用给以足够的重视。

## 12.1　滤　油　器

滤油器又称过滤器，其作用是过滤液压油中的各种杂质，保证油液的清洁程度，减轻不同杂质对元件的磨损，避免划伤密封件，保证元件的性能和使用寿命。

### 12.1.1　滤油器的功用与类型

根据滤油器的滤芯材料及过滤机理，可将其分为如下几种。

（1）表面型滤油器。滤芯材料上有均匀的小孔，可以滤除大于小孔尺寸的固体颗粒，如网式及线隙式滤油器。

（2）深度型滤油器。滤芯由多孔可透材料制成，大于表面孔径的杂质被积聚在表面上，较小的杂质被滤芯内部的通道壁面吸附，如纸芯、烧结金属滤油器等。

（3）吸附型滤油器。滤芯材料把油液中的杂质吸附于表面，如磁式滤油器等。

### 12.1.2　滤油器的主要性能参数

（1）过滤精度。过滤精度是指通过滤芯的最大固体颗粒的尺寸，它反映了滤材的最大通孔尺寸，常以 μm 表示，可分为四级：粗（100μm）、普通（10μm）、精（1μm）和特精（0.1μm）。

（2）通流能力。用额定流量表示，与滤油器的滤油面积成正比。

（3）压降特性。滤油器利用小孔或微小间隙过滤杂质，因此当油液流过时必然产生压降。压降随过滤精度的提高而增大，压降越小越好。

（4）其他性能，如滤芯强度、滤芯寿命、滤芯的耐腐蚀性等。

### 12.1.3　滤油器的结构

（1）网式滤油器。图 12-1 所示为网式滤油器，周围开有许多窗孔的塑料，或金属筒形骨架上包着一层或两层铜丝网。过滤精度由网孔大小和层数决定，过滤精度为 80～180μm 时属于粗过滤器，其具有结构简单、通流能力大、便于清洗、压降小等特点，但其过滤精度低，常放置于泵的吸入管路上。网式滤油器需经常清洗，安置时应注意要便于拆洗。

（2）纸芯式滤油器，又称纸质滤油器，其结构如图 12-2 所示。当油液经过滤芯时，通过滤纸的微孔滤去固体颗粒。滤芯一般为三层，外层为粗眼钢板网，中层为折叠成 W 形的滤纸，里层由金属丝网与滤纸折叠而成。滤芯中央装有支撑弹簧。纸芯式滤油器的精度高，可在高压下工作，质量小、通流能力大，但易堵塞，无法清洗，需经常更换滤芯，常用于过滤精度要求较高的液压系统中。

（3）烧结式滤油器。图 12-3 为烧结式滤油器，滤芯可以做成不同的形状，选择不同粒度的粉末烧结成不同厚度的滤芯，可以获得不同的过滤精度。油液从侧面孔流入，依靠滤芯上颗粒之间的微孔滤去油中杂质，从中孔流出。此种滤油器的过滤精度高，滤芯强度高，抗冲击性好，制造简单；缺点是易堵塞，难清洗，烧结颗粒可能脱落，常用于要求过滤精度较高的液压系统。

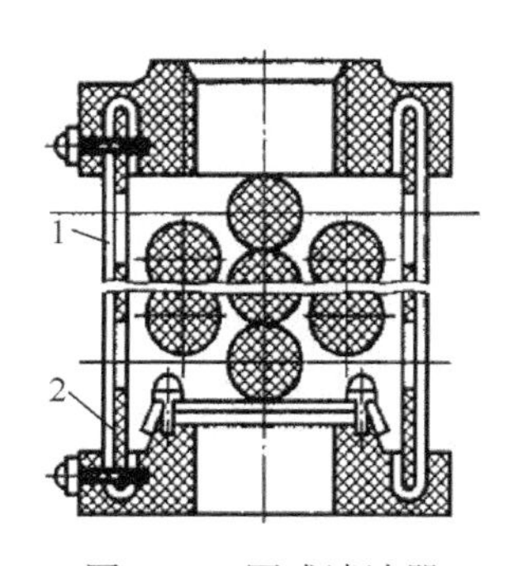


图 12-1 网式滤油器

1-筒形骨架；2-铜丝网

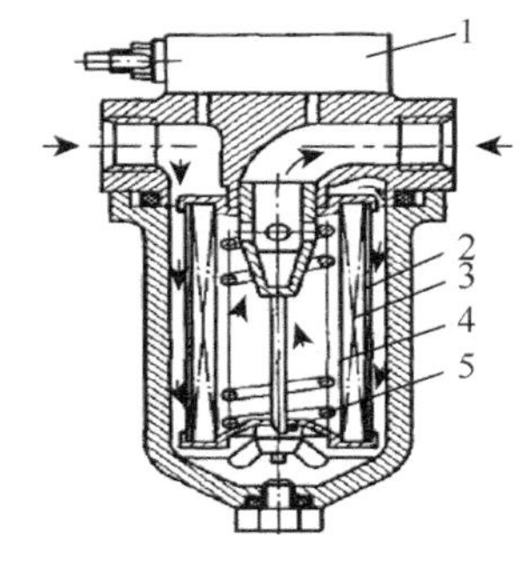


图 12-2 纸芯式滤油器

1-污染指示器；2-滤芯外层；3-滤芯中层；4-滤芯里层；5-支撑弹簧

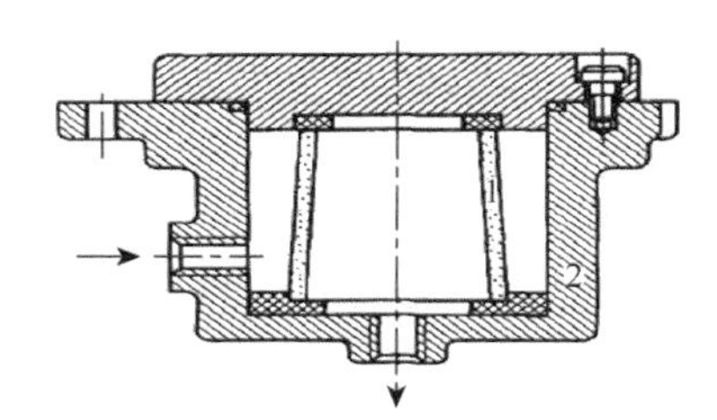


图 12-3 烧结式滤油器

1-滤芯；2-壳体

### 12.1.4 滤油器的安装位置

（1）安装在泵的吸油口。一般在泵的吸油口处安装精度低的网式滤油器，防止泵吸入较大颗粒的杂质。为保证泵的吸油性能，避免产生气穴现象，滤油器的通流能力应为泵流量的 2 倍以上，压力损失不超过 0.02MPa。

（2）安装在泵的出油口处。这种安装方式可保护除泵和溢流阀以外的液压系统中的元件，常采用精密滤油器，并要求具有一定的耐压性，抗液压冲击，过滤阻力应较小，其过滤能力应不小于压油管道的最大流量。

（3）安装在系统的回油路上。这种安装方式便捷，可以保证油箱中的油液清洁，但不能防止杂质直接进入系统，其回路压力低，可选用强度稍低的精密滤油器，通流能力应不小于回油管路的最大流量。

（4）安装在系统外的单独过滤系统。某些大型液压系统，可专设泵和滤油器的过滤系统，代表是一种称为滤油车的单独过滤装置，这种单独过滤系统的过滤性能稳定，过滤效果较好。在使用各种滤油器时，应注意通常滤油器只可单向使用，进油口、出油口不可反接。因此，不能将滤油器装于液流方向变换的油路上。

## 12.2 蓄 能 器

蓄能器用来储存和释放压力能，它还可以用作短时供油和吸收系统中的振动和冲击的装置。

### 12.2.1 蓄能器的类型及特点

蓄能器主要有重锤式、弹簧式和充气式三种类型，目前最常用的是充气式蓄能器。

（1）重锤式蓄能器。重锤式蓄能器的结构如图 12-4 所示，利用重物的位置变化来储存和释放能量。

（2）弹簧式蓄能器。弹簧式蓄能器的结构如图 12-5 所示，利用弹簧伸缩来储存和释放能量。

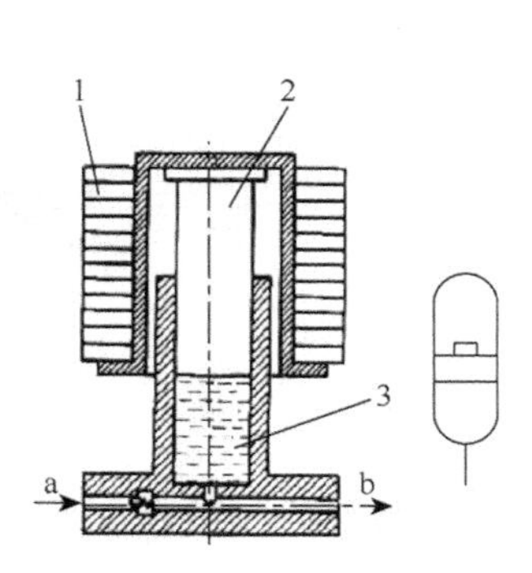


图 12-4　重锤式蓄能器

1-重物；2-活塞；3-液压油

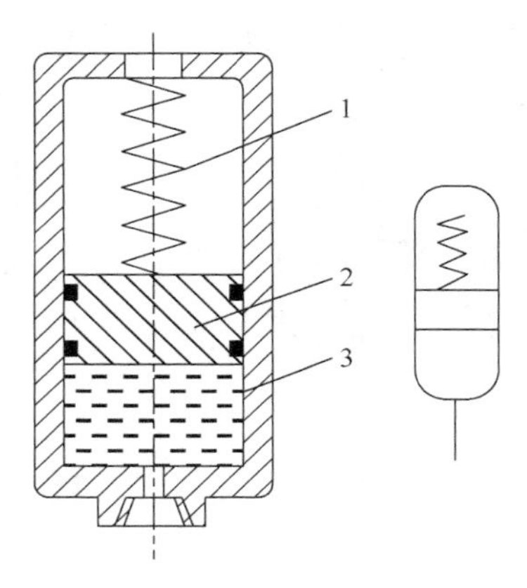


图 12-5　弹簧式蓄能器

1-弹簧；2-活塞；3-液压油

（3）充气式蓄能器。充气式蓄能器利用气体的压缩和膨胀来储存和释放能量，出于安全，一般为惰性气体。

图 12-6 为活塞式蓄能器的结构，活塞 1 上部充压缩气体，下部通液压油。压缩气体经气门 3 充入，压力油经 a 与液压系统相通，活塞随油液的储存和释放而在缸筒 2 内上下滑动。这种蓄能器结构简单、寿命长；但由于活塞与缸筒内壁产生摩擦力，其反应不够灵敏，活塞处的密封件磨损后，会发生气液混合，影响系统的工作稳定性。

图 12-7 为气囊式蓄能器的结构，气囊 3 由耐油橡胶制成，将其固定在耐高压的无缝壳体 2 上部。用充气阀 1 向囊内充入一定压力的惰性气体。壳体下部的提升阀 4 是一个有支撑弹簧的菌形阀，液压油从此处通入或流出。当气囊充气膨胀时，将油液排空后，使菌形阀关闭，防止气囊被挤出油口。此种蓄能器使油气完全隔离，气液密封可靠，气囊惯性小，反应灵敏，但加工制造复杂，工艺性差。

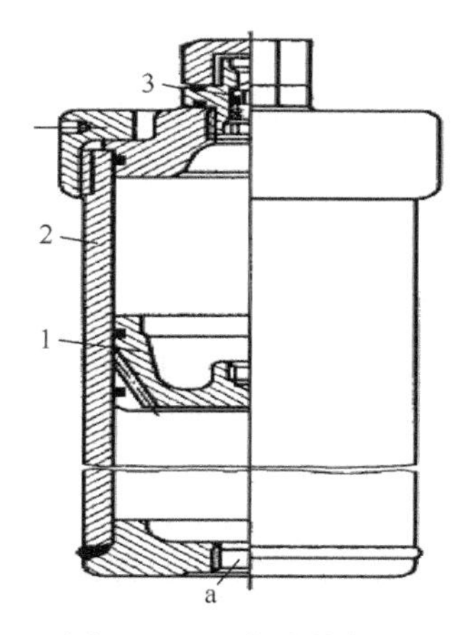


图 12-6 活塞式蓄能器

1-活塞；2-缸筒；3-气门

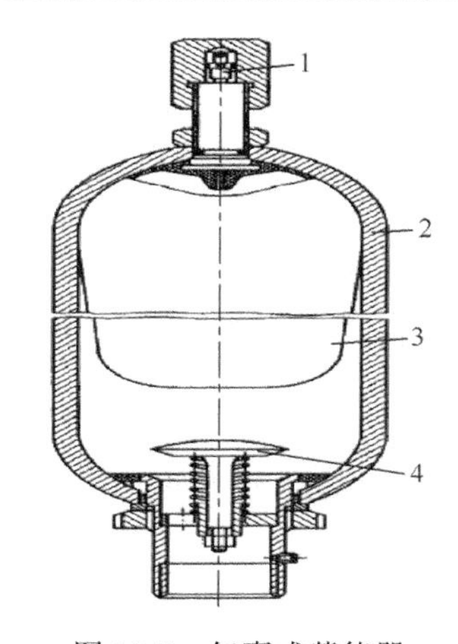


图 12-7 气囊式蓄能器

1-充气阀；2-壳体；3-气囊；4-提升阀

### 12.2.2 蓄能器的容积计算

容积是蓄能器的选择依据，应视用途不同而加以计算。下面以气囊式蓄能器为例，按不同用途计算容积。

1. 作为蓄能器使用时的容积计算

蓄能器存储和释放的容积与气囊中的气体体积变化是相同的，而气体状态变化遵守气体状态方程，即

$$p_0V_0^n = p_1V_1^n = p_2V_2^n \tag{12-1}$$

式中，$p_0$ 为气囊的充气压力；$V_0$ 为蓄能器容积；$p_1$ 为最高工作压力，即储油结束时的压力；$V_1$ 为气囊被压缩，对应 $p_1$ 时的气体体积；$p_2$ 为最低工作压力；$V_2$ 为气囊膨胀后，对应 $p_2$ 时的气体体积；$n$ 为指数，等温过程，$n=1$（保压补漏），绝热过程，$n=1.4$（应急源）。

将体积差 $\Delta V = V_2 - V_1$ 代入式（12-1）整理可得

$$\Delta V = p_0^{1/n}V_0\left[\left(\frac{1}{p_2}\right)^{1/n} - \left(\frac{1}{p_1}\right)^{1/n}\right] \tag{12-2}$$

理论上可使充气压力 $p_0$ 与 $p_2$ 相等，但为保证在压力为 $p_2$ 时，蓄能器仍有能力补偿系统泄漏，常取 $p_0=(0.8\sim0.85)\,p_2$。

2. 用于吸收液压冲击时的容积计算

此时蓄能器的容积与管路布置、油液流态、阻尼及地漏等有关，常采用经验公式计算，即

$$V_0 = \frac{0.0049Qp_2\left(0.0164L - t\right)}{p_1 - p_2} \tag{12-3}$$

式中，$V_0$为蓄能器容积（L）；$Q$为阀关闭前管内流量（L/min）；$p_2$为阀关闭前管内压力（MPa）；$p_1$为允许的最大冲击压力（MPa）；$L$为发生冲击的管长（m）；$t$为阀口关闭时间（s）。

### 12.2.3　蓄能器的安装

使用蓄能器时应注意以下几点：①气囊式蓄能器应垂直安装，油口向下；②用作吸收脉动和液压冲击的蓄能器应放置于靠近产生冲击的地方；③与泵之间设置单向阀，防止油液倒流至泵内；④安装处应便于维护、检查，远离热源。

## 12.3　密 封 装 置

密封装置可用来防止液压油泄漏。液压缸是依靠密闭油液体积变化来传递运动和动力的，因此密封装置的优劣将直接影响液压缸的工作性能。根据两相通配合表面间是否有相对运动，可将密封装置分为静密封和动密封两类。选择密封装置的基本要求是，密封件应具有良好的密封性能，随着压力增大，其密封能力能自动提高，运动时的摩擦阻力小，与液压油有相容性，方便安装、更换等，常用的密封方法有如下几种。

1. 间隙密封

这是一种最简单的密封方法，依靠相对运动零件的加工精度保证配合面间的微小间隙，防止泄漏。一般间隙为0.01～0.05mm，并在其外圆表面上每隔2～5mm加工宽度为0.3～0.5mm、深度为 0.5～1mm 的环形沟槽。此沟槽称为均压槽，它可以使周向液压力平衡，使活塞自动对中，减小摩擦力。间隙密封结构简单，摩擦力小，寿命长；但零件加工精度高，磨损后无法补偿。

2. 活塞环密封

活塞环密封依靠装在活塞环形槽内的弹性金属环紧贴缸壁内表面实现密封，其密封效果好，适用场合广泛，磨损后可自动补偿，可在高温、高速下工作；但其加工工艺性差，对缸筒内表面的加工精度要求高。

3. 密封圈密封

这是一种在液压元器件中应用最广泛的密封装置，密封圈的材料主要是合成橡胶和合成树脂。

（1）O 形密封圈。

O 形密封圈截面为圆形，既可以用作静密封，也可以用作动密封，但动密封效果一般，如图 12-8 所示，其结构简单，密封可靠，装拆方便，摩擦力小，价格低廉。O 形密封圈的密封原理如图 12-9 所示。当 O 形密封圈装入密封槽后，其截面受挤压产生弹性变形，对接触面产生压挤力，实现密封，如图 12-9（a）所示。当有液压力作用后，会将 O 形密封圈挤入密封槽的一侧，弹性变形增大，提高了密封效果，如图 12-9（b）所示。为提高 O 形密封圈的使用性能和寿命，应严格按规定的尺寸和精度加工密封圈槽。当工作压力较高时，为防止 O 形密封圈被挤入间隙中，应加挡圈。

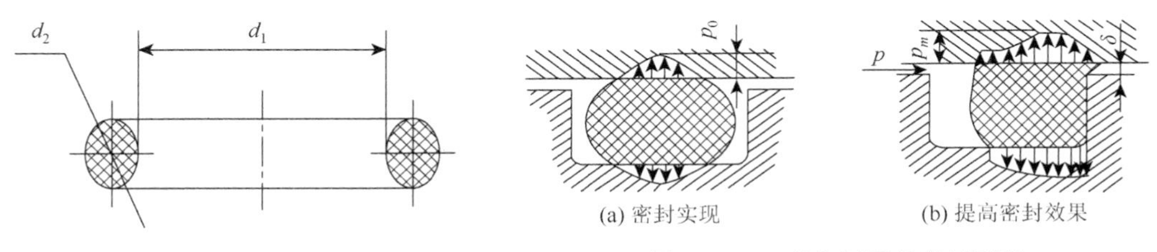


图 12-8　O 形密封圈　　图 12-9　O 形密封圈的密封原理

（2）Y 形密封圈。

Y 形密封圈截面形状为 Y 形，依靠张开的唇边实现密封，主要用于往复运动的密封。图 12-10 为一种窄截面 Y 形密封圈，其密封性好，工作稳定，摩擦阻力小，寿命长，应用广泛。当液压力作用于唇边时，压力越大，贴得越紧，密封性越好，并且能自动补偿唇边的磨损。安装时，应使唇口端对向高压一侧。在高压高速场合时，为防止 Y 形密封圈翻转，可以用支撑环固定。

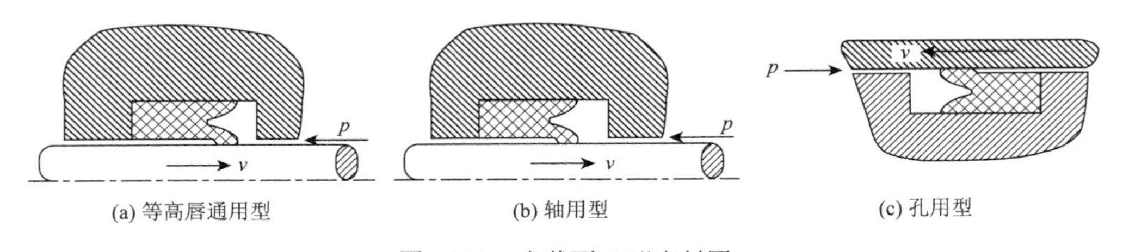


图 12-10　窄截面 Y 形密封圈

（3）V 形密封圈。

V 形密封圈的截面呈 V 形，主要有橡胶 V 形密封圈和夹布橡胶 V 形密封圈两种。V 形密封圈装置由支撑环、V 形密封圈和压环元件组合而成，如图 12-11 所示，具有耐高压、使用寿命长、维修更换方便等特点。可以根据压力高低选择数个 V 形密封圈，以提高密封效果。V 形密封圈工作时，摩擦阻力大，轴向尺寸长，经常用于高压环境。

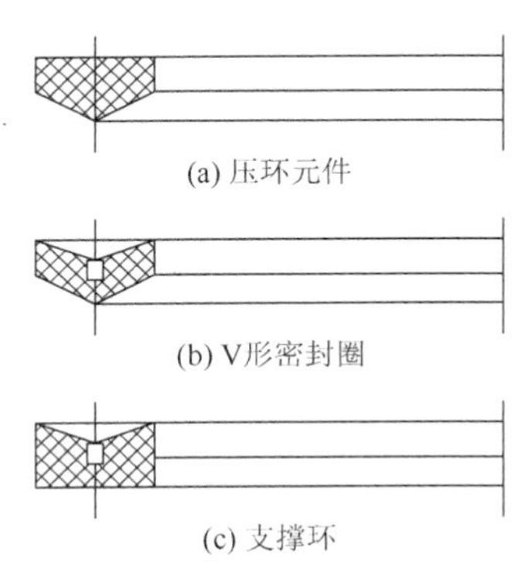


图 12-11　V 形密封圈装置

（4）特殊截面密封圈。

随着液压技术的发展，系统对密封的要求越来越高，近年来，相关学者研究了许多新型密封圈。

a. 星形密封圈。

图 12-12 所示的星形密封圈具有四个唇边，其工作原理与 O 形密封圈相似，密封效果更好，与 O 形密封圈相比，其不会翻转、扭曲，接触压力均匀，摩擦力小，具有良好的密封效果且寿命长。

b. 矩形密封圈。

如图 12-13 所示的矩形密封圈截面为矩形，主要应用于法兰与端盖连接处，是一种静密封，其密封效果好，形状稳定。

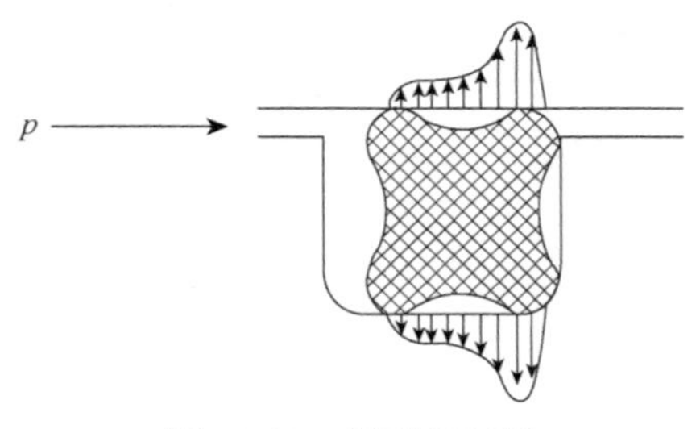


图 12-12　星形密封圈

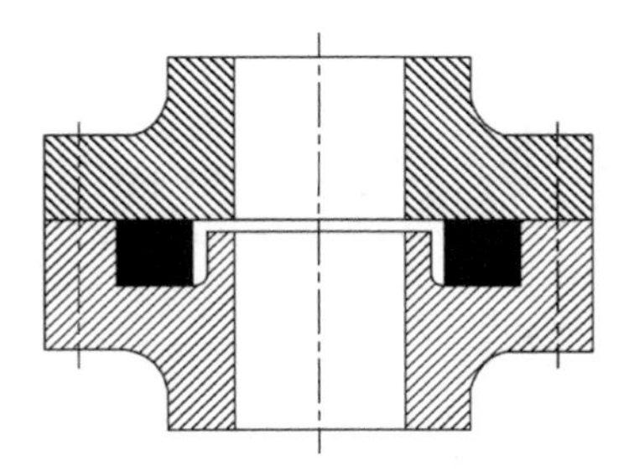

图 12-13　矩形密封圈

c. 组合式密封圈。

组合式密封圈由两个或两个以上元件组成，如图 12-14 所示。图 12-14（a）是一种孔用组合式密封圈，它由一个 O 形密封圈和一个矩形密封圈组合而成。其中，O 形密封圈提供弹性力，由矩形密封圈紧贴密封面，实现密封作用。这种组合式密封圈的摩擦力小，效果优于单个 O 形密封圈。图 12-14（b）所示为轴用组合式密封圈，它由一个 O 形密封圈和一个支持环组成，可由支持环与滑动面间形成密封面，其工作原理与唇边密封类似。

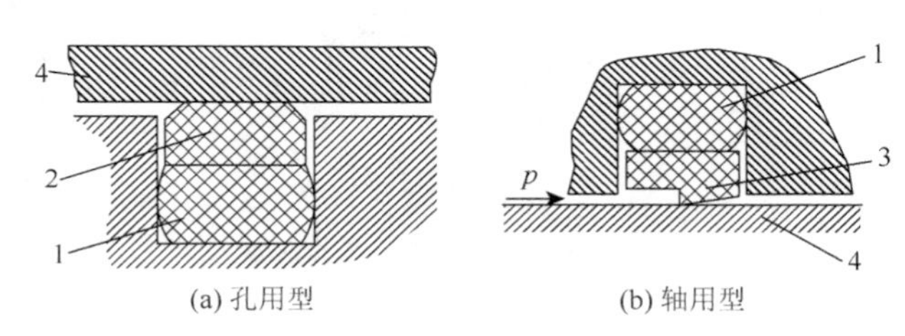


图 12-14　组合式密封圈装置

1-O 形密封圈；2-滑环；3-支持环；4-被密封件

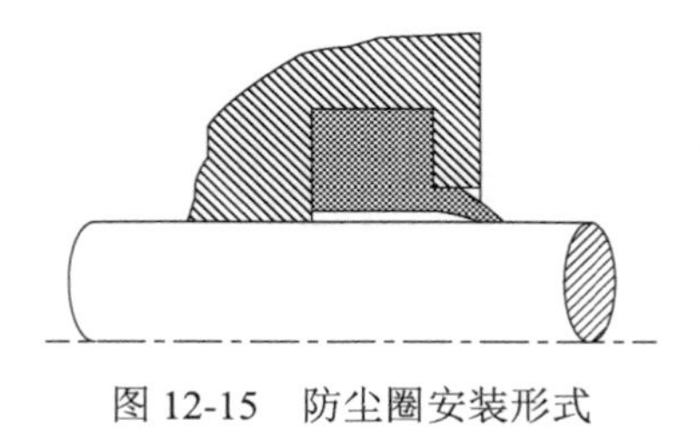

图 12-15　防尘圈安装形式

（5）防尘圈。

为防止外界尘土、砂粒等杂质进入液压缸内，应在外伸的活塞杆与端盖间安放防尘圈。防尘圈分为有骨架和无骨架两种，其中无骨架的应用最广泛，防尘圈安装形式如图 12-15 所示。活塞杆做往复运动时，防尘圈唇口刃部能将杂质除掉。

# 12.4　油箱与管件

## 12.4.1　油箱

1. 功用

油箱的主要功用如下：储存供系统循环所需的油液；散发系统工作过程中产生

的热量；沉积油液中的杂质；释放混入油中的气体，以及为系统中的元件提供安装位置等。

2. 结构

液压系统中使用的油箱有整体式、分离式、开式、闭式及旁置式等类型。整体式油箱利用主机的内腔作为油箱，结构紧凑，易于回收漏油；缺点是维修不便，散热条件差，会使主机产生热变形。分离式油箱单独设置，与主机分离，其发热、振动等对主机无影响，应用广泛。开式油箱的液面与大气相通，使用最为广泛。而闭式油箱的液面与大气隔绝，整体密封，用充气管向液面或液内的气囊充入0.05～0.07MPa的压缩空气，此种油箱的优点是大大改善了泵的吸油条件，使泵吸油充分，但回油管、泄油管要承受背压，仅适宜在特殊场合下使用。

3. 油箱容积

油箱容积是指液面高度为油箱高度80%时的油箱有效容积，需根据系统发热及热平衡条件计算。初步设计时，可按下述经验公式确定，即

$$V = m'Q_p \tag{12-4}$$

式中，$V$为油箱的有效容积（L）；$Q_p$为液压泵的流量（L/min）；$m'$为系数，低压系统取$m' = 2～4$min，中压系统取$m' = 5～7$min，高压系统取$m' = 6～12$min。

### 12.4.2 管件

管件包括管道及管接头。液压系统采用管道输送油液，用管接头将管道与管道或元件连接起来。选用管道时，要保证油液在管内为层流流动，管道应尽量短，以减小压力损失。管道及管接头应具有足够的强度，密封性要好，连接拆装方便。

1. 管道

1）特点及应用

管道的种类很多并各有特点，要根据系统的要求合理选用，其种类和适用场合见表12-1。

**表12-1 管道的种类和适用场合**

| 种类 | | 特点和适用场合 |
|---|---|---|
| 硬管 | 钢管 | 价廉，耐油，抗腐蚀，刚性好，装配时不便弯曲，但装配后长久保持原形，常在装拆方便处用作压力管道；油液不易氧化，中压以上用冷拔无缝钢管，低压用焊接钢管 |
| | 紫铜管 | 价高，抗振性能差，耐压力低，易使油液氧化，但易弯曲成形，且管壁光滑，流动阻力小，只适用于仪表和装配不便处 |
| 软管 | 尼龙管 | 呈乳白色半透明状，可观察流动情况，加热后可任意弯曲成形和扩口，冷却后即定形，承压能力因材料而异（2.5～8MPa），有发展前途 |
| | 塑料管 | 耐油，价低，装配方便，长期使用会老化，只用作压力低于0.5MPa的回油管与泄油管 |
| | 橡胶管 | 用于有相对运动的部件的连接，分高压和低压两种；橡胶管装配方便，有可挠性、吸振性和消声性，但价高、寿命短；高压橡胶管由耐油橡胶夹1～3层钢丝网（层数越多，耐压等级越高）制成，用于压力管道；低压橡胶管由耐油橡胶夹帆布制成，用于回油管道 |

2）管道计算

管道长度根据需要确定，管内径和壁厚根据系统流量和压力进行计算。

内径为

$$d = 2\sqrt{\frac{Q_p}{\pi v}} \tag{12-5}$$

壁厚为

$$\delta = \frac{pd}{2[\sigma]} \tag{12-6}$$

式中，$p$、$Q_p$ 分别为管内的工作压力和最大流量；$v$ 为允许流速，吸油管取 0.5～1.5m/s，回油管取 1.5～2m/s，压油管取 2.5～5m/s，橡胶软管取＜4m/s；$[\sigma]$ 为管材的许用应力，对于钢管，$[\sigma]=\frac{\sigma_b}{n}$，其中 $\sigma_b$ 为材料抗拉强度，$n$ 为安全系数，当 $p \leqslant 7$MPa 时取 $n=8$，7MPa＜$p \leqslant 17.5$MPa 时取 $n=6$，当 $p>17.5$MPa 时取 $n=4$。

3）安装要求

管道应尽可能短，横平竖直，转弯尽可能少，要有足够的弯曲半径。在适当处设置管夹以固定管道，软管安装要留有裕量，以适应油温变化、拉伸及振动的需要，软管不要靠近热源。

2. 管接头

管接头种类很多，其形式及质量将影响系统的安装质量、油路阻力和连接强度。密封质量影响系统的外泄漏。目前，在液压系统中常用的有硬管接头、胶管接头、快换接头等，下面分别加以介绍。

1）硬管接头

硬管接头可分为扩口式、卡套式和焊接式三种，如图 12-16 所示。图 12-16（a）所示为扩口式管接头。装配时，先将管 6 扩成喇叭口，再用接头螺母 2 将管套 3 连同管 6 一起压紧在接头体 1 的锥面上形成密封。这种接头结构简单、强度可靠、装配方便，适用于低压薄壁硬管的连接。

图 12-16（b）所示为卡套式管接头。卡套 4 是带有尖锐内刃的金属环，拧紧接头螺母 2 时，卡套 4 与接头体 1 的内锥面接触，刃口嵌入管 6 的表面形成密封。这种管接头性能良好，装拆方便，适用于高压系统；但其对管内径及卡套尺寸精度要求高，需用冷拔无缝钢管。

图 12-16（c）、（d）为焊接式管接头，管接头的接管与管 6 焊接在一起，用接头螺母 2 将管接头 5 和接头体 1 连接在一起。接管与接头体间的密封方式有球面与锥面接触密封或平面加 O 形圈端面密封两种。这种管接头结构简单，易于制造，对管精度的要求不高，但对焊接质量要求高。

除上述所示的直通管接头外，还有三通、四通等多种形式，选用时可查阅有关手册。

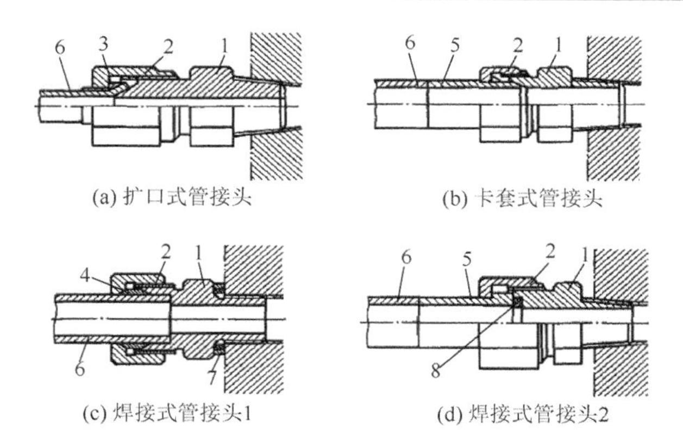


图 12-16 硬管接头

1-接头体；2-接头螺母；3-管套；4-卡套；5-管接头；6-管；7-组合密封垫圈；8-O 形密封圈

2）胶管接头

胶管接头有可拆式及扣压式两种。根据管径，可用于 6～40MPa 的液压系统中。图 12-17 所示为一种扣压式胶管接头，装配时，剥开胶管 3 的外胶层，用专用工具扣压而成。这种接头结构紧凑，外径尺寸小，密封可靠。

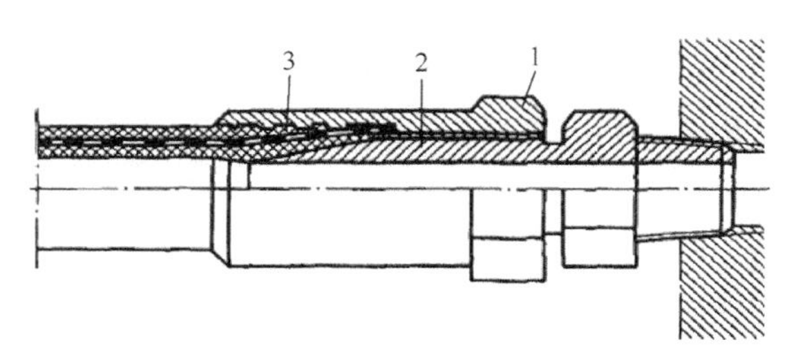


图 12-17 扣压式胶管接头

1-外套；2-接头芯；3-胶管

3）快换接头

快换接头不需要装拆工具，适用于经常拆装处。图 12-18 为快换接头工作时的连接情况。两单向阀芯 3 和 10 的前端顶杆互相挤顶，使阀芯后退并压缩弹簧，此时，油路接通。断开油路时，用力将外套 7 向左推，钢球 6 从接头体 9 的槽中退出，再向右拉接头体 9，两单向阀分别在弹簧 2 和 11 的作用下将油口关闭，油路断开。

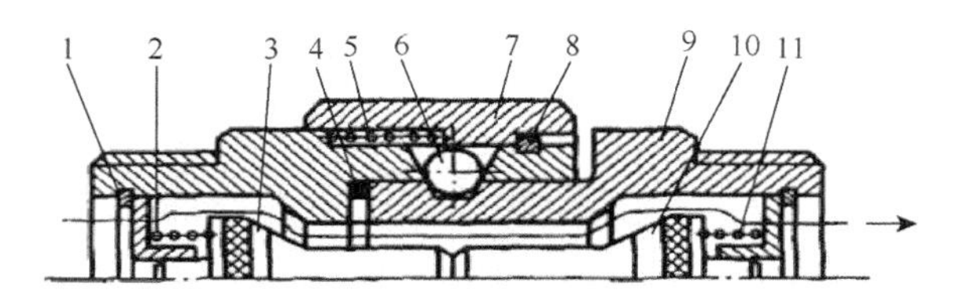


图 12-18 快换接头

1-卡环；2、5、11-弹簧；3、10-单向阀芯；4-密封圈；6-钢球；7-外套；8-卡环；9-接头体

## 12.5　热 交 换 器

液压系统在工作时，液压油的温度应保持为 15～65℃，温度过高或过低都会影响传动性能。受系统工作条件的限制，油箱本身的自然调节无法满足油温需要时，便需要热交换器，可分为冷却器和加热器两大类。

### 1. 冷却器

按冷却形式，冷却器可分为水冷、风冷、氨冷等多种形式，其中水冷和风冷较为常见，图 12-19 所示为常用的蛇形管式水冷却器。

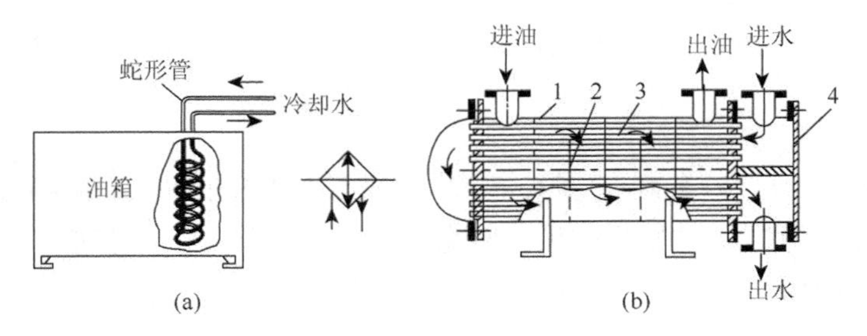


图 12-19　蛇形管式水冷却器

1-壳体；2-隔板；3-铜管；4-壳体右隔箱

### 2. 加热器

液压系统中的加热器一般采用电加热方式，图 12-20 所示为加热器的安装结构。为了避免箱体内油温不均匀，有时需要设置多个加热器。

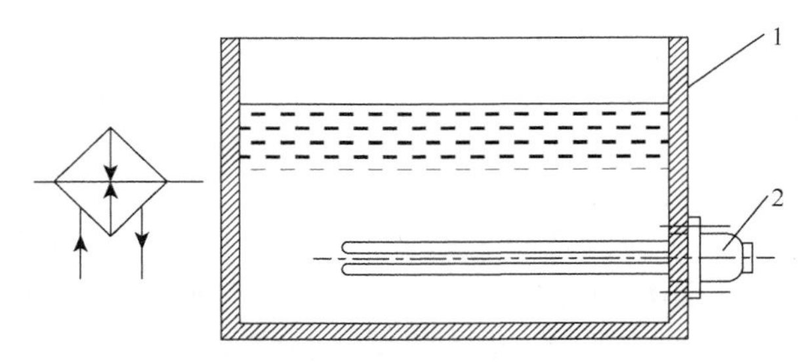


图 12-20　加热器的安装结构

1-油箱；2-加热器

# 13　液压基本回路

无论液压系统简单还是复杂，都是由一些基本回路组合而成的。基本回路是指由若干液压元件组成的能完成特定功能的典型回路结构。按其功能，可以将基本回路分为压力控制回路、速度控制回路、方向控制回路和多缸控制回路等。了解一个基本回路的结构、组成、工作原理及性能特点，不仅便于对现有系统进行分析而且也有助于新系统的设计。

## 13.1　压力控制回路

压力控制回路是应用各种压力阀对系统主油路或分支油路的压力进行控制的基本回路，以满足执行元件驱动负载的要求，主要有调压、减压、卸荷、保压和平衡、增压等多种回路。

### 13.1.1　调压回路

调压回路主要采用溢流阀使系统压力满足需要，液压泵的供油压力可由溢流阀调定。在变量泵系统中，可用溢流阀限制变量泵的最高压力，起安全保护作用，防止系统过载。当系统需要两种以上压力时，可采用多级调压回路。

1. 单级调压回路

如图 13-1 所示，在液压泵出口处并联溢流阀，调节调压弹簧，就可以调节液压泵的出口压力。

2. 变量泵系统的过载保护回路

如图 13-2 所示，在这种回路中，当系统正常工作时，变量泵的流量随执行元件的需要而变化，没有多余的油溢流，故溢流阀关闭。但当系统发生过载或故障时，溢流阀开启溢流，从而保障了系统安全。

3. 二级调压回路

当系统在工作中需要有两种压力时，可以采用图 13-3 所示的二级调压回路实现。当二位二通电磁阀不通电时，液压泵出口压力由溢流阀 1 调定；当二位二通电磁阀通电时，液压泵出口压力由溢流阀 2 调定。使用中需注意，溢流阀 2 的调定压力一定要小于溢流阀 1 的调定压力，否则不能实现二级调压，按同样原理即可实现多级调压回路。

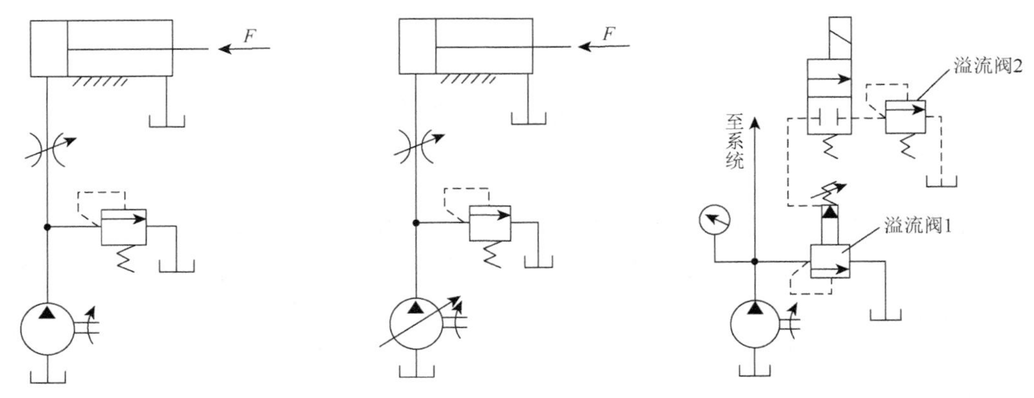


图 13-1　溢流阀用于溢流稳压　　图 13-2　溢流阀用于防止过载　　图 13-3　二级调压回路

## 13.1.2　减压回路

在液压系统的某些分支油路上，如夹紧、定位、润滑、控制油路等，常需要稳定的低压。因此，只要在该支路上串联一个减压阀即可实现减压，如图 13-4 所示。图中单向阀用于防止当主油路压力低于支路时产生油液倒流，能起短时间维持支路压力的作用。为保证回路工作可靠，减压阀的最小调定压力应该不小于 0.5MPa，其最高调定压力应比主回路低 0.5MPa。

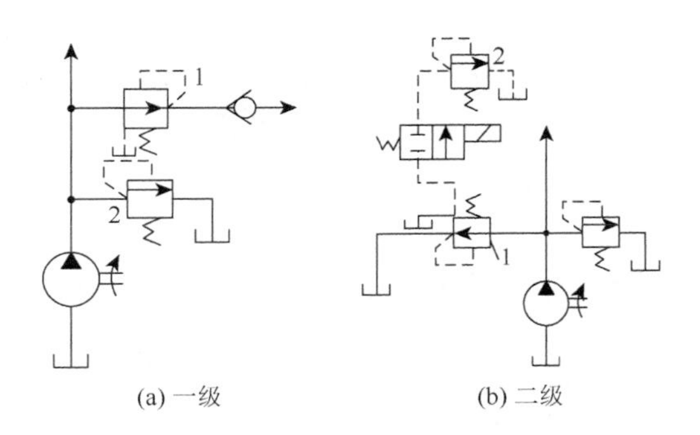


图 13-4　减压回路

1-减压阀；2-溢流阀

## 13.1.3　卸荷回路

液压设备在短时间停止工作时，液压泵一般不停止。这是因为频繁启停液压泵对液压泵寿命有影响，但若使泵输出的油液经溢流阀流回油箱，又会造成很大的功率损失，导致油温升高。这时，需要卸荷回路使液压泵卸荷。卸荷是指液压泵仍在旋转，但其消耗的功率极小，使液压泵输出的油液又以很低的压力流回油箱，这种卸荷方式称为压力卸荷，常见回路有如下几种。

（1）利用三位换向阀的中位机能。利用三位换向阀中位机能使泵和油箱连通进行卸载。选择中位为 H、M 和 K 形的三位换向阀处于中位时，就可以实现液压泵的卸荷，如

图 13-5（a）所示。采用这种回路，当压力较高、流量大时，容易产生冲击。同样可以利用二位二通阀，如图 13-5（b）所示。

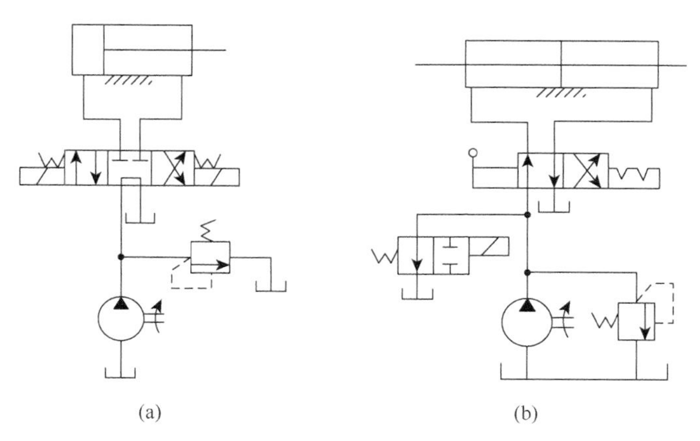


图 13-5 换向阀卸荷回路

（2）先导式电磁溢流阀卸荷回路。利用二位二通阀和溢流阀组合实现卸载，即用先导式溢流阀的远程控制口实现卸荷。将远程控制口与油箱相通，则主阀上腔压力近似为零，溢流阀的开启压力很低，因而实现了液压泵的卸荷，如图 13-6 所示。

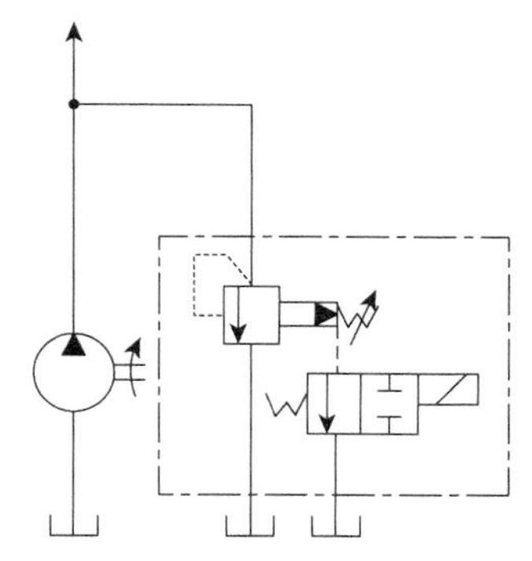

图 13-6 先导式电磁溢流阀卸荷回路

### 13.1.4 保压回路

在液压缸行程终止时，有些液压机械需在一定时间内保持系统内有稳定的压力，即带载保持。此时，应采用保压回路，在保压阶段，液压缸不运动。最简单的方法是用一个液控单向阀来保压，但其存在泄漏，因此保压时间短，压力稳定性差。

1. 利用蓄能器的保压回路

如图 13-7 所示，当三位四通换向阀左位工作时，液压缸运动压紧工件，进油路压力升高。当达到调定值时，压力继电器发送信号，使二位二通阀通电，液压泵卸荷。单向阀关闭，由蓄能器给液压缸保压。液压缸压力不足时，压力继电器复位，使液压泵重新向系统供油。这种保压回路的保压时间取决于蓄能器的容积，调节压力继电器的通断调节区间即可调节液压缸压力的最大值和最小值。

2. 自动补油的保压回路

图 13-8 所示为自动补油保压回路。当 1YA 通电时，三位四通换向阀右位工作，液压泵向液压缸上腔供油。当上腔压力达到电接点压力表的上限值时，压力表触点通电，使 1YA 断电，三位四通换向阀处于中位，液压泵利用 M 形中位机能卸荷，液压缸由液控单向阀保

压。当液压缸上腔压力下降至电接点压力表调定的下限值时，压力表发送信号，使 1YA 通电，液压泵向液压缸上腔供油，使压力升高。这种回路能自动补充压力油，使液压缸压力长时间保持在调定范围内。

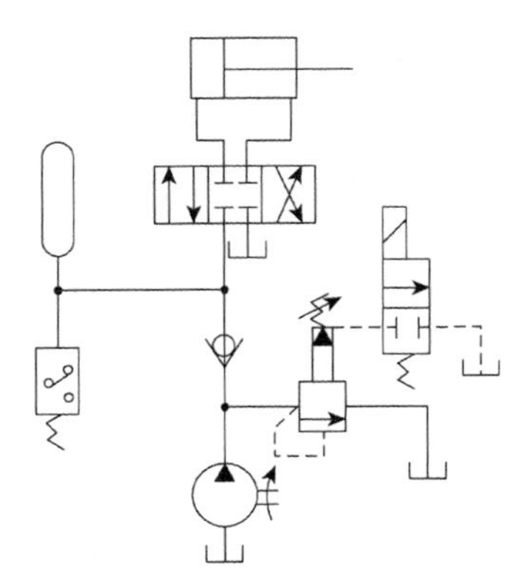

图 13-7　泵卸荷保压回路

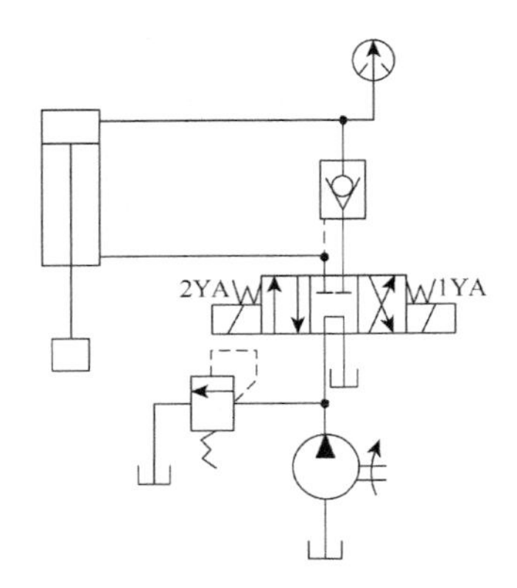


图 13-8　自动补油保压回路

## 13.1.5　平衡回路

1. 用单向顺序阀的平衡回路

为防止垂直或倾斜放置的液压缸在工作时因自重作用而自行下落，应采用平衡回路。图 13-9 所示为一种平衡回路，它利用单向顺序阀中的顺序阀锁紧回油路，防止液压缸自行下落。平衡回路的工作原理如下：当 1YA 通电时，三位四通换向阀左位工作，液压缸向下运动，液压缸下腔的回油需要顶开顺序阀，回油路上有一定的背压力。当三位四通换向阀处于中位时，只要顺序阀的调定压力（开启压力）大于因液压缸自重等在下腔造成的压力，就可以将液压缸锁住。顺序阀和单向阀存在泄漏，会使液压缸缓慢下落，这种回路只适用于运动部件质量较小、对锁定位置精度要求不高的场合。

2. 单向节流阀和液控单向阀的平衡回路

图 13-10 所示为单向节流阀和液控单向阀组成的平衡回路。当液压缸上腔进油，活塞向下运动时，液压缸下腔回油经节流阀产生背压，活塞运动较平稳。当液压泵停止供油或三位四通换向阀处于中位时，液控单向阀将回油路锁紧，它能将液压缸锁住，不致下滑，平衡效果好，因此在液压起重机的变幅机构中有所应用。

## 13.1.6　增压回路

当低压液压泵无法满足系统高压要求时，可以采用增压器构建增压回路，如图 13-11 所示（图中 $p_p$ 为液压泵出口压力）。

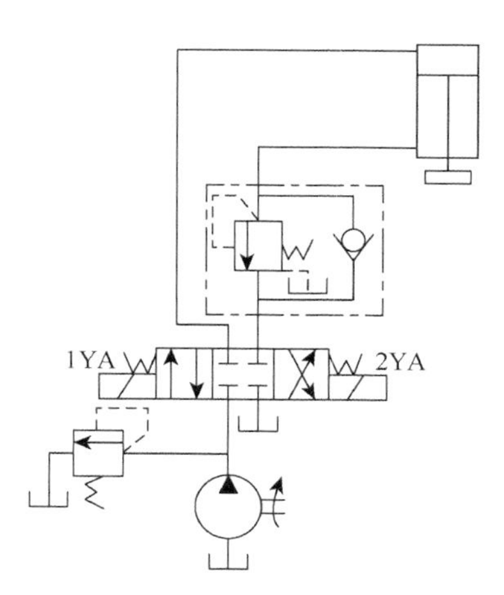

图 13-9 用单向顺序阀的平衡回路

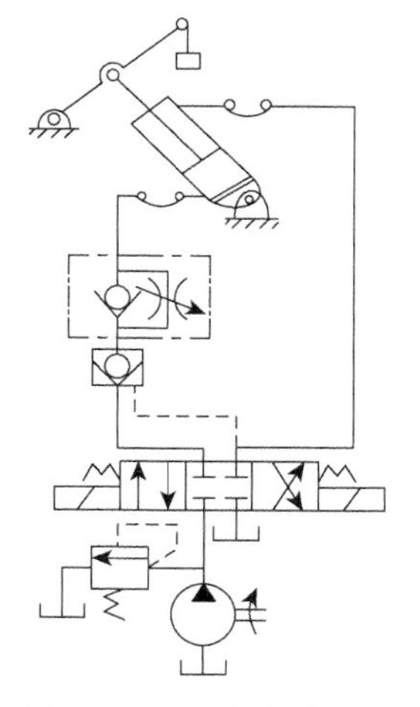
图 13-10 单向节流阀和液控单向阀组成的平衡回路

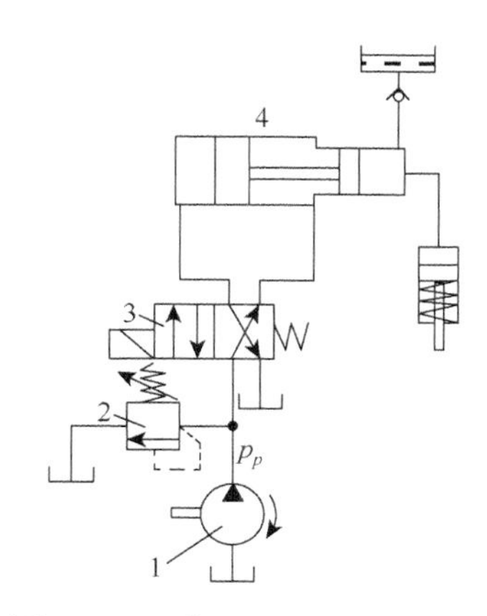

图 13-11 采用增压器的增压回路

1-液压泵；2-溢流阀；3-换向阀；4-增压器

# 13.2 速度控制回路

需要采用液压系统执行机构对其运动速度进行调节。速度控制回路，就是对液压执行元件——液压缸或液压马达的运动速度进行控制调节的基本回路，在不计泄漏的情况下，液压缸流速和液压马达的转速分别为

$$v=\frac{Q}{A},\quad n=\frac{Q}{q_M}$$

从公式中可知，改变输入流量$Q$或改变液压缸的面积$A$（或液压马达排量$q_M$）都可以改变运动速度。对于液压缸，改变液压缸面积$A$较困难，一般只能通过改变输入流量$Q$来调节运动速度。对于定量液压马达，因其排量不可变，也只能通过改变输入流量$Q$调速；但对于变量液压马达，既可以通过改变输入流量$Q$调速，也可以通过改变液压马达排量$q_M$来调速。改变输入流量，既可通过变量液压泵，也可以用定量液压泵和流量阀相配合来实现。

因此，调速方法可分为：①节流调速，用定量液压泵与节流阀（或调速阀）实现调速；②容积调速，改变变量液压泵或变量液压马达排量来实现调速；③容积节流调速，用变量液压泵与节流阀（或调速阀）实现调速。

## 13.2.1 节流调速回路

节流调速回路由定量泵、溢流阀、节流阀（或调速阀）和执行元件组成。根据节流阀（或调速阀）在油路中的安装位置，可分为进油路节流调速、回油路节流调速和旁油路节流调速。现以液压缸为例，分析节流调速回路的特性。

1. 用节流阀的进油路节流调速回路

将节流阀放在定量液压泵的出口与液压缸入口之间，调节节流阀的通流面积，改变进入液压缸的流量，达到调速目的，定量液压泵输出的多余油液经溢流阀排回油箱，进油路节流调速回路如图 13-12 所示。

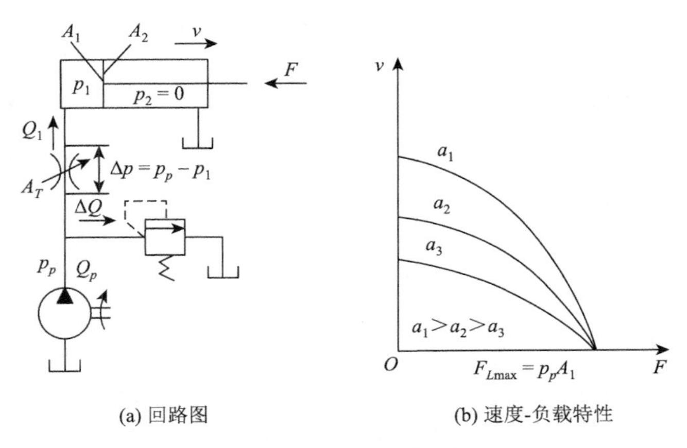


(a) 回路图　　(b) 速度-负载特性

图 13-12　进油路节流调速回路

定量泵输出的油液流量 $Q_p$ 一部分经节流阀进入液压缸，流量为 $Q_1$；另一部分经溢流阀排回油箱（$\Delta Q$），调节 $Q_1$ 可调节液压缸速度。溢流阀打开工作，因此液压泵的出口压力恒定，即 $p_p$ = 常数；又因为液压泵定量，所以 $Q_p$ = 常数。

1）速度-负载特性

液压缸的运动速度为 $v_1 = \dfrac{Q_1}{A_1}$，其中 $A_1$ 为液压缸有效面积，$Q_1$ 是经过节流阀的流量：

$$\begin{cases} Q_1 = Ka\sqrt{\Delta p} = Ka\sqrt{p_p - p_1} \\ K = C_d\sqrt{\dfrac{2}{\rho}} \end{cases} \tag{13-1}$$

式中，$K$ 为系数；$a$ 为节流阀通流面积；$p_p$ 为液压泵出口压力；$p_1$ 为液压缸进油腔压力；$\Delta p$ 为节流阀入口与出口间的压力差；$C_d$ 为流量系数。

当液压缸活塞平稳、运动时，活塞上的力平衡方程为

$$p_1A_1 = p_2A_2 + F_L \tag{13-2}$$

式中，$F_L$ 为负载力；$p_2$ 为回油腔压力。

对于回油通油箱，$p_2 = 0$，所以有

$$p_1 = \frac{F_L}{A_1} = p_L$$

将其代入速度表达式得

$$v_1 = \frac{Q_1}{A_1} = \frac{Ka}{A_1^{\frac{3}{2}}}(p_{\mathrm{p}}A_1 - F_L)^{\frac{1}{2}} \tag{13-3}$$

式（13-3）反映了速度 $v_1$ 与负载力 $F_L$ 的关系，称为速度-负载特性方程。取不同的 $a$ 值，可画出速度-负载特性曲线，如图 13-12（b）所示。由曲线可知，活塞运动速度与 $a$ 成正

比，通过调节 $a$ 可以实现调速。当 $a$ 的调节范围较大时，其调速范围较大，一般可达 100 以上。$p_p$ 和 $a$ 调定后，活塞速度随负载力 $F_L$ 的增大而减小；当 $F_L = p_p$，$A_1 = F_{L\max}$ 时，活塞运动速度为零。负载变化对速度的影响，可用速度刚度 $K_v$ 衡量，速度刚度定义为

$$K_v = -\frac{\partial F_L}{\partial v_1} \tag{13-4}$$

由式（13-4）可知，速度刚度是速度-负载特性曲线上某点切线斜率的倒数，负载增加，速度降低。使速度刚度 $K_v$ 取正值，式中加一负号。由式（13-3）可得

$$K_v = -\frac{\partial F_L}{\partial v_1} = \frac{2A_1^{\frac{3}{2}}}{Ka}(p_p A_1 - F_L)^{\frac{1}{2}} = \frac{2(p_p A_1 - F_L)}{v_1} \tag{13-5}$$

由式（13-5）可知：①当节流阀通流面积 $a$ 一定时，负载力 $F_L$ 越小，速度刚度 $K_v$ 越大，即负载 $F_L$ 越小，曲线越平缓；②当负载力 $F_L$ 一定时，节流阀通流面积 $a$ 越小，活塞速度越低时，速度刚度 $K_v$ 越大；③增大液压缸有效面积 $A_1$，提高液压泵的出口压力 $p_p$，可以提高速度刚度 $K_v$。

从以上分析可知，采用这种调速回路，在低速小负载时，速度刚度大。

2）最大承载能力

由式（13-3）和图 13-12 可以看出，采用这种调速回路，当液压泵出口压力 $p_p$ 调定后，无论怎样改变 $a$，其最大承载能力是恒定的，即 $F_{L\max} = p_p A_1$，这种调速回路称为恒推力调速。

3）功率特性

液压泵的输出功率为

$$P_p = p_p Q_p = 常数 \tag{13-6}$$

式中，$Q_p$ 为液压泵输出的流量。

液压缸的输出功率为

$$P_1 = F_L v_1 = F_L \frac{Q_1}{A_1} = p_L Q_1 = p_L Q_L \tag{13-7}$$

式中，$Q_L$ 为负载流量。

回路的功率损失为

$$\Delta P = P_p - P_1 = p_p Q_p - p_L Q_L = (Q_L + \Delta Q)p_p - Q_L(p_p - \Delta p) = p_p \Delta Q + \Delta p Q_L \tag{13-8}$$

其中，

$$\Delta Q = Q_p - Q_L$$

这种调速回路的功率损失包括两部分：溢流损失 $p_p \Delta Q$ 和节流损失 $\Delta p Q_L$，其回路效率为

$$\eta_c = \frac{P_1}{P_p} = \frac{p_L Q_L}{p_p Q_p} \tag{13-9}$$

由于存在两种损失，进油节流调速回路的效率较低，在低速、小负载时效率更低。

4）承受负负载的能力

负负载是指负载作用力的方向与运动速度方向一致，如铣削加工中的顺铣。进油路

节流调速在液压缸的回油路上没有背压力，负负载将拉着活塞运动，速度将失去控制，故此种调速回路不能承受负负载。

2. 采用节流阀的回油路节流调速回路

这种调速回路是将节流阀放在液压缸的出口与油箱之间，即放在回油路上，故称为回油路节流调速，其原理如图 13-13 所示。调节节流阀可控制液压缸回油腔的回油流量 $Q_2$，也就控制了液压缸进油腔流量 $Q_1$，故仍可以调速。定量泵的多余流量经溢流阀排回油箱。进行类似于进油路节流调速的分析可知，这两种调速回路在速度-负载特性、最大承载能力及功率特性等方面是完全相同的。因此，对进油节流调速回路的分析完全适用于回油路节流调速回路，但两者之间存在以下差别，在选用时应给予注意。

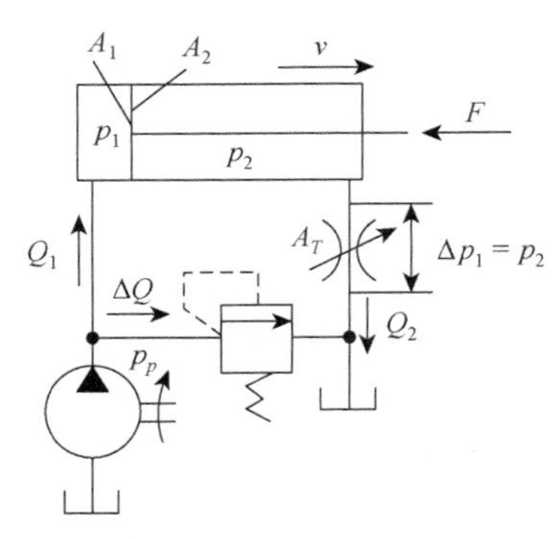


图 13-13　回油路节流调速回路

（1）对于回油路节流调速，因节流阀的作用，在回油路上有背压力，其可以承受负负载，而进油路节流调速不能承受负负载（当在回油路上加溢流阀等背压阀后，才能承受负负载）。回油路节流调速存在背压力，所以活塞的运动速度较平稳。

（2）回油路节流调速回路的回油腔压力 $p_2$ 较高，特别是轻载时，$p_2$ 更高。根据活塞上的力平衡关系 $p_1A_1 = p_2A_2 + F_L$，当 $F_L = 0$ 时，有

$$p_2 = p_1\frac{A_1}{A_2}$$

通常，$A_1$ 远大于 $A_2$，若 $A_1 = 2A_2$，则 $p_2 = 2p_1$，这将增加密封摩擦损失，降低寿命，增大泄漏，使效率降低。

（3）回油路节流调速，经节流阀发热的油液排回油箱，对液压缸的泄漏、效率等无影响；进油路节流调速，经节流阀发热的油进入液压缸，增大液压缸泄漏，会对活塞运动的平稳性产生影响。

（4）回油路节流调速，若停车时间较长，液压缸回油腔中将泄漏掉部分油液，形成空隙，重新启动时，液压泵流量全部进入液压缸，使活塞产生前冲；对于进油路节流调速回路，只要在启动时调小节流阀就可以避免前冲。

3. 采用节流阀的旁油路节流调速回路

旁油路节流调速回路如图 13-14 所示，节流阀调节液压泵流回油箱的流量，从而控制了进入液压缸的流量。改变节流阀口面积，可以实现调速。在这种回路中，溢流阀作为安全阀，正常工作时，并不溢流，只起过载保护作用，其调定压力为回路最大压力的 1.1～1.2 倍。液压泵的出口压力 $p_p$ 不再恒定，随液压缸上的负载变化而变动，作用于节流阀的压力差为

$$\Delta p = p_p = \frac{F_L}{A_1}$$

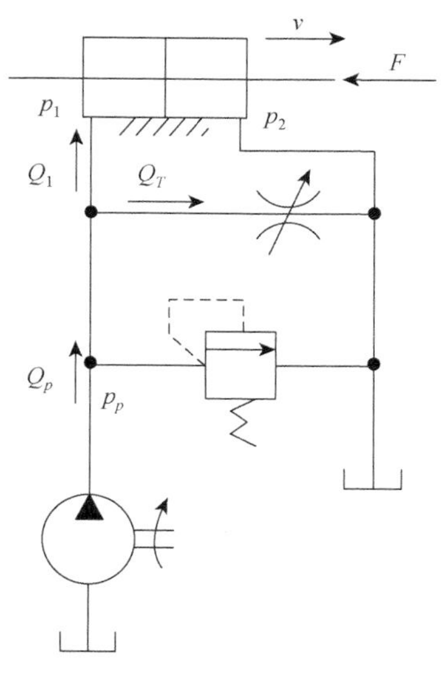


图 13-14 旁油路节流调速回路

（1）速度-负载特性。

用与上述相同的分析方法可求出液压缸活塞的运动速度为

$$v=\frac{Q_1}{A_1}=\frac{Q_p-Ka(\Delta p)^{\frac{1}{2}}}{A_1}=\frac{Q_p-Ka\left(\frac{F_L}{A_1}\right)^{\frac{1}{2}}}{A_1} \tag{13-10}$$

速度刚度为

$$K_v=-\frac{\partial F_L}{\partial v}=\frac{2A_1F_L}{Q_p-A_1v} \tag{13-11}$$

旁油路节流调速回路的速度-负载特性曲线如图 13-15 所示。

由式（13-11）和图 13-15 可以看出：①节流阀调好后，若负载增加，速度显著降低；②节流阀调好后，负载越大，速度刚度越大；③而当负载恒定不变时，节流阀口的面积越小，即液压缸的速度大时，速度刚度也大；④从式（13-11）中可知，增大液压缸有效面积 $A_1$ 可以提高速度刚度。

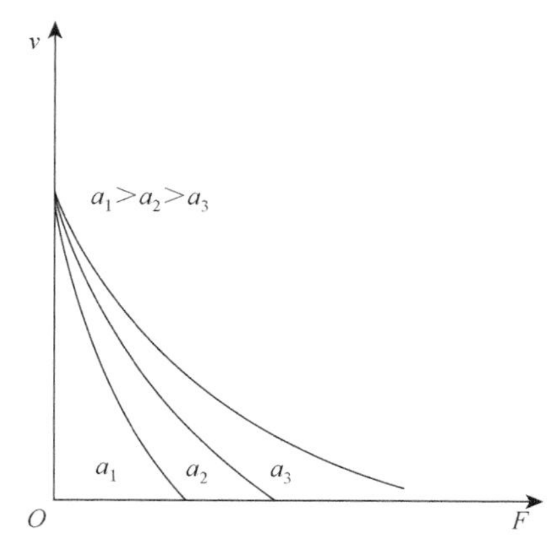


图 13-15 旁油路节流调速回路的速度-负载特性曲线

分析可知，旁油路节流调速回路适用于高速、大负载的场合，这与前述两种调速回路刚好相反。这种调速回路的速度稳定性还会受到液压泵泄漏的影响。当负载大、液压泵压力大时，内泄漏增大，实际输出的流量 $Q_p$ 将减少，液压缸速度降低。由于液压泵的内泄漏远远大于阀、液压缸等，它对运动速度的影响不能忽略，旁油路节流调速的速度稳定性不如前述两种回路。

（2）最大承载能力。从图 13-15 可知，特性曲线在横坐标上不汇交于一点，其最大承载能力随 $a$ 的增大而减小，低速时的承载能力差，调速范围也小。

（3）功率特性。这种回路只有节流功率损失，而无溢流功率损失。液压泵的压力随负载变化，其回路效率为

$$\eta_c = \frac{P_1}{P_p} = \frac{p_1}{p_p}\frac{Q_1}{Q_p} = \frac{Q_1}{Q_p}$$

综上所述，旁油路节流调速回路适用于高速、负载变化不大，且对速度稳定性要求不高、功率损失要求较小的系统中，应用不广泛。

4. 采用调速阀的节流调速回路

采用节流阀的节流调速回路，其速度-负载特性差，变负载时，运动速度的平稳性差。如果将节流阀换成调速阀，可以大大改善速度平稳性。因为调速阀能在负载变化时，保证节流阀两端的压力差恒定不变，所以通过调速阀的流量不变。使用调速阀后，改善了速度稳定性，提高了旁油路节流调速回路的承载能力，但调速阀的工作压差远大于普通节流阀，故造成的功率损失比采用节流阀时大。对于采用调速阀的节流调速回路，其实质是通过增大压力损失来换取速度稳定。

### 13.2.2　容积调速回路

节流调速回路效率低，油发热严重，只适用于小功率情形。容积调速回路通过改变液压泵或液压马达的排量来实现调速，无节流损失和溢流损失，故效率高，适用于高速、大功率系统。但变量液压泵或变量液压马达的结构复杂，成本高。

根据油路的循环方式，容积调速回路分为开式回路和闭式回路。在开式回路中，液压泵从油箱吸油，输给执行元件，这种回路结构简单，油液在油箱中得到充分散热后冷却；但油箱结构体积较大，空气及杂物易混入油箱。闭式回路中，执行元件的回油直接与液压泵吸入口相通，结构紧凑，只需较小的补油箱；但油液散热条件差，常需辅助泵来补油、换油等。

1. 变量液压泵与定量执行元件组成的容积调速回路

图 13-16（a）是变量液压泵与液压缸组成的容积调速回路。改变变量液压泵排量，即可调节液压缸的运动速度。若不计液压缸和管路泄漏，则液压缸的运动速度为

$$v = \frac{Q_p}{A_1} = \frac{Q_T - Q_L}{A_1} = \frac{Q_T - K_L\dfrac{F_L}{A_1}}{A_1} \tag{13-12}$$

式中，$Q_T$ 为变量液压泵的理论流量；$K_L$ 为泄漏系数。

取不同的 $Q_T$ 值，可得速度-负载特性曲线，是一组平行直线，如图 13-17（a）所示。从图中分析可知，活塞的运动速度会随负载的增大而减小。当 $F_L$ 增大至一定值时，在低速下会出现活塞停止运动的现象（图中 $F'$ 点）。此时，变量液压泵的输出流量等于其泄漏量，没有油液输入液压缸，活塞停止运动，所以这种回路低速下的承载能力很差。图 13-16（b）

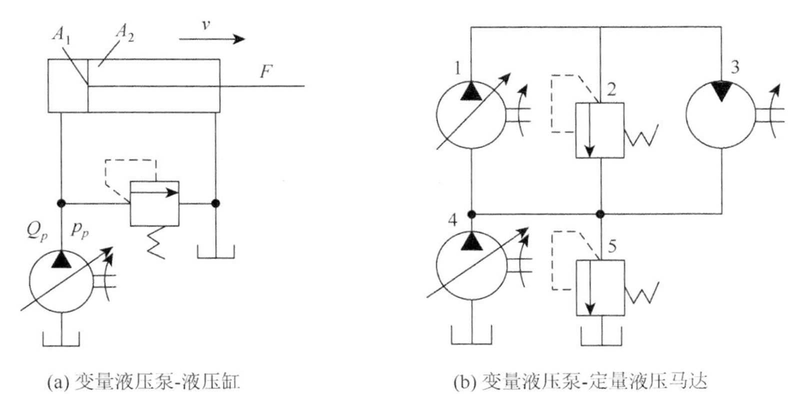


(a) 变量液压泵-液压缸 (b) 变量液压泵-定量液压马达

图 13-16 变量液压泵与定量执行元件组成的容积调速回路

1-变量泵；2-安全阀；3-定量马达；4-补油泵；5-溢流阀

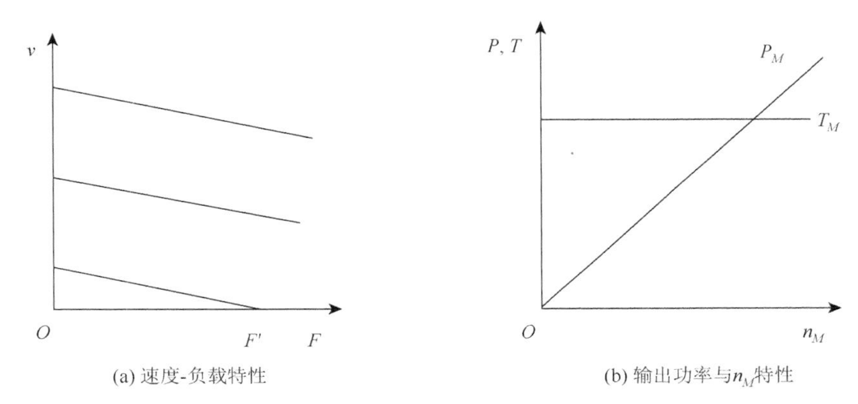


(a) 速度-负载特性 (b) 输出功率与$n_M$特性

图 13-17 变量液压泵与定量执行元件组成的容积调速回路的特性

所示为变量液压泵与定量液压马达组成的容积调速回路，这是一种闭式油路。溢流阀调定回路至最高压力，起安全保护作用。由补油泵 4 向回路补充油液或更换发热的油液，降低温升。若不计泄漏，液压马达的转速为

$$n_M = \frac{Q_p}{q_M} \tag{13-13}$$

式中，$n_M$ 为液压马达转速；$q_M$ 为液压马达排量。

因为 $q_M$ = 常数（定量马达），故调节 $Q_p$ 可实现 $n_M$ 的调节，且 $n_M$ 与 $Q_p$ 呈线性关系。液压马达的输出转矩为

$$T_M = \frac{\Delta p_M q_M}{2\pi} \tag{13-14}$$

式中，$T_M$ 为液压马达的转矩；$\Delta p_M$ 为液压马达进口、出口间的压力差。

当负载转矩恒定时，回路压力恒定，$\Delta p_M$ =常数，而 $q_M$ = 常数，因此 $T_M$ = 常数，这种回路称为恒转矩调速。液压马达的输出功率 $P_M$ 为

$$P_M = \Delta p_M q_M n_M \tag{13-15}$$

由式（13-15）可见，液压马达的输出功率与 $n_M$ 成正比，其调速特性如图 13-17（b）所示。

### 2. 定量液压泵与变量液压马达组成的容积调速回路

图 13-18 所示为定量液压泵与变量液压马达组成的容积调速回路。定量液压泵流量不变，改变变量液压马达的排量 $q_M$，可以改变液压马达的转速。液压马达排量越大，其转速越低。液压马达输出转矩 $T_M = \Delta p_M q_M$，随 $q_M$ 变化而变化。输出功率 $P_M = \Delta p_M q_M = T_M n_M$。因为 $T_M$ 与 $q_M$ 成正比，$n_M$ 与 $q_M$ 成反比，而 $p_M$ = 常数，所以这种回路称为恒功率调速回路，其特性如图 13-18（b）所示。这种回路调速范围小，当 $q_M$ 很小时，$T_M$ 降低为较小值，无法拖动负载，造成液压马达停转，故这种调速回路很少单独使用。

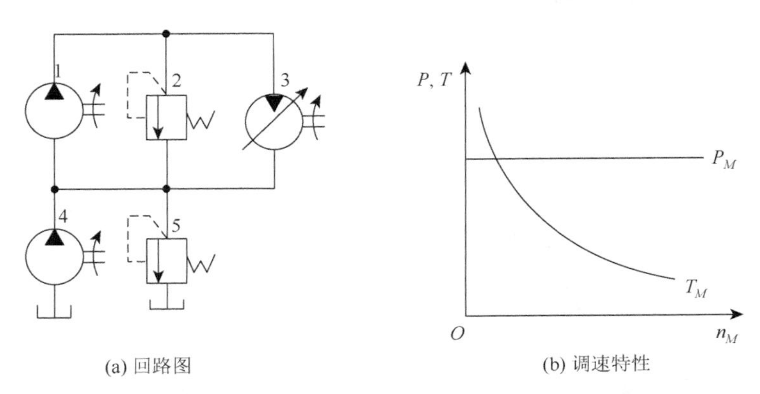


(a) 回路图　(b) 调速特性

图 13-18　定量液压泵与变量液压马达组成的容积调速回路

### 3. 变量液压泵与变量液压马达组成的容积调速回路

图 13-19 所示为变量液压泵与变量液压马达组成的容积调速回路，采用双向变量液压泵和双向变量液压马达。图中单向阀 6 和 8 可以实现双向补油，单向阀 7 和 9 使安全阀 3 实现双向的过载保护。实际上这种调速回路是上述两种容积调速的组合，以特性曲线来加以说明。在恒转矩调速阶段，将变量液压马达的排量调至最大，即使 $q_M = q_{M\max}$，从

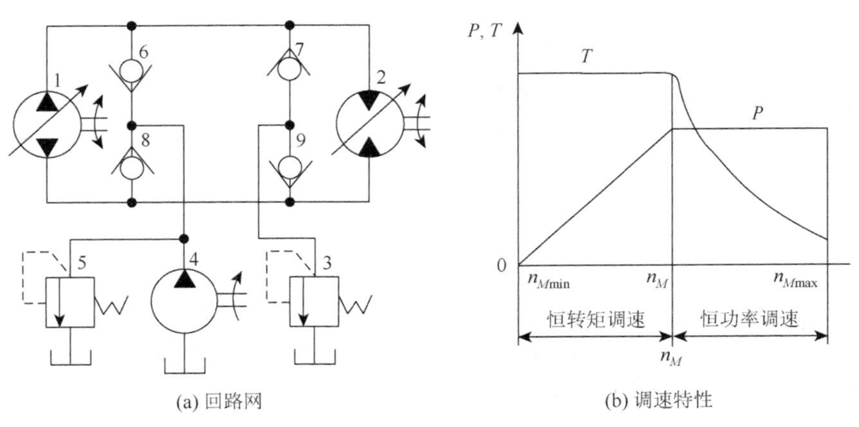


(a) 回路网　(b) 调速特性

图 13-19　变量液压泵与变量液压马达组成的容积调速回路

1-变量泵；2-变量马达；3-安全阀；4-补油泵；5-溢流阀；6、7、8、9-单向阀

小向大调节变量液压泵的流量，则液压马达的输出转速 $T_M$ 逐渐增大，其输出功率 $P_M$ 逐渐增大，但其输出转矩恒定，这相当于变量液压泵与定量液压马达。当变量液压泵达到最大流量后，转入恒功率调速阶段，此时，变量液压泵的流量 $Q_p = Q_{p\max}$，将变量液压马达的排量 $q_M$ 从大向小调节，则液压马达转速进一步增加，但马达输出转矩将随 $n_M$ 的增加而降低，其输出功率恒定，此阶段相当于定量液压泵与变量液压马达的调速。变量液压泵和变量液压马达的排量都可调节，增大了调速范围，同时又具有恒转矩和恒功率两种特性，符合大多机械的要求，因此得到了广泛的应用。

### 13.2.3　容积-节流调速回路

虽然容积调速回路效率高，油液发热小，但由于变量液压泵或变量液压马达的内泄漏较大，仍然存在速度-负载特性软的问题。特别在那些既要求效率较高，又要求速度稳定性好的场合，单纯的节流调速或容积调速回路都不满足要求，此时应采用容积-节流调速回路。图 13-20 所示为由限压式变量液压泵与调速阀组成的容积-节流调速回路，此回路由限压式变量液压泵 1 向回路供油，进油经调速阀 2，通入液压缸 3 的无杆腔，液压缸有杆腔的回油经背压阀 6 流回油箱，由调速阀调节液压缸的运动速度。正常工作时，液压泵的流量 $Q_p = Q_1$，若液压泵流量 $Q_p > Q_1$ 时，因为 6 是背压阀，并不能产生溢流，所以液压泵出口至调速阀入口之间的压力会升高，通过压力反馈作用，使液压泵的输出流量自动地减小至与 $Q_1$ 相等；反之亦然。因此，调速阀不仅能调节液压缸的运动速度，还能使液压泵输出流量自动与阀的调定值相适应，使液压泵输油量与液压缸相匹配。

图 13-20（b）是这种回路的调速特性曲线，$a$ 为限压式变量叶压泵特性曲线，$b$ 为调速阀特性曲线。此回路没有溢流损失，但仍有节流损失，其节流功率损失 $\Delta P_T = \Delta p_T Q_1 = (p_p - p_1)Q_1$，显然，在这个回路中，$p_p$ = 常数，当 $p_1 = p_{1\max}$ 时，节流功率损失最小；当 $p_1 = p_{1\max}$ 时，会造成节流功率损失加大，其回路效率为

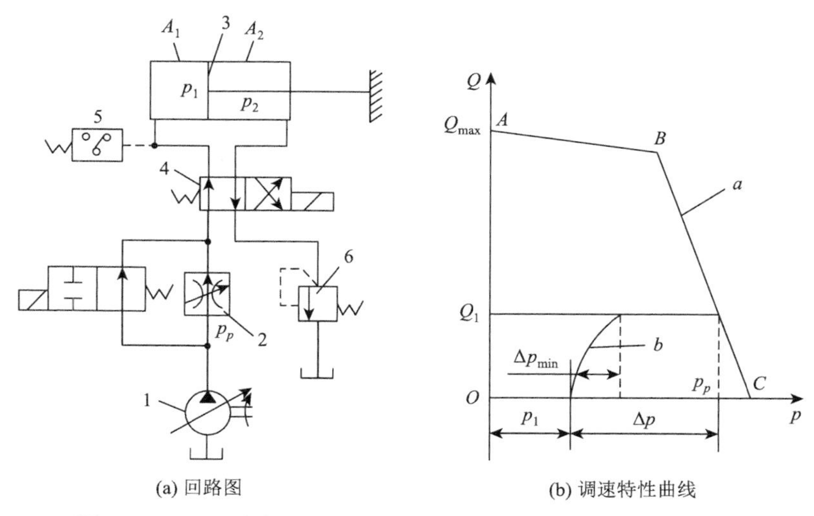


图 13-20　限压式变量液压泵与调速阀组成的容积-节流调速回路

1-限压式变量叶压泵；2-调速阀；3-液压缸；4-电磁阀；5-压力继电器；6-背压阀

$$\eta_c = \frac{\left(p_1 - p_2 \dfrac{A_2}{A_1}\right) Q_1}{p_p Q_p} = \frac{p_1 - p_2 \dfrac{A_2}{A_1}}{p_p} \tag{13-16}$$

容积-节流调速回路多用于机床进给系统，使用中需合理地调整限压式变量液压泵的特性曲线，在满足快速进给流量之外，还应保证变量段曲线的位置满足调速阀上的压力差最小。

## 13.3　方向控制回路

方向控制回路可控制油路油液的通断，或改变油液流动方向，满足执行元件的启动、停止及改变运动方向的要求，这类回路要求换向平稳可靠，灵敏无冲击，具有一定的换向精度，分为换向回路和锁紧回路等。

### 13.3.1　换向回路

换向回路一般由各种换向阀来实现，在容积调速的闭环回路中，有时也可以利用双向变量泵控制实现换向。简单的换向回路只需要采用标准的普通换向阀即可，但在换向要求高的主机上，就需要对换向回路中的换向阀进行特殊设计，以满足生产工艺要求。根据具体换向要求，这类换向回路可分成行程控制制动式和时间控制制动式两种。

换向过程可分为三个阶段：执行元件减速制动、短暂停留和反向启动，是通过阀芯与阀体相对位置变化来实现的。对于不同的换向阀，其换向性能不尽相同。行程控制制动换向是指从开始换向到完成换向的过程，执行元件的运动行程是不变的。

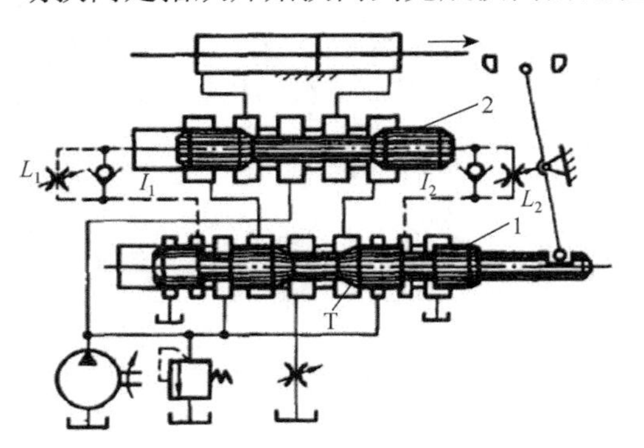


图 13-21　行程制动式换向回路

1-机动先导阀；2-主油路液动阀

图 13-21 所示为行程制动式换向回路。换向回路主要由机动先导阀 1 和主油路液动阀（换向阀）2 所组成，其特点是先导阀不仅对控制油液起作用，还参与工作台换向制动过程的控制。图中，工作台向右运动，挡块拨动先导阀的拨杆使先导阀左移，其右端的制动锥面 T 逐渐关小回油口，使液压缸的回油阻力增大，对液压缸产生制动作用。当回油通道极小，工作台的移动速度极低时，主阀的控制油路开始切换，使主阀芯左移，导致工作台停止运动并换向。显然，从换向过程可知，无论工作台原来的运动速度如何，其总是在先导阀芯移动一定距离，即工作台移动某一确定行程之后，主阀才开始换向，所以称这种换向回路为行程制动式换向回路。

工作台制动又可分为预制动和终制动两个步骤：第一步，用先导阀芯的制动锥面关小液压缸回油路，使工作台减速，实现预制动；第二步，主换向阀在控制压力油作用下移到中间位置，此时液压缸两腔同时通压力油，工作台停止运动，实现终制动，这样可以避免在换向过程产生冲击，保证换向平稳。主阀芯在中间位置到另一端，使工作台反向启动的这一阶段为工作台在端点的停留阶段，停留时间的长短可用主换向阀两端的节流阀 $L_1$ 和 $L_2$ 调节。由分析可知，这种换向方式能使液压缸获得很高的换向精度。

图 13-22 所示为时间制动式换向回路，其与行程制动式换向回路的主要差别是先导阀仅参与工作台换向制动过程的控制，未参与主油路控制。时间制动式换向回路的主要优点是其制动时间可以根据主机部件运动速度的快慢得到调节，而惯性大小通过节流阀 $J_1$ 和 $J_2$ 的开口量得到调节，以便控制换向冲击。主要缺点是在换向过程中，冲出量受运动部件的速度和其他一些因素影响，换向精度不高。

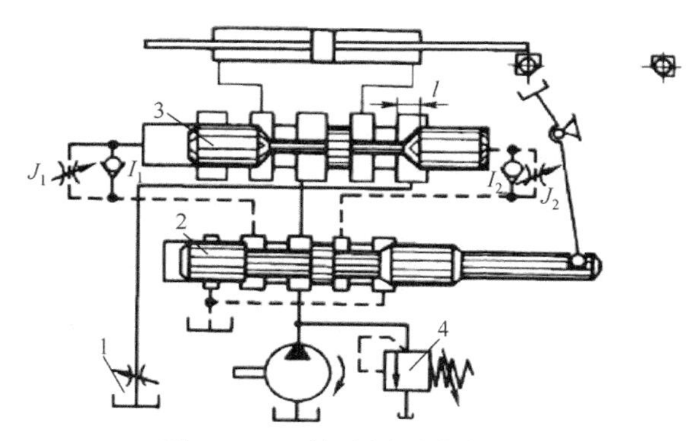


图 13-22 时间制动式换向回路

1-节流阀；2-先导阀；3-换向阀；4-溢流阀

### 13.3.2 锁紧回路

锁紧回路能使液压缸在任意位置上停留，且不会在外力作用下移动位置，如图 13-23 所示。当换向阀处于左、右位置时，可以控制压力油，打开液控单向阀 $X_1$ 和 $X_2$，液压缸可以实现左、右移动。当需要液压缸停留时，令换向阀处于中位，阀的中位机能是 H 形，液压泵可以卸荷。液控单向阀的控制油与油箱相同，两液控单向阀关闭，液压缸因两腔被封闭，液压缸被锁住。由于液控单向阀的密封性能好，泄漏小，锁紧精度高，又称为双向液压锁。

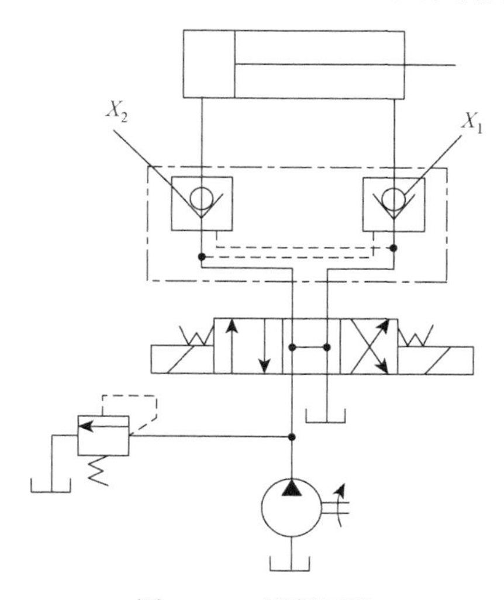


图 13-23 锁紧回路

# 13.4　其他基本回路

除了上面介绍的基本回路以外，在液压系统中还经常应用快速运动回路、速度换接回路、顺序动作回路及同步运动回路等，下面分别加以介绍。

## 13.4.1　快速运动回路

快速运动回路的功能是使液压执行元件获得所需的高速运动，缩短空程运动时间，提高系统的工作效率。

### 1. 液压缸差动连接的快速运动回路

图 13-24 所示为液压缸差动连接的快速运动回路。当换向阀 1 和换向阀 3 均处于左位时，单杆活塞式液压缸为差动连接，得到快速运动。当换向阀 3 通电右位工作时，液压缸有杆腔回油经调速阀，实现慢速工作进给。换向阀 1 右位工作时，液压缸可快速退回原位。液压缸的差动连接实现快速运动，回路简单、方便，应用较广泛。

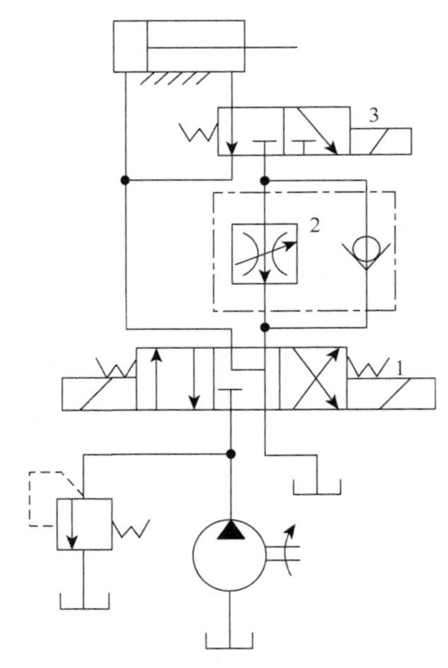


图 13-24　液压缸差动连接的快速运动回路

1、3-换向阀；2-单向调速阀

### 2. 双泵供油的快速运动回路

图 13-25 所示为双泵供油的快速运动回路，这种回路的液压泵常采用双联叶片泵（也可用其他液压泵并联），其中 1 为低压大流量液压泵，2 为高压小流量液压泵。在快速运动时，系统压力较低，外控式顺序阀 3 关闭，低压大流量液压泵 1 和高压小流量液压泵 2 的油液汇合在一起向系统供油，其流量大、执行元件运动速度高。当液压缸转为慢速工作时，

液压缸进油路压力升高，外控式顺序阀 3 被打开，低压大流量液压泵 1 输出的油液经顺序阀流回油箱，实现卸荷。此时，由高压小流量液压泵 2 独自向系统供油，以满足工进时的流量要求。在系统慢速工作时，单向阀关闭，工进时的系统工作压力由溢流阀调定。双泵供油的快速运动回路的特点是功率损失小，效率高，应用较多。

3. 采用蓄能器的快速运动回路

图 13-26 所示为采用蓄能器的快速运动回路。当系统短时间内需要大流量时，可以由液压泵和蓄能器一起为系统提供。当系统停止工作时，换向阀在中位，液压泵 4 经单向阀 3 向蓄能器 1 充油，蓄能器压力升高后，使外控式顺序阀 2 打开，液压泵经顺序阀实现卸荷，这种快速运动回路中的液压泵规格可以小些。

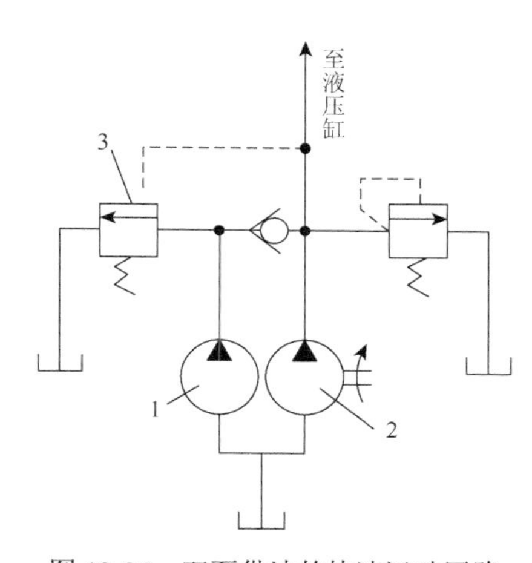


图 13-25 双泵供油的快速运动回路

1-低压大流量液压泵；2-高压小流量液压泵；3-外控式顺序阀

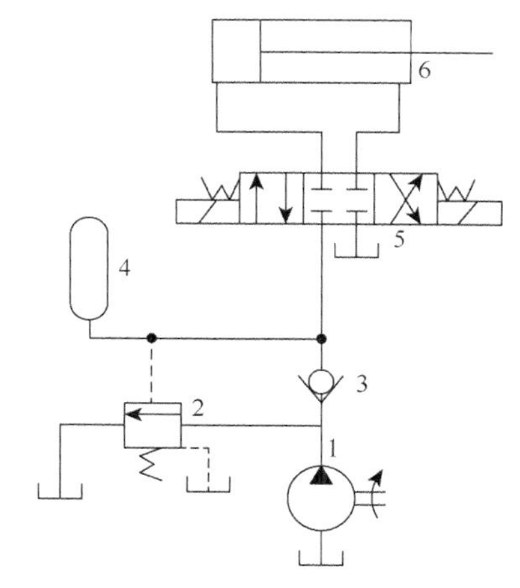


图 13-26 采用蓄能器的快速运动回路

1-液压泵；2-外控式顺序阀；3-单向阀；4-蓄能器；5-单向阀；6-节流阀

## 13.4.2 速度换接回路

在运动过程中，液压缸可以从快速运动转换为慢速运动，有时还需要从一种慢速运动转换为另一种慢速运动。用速度换接回路，可以满足液压缸的速度转换要求。

1. 快速与慢速的换接回路

实现快速转慢速的换接方法有许多，前述的一些快速运动回路也可以实现从快速到慢速的转换。图 13-27 所示为一种用行程换向阀实现快速转慢速的运动回路，在图示状态，液压缸无杆腔的回油经行程换向阀回到油箱，回油阻力小，液压缸快速运动。当活塞所连接的工作部件上的挡块运动到压下行程换向阀 4 时，行程换向阀关闭。液压缸有杆腔的回油需经节流阀 6 流回油箱，由节流阀调节使液压缸实现慢速运动。当二位四通换向阀左位工作时，液压泵输出的油液经单向阀 5 进入液压缸有杆腔，无杆腔油液流回油箱，液压缸实现反向的快速运动。利用行程换向阀实现转换时比较平稳，换接点的位

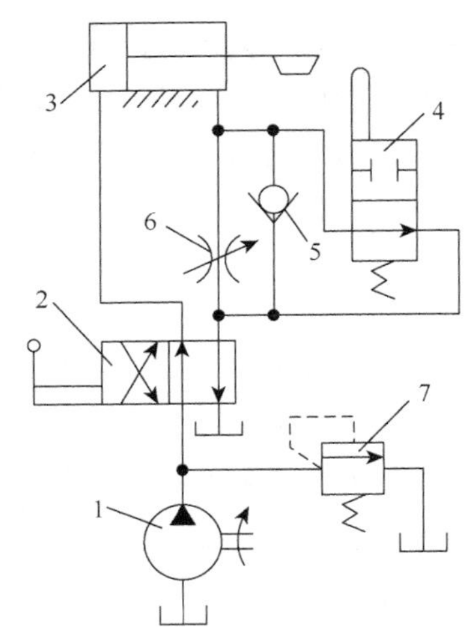


图 13-27　用行程换向阀实现快速转慢速的运动回路

1-液压泵；2-手动换向阀；3-液压缸；4-行程换向阀；5-单向阀；6-节流阀；7-溢流阀

置准确，但行程换向阀的安装位置受限，只能安装在液压缸附近，管路连接复杂。若将行程换向阀换成电磁阀，则可利用电气行程开关的信号，实现快慢转换。使用电磁阀时，电磁阀的安装位置不受限制，电气信号控制方便，但转换的平稳性及位置精度稍差。

2. 两种慢速运动的换接回路

图 13-28 所示为采用两个调速阀实现两种慢速运动的换接回路。图 13-28（a）中的两个调速阀并联，由换向阀 3 实现换接。在图示状态下，进入液压缸的流量由调速阀 1 调节，当二位三通换向阀换位后，进入液压缸的流量由调速阀 2 调节，两个调速阀之间互不影响。但是当一个调速阀工作时，另一个调速阀内没有油液流过，其减压阀开口处于最大位置，转换时，有大量油液通过，使液压缸产生前冲现象。图 13-28（b）所示为两个调速阀串联的速度换接回路，在图示状态下，输入液压缸的油液经调速阀 1、二位二通换向阀左位，进入液压缸，由调速阀 1 调节液压缸的速度。当二位二通电磁阀通电换向后，输入液压缸的油液经调速阀 1 后又经调速阀 2，进入液压缸。因为调速阀 2 的调定流量比调速阀 1 小，所以液压缸的运动速度由调速阀 2 调节，在这种情况下油液需经两个调速阀，能量损失大。由于调速阀 1 一直处于工作状态下，当转换时，换接平稳性较好。应用这种回路时，必须使调速阀 2 的调定流量小于调速阀 1，调速阀 2 才起作用，否则调速阀 2 无法起调节流量的作用。

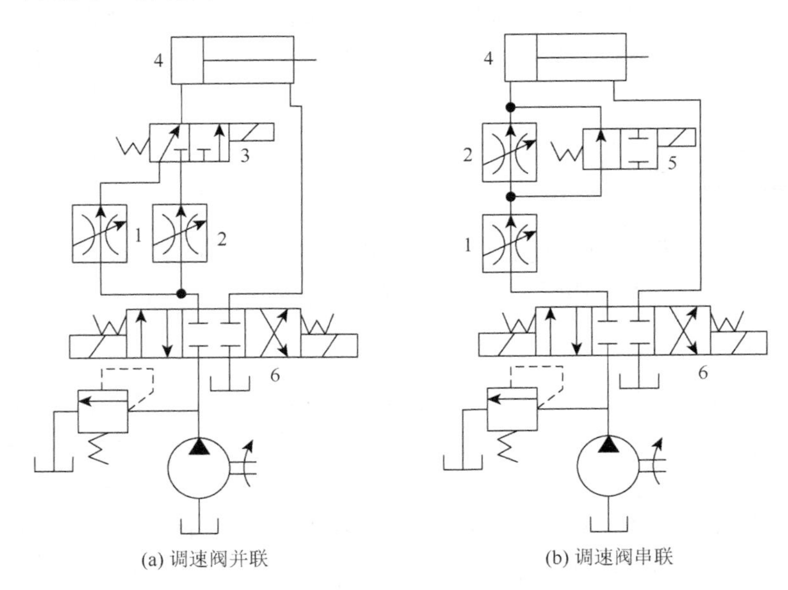


图 13-28　两种慢速运动的换接回路

1、2-调速阀；3、5、6-换向阀；4-电动缸

### 13.4.3 顺序动作回路

当一个液压系统中有多个执行元件时，常要求执行元件按不同的动作顺序动作。例如，在机床液压系统中，常要求先定位，再夹紧，然后再进行切削加工等。

1. 行程阀控制顺序动作回路

图 13-29 所示为行程阀控制顺序动作回路。在图示状态下，A、B 两个液压缸都处于最左端位置。推动手柄，使换向阀 C 右位进入工作状态，液压缸 A 开始向右运动，完成动作①。挡块压下行程阀 D 后，液压缸 B 向右运动，完成动作②。动换向阀复位后，液压缸 A 向左运动，完成动作③。挡块离开行程阀后，行程阀 D 复位，液压缸 B 向左运动，完成动作④。可见，A、B 两液压缸按图示先后完成顺序动作。

图 13-30 所示为电磁阀控制顺序动作回路。1YA 通电，液压缸 A 向右运动；完成动作①后，行程开关 1ST 的信号使 2YA 通电，液压缸 B 向右运动；完成动作②后，行程开关 2ST 的信号使 1YA 断电，液压缸 A 返回；完成动作③后，行程开关 3ST 的信号使 2YA 断电，液压缸 B 返回，完成动作④，从而实现一个工作循环。这两种回路都能实现顺序动作，但在性能上有所差别。采用行程阀时，换接位置准确，动作可靠，常用于要求位置精度较高的场合；行程阀安装受限制，较难改变动作顺序。采用行程开关和电磁阀时，可以任意改变动作顺序，控制简单，应用较广泛。

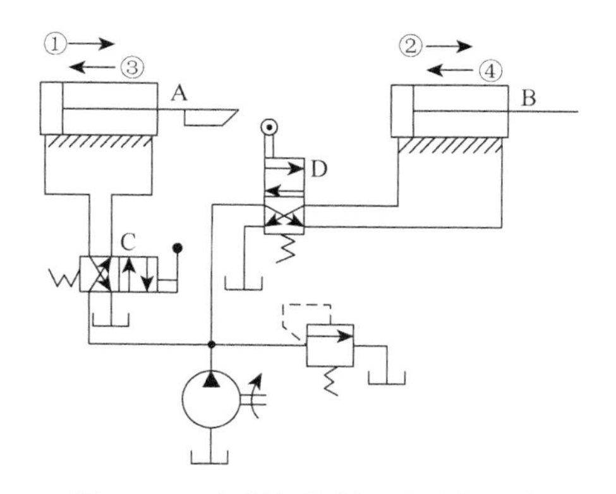

图 13-29 行程阀控制顺序动作回路

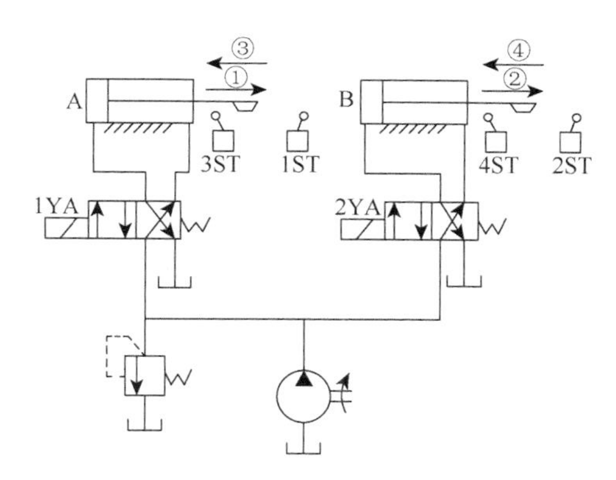


图 13-30 电磁阀控制顺序动作回路

2. 压力控制顺序动作回路

压力控制，是指利用液压系统工作过程中的压力变化来控制某些液压元件动作，使执行元件按要求的顺序动作。

图 13-31 所示为采用顺序阀的压力控制顺序动作回路。当换向阀左位工作时，液压油直接进入液压缸 1 的无杆腔，完成动作①；液压缸运动至终点时，油路压力升高，打开顺序阀 4，进入液压缸 2 的无杆腔，完成动作②；同样，当换向阀右位工作时，液压缸 1、2 按③和④的顺序动作，恢复原位。这种顺序动作回路是依靠油路压力变化实现的，通常

顺序阀的调定压力要比前一个动作的压力高 0.8～1.0MPa。否则，系统会因油路压力波动而产生误动作。压力控制顺序动作回路常应用于液压缸数目较少、负载波动不大的场合。

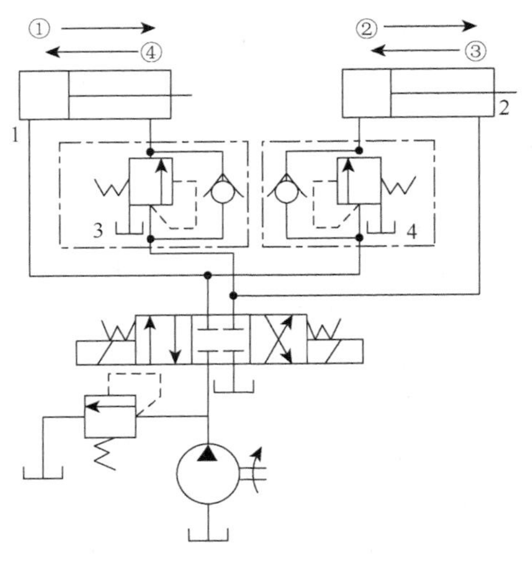


图 13-31　采用顺序阀的压力控制顺序动作回路

1、2-液压缸；3、4-顺序阀

### 13.4.4　同步运动回路

同步运动回路的功能是使两个或两个以上的执行元件以相同的速度或相同的位移运动。若两液压缸的作用面积相同、输入流量相等，它们是可以具有相同运动速度的。但由于制造加工误差、摩擦阻力、外负载变化、油液中的含气量等的影响，其同步精度不会很高。同步回路中要尽可能减小这些因素的影响，消除积累误差，满足同步精度要求。最简单的同步运动回路是将两液压缸运动部件刚性连接，但由于制造和安装误差，很难保证较高的同步精度。特别是当两液压缸负载相差较大时，有可能发生卡死现象，工作可靠性差。

1. 带补偿装置的串联液压缸同步运动回路

图 13-32 所示为带补偿装置的串联液压缸同步运动回路。图中液压缸 A 的有杆腔面积与液压缸 B 的无杆腔面积相等，由液压缸 A 排出的油液进入液压缸 B 的无杆腔后，两液压缸实现同步运动。在这个回路中，采取了补偿措施，因此可以消除每次动作的误差，其工作原理是：当换向阀 5 在右位工作时，液压缸 A 向下运动，若液压缸 A 先到达终点，其触碰行程开关 1ST，使换向阀 4 通电，压力油经换向阀 4 和液控单向阀向液压缸 B 无杆腔补油，使液压缸 B 运动至终点。若液压缸 B 先行到达终点，而液压缸 A 尚未到达终点，此时液压缸 B 的运动件触碰行程开关 2ST，使换向阀 3 通电，控制油路有压力油，打开液控单向阀，液压缸 A 的有杆腔油液可以经液控单向阀和换向阀 4 的左位，排回油箱，则液压缸 A 可以运动至终点。由于这种回路采用了补偿装置，可以消除积累误差，同步精度也可以保证，常用于轻载的液压系统中。

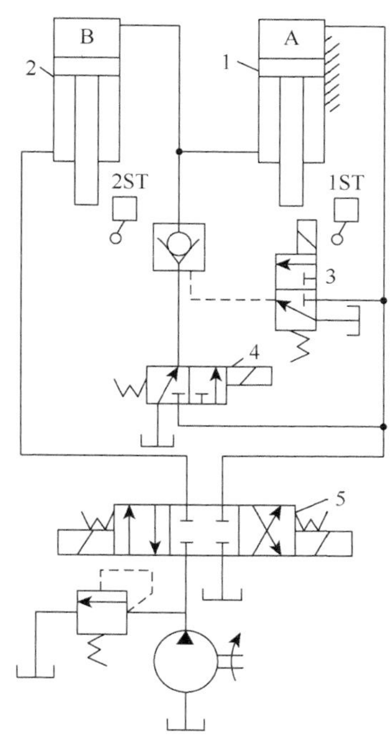


图 13-32 带补偿装置的串联液压缸同步运动回路

1-液压缸 A；2-液压缸 B；3、4、5-换向阀

2. 并联调速阀的同步运动回路

如图 13-33 所示，将两个调速阀分别连接在两个液压缸的回油路（或进油路）上，用调速阀调节液压缸的运动速度，可以实现同步运动。这是一种简单的同步方法，但因两个调速阀的性能不可能完全相同，同时受负载变动和泄漏的影响，同步精度较低。

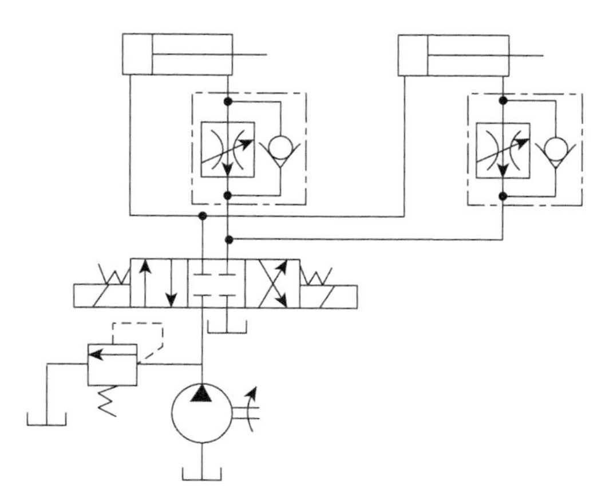

图 13-33 并联调速阀的同步运动回路

3. 同步液压马达的同步运动回路

图 13-34 所示为同步液压马达的同步运动回路。两液压马达的轴刚性连接，它可以把

等量的油液分别输入两个结构尺寸相同的液压缸中，使两液压缸同步运动，与马达并联的节流阀用于修正同步误差。由于两液压马达存在排量误差，以及液压缸的泄漏及摩擦阻力不完全相等，会对同步精度产生影响。同时，使用两液压马达，回路成本较高。另外，还有利用分流阀、集流阀等方法实现同步运动的回路。上述各种同步运动回路的精度都不高，应采用比例阀或电液伺服阀来实现高精度。

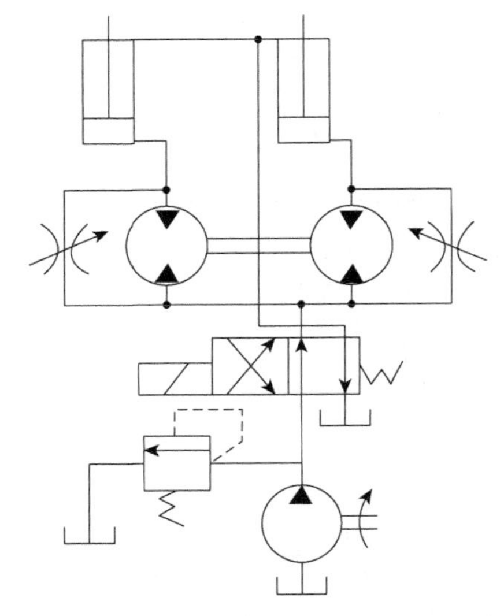

图 13-34　同步液压马达的同步运动回路

# 14 典型液压系统及液压系统的设计与计算

液压系统由基本回路组成，反映一个系统的工作原理，液压系统图都是按照标准图形符号绘制的，表示各个液压元件及其连接与控制方式。正确分析和阅读液压系统图，对液压设备设计、研究、使用等具有重要的意义。

## 14.1 液压系统图的阅读和分析方法

阅读液压系统图一般可按如下步骤进行。

（1）全面了解设备的功能、工作循环和液压系统的要求，了解控制信号的传递和转换。

（2）研究所有液压元件及其之间的联系，弄清各个液压元件的类型、原理、性能和功用。

（3）分析各执行元件的动作循环和相应的油液所经过的线路。

通常，对液压系统各条油路进行编码，按执行元件划分读图单元，针对单元，先看动作循环，再看控制回路、主油路。具体阅读方法有传动链法、电磁铁工作循环表法和等效油路图法等。

分析液压系统图时可考虑以下几个方面。

（1）液压基本回路的确定是否符合主机的动作要求。

（2）各主油路之间、主油路与控制油路之间有无矛盾和干涉现象。

（3）液压元件的代用、变换和合并是否合理、可行。

（4）液压系统行动改进方向。

## 14.2 典型组合机床液压系统

组合机床是一种工序集中、高效率的专用机床，它由通用部件（动力头、动力滑台等）和部分专用部件（主轴箱、夹具等）组成。现以 YT4543 型动力滑台为例，分析其液压系统的工作原理及特点，其中液压系统采用限压式变量叶片泵作为油源，执行元件采用单杆活塞式液压缸。

图 14-1 是 YT4543 型动力滑台的液压系统及工作循环图，现以最常用的工作循环，即快进→第一次工进→第二次工进→死挡铁停留→快速退回→原位停止来分析其工作原理。

### 1. 快进

按下启动按钮，电磁铁 1YA 通电，电液动换向阀左位工作，系统快速进给。因为快进时没有工作负载，系统压力低，变量泵输出最大流量，顺序阀 13 处于关闭状态，液压缸实现差动快进，其油路如下。

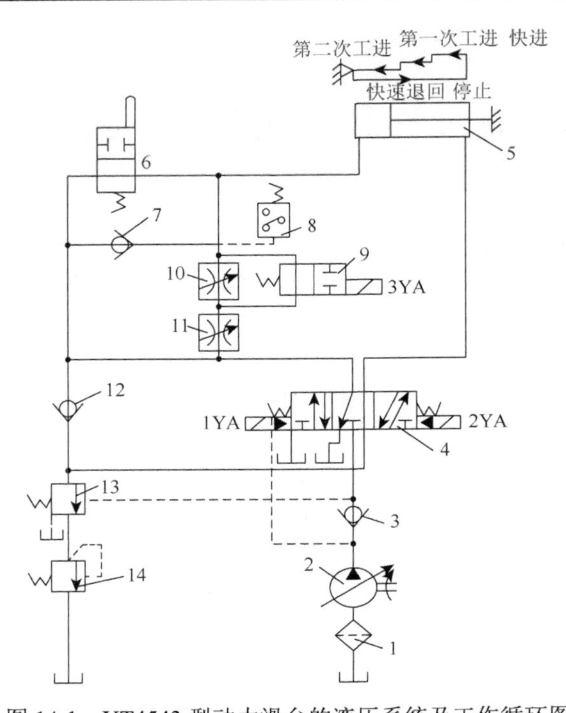


图 14-1　YT4543 型动力滑台的液压系统及工作循环图

1-过滤器；2-变量泵；3-单向阀；4-换向阀；5-液压缸；6-行程开关；7-单向阀；8-压力继电器；9-换向阀；10-调速阀；11-调速阀；12-单向阀；13-顺序阀；14-背压阀

（1）进油路：变量泵 2→单向阀 3→液动换向阀 4 左位→行程阀 6 下位→液压缸 5 无杆腔。

（2）回油路：液压缸 5 有杆腔→液动换向阀 4 左位→单向阀 12→行程阀 6 下位→液压缸 5 无杆腔。

### 2. 第一次工进

当滑台快进到预定位置时，挡块压下行程开关 6，实现第一次工进。此时，系统其他元件的状态不变，只是进油要经过调速阀 11，使进油路的压力升高，顺序阀 13 打开，变量泵的输出流量自动减小与调速阀 11 的调定流量相适应，其油路如下。

（1）进油路：变量泵 2→单向阀 3→液动换向阀 4 左位→调速阀 11→电磁换向阀 9 左位→液压缸 5 的无杆腔。

（2）回油路：液压缸 5 的有杆腔→液动换向阀 4 左位→顺序阀 13→背压阀 14→油箱。

### 3. 第二次工进

当第一次工进行程结束时，滑台上的挡块碰到行程开关，发出信号使 3YA 通电，经电磁换向阀 9 的油路被切断。此时进油要经过调速阀 11 和调速阀 10，而调速阀 10 的调定流量比调速阀 11 要小，液压缸的运动速度进一步降低，其速度由调速阀 10 调定，回油路线与第一次工进完全相同。

4. 死挡铁停留

当滑台第二次工进行程结束时，碰死挡铁，便不再运动，实现停留。油路状态与第二次工进相同，但系统压力会进一步升高，变量泵的流量极小，仅满足泄漏要求。由于压力升高，压力继电器 8 动作，发出电信号给延时继电器（图中未画出），停留时间由延时继电器调定，设置死挡铁可以提高滑台工作进给的位置精度。

5. 快速退回

滑台停留时间结束后，延时继电器发出信号，使 1YA 断电、2YA 通电，系统进入快速退回状态。快速退回时，负载小，系统压力低，变量泵输出流量恢复到最大，使滑台快速退回，其油路如下。

（1）进油路：变量泵 2→单向阀 3→液动换向阀 4 右位→液压缸 5 的有杆腔。

（2）回油路：液压缸 5 的无杆腔→单向阀 7→液动换向阀 4 右位→油箱。

6. 原位停止

滑台回到原位时，压下原位行程开关，发出信号使 2YA、3YA 断电，液动换向阀 4 处于中位，液压缸两腔封闭，滑台原位停止。此时，变量泵的出口压力升高，流量最小，实现流量卸荷。

从以上分析可以知道，YT4543 型动力滑台的液压系统是由限压式变量泵、调速阀和背压阀组成的容积-节流调速回路：由液压缸差动连接实现快速运动回路；液动换向阀实现换向回路；行程阀、电磁换向阀和顺序阀组成速度换接回路；两调速阀串联获得两种工作速度回路等。由此可得，其性能特点如下。

（1）采用“限压式变量泵→调速阀→背压阀”式的调速回路，使滑台具有稳定的低速，速度刚度大，抗负载变化且调速范围较大。由于有背压阀，滑台可以承受负载。

（2）采用变量泵和液压缸差动连接实现快进，可获得较大的快进速度，能量使用合理。

（3）采用行程阀实现快进转工进，油路和电路简单，动作可靠，YT4543 型动力滑台液压系统的换接位置精度高。两种工作速度的转换用电磁阀实现，既可满足精度要求，控制又简单方便。

（4）采用死挡铁停留，提高了工作进给时的位置精度，扩大了加工范围。

综上所述，YT4543 型动力滑台液压系统的设计合理，简单实用，性能良好。

## 14.3　液压系统的设计原则与依据

### 14.3.1　主机对液压系统的要求

主机对液压系统的使用要求是设计液压系统的依据，因此应首先了解主机工况。

1. 主机概况

（1）主机的用途、总体情况、主要结构、技术参数及性能要求。

（2）主机对液压执行元件的布置位置及空间尺寸的限制。

（3）主机的工作循环、作业环境等。

2. 液压系统的要求和任务

（1）液压系统所应完成的动作，执行元件的运动方式及范围。

（2）液压执行元件的负载大小、性质，以及运动速度大小或变化范围。

（3）多个液压执行元件的顺序动作、互锁关系或同步要求。

（4）对液压系统的性能要求，如运动平稳性、位置精度、自动化程度、效率、安全可靠性等。

（5）对液压系统的控制方式的要求。

除此之外，还应注意液压系统的工作环境、防火防爆及经济性等。

### 14.3.2　工况分析

工况分析主要指计算液压执行元件的负载、运动速度等，通常需求出一个工作循环内各阶段的负载和速度，画出负载循环图和速度循环图。

1. 负载分析（以液压缸为例）

通常情况下，液压缸承受的负载包括工作负载、摩擦负载、惯性负载、重力负载、密封负载和背压负载。

1）工作负载 $F_w$

不同机械的工作负载是不同的。对于加工机床，切削负载是工作负载：起货机中的重物是工作负载等。工作负载 $F_w$ 与液压缸运动方向相反时为正值，方向相同时为负值，与机电传动系统相同。工作负载可根据有关公式计算或由主机参数给定。

2）摩擦负载 $F_f$

摩擦负载是指液压缸驱动的运动部件所受的导轨摩擦阻力，可以根据导轨形状、运动形式等，查阅有关手册计算。

3）惯性负载 $F_a$

惯性负载是运动部件在启动加速和减速制动时的惯性力。

4）重力负载 $F_g$

对于垂直或倾斜运动的部件，没有平衡时，自重也是负载的主要形式之一。

5）密封负载 $F_s$

密封负载的计算与密封形式、尺寸、精度及工作压力等有关，详细计算可查阅有关手册。通常将其计入液压缸的机械效率中，可取 $\eta_m = 0.90 \sim 0.97$。

6）背压负载 $F_b$

在液压系统方案及液压缸结构未定时，背压负载无法计算，可暂不考虑。

根据上述各项，可以计算液压缸在不同工作阶段的负载情况。若执行元件为液压马达时，可仿照液压缸的方法计算出各阶段液压马达的负载力矩。

2. 运动分析

执行元件的运动分析是指弄清在一个工作循环中，执行元件的运动速度的大小和变化范围、运动行程的长短、运动变化的周期等。一般情况下，常由主机给出要求的快速运动、工进速度的具体数值，据此可画速度循环图。

### 14.3.3　执行元件主要参数的确定

1. 初选执行元件的工作压力

工作压力可以根据负载循环图中的最大负载按表14-1选取。工作压力的选取既影响结构尺寸，对系统的性能影响也较大。选择高工作压力，执行元件和系统结构紧凑，装置体积小，但对元件强度、刚度及密封要求高，需要采用高压液压泵。

**表14-1　负载和工作压力之间的关系**

| 负载 $F$/kN | 工作压力 $p$/MPa |
| --- | --- |
| ＜5 | 0.8～1 |
| 5～10 | 1.5～2 |
| 20～30 | 3～4 |
| 30～50 | 4～5 |
| ＞50 | ≥5 |

2. 确定执行元件结构尺寸

执行元件的结构尺寸主要指液压缸的缸筒内径（活塞直径）$D$和活塞杆直径$d$，其计算公式见10.3节。对于有最小运动速度要求的系统，尚需验算液压缸面积，即

$$A \geqslant \frac{Q_{\min}}{v_{\min}} \tag{14-1}$$

式中，$Q_{\min}$为节流阀或调速阀的最小稳定流量，可由元件产品样本查出；$v_{\min}$为液压缸可能的最小运动速度；$A$为液压缸节流腔的有效面积。将计算得到的$D$、$d$按液压缸标准值进行取整。

### 14.3.4　工况图的绘制

各执行元件的主要参数确定以后，不但可以计算工作循环中各阶段的工作压力，还可以求出各阶段所需的流量和功率，这时就可绘制各执行元件工作过程中的工况图。工况图是压力、流量、功率对时间（或位移）的变化曲线图，综合各执行元件的工况图可以得到系统的液压工况图。从图中可以知道在整个动作循环中，系统压力、流量和功率的最大值及分布情况，为选择基本回路、液压元件等提供设计依据。图14-2为某机床进

给液压缸工况图，$t_1$ 为快进时间，$t_2$ 为工进时间，$t_3$ 为快退时间。液压缸的主要参数及理论流量计算公式见表 14-2。

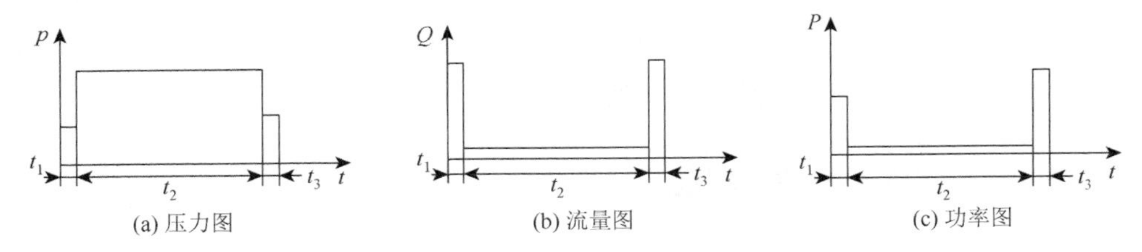


(a) 压力图　(b) 流量图　(c) 功率图

图 14-2　机床进给液压缸工况图

**表 14-2　液压缸的主要参数及理论流量计算公式**

| 类型 | 图 | 液压缸的几何参数<br>$A_1$、$A_2$ | 液压缸最大理论流量<br>$Q_{max}$ |
|---|---|---|---|
| 单活塞杆缸 |  | $p_1=(F+p_2A_2+p_{min}A_1)/A_1$<br>$A_2=F/(p_1-p_{min}\varphi-\varphi_2)$<br>$p_1=\left[(F/\eta_m)+p_2A_2\right]/A_1$<br>$A_2=F/\left[\eta_m(p_1\varphi-p_2)\right]$<br>$A_1=\varphi A_2$ | $Q_{max}=A_1v_{max}$ |
|  |  | $p_1=(F+p_2A_1+p_{min}A_2)/A_2$<br>$A_2=F/(p_1-p_{min}-p_2\varphi)$<br>$p_1=\left[(F/\eta_m)+p_2A_1\right]/A_2$<br>$A_2=F/\left[\eta_w(p_1-p_2\varphi)\right]$ | $Q_{max}=A_2v_{max}$ |
|  |  | 差动：$p_1=(F+p_{min}A_2)/(A_1-A_2)$<br>$A_2=F/\left[p_1(\varphi-1)-p_{min}\right]$<br>$p_1=F/\left[\eta_{13}(A_1-A_2)\right]$<br>$A_2=F/\left[\eta_m p_1(\varphi-1)\right]$ | $Q_{max}=(A_1-A_2)v_{max}$ |
| 双活塞杆缸 |  | $p_1=(F/A_2)+p_2+p_{min}$<br>$A_2=F/(p_1-p_2-p_{min})$<br>$p_1=(F/A_2\eta_m)+p_2$<br>$A_2=F/\left[\eta_m(p_1-p_2)\right]$ | $Q_{max}=A_2v_{max}$ |

注：$F$ 为液压缸最大外负载；$p_1$ 为液压缸最大工作压力；$p_2$ 为液压缸的背压；$p_{min}$ 为液压缸的空载启动压力；$\eta_m$ 为液压缸的机械效率；$\varphi$ 为液压缸往返速比；$A_1$ 为液压缸无杆腔的有效面积；$A_2$ 为液压缸有杆腔有效面积。

## 14.4　拟定液压系统原理图

拟定液压系统原理图是设计液压系统的关键一步，它对液压系统的性能、系统的经济性具有决定性影响。液压系统由一些基本归路组合而成，在拟定液压系统原理图时，首先要正确拟定或选择各基本回路。

### 14.4.1　拟定基本回路

在拟定基本回路时，应根据主机要求，首先拟定对主机性能影响最大的主要回路。

例如，在机床液压系统中，调速回路是主要回路；在压力机液压系统中，调压回路是主要回路，然后再拟定其他基本回路。拟定（选择）液压基本回路时需注意以下几点。

（1）一般液压系统均应设置调压回路、换向回路、卸荷回路等。

（2）根据负载性质，有必要时考虑设置平衡回路、制动回路、缓冲回路等。

（3）对于具有多个液压执行元件的系统，常需设置顺序动作回路、同步运动回路、互锁回路等。

### 14.4.2　液压系统的合成

选择了各液压基本回路后，再增添一些必要的元件及辅助油路，如控制油路、润滑油、测压油路等，并对基本回路归并整理，就可以将液压回路合成为液压系统。在合成时，应注意以下问题。

（1）该液压系统能否完成主机所要求的各项功能。

（2）是否存在多余的元件或油路。

（3）油路之间有无干扰。

在满足主机要求的前提下，所设计的液压系统力求简单、安全可靠、动作平稳、效率高、调整及维修方便。

## 14.5　液压元件的计算和选择

### 14.5.1　液压泵的计算和选择

1. 液压泵最大工作压力的确定

液压泵的最大工作压力，可按式（14-2）计算，即

$$p_{\max} = p + \sum \Delta p \tag{14-2}$$

式中，$p$ 为执行元件工作腔的最大工作压力；$\sum \Delta p$ 为进油路上的总压力损失。

初算时，可按经验数据选取：对于简单系统，取 $\sum \Delta p = 0.2$～$0.5$MPa；对于复杂系统，取 $\sum \Delta p = 0.5$～$1.5$MPa。

2. 液压泵流量的确定

$$Q_p = k \sum Q_{\max} \tag{14-3}$$

式中，$Q_p$ 为液压泵的流量；$k$ 为修正系数，一般取 $k = 1.1$～$1.3$；$Q_{\max}$ 为同时动作执行元件所需流量之和的最大值。

采用蓄能器作为辅助供油的系统：

$$Q_p \geqslant \frac{k \sum V_i}{T} \tag{14-4}$$

式中，$V_i$ 为系统在整个周期中第 $i$ 个阶段内的耗油量；$T$ 为工作周期。

根据液压泵的最大工作压力确定液压泵的类型，根据液压泵的流量确定液压泵的规格。参照产品样本或液压设计手册选定液压泵时，应使液压泵有一定的压力储备，通常应高于最大工作压力25%～60%。流量则按计算值确定，不可超太多，以免造成过大的功率损失。

3. 驱动电动机的选择

液压泵的驱动电动机根据驱动功率和泵的转速选定，在产品样本上可直接查出电动机功率，其数值往往偏大。因此，也可以根据工况进行计算和选择。

限压式变量泵的驱动功率可根据液压泵实际流量压力特性曲线拐点处的参数计算。

### 14.5.2 阀类元件的选择

液压系统所用的阀类元件应该尽可能选用标准液压阀，仅在特殊需要时才自行设计专用液压阀。选择阀类元件时，应根据其具体应用时的最大工作压力及通过该阀的实际流量选定其规格。

1. 溢流阀的选择

直动式溢流阀响应快，宜作为安全阀。先导式溢流阀的启闭特性好，调压偏差小，常作为调压阀、背压阀。先导式溢流阀的最低调定压力为0.5～1MPa，溢流阀的流量应按液压泵的最大流量选取，其最小稳定流量为额定流量的15%。

2. 流量阀的选择

中低压流量阀的最小稳定流量为50～100mL/min，高压流量阀的最小稳定流量为2.5～20L/min，此数值应满足执行元件最小运动速度的要求。

3. 换向阀的选择

按通过阀的实际流量选定换向阀的规格。中小流量时，可选用电磁换向阀；流量较大时，宜选用电液换向阀或插装式锥阀，根据系统要求选择三位换向阀的中位机能。

### 14.5.3 辅助元件的选择

液压系统中除了液压泵、液压阀、液压缸等主要元件外，还有许多辅助元件，如油管、接头、滤油器、压力表、油箱等。油管的规格尺寸常由与之连接的液压元件接口尺寸决定，必要时，应验算其内径和壁厚。

## 14.6 液压系统性能

液压系统设计完成后，应对其主要性能进行估算，以判定系统的设计质量，完善并改进系统。估算的主要内容包括系统压力损失、发热与温升、系统效率等，对于简单的液压系统，此步骤可以省略。

### 14.6.1　液压系统压力损失计算

画出管路装配图后，即可进行压力损失的计算，管路总压力损失为

$$\sum \Delta p = \sum \Delta p_{\lambda} + \sum \Delta p_{v} + \sum \Delta p_{\xi} \tag{14-5}$$

应按工作循环的不同阶段分别计算进油路和回油路的总压力损失，要把回油路的总压力损失折算到进油路上，从而得到液压系统的调定压力。

### 14.6.2　液压系统的发热与温升的计算

液压系统中的各种能量损失都将转化为热能，使液压系统温度升高，特别是油液的温升将对系统产生不利的影响。系统中功率损失较严重的元件有液压泵、液压缸（或液压马达）和溢流阀等；而管路功率损失较小，可忽略不计。

1. 各元件计算

（1）液压泵的功率损失 $\Delta P_p$：

$$\Delta P_p = P_p(1-\eta_p) \tag{14-6}$$

式中，$P_p$ 为液压泵的输入功率；$\eta_p$ 为液压泵效率。

（2）液压执行元件的功率损失 $\Delta P_M$：

$$\Delta P_M = P_M(1-\eta_M) \tag{14-7}$$

式中，$P_M$ 为执行元件的输入功率；$\eta_M$ 为执行元件效率。

（3）溢流阀的功率损失 $\Delta P_Y$：

$$\Delta P_Y = p_Y Q_Y \tag{14-8}$$

式中，$p_Y$ 为溢流阀的调定压力；$Q_Y$ 为溢流阀的溢流量。

（4）系统总功率损失：

$$\Delta P = \Delta P_p + \Delta P_M + \Delta P_Y$$

2. 综合算法

系统总功率损失，也可按式（14-9）进行简单计算，即

$$\Delta P = P_p - P_e \tag{14-9}$$

或

$$\Delta P = P_p(1-\eta) \tag{14-10}$$

式中，$P_e$ 为液压执行元件的有效功率；$\eta$ 为液压系统的总效率。

3. 系统的散热功率

液压系统产生的热量，一部分使油液温度升高，一部分经冷却表面散发掉。通常认为，系统产生的热量全部由油箱表面散发，其散热功率为

$$\Delta P_0 = KA\Delta T \tag{14-11}$$

式中，$K$ 为油箱散热系数[W/(m$^2$·K)]，当自然冷却通风差时，$K = (8\sim9)\times10^{-3}$kW/(m$^2$·K)，风扇冷却时，$K = 23\times10^{-3}$kW/(m$^2$·K)，循环水冷却时，$K = (110\sim170)\times10^{-3}$kW/(m$^2$·K)；$A$ 为油箱散热面积（m$^2$）；$\Delta T$ 为液压系统的温升（℃）。

4. 系统的温升

当系统的发热功率等于散热功率，即达到热平衡，系统的温升为

$$\Delta T = \frac{\Delta P}{KA} \tag{14-12}$$

5. 油箱散热面积计算

可用式（14-12）直接计算油箱散热面积 $A$。当油箱的三个边的尺寸比例在 1∶1∶1～1∶2∶3 时，油面高度为油箱高度的 80%，也可按式（14-13）进行估算，即

$$A = 6.5\sqrt[3]{V^2} \tag{14-13}$$

式中，$V$ 为油箱有效容积（m$^3$）。

当计算的温升值超过允许数值时，系统应设置冷却装置。

## 14.7 工作图的绘制和技术文件的编写

液压系统设计的最后一项工作是绘制工作图和编写技术文件。

### 14.7.1 工作图的绘制

工作图包括液压系统原理图、液压系统装配图和非标准元件装配图及零件图。

1）液压系统原理图

液压系统原理图应附有液压元件明细表，标明各液压元件的规格、型号和压力、流量调整值，以及执行元件的动作循环图和电磁铁动作表。

2）液压系统装配图

液压系统装配图是液压系统的安装施工图，包括油箱装配图、液压泵装配图、管路安装图等。

液压装置在布置上应考虑如下事项。

（1）各部件、元件的布置要匀称，便于安装、调试、维修和使用，注意外观整齐和美观。

（2）阀类元件布置时，注意阀与阀之间应留有一定的距离，以方便手动调整及维修更换，压力表要放在便于观察之处。

（3）硬管应沿地面或主机外壁铺设。平行管道应保持一定间距，管子较长时用管夹固定。对于随工作部件运动的软管，安装时应防止其发生扭转。

### 14.7.2 技术文件的编写

技术文件包括液压系统设计计算说明书、液压系统使用及维护技术说明书、零部件明细表、标准件及外购件总表、调试说明书等。

# 15 气 压 传 动

气压传动是指以压缩空气为工作介质来传递动力和实现控制的一门技术，由于气压传动具有防火、防爆、节能、高效、无污染等优点，其在工业生产中具有重要的地位。在原理上，气压传动与液压传动有很多相似之处，相关基础知识可借鉴液压传动来理解。

## 15.1 气源装置与辅助元件

向气动系统提供压缩空气的装置称为气源装置，其主体是空气压缩机，输出的压缩空气含有过量的杂质、水分及油分，不能直接使用，必须经过降温、除尘、除油、除水、过滤等一系列处理后才能用于气动系统。

### 15.1.1 空气压缩机

空气压缩机是将机械能转换成空气压力能的装置。按工作原理可分为容积式和速度式两大类，其中前者应用较多。也可按润滑方式分为有油润滑空气压缩机（机构中有专门的供油系统润滑）和无油润滑空气压缩机（机构中无专门的供油系统，某些零件采用自润滑）。还可以按输出压力、输出流量分类，通常根据系统所需的工作压力和流量来进行选择。

### 15.1.2 气体净化装置

有油润滑空气压缩机输出的气体温度可达 140～170℃，这时部分润滑油变成气态，同时还有吸入的水分和灰尘等，含有这些杂质的高温气体直接供给气动设备使用，将产生很多不良影响。

（1）压缩气体中的油气聚集，易燃、易爆，而且油分经高温气化形成有机酸，会腐蚀金属设备。

（2）混合杂质沉积在管道和气动元件中，易产生堵塞，导致整个系统运行失稳。

（3）压缩气体中的水蒸气在一定条件下析出水滴，在寒冷条件形成冻结，导致气路不畅或破裂。

（4）压缩气体中的灰尘对气动元件的运动部件产生研磨作用，加速老化。

由此可见，需要采用气体净化装置。

#### 1. 后冷却器

后冷却器一般安装在空气压缩机的出口管路上，作用是对压缩空气进行降温，使其中的大部分水蒸气、油气转化成液体，并排出，如图 15-1 所示。

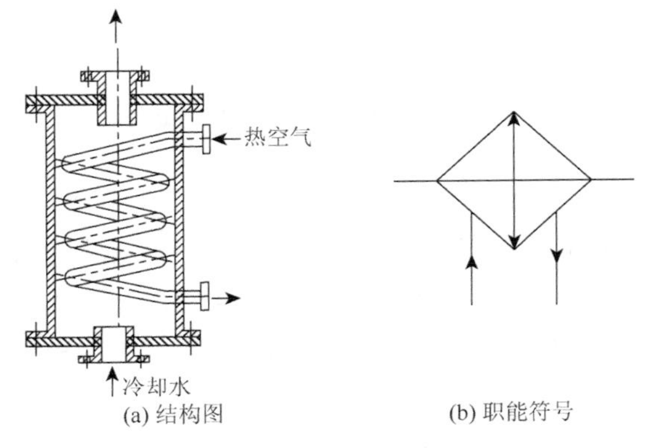

(a) 结构图　　(b) 职能符号

图 15-1　蛇管式后冷却器

2. 油水分离器

油水分离器的作用是将冷却器降温析出的水滴、油滴等杂质从压缩空气中分离出来，其结构形式有环形回转式、撞击挡板式、离心旋转式、水浴式等。

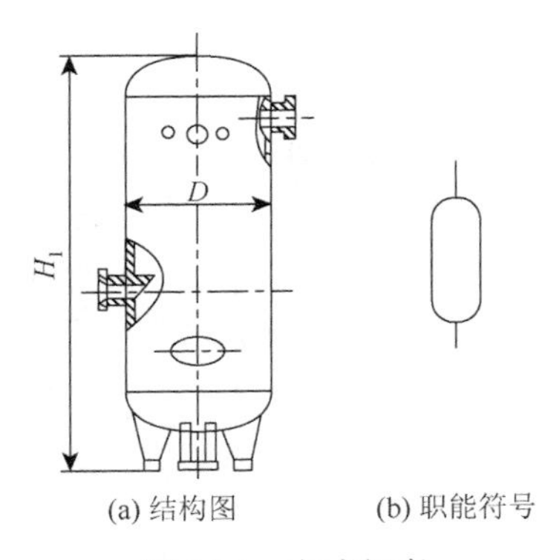

(a) 结构图　　(b) 职能符号

图 15-2　立式气囊

3. 气囊

气囊（又称气罐）的作用是消除气体压力波动，保证供气的连续性、稳定性；储存一定数量的压缩空气以备应急时使用，并进一步分离油分和水分等。立式气囊如图 15-2 所示。

4. 干燥器

为满足更精密的气动装置和气动仪表用气，采用干燥器进一步除去压缩空气中的水、油和灰尘，其主要方法有吸附法和冷冻法。吸附法是利用具有吸附性能的吸附剂来吸附压缩空气中的水分，使其达到干燥的目的。冷冻法是将多余的水分降至露点温度以下，并把其分离出来，从而达到所需要的干燥度。图 15-3 是一种吸附式干燥器的结构图和职能符号。

5. 过滤器

过滤器（图 15-4）的主要作用是分离水分、过滤杂质，滤灰效率很高。在气动系统中，一般把过滤器、减压阀、油雾器称为气源处理装置，它是气动系统中必不可少的气动元件。

## 15.1.3　辅助元件

1. 油雾器

气动系统中，除去一些自润滑零件外，很多元件的可动部分均需要外加润滑措施，但以压缩空气为动力的元件都是密封气室，不能采用注油方式，只能以某种方法将油混

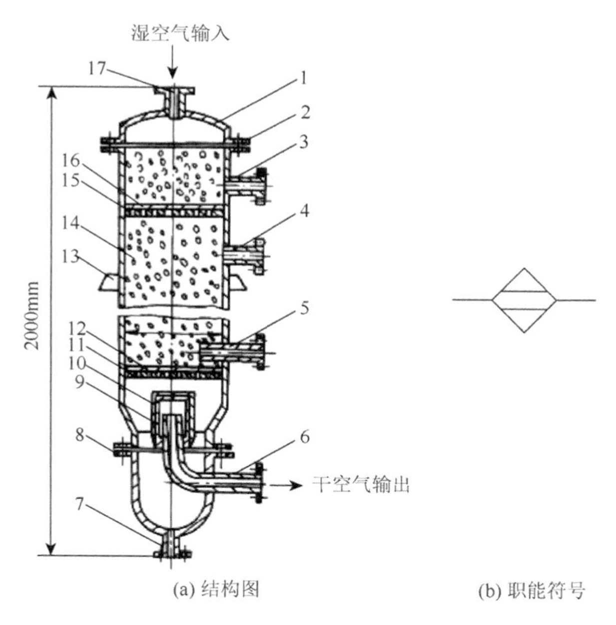


(a) 结构图 (b) 职能符号

图 15-3 吸附式干燥器

1-顶盖；2-法兰；3、4-再生空气排气管；5-再生空气进气管；6-干燥空气输出管；7-排水管；8-密封垫；9、12、16-铜丝过滤网；10-毛毡层；11-下栅板；13-支撑板；14-吸附层；15-上栅板；17-湿空气进气管

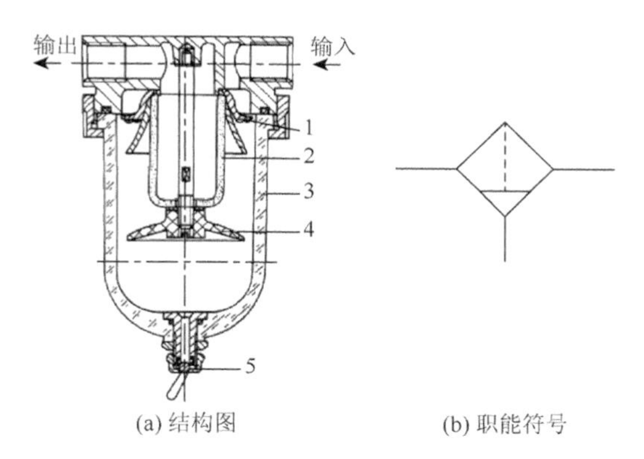


(a) 结构图 (b) 职能符号

图 15-4 过滤器

1-旋风叶子；2-滤芯；3-储水杯；4-挡水板；5-手动放水阀

入气流中，随气流带到需要润滑的地方。油雾器（图 15-5）就是这样一种特殊的注油装置，采用这种方法加油，具有润滑均匀、稳定和耗油量少等特点。油雾器一般应安装在过滤器、减压阀之后，尽量靠近换向阀，避免安装在换向阀与气缸之间。

### 2. 消声器

气动回路与液压回路的不同之处就是气体不需要回收，压缩空气使用后直接排入大气，因为排气速度高，会产生尖锐的排气噪声，故换向阀的排气口一般要安装消声器，常用的有吸收型消声器、膨胀干涉型消声器和膨胀干涉吸收型消声器。

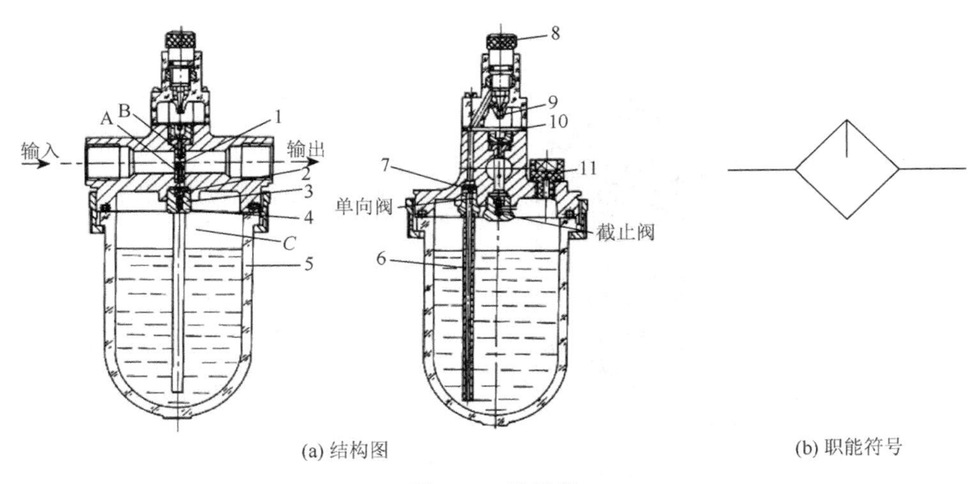


(a) 结构图　　(b) 职能符号

图 15-5　油雾器

1-立杆；2-钢球；3-弹簧；4-阀座；5-储油杯；6-吸油管；7-单向阀；8-节流阀；9-视油器；10-垫圈；11-油塞

# 15.2　气动执行元件与控制元件

## 15.2.1　气动执行元件

气动执行元件主要包括气缸和气动马达。气缸的分类方法与液压缸基本相同，工作原理也非常类似。气压传动使用最广泛的是叶片式和活塞式气动马达，其工作原理与液压泵类似。

## 15.2.2　气动控制元件

气动控制元件是用于控制调节压缩空气的压力、流量和方向等的控制阀，按其功能可分为压力控制阀、流量控制阀、方向控制阀，以及能实现一定逻辑功能的气动逻辑元件。

### 1. 压力控制阀

通过控制压缩空气的压力以控制执行元件的输出力或控制执行元件实现顺序动作的阀统称为压力控制阀，包括减压阀、顺序阀和安全阀。压力控制阀利用压缩空气作用在阀芯上的力和弹簧力相平衡的原理进行工作。

气源输出的压缩气体压力通常都高于每台设备所需的工作压力，且压力波动较大，故需要在设备入口处安装一个减压、稳压作用的元件，即减压阀（按照压力调节的方式可分为直动式和先导式）。

顺序阀是指依靠气路中压力的大小来控制气动回路中各执行元件动作的先后顺序的压力控制阀，其作用和工作原理与液压顺序阀基本相同，常与单向阀组合成单向顺序阀。

安全阀用来防止管路、气罐等产生高压破坏，用于限制回路中的最高压力，工作原理类似于液压溢流阀。

2. 流量控制阀

流量控制阀的作用是通过调节压缩空气的流量实现控制执行元件的运动速度，包括节流阀、单向节流阀、排气节流阀等。单向节流阀是单向阀和节流阀并联而成的组合流量控制阀，常用来控制气缸的运动速度，又称为速度控制阀；排气节流阀只安装在控制执行元件换向阀的排气口上，通过控制排气量来改变执行元件运动速度。

3. 方向控制阀

方向控制阀与液压方向控制阀的作用和原理类似。按气流在阀内的流动方向，方向控制阀可分为单向型控制阀和换向型控制阀。按控制方式，方向控制阀可分为手动、气动、电动、机动、电气动等。

单向型控制阀中有一种阀称为梭阀，其相当于两个单向阀的组合，作用属于逻辑元件中的“或门”。快速排气阀简称快排阀，也是一种单向型控制阀，可使气缸快速排气，加快气缸运动速度，一般安装在换向阀和气缸之间。

4. 气动逻辑元件

气动逻辑元件是指在控制回路中能够实现一定逻辑功能的器件，它属于开关元件。通常在元件完成动作后，具有关断能力，因此耗气量少。气动逻辑元件的种类较多，分类情况见图 15-6。

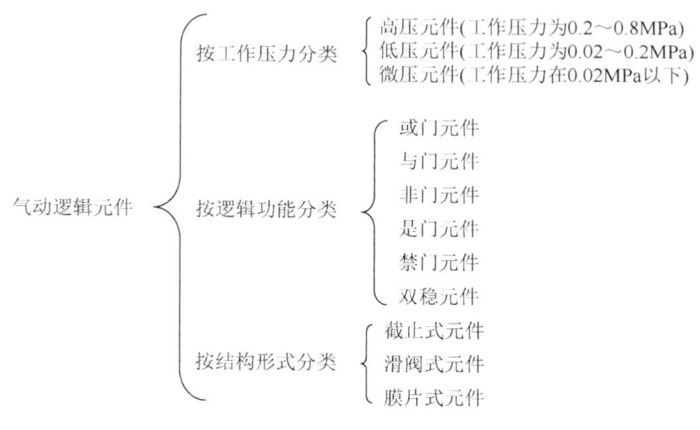


图 15-6 气动逻辑元件分类

逻辑元件的结构主要由开关部分和控制部分组成，前者的功能是改变气体流动的通断，后者用来接收控制信号，完成开关部分动作。

1）是门元件

是门元件表示的是输入和输出之间始终保持相同的状态。某种是门元件的结构图如图 15-7 所示，图中 P 为气源入口，a 为控制信号端，s 为输出口。元件接通气源，但 a 无信号时，截止膜片 7 在气源的作用下，紧压在下阀体上，把阀杆顶起，使输出口 s 与排气口 O 相通，元件处于无输出状态。当 a 有输入信号时，膜片 2 在控制信号作用下变形，使阀杆紧压在上阀体上，切断输出口 s 与排气口 O 之间的通道，使输出口 s 与气源入口 P 相通，元件处于有输出状态。图中显示活塞 3 用于显示是门元件的输出状态，手动按钮 1 用于手动控制信号的发出。

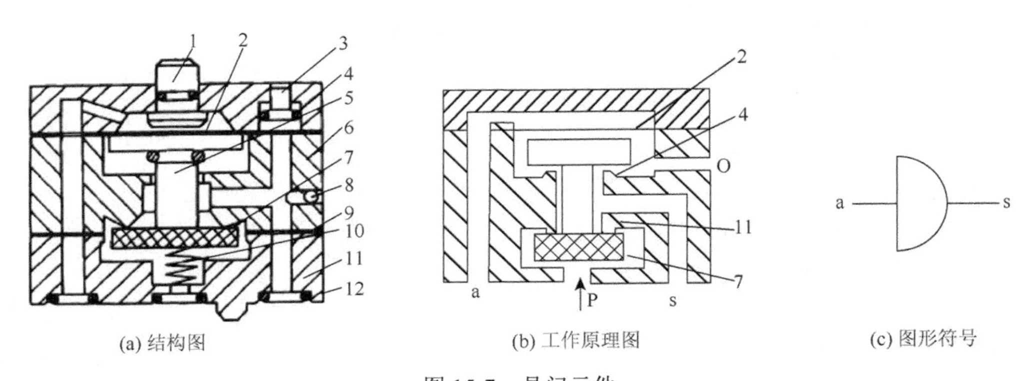

(a) 结构图　(b) 工作原理图　(c) 图形符号

图 15-7　是门元件

1-手动按钮；2-膜片；3-显示活塞；4-上阀体；5-阀杆；6-中阀体；7-截止膜片；8-钢球；9-密封膜片；10-弹簧；11-下阀体；12-形密封圈

是门元件的压力特性具有继电器特性，即具有滞环，见图 15-8，其中纵坐标 $y$ 表示继电器输出，切换压力 $p_c'$ 和返回压力 $p_c''$ 反映了元件的切换特性。

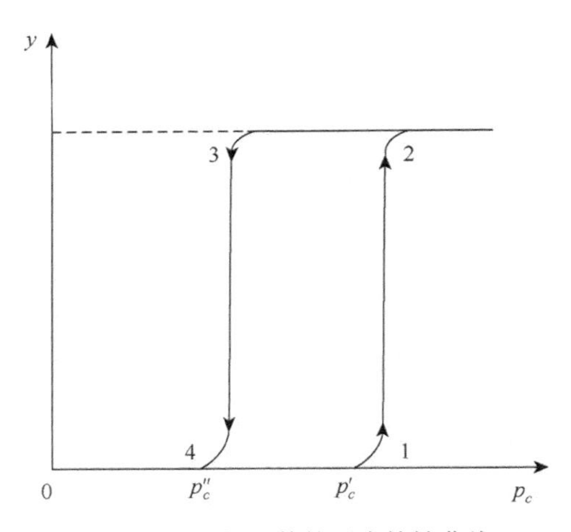

图 15-8　是门元件的压力特性曲线

2）与门元件

某种与门元件的工作原理和图形符号如图 15-9 所示。

3）或门元件

某种或门元件的工作原理和图形符号如图 15-10 所示。

4）非门元件

非门元件与是门元件的工作原理、特性类似，只是逻辑与是门元件相反。

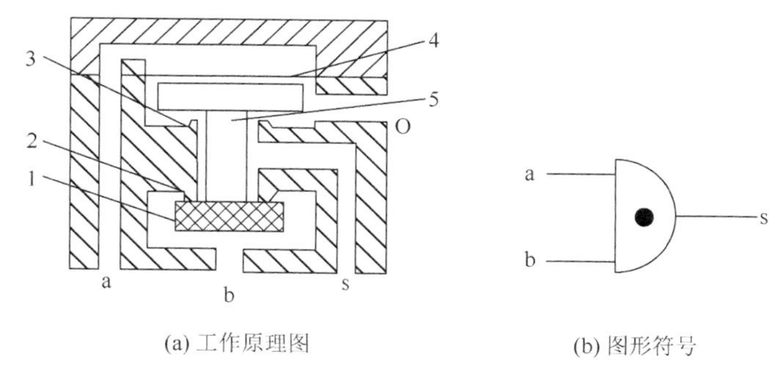

(a) 工作原理图　(b) 图形符号

图 15-9　与门元件

1-截止膜片；2-下阀座；3-上阀座；4-膜片；5-顶杆

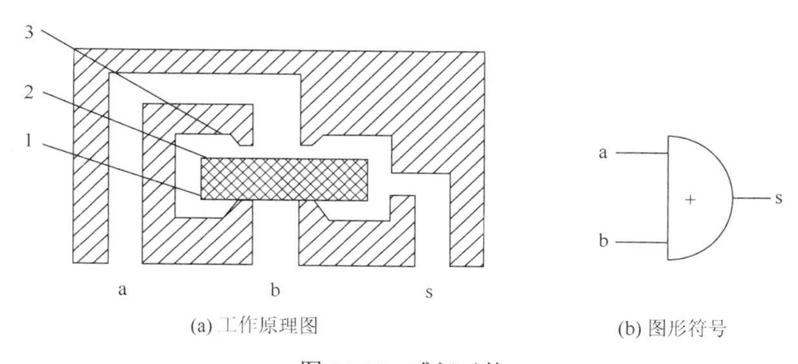

(a) 工作原理图　(b) 图形符号

图 15-10　或门元件

1-下阀座；2-截止膜片；3-上阀座

5）双稳元件

双稳元件的工作原理和图形符号如图 15-11 所示。在气压信号的控制下，阀芯带动滑块移动，实现对输出端的控制功能。当接通气源压力 $p$ 后，如果有控制信号 a，阀芯 4 被推至右端，此时气源入口 P 与输出口 $s_1$ 相通，信号 $s_1$ 输出。而另一个输出口 $s_2$ 与排气口 O 相通，处于无输出状态。若撤除控制信号 a，则元件保持原输出状态不变。只有加入控制信号 b，阀芯 4 才会左移至终端。此时，气源入口 P 与输出口 $s_2$ 相通，$s_2$ 处于有输出状态；另一输出口 $s_1$ 与排气口 O 相通，$s_1$ 处于无输出状态。若撤除控制信号 b，元

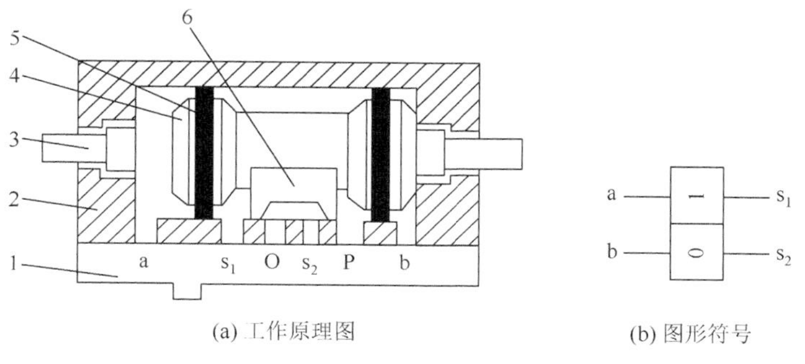

(a) 工作原理图　(b) 图形符号

图 15-11　双稳元件

1-连接板；2-阀体；3-手动杆；4-阀芯；5-密封圈；6-滑块

件输出状态也不变，双稳元件的这一功能称为记忆功能，故又将双稳元件称为记忆元件。双稳元件属于有源元件，在实际应用中应连接气源。

上述内容强调气压传动与液压传动的主要差异特征，有关气动传动的基本回路及分析设计方法与液压传动基本类似。

# 参考文献


柴肇基. 1992. 电力传动与调速系统[M]. 北京：北京航空航天大学出版社.
邓星钟. 2001. 机电传动控制[M]. 3 版. 武汉：华中科技大学出版社.
丁树模. 1999. 液压传动[M]. 2 版. 北京：机械工业出版社.
范正翘. 2003. 电力传动与自动控制系统[M]. 北京：北京航空航天大学出版社.
何建平，陆治国. 2002. 电气传动[M]. 重庆：重庆大学出版社.
刘廷俊. 2020. 液压与气压传动[M]. 4 版. 北京：机械工业出版社.
史国生. 2004. 交直流调速系统[M]. 北京：化学工业出版社.
王克义，路敦民，王岚. 2017. 机电传动及控制[M]. 3 版. 哈尔滨：哈尔滨工程大学出版社.
王以伦. 2005. 液压传动[M]. 哈尔滨：哈尔滨工程大学出版社.
吴浩烈. 1996. 电机及电力拖动基础[M]. 重庆：重庆大学出版社.
玉艳秋. 2001. 电机及电力拖动[M]. 北京：化学工业出版社.
张群生. 2008. 液压与气压传动[M]. 2 版. 北京：国防工业出版社.
章宏甲，黄谊，王积伟. 2000. 液压与气压传动[M]. 北京：机械工业出版社.
周顺荣. 2002. 电机学[M]. 北京：科学出版社.